“十四五”职业教育国家规划教材

全国水利行业规划教材　高职高专水利水电类

“互联网+”新形态教材

节水灌溉技术

（第2版·修订本）

主　编　于纪玉

副主编　何晓科　王海周　邵正荣

主　审　拜存有

黄河水利出版社

·郑州·

内 容 提 要

本书是“十四五”职业教育国家规划教材、全国水利行业规划教材，是根据中国水利教育协会职业技术教育分会高等职业教育教学研究会组织制定的节水灌溉技术课程标准编写完成的。本书共9章，主要内容包括节水灌溉技术认知、地面灌溉节水技术、喷灌工程技术、微灌工程技术、管道输水灌溉工程技术、渠道防渗工程技术、水稻节水灌溉技术、节水灌溉管理技术、水肥一体化节水灌溉技术。书中着重阐述和介绍了各种节水灌溉技术的特点及规划设计方法，集中反映了我国近年来在节水灌溉技术方面取得的最新成果。同时配套建设了课程教学PPT、视频、动画等教学资源，是传统纸质教材与富媒体数字资源相结合的新形态立体化教材，内容与生产实际紧密结合，强化学生职业能力的培养。

本书为高职高专院校农业水利技术专业、水利工程专业、水务管理专业等通用教材，亦可供相关专业院校师生及水利部门从事农田水利工作的技术人员阅读参考。

图书在版编目(CIP)数据

节水灌溉技术/于纪玉主编. —2版. —郑州：黄河水利出版社，2020.5 （2024.1 修订本重印）

全国水利行业规划教材

ISBN 978-7-5509-2673-8

Ⅰ.①节… Ⅱ.①于… Ⅲ.①农田灌溉-节约用水-高等职业教育-教材 Ⅳ.①S275

中国版本图书馆CIP数据核字(2020)第083646号

组稿编辑：王路平 电话：0371-66022212 E-mail：hhslwlp@163.com

陈俊克 66026749 hhslcjk@126.com

出 版 社：黄河水利出版社

网址：www.yrcp.com

地址：河南省郑州市顺河路黄委会综合楼14层 邮政编码：450003

发行单位：黄河水利出版社

发行部电话：0371-66020550、66028024

E-mail：hhslcbs@126.com

承印单位：河南承创印务有限公司

开本：787 mm×1 092 mm 1/16

印张：17.5

字数：400千字 印数：2 101—4 100

版次：2007年2月第1版 2024年1月修订本 印次：2024年1月第2次印刷

2020年5月第2版

定价：45.00元

第2版前言

本书是根据《中共中央关于认真学习宣传贯彻党的二十大精神的决定》,中共中央办公厅、国务院办公厅《关于推动现代职业教育高质量发展的意见》,国务院《国家职业教育改革实施方案》《新职业教育法》,教育部《职业院校教材管理办法》《高等学校课程思政建设指导纲要》《“十四五”职业教育规划教材建设实施方案》,水利部、教育部《关于进一步推进水利职业教育改革发展的意见》,《教育部办公厅关于公布“十四五”职业教育国家规划教材书目的通知》等文件精神,在中国水利教育协会指导下,由中国水利教育协会职业技术教育分会高等职业教育教学研究会组织编写的第四轮水利水电类专业规划教材。教材以学生能力培养为主线,体现出实用性、实践性、创新性的教材特色,是理论联系实际、教学面向生产的高职教育精品规划教材。

本书第1版自2007年2月出版以来,因其通俗易懂、全面系统、应用性突出、可操作性强等特点,受到全国高职高专院校水利类专业师生及广大水利从业人员的喜爱。随着我国节水灌溉理论水平和工程实践的不断发展,为进一步满足教学需要,应广大读者的要求,2020年5月,编者在第1版的基础上更新再版,对原教材内容进行了全面修订、补充和完善。

2023年6月,本书成功入选“十四五”职业教育国家规划教材。为了不断提高教材质量,贯彻党的二十大精神,编者于2024年1月,根据信息化、立体化教材建设的需要,更新教材内容,录制微课和制作动画,以“二维码”的形式在本书展示动态内容,植入大量重点、难点微课和动画视频,并对全书进行了修订完善,使教材呈现数字化、立体化和信息化,充分对接水利岗位和课、证、赛相融合的要求,方便学生随时随地自学。

水土资源是人类生存、发展所必需的最基本、最重要的自然资源。我国是一个水资源严重短缺的国家。农业灌溉是用水大户,用水效率总体不高,节水潜力很大。大力发展高效节水灌溉是缓解我国水资源供需矛盾、保障国家粮食安全、推进农业现代化、加快生态文明建设、促进水资源可持续利用的必然要求和重要保障,也是实现党的二十大提出的全面建设社会主义现代化国家的重要举措。鉴于我国水土资源严重紧缺的状况,发展节水灌溉就成为我国农田水利建设的一项无可替代的重要战略措施。

本书为适应我国大规模发展节水灌溉的需要,着重阐述了各种节水灌溉技术规划设计方法,力求为从事节水灌溉规划设计人员提供一整套实用且简便的技术方法。在编写的过程中,除参考已有的成熟研究成果外,还尽量收入最新的研究成果和实践方法,以提高本书的科学性、先进性、综合性和适用性,并突出应用性和可操作性。

本书编写人员及编写分工如下:项目一由山东水利职业学院于纪玉编写,项目二、项目三由河南水利与环境职业学院王海周编写,项目四、项目七、项目八、项目九由山东水利职业学院何晓科编写,项目五、项目六由山西水利职业技术学院邵正荣编写。全书由于纪玉担任主编,并由于纪玉、何晓科负责统稿;由何晓科、王海周、邵正荣担任副主编;由杨凌职业技术学院拜存有担任主审。

本书在编写过程中,得到了中国水利教育协会、各兄弟院校领导和老师以及黄河水利出版社的大力支持;山东省水利科学研究院李晓研究员对本书的编写提供了宝贵资料,并提出重要修改意见;全书参考和引用了国内外有关专家的大量文献,在此一并表示最衷心的感谢!

由于编者水平有限,书中难免有疏漏和错误之处,敬请读者批评指正。

编　者

2024 年 1 月

本书互联网全部资源

目 录

项目一　节水灌溉技术认知

【目标】

通过对节水灌溉技术体系的认知，了解节水灌溉技术的基本含义、发展动态，理解节水灌溉技术课程的目的和意义。

【任务】

1. 目前主要应用哪些节水灌溉技术？
2. 如何认识节水灌溉技术发展情况？
3. 我国节水灌溉技术发展趋势及方向是什么？

任务一　节水灌溉技术体系

模块一　节水灌溉基本含义

节水灌溉是根据作物的需水规律及当地供水条件，高效利用降水和灌溉水，以取得农业的最佳经济效益、社会效益、生态环境效益而采取的综合措施。节水灌溉既包括水资源的合理开发利用、输配水系统的节水、田间灌溉过程的节水，也包括用水管理的节水以及农艺节水增产技术措施等方面。灌溉用水由水源到被作物利用，一般要经历从水源到田间的输水、储存在田间转化为土壤水、经作物根系吸收通过生理活动到形成产量这三个过程。

节水灌溉就是通过采用各种相关技术与方法，将水从水源到被作物吸收利用全过程的损失减小到最低限度。从水源到作物产量的形成，水的损失可分为三部分：一是水从水源到田间入口过程中的输水损失，包括渗漏与蒸发；二是水进入田间后的储水损失，包括深层渗漏和田间蒸发；三是水从作物根系到形成产量过程中的用水损失，主要是无效蒸腾。第一、二部分用水损失决定水的利用率，这部分损失越小，水的利用率越高，则从水源到达作物根层的水越多；第三部分损失影响水的利用效率，这部分损失越小，则作物形成单位产量所需的水越少，水被利用来生产作物产量的效率就越高。

节水灌溉应从整个灌溉过程着手，凡能减少灌溉水损失，提高灌溉水使用效率的措施、技术和方法均属节水灌溉范畴。一般情况下，节水应是减少灌溉水的无益消耗，不减少作物正常需水量，只有在水源不足、水的供需矛盾靠其他方法不能解决时，才进行非充分灌溉，限制作物蒸腾量。

节水是相对的概念，不同的水资源条件，不同的气候、土壤、地形条件和社会经济发展水平，对节水有不同的要求。因此，不同国家、不同地区、不同历史发展阶段，节水标准是不同的。节水灌溉的根本目的是提高灌溉水的有效利用率和水分生产率，实现农业节水、高产、优质、高效。

"农业节水"与"节水灌溉"的含义类似,对农业节水来说,其节水的范围更广、更深,包括生物节水、农艺节水和旱作农业节水等。它以水为核心,研究如何高效利用农业水资源,保障农业可持续发展。农业节水的最终目标是建设节水高效农业。

"农业节水"与"节水农业"的内涵不同,两种提法的研究内容和重点不同,适用的场合不同,不能混淆或相互代替。"节水农业"类似于"节水型农业",是农业的一种类型,重点研究如何按照节水的要求规划、建设和管理农业。

模块二 节水灌溉技术体系

灌溉用水从水源到田间,到被作物吸收、形成经济产量,主要包括水资源调配、输配水、田间灌水和作物吸收等4个环节。在各个环节采取相应的节水措施,组成一个完整的节水灌溉技术体系,包括水资源合理开发利用技术、节水灌溉工程技术、农艺及生物节水技术和节水灌溉管理技术。其中,节水灌溉工程技术是该技术体系的核心。运用这一技术体系,将提高灌溉水资源的整体利用率,增加单位面积或总面积农作物的产量,可以促进农业的持续发展。

(一)水资源合理开发利用技术

农业水资源的合理开发利用,是指采取必要的工程措施,对天然状态下的水进行调节控制和有计划地分配,为农业生产提供所需要的水量。农业水资源的合理开发利用技术的主要内容包括坑塘截流调控地下水、深沟河网蓄水、不同水源的联合利用技术,机井测试改造技术,灌溉回归水利用技术和劣质水改造利用技术等。

(二)节水灌溉工程技术

节水灌溉工程技术主要包括渠道防渗技术、管道输水技术、喷灌技术、微灌技术、改进地面节水灌溉技术、水稻节水灌溉技术等。其目的是减少输配水过程中跑水和漏水损失以及田间灌水过程中深层渗漏损失,以提高灌溉效率。

(三)农艺及生物节水技术

农艺及生物节水技术包括耕作保墒技术,覆盖保墒技术,优选抗旱品种、土壤保水剂及作物蒸腾调控技术。目前,农艺节水技术已基本普及,但生物节水技术尚待进一步开发。例如,采用保水剂拌种包衣,能使土壤在降水或灌溉后吸收相当自身重量数百倍至上千倍的水分,在土壤水分缺乏时将所含的水分慢慢释放出,供作物吸收利用,遇降水或灌水时还可再吸水膨胀,重复发挥作用。此外,喷施黄腐酸(抗旱剂1号),可以抑制作物叶片气孔开张度,使作物蒸腾减弱。

(四)节水灌溉管理技术

节水灌溉管理技术包括实施节水灌溉制度、土壤墒情监测预报技术、灌区配水及量水技术、现代化灌溉管理技术等;也包括建立节水灌溉技术服务体系(技术支持和技术服务体系)、改进水管理体制、水价与水费计收标准及办法、制定可持续发展节水奖惩政策、制定限制地下水超采制度和防治水污染对策等。

本书重点介绍节水灌溉工程技术和节水灌溉管理技术。

任务二 发展节水灌溉的重要意义

水是生命之源、生产之要、生态之基。兴水利、除水害,事关人类生存、经济发展、社会进步,历来是治国安邦的大事。随着人类对淡水需求的日益增长,水资源紧缺已经成为全球性问题。近几十年来,灌溉农业成为全球粮食增长的主要动力,全球农业是水的最大消费行业。在我国,由于独特的地理环境及气候,降雨时空分布不均,农业生产对水的依赖性很强,水利是现代农业建设不可或缺的首要条件,有水农业才能做到稳产高产。我国能以占世界7%的耕地养活占世界约22%的人口,与灌溉的作用和成就密不可分。目前,我国灌溉用水占总用水量的比例在经历明显的下降过程后,呈稳定态势,但从长远看,随着工业、城市、生活、生态用水的不断增加,由于新增水源的开发潜力越来越小,开发代价越来越大,因此仍将有一部分灌溉用水转为其他行业用水。目前,农业用水占全国总用水量的70%,由于受工程配套状况和管理水平所限,农田灌溉水有效利用系数为0.53,因而发展农业节水既是对灌溉工程的普遍要求,同时是缓解我国北方地区水资源短缺的主要对策之一。如何通过各种节水措施,有效地提高灌溉水资源的使用效率是发展农业节水的根本任务。

党的二十大报告明确提出,加快建设农业强国,这是党中央着眼全面建设社会主义现代化国家大局做出的重大决策部署,明确了新时代新阶段农业农村现代化的主攻方向。我国是人口大国、农业大国,有着5 000余年的农耕文明历史。从国内看,实现由农业大国向农业强国转变,是中国农业发展的理想传承和千年夙愿,也是全面建成社会主义现代化强国、实现第二个百年奋斗目标的必由之路;从国际看,面对百年变局与世纪疫情,粮食等重要农产品始终是大国博弈的王牌,农业不强就会受制于人,只有加快农业强国建设,更好地夯实农业这个“压舱石”,才能在国际竞争中立于不败之地。加快农业强国建设,就要深入实施藏粮于地、藏粮于技战略,在耕地和水资源有限的情况下,大力实施高标准农田建设工程,加快建设旱涝保收的农田水利设施,推广智能高效的现代化节水灌溉技术,以此显著提升水资源利用率。经过多年的努力,我国农业水利基础设施明显改善,但高标准农田建设水平还不够高,节水灌溉技术应用还存在诸多不足,要加快节水灌溉技术的发展,弥补水土资源先天不足,推动水资源利用集约高效。

我国是世界上13个贫水国之一,每亩[1]耕地平均占有水量仅为1 760 m^3,相当于世界平均值的一半左右;人均占有水资源量约为2 100 m^3,仅仅是世界人均占有量的1/4,居世界第121位。水资源时空分布很不均匀,南多北少,东多西少;夏秋多,冬春少;占国土面积50%以上的华北、西北、东北地区的水资源量仅占全国总量的20%左右。近年来,随着人口增加、经济发展和城市化水平的提高,水资源供需矛盾日益尖锐,农业干旱缺水与水资源短缺已成为我国经济和社会发展的重要制约因素,而且加剧了生态环境的恶化。按现状用水量统计,全国中等干旱年缺水358亿 m^3,其中农业灌溉缺水300亿 m^3。20世纪90年代以来,我国农业年均受旱面积达2 000万 hm^2 以上,全国660多个城市中有一半以

[1] 1亩=1/15 hm^2,全书同。

上发生水危机,北方河流断流的问题日益突出,缺水已从北方蔓延到南方的许多地区。由于地表水资源不足导致地下水超采,全国区域性地下水降落漏斗面积已达 8.2 万 km^2。发达国家的农业用水比例一般为总用水量的 50%左右。目前,我国农业用水比例已从 1980 年的 88%下降到 2015 年的 63.1%左右,今后还会继续下降,农业干旱缺水的局面不可逆转。北方地区水资源开发利用程度已经很高,开源的潜力不大。南方还有一些开发潜力,但主要集中在西南地区。我国农业灌溉用水量大、灌溉效率低下和用水浪费的问题普遍存在。目前,我国农业灌溉用水浪费现象仍较严重,不少灌区尤其是北方灌区,自流灌区灌溉水的利用系数只有 0.5 左右,与发达国家相比,相差 0.2~0.4;井灌区一般也只有 0.6 左右,同发达国家相比低 0.2~0.3,农作物水分利用率平均为 0.87 kg/m^3,与以色列 2.32 kg/m^3相比,相差 1.45 kg/m^3,节水潜力相当可观。通过采用现代节水灌溉技术改造传统灌溉农业,实现适时适量的"精细灌溉",具有重要的现实意义和深远的历史意义。

任务三　节水灌溉技术发展

模块一　国外节水灌溉技术发展现状

资料表明,世界上粮食增产中 25%归功于扩大耕地面积,75%归功于提高单产。虽然单产的提高是综合措施的结果,但灌溉却是其中重要措施之一。由于世界性的水资源日益紧缺,要进一步发展灌溉面积就必须节约灌溉用水,发展节水灌溉。西方发达国家早在 20 世纪 20 年代就开始发展管道输水,30 年代开始研究喷灌等技术,50 年代滴灌技术趋于成熟,70 年代后各种新技术不断出现,极大地丰富了农业节水的理论和技术体系。

(一)工程节水技术方面

1. 发展渠道衬砌与管道输水技术

自开发灌区以来,世界各地为了减少渠道输水漏失,都在致力于发展渠系衬砌、管道化工程。目前,渠系衬砌的材料发生了很大的变化,各国用于衬砌的材料大致分为刚性材料、膜料、土料。其中,刚性材料,尤其是混凝土衬砌是当今各国渠道衬砌的主要形式。美国在累计修建的 1.1 万 km 长的衬砌渠道中,混凝土衬砌占 58%;罗马尼亚 70%~80%的明渠为衬砌渠道,其中大部分为混凝土衬砌;意大利几乎所有的明渠都采用混凝土衬砌;日本输水干渠一般采用预制混凝土衬砌,支渠采用 U 形槽身,就地用混凝土浇筑,其输水损失一般在 10%以下;印度成功地将混凝土衬砌用于包括高流速渠道在内的各级渠道的衬砌。为了减少沟渠占地、输配水损失和提高管理水平,经济实力较强的发达国家和少数欠发达国家推广了新建渠系全部实行管道化这一做法。美国自 20 世纪 20 年代在加利福尼亚州的图尔洛克灌区采用混凝土管道代替明渠输水以来,经过数十年的发展,使一半的大型灌区实现了管道化。苏联在 1985 年以后明确规定,新建灌区都要实现管道化,并且采用硬质管材逐渐替代软管。以色列地处干旱沙漠地带,人均年占有水量不足 400 m^3。20 世纪 50 年代,以色列政府力排众多国际顾问提出的应建设成本较低的衬砌输水渠系的建议,修建了堪称世界第一的国家管道输水工程。这个管网可供给全国 3 500 多个城镇、工矿企业的用水，全年供水量达 12 亿 m^3。日本在 20 世纪 60 年代初，先在旱地灌溉系统中采用管道代替明渠，由于效益好，从而在短短 10 年时间里就得到了普及。70 年代末，日本又开始发展大型管道代替明渠，到 1985 年，新建灌溉渠系的 50% 以上都实现了管道化。除新灌区外，也有不少国家将旧灌区改建成管道灌溉系统，如加拿大艾伯塔灌区，20 世纪 80 年代初就开始对 49 万 hm^2 已建灌区进行改建，将输水流量 3 m^3/s 的明渠改用地下管道，使灌溉水利用率由 35%～60% 提高到 75% 以上。可以说，以管代渠成为一种发展趋势。

2. 改进传统地面灌溉技术

地面灌溉是水流由地表面进入田间并借重力和毛细管作用浸润土壤，目前地面灌溉在大多数国家仍是应用最广泛、最主要的一种灌水方法。但由于这种灌水方法灌水历时长、灌水量大，且田块首尾灌水不均匀而影响作物产量，因此长期以来，许多国家都在积极致力于对传统地面灌溉技术的研究与改进，并创造了许多全新的方法。其中，波涌灌（间歇灌）和激光控制平地畦田灌就是两种影响最大、效果较好的方法。波涌灌是美国 20 世纪 70 年代末期推出的适宜于旱作灌溉的一种新技术，其做法是用加大流量把水灌到部分沟长时暂停供水，过一段时间再用加大流量供水，如此时断时续，使水流呈波涌状推进。用相同水量灌溉时，波涌灌的水流前进距离为连续灌的 2～3 倍。同时，由于波涌灌的水流推进速度快，在土壤表层形成薄的密闭层，大大减少深层渗漏，使纵向水均匀分布。美国 10 多年的实践和研究表明，波涌灌具有灌水均匀、省水省时、田间水利用率高等优点。激光控制平地技术用于畦灌是地面灌溉的又一重要的进展。一套完整的激光控制平地系统包括激光发射器、激光感应器、电子及液压控制系统、拖拉机与平地机具四大部分。用该系统平整大面积土地，其精度可比人工平地提高 10～50 倍。采用这种系统平整后的畦田灌溉，可大大提高灌水效率和质量。推广激光平地水平畦田灌技术将可以显著提高发展中国家地面灌溉的效果。

3. 推广喷灌、微灌技术

由于喷灌、微灌比传统的沟灌、畦灌等地面灌溉节水 30%～50%，并可节省劳动力 20%～90%，因此发展很快。全世界喷灌面积由 1937 年的 10 万 hm^2 发展到 1987 年的 2 000 万 hm^2，微灌面积也由 1981 年的 41.6 万 hm^2 扩大到 1991 年的 176.9 万 hm^2。近年来，微灌面积年平均增长率高达 63%。以色列在 20 世纪 70 年代中期喷灌面积就已占全部灌溉面积的 90%，近 20 年来又把发展重点转向滴灌和微喷灌，90 年代初滴灌和微喷灌面积已占总灌溉面积的 2/3。美国在 1981～1991 年的 10 年间，微灌面积增加了 3 倍多，由占灌溉面积的不到 1% 提高到 3%。日本于 20 世纪 80 年代后期随着地膜、温室技术的迅速发展，微灌技术日益受到重视，并且正逐步走向成熟。目前，瑞典、英国、奥地利、德国、法国、丹麦、匈牙利、罗马尼亚等国家，喷、微灌化程度都达 80% 以上。在这些国家，发展微灌不仅节约水量，而且改变了传统的灌溉概念，即仅仅把水灌到田间的概念。以色列对灌溉的新概念是：把含有肥料的水一滴滴地输入作物根层的土壤中，使土壤中的水、肥、气、热保持协调关系，达到作物高产的目的。

为进一步提高喷、微灌区技术水平，美国采用了一种低能耗精确灌溉法，即采用平移喷灌机械，改用低压孔口出流装置，用很低的压力将水输入灌水沟，灌水沟分段打埂，以防止产生深层渗漏和径流,同时避免了喷灌产生的过量蒸发和飘移损失。以色列采用先进的压力补偿式滴头,通过使用计量阀门,安装流量和压力调节设备,以水流量控制灌溉时间,消除压力波动影响,提高灌水均匀度,减少堵塞。美国研制的脉冲式微喷系统由脉冲发生器带动发射器射出水流,经过微喷头喷洒作物,这种系统抗堵塞性能强,灌水均匀度高,且节水节能。

(二)管理节水技术方面

随着节水工程技术方面的成熟,世界各国更加重视土壤性能对节水利用效率的影响、非充分灌溉对作物产量的影响、耕作制度对土壤水分状况的影响,以及作物合理轮作的节水效益研究。对于地膜覆盖技术,除继续进行大规模田间试验,研究覆盖的保墒、增产效果及效益外,还对覆盖后农田的水、气、热交换规律及水盐运行规律开展更为详细、深入的分析研究。在膜料研究上,重点提高薄膜的耐久性,相对减少废旧膜的排出量,加紧开发可降解无污染的新型纸质膜和草纤维膜,以逐步取代塑料膜。随着科学技术的迅速发展,采用计算机、电测、遥感等技术实行灌溉管理自动化是发达国家节水管理技术的发展方向。在美国,大型灌区都有调度中心,实行自动化管理。例如,灌溉面积达20万hm^2的全美灌区,管理人员只有14人;科罗拉多州的大河谷渠道采用电气化控制,仅有1名管理人员。调度中心的中央控制室通常设有大型屏幕,灌区各渠道位置、输配水情况,以及各闸门的水位、流量、闸门启闭等在屏幕上一目了然。中心的指令可通过微波系统传输到各建筑物及自动启闭闸门、水泵等,其运行情况及流量均显示在屏幕上。此外,许多灌区还采用卫星遥感技术,将从卫星接收站获得的信息图片输入计算机,进行灌溉用水量估算。日本于20世纪80年代初新建和改建的灌区大多从渠首到各分水点都安装有遥测遥控装置,中央管理所集中监测并发布指令,遥控闸门、水泵的启闭,进行分水和配水。目前,日本对水管理系统自动化的目标是:有效利用水资源,合理分水和配水;节约管理费用,降低劳动强度;通信联系及时,防止灾害发生。以色列不论大小灌区,全部采用自动化控制,在灌溉前编好程序,灌水时按程序自动灌水。

近年来,水肥一体化技术因其高效利用、省肥、省水、节约成本、使用方便,欧美等发达国家广泛应用在农业生产中。据了解,在美国的灌溉农业中25%的玉米、60%的马铃薯、32.8%的果树采用水肥一体化利用技术。以色列则更高,90%以上的农业实现水肥一体化,在严重缺水的沙漠国土上创造了举世闻名的农业奇迹,仅占全国劳动力5%的农业人员提供了全国95%的所需食物,并且大量出口占据欧洲40%的瓜果和甘蔗市场,享有“欧洲果篮”的美誉。有世界农业专家称,如果各国均按照以色列的节水节肥效率,地球可以多养活3倍的人口。从世界范围看,水肥一体化技术广泛应用于干旱缺水以及经济发达的国家。

模块二　我国节水灌溉技术发展现状

“十一五”以来,随着国家开展的大中型灌区配套改造以及全国小型农田水利重点县项目建设,推动和促进了全国节水灌溉技术的普及与推广。截至2018年,中国农业节水灌溉面积已达到3 614万hm^2,占全国灌溉面积的48%,农业灌溉水利用率近10年来提高了10%左右。依靠用水效率的提高,近20年在中国农业用水总量基本没有增加的情况下，粮食生产仍然得到较快发展。

2014年3月，习近平总书记站在党和国家事业发展全局的战略高度，提出“节水优先、空间均衡、系统治理、两手发力”治水思路，为我们做好节水灌溉工作提供了科学指南和根本遵循。立足“节水优先”，强调提高水资源利用效率是关键，要把节水放到优先位置，杜绝一边加大治水调水、一边随意浪费水的现象出现。提高水资源效率，需要技术、管理、规划“齐头并进”，科学共治，高效善治。在农业用水方面，要大力推广节水灌溉技术，杜绝农业用水“大水漫灌”。近年来，以治水思路为指导，我国节水灌溉技术有了长足发展。

（一）渠道防渗技术

在渠灌区，渠道防渗是提高灌溉水利用率的一个重要环节。土质渠道输水渗漏损失一般占引水量的50%~60%，一些较差的高达70%。与土渠相比，混凝土护面可减少渗漏损失80%~90%，浆砌石衬砌可减少60%~70%，塑料薄膜防渗可减少90%以上。我国每年因渠道输水渗漏损失的水量高达1 500亿 m^3，相当于3条黄河的年水量。渠道防渗技术是我国应用推广面积较大的一项技术。当前，在我国大部分地区应用推广渠道防渗技术，仍是发展节水灌溉的一项主要技术措施。

据统计，我国80%以上的灌溉面积依靠渠道输水灌溉，有效灌溉面积接近0.47亿 hm^2，而达到《节水灌溉工程技术规范》（GB/T 50363—2018）规定的较低标准的渠道防渗衬砌面积为966.67万 hm^2，仅占渠道输水灌溉面积的20.7%。综观目前渠道防渗技术与方法，依据所使用的防渗材料不同大致可划分为土料压实防渗、水泥土防渗、石料衬砌防渗、混凝土衬砌防渗、塑料薄膜防渗和沥青护面防渗等6种。我国渠道防渗已经形成了一套相对配套的技术体系。目前，存在的主要问题有：

（1）衬砌技术成本较高，群众负担有困难。

（2）在防渗抗冻新材料、新技术的研究开发及推广应用方面还做得很不够。

（3）防渗衬砌标准低，防渗渠道的维护工作跟不上。

（4）施工机械化程度还很低，与国外发达国家相比差距较大。

（二）管道输水技术

管道输水技术具有省水、节能、节地、易管理，且省工省时等优点。同时，其投资相对较低，采用聚氯乙烯（PVC）管道，每公顷投资4 200元左右。以管代渠，可使渠系水利用系数提高到0.92~0.95，可使单位面积毛灌水定额减少30%左右，节约能耗25%以上。低压管道输水可减少占地，提高土地利用率，一般在井灌区可减少占地2%左右，在扬水灌区可减少占地3%左右；由于输水管道埋于地下，便于机耕及养护，耕作破坏和人为破坏大大减少，加之管道输水速度明显高于土渠，灌溉速度大大提高，可显著提高灌水效率，因而管理方便，省工省时。

我国自20世纪50年代就开始对管道输水灌溉技术进行试点应用，到2015年底，全国管道灌溉面积已达到891.2万 hm^2。目前，我国已基本普及了井灌区低压管道输水技术，今后的发展方向是大型渠灌区渠系管道化，并加快相应大口径塑料管材的开发生产。管道输水灌溉技术是北方井灌区未来相当长的一段时间内需要加以推广的主导输水技术。中国水利水电科学研究院承担的水利部“948”项目，引进并开发生产了田间闸管灌溉系统,不仅可替代田间毛渠完成田间配水过程,还可通过启闭安装在管道上的闸门实施田间控制灌溉。该系统与现有的低压管道输水管网相配套,形成了完整的低压管道输水系统,具有投资少、见效快、使用方便灵活的显著特点。近年在新疆维吾尔自治区棉花灌溉地区的应用表明,使用该系统后田间灌水效率达到了70%以上,比现状地面灌溉节水30%~40%。目前,影响低压管道输水灌溉技术发展的主要因素有:

(1)用于管道输水灌溉的管材和设备质量还需进一步提升。

(2)与管理输水灌溉配套的多孔闸管以及量水设备没有先进实用的产品。

(3)大口径管材的使用存在一些技术问题。

(三)改进型地面灌溉节水技术

我国灌溉面积约有97%采用地面灌溉,地面灌溉技术是我国目前应用面积最大的一种灌水技术,也是世界上应用最广的一种灌水技术。自20世纪60年代开始,在北方广大地区开展地面灌溉技术研究与推广工作。70年代,提出了小畦灌、长畦分段灌及细流沟灌等多种改进后的地面灌溉技术,并在河北、河南、山东、陕西等省推广应用。对传统的沟灌和畦灌适当改进,能节水10%~20%,增产10%~15%。基本原则是平整土地,加大灌水流量,将长沟、大畦改为短沟、小畦,并采用合适的流量和引水时间进行灌溉。80年代后期,从美国引进了波涌灌技术,并结合地面覆盖,开发了膜上灌技术,节水增产效果显著。但我国目前灌溉水利用系数只有0.53左右,个别地区甚至更低。有关研究结果表明,如果操作得当,畦田、沟的规格适宜,田间水利用系数可达到0.8以上,灌溉定额可大幅度下降。可见,地面灌溉节水潜力非常大。膜上灌是在地膜栽培的基础上,利用膜上行水,通过放苗孔和专用灌水孔向作物供水的灌溉方法。膜上灌较一般地面灌溉可节水30%以上,最高可达50%~70%,波涌灌(包括畦灌、沟灌)可节水10%~30%,灌水均匀度及储水效率均明显提高。这足以表明地面灌溉技术改进提高应用后的节水潜力。地面灌溉技术仍是今后相当长一段时间内,我国北方平原地区应大力应用推广的主要田间灌水技术。目前,我国地面灌溉技术水平不仅与国外先进水平差距较大,而且与生产实际需求也有较大差距。具体表现在以下几个方面:

(1)对地面灌溉技术的研究重视不够且研究不深入。

(2)田间工程不配套。

(3)用水组织及管理水平比较落后。

(四)喷灌技术

同传统的地面灌溉技术相比较,喷灌具有适应性强、控制性强,且不易产生地表径流和深层渗漏等优点。

目前,在我国推广的喷灌形式主要有轻小型喷灌机喷灌、固定式喷灌、移动管道式喷灌、卷盘式喷灌机喷灌、大型喷灌机喷灌等。有关研究结果表明,喷灌与传统地面灌溉技术相比,可节水30%~50%,甚至更高,且灌溉均匀,质量高;减少占地,能扩大播种面积10%~20%;不需平整土地,省时省工;能调节田间的小气候,提高农产品的品质,以及对某些作物病虫害起到防治作用;而且,实施喷灌技术有利于促进灌溉机械化、自动化。但喷灌技术的发展也有其局限性,如受风的影响大,且能耗大,一次性投资多,这是影响喷灌技术快速发展的主要障碍。因此,建议喷灌技术的发展一定要和经济效益挂钩,对于那些附加值较高的经济作物,可以提倡发展喷灌,但对于大田作物,则要视经济状况而定,特别是对于那些经济尚不发达的北方山区、丘陵区更需认真考虑。尽管如此,由于喷灌技术本身的优点,世界各国均对这项技术非常重视,我国也是如此。到2013年底,我国喷灌面积达到299万 hm^2。我国自20世纪70年代开始发展喷灌技术,喷灌设备生产已具备一定的规模,生产能力基本上可以满足我国现阶段喷灌发展的需求,甚至还有部分出口,但其在产品种类、材质、性能等方面与发达国家相比仍有相当大的差距。主要表现在:

(1)关键设备耐久性能较差,从而影响设备的寿命。

(2)山丘区喷灌设备配套性能差,还没有形成适合山区的喷灌技术体系。

(3)节能喷灌设备的系列化、标准化程度低。

(4)喷灌系统自动化程度不高,推广喷灌的适应条件不明确,管理跟不上。

(五)微灌技术

微灌技术是一种新型的节水灌溉技术,包括滴灌、微喷灌、膜下滴灌、涌泉灌和渗灌。微灌节水省能、灌水均匀,灌溉水利用系数可达0.8~0.9,并且具有水肥同步、适应性强、操作方便等优点。微灌一般比地面灌溉节水30%~50%,甚至超过60%,且比喷灌节水15%~25%,比喷灌能耗低。由于采用压力管道输水,微灌可适用于山区、坡地、平原等各种地形条件。微灌系统不需平整土地和开沟打畦,可实现自动控制灌水,大大减小了灌水的劳动强度和劳动量。微灌的不利因素在于系统建设的一次性投资较大,且灌水器易堵塞等。对于果园固定式微灌每公顷投资1.5万~2.25万元,大田固定式微灌每公顷投资0.9万~1.2万元,保护地栽培微灌每公顷投资1.5万~2.7万元。因此,其适宜作物尚需同喷灌技术的选择应用一样,要因地、因作物、因区域经济而定,同时要考虑微灌本身属局部灌溉的特点。我国微灌技术自1974年开始发展以来,大致经历了引进、消化和试制(1974~1980年),深入研究和缓慢发展(1980~1990年),快速发展(1990年以后)三个阶段。到2013年底,全国微灌面积达365.8万 hm^2。目前,在微灌技术领域,我国先后研制和改进了等流量滴灌设备、微喷灌设备、滴灌带(管)、孔口滴头、压力补偿式滴头、折射式和旋转式微喷头、过滤器和进排气阀等,总结出了一套基本适合我国国情的微灌设计参数和计算方法,建立了一批新的试验示范基地,发展了一批微灌设备企业。据初步估计,我国微灌设备产品的生产能力,从数量上讲,可以满足我国发展微灌的需要,但从质量上比较,仍与国外先进水平存在较大差距。具体表现在以下几个方面:

(1)微灌设备性能较差、工艺水平不高、材质不耐老化。

(2)微灌系统自动化程度不高。

(3)对微灌技术适应的作物少。

(4)管理水平不高。

(六)水稻控制灌溉技术

水稻控制灌溉就是根据水稻不同生育期对水分的不同需求进行灌溉,即改变以往水稻大水漫灌、串灌的旧习惯,而采用“薄、浅、湿、晒”的方式进行灌溉。这项技术只是改变灌水习惯,每亩可以节水100 m^3,增产稻谷25 kg,效益显著。该技术曾在山东省济宁市、临沂市等地进行过研究、示范和推广。近几年,水稻控制灌溉技术已在全国大面积推广应用。

(七)节水灌溉管理技术

节水灌溉管理技术是指根据作物的需求规律,控制、调配水源,以最大限度地满足作物对水分的需求,实现区域效益最佳的农田水分调控管理技术。节水灌溉管理技术包括灌溉用水管理自动信息系统、输配水自动量测及监控技术、土壤墒情自动监测技术、节水灌溉制度等。其中,输配水自动量测及监控技术采用高标准的量测设备,及时准确地掌握灌区水情,如水库、河流、渠道的水位、流量,以及抽水水泵运行情况等技术参数,通过数据采集、传输和计算机处理,实现科学配水,减少弃水。土壤墒情自动监测技术采用张力计、中子仪、TDR 等先进的仪器监测土壤墒情,科学制订灌溉计划,实施适时适量的精细灌溉。国家节水灌溉北京工程技术研究中心在水利部“948”项目的支持下,研制开发了灌区用水管理自动控制系统,该系统已在甘肃景泰灌区成功应用,并被列入 2001 年国家农业科技成果转化资金项目、水利部推广项目。

20 世纪 90 年代中期,我国开始重视水肥一体化理论及应用研究。2000 年开始,农业部全国农业技术推广中心与国际钾肥研究所(IPI)合作,连续 5 年在我国不同地区举办水肥一体化技术培训班,推广水肥一体化理论技术和实际操作,促使微灌施肥的面积逐步扩大。当前,水肥一体化技术已经在全国范围内开始推广应用,覆盖设施栽培、无土栽培、果树栽培,以及甘蔗、花卉、苗木、大田经济作物等多种栽培模式和作物,特别是西北地区膜下滴灌施肥技术处于世界领先水平。但与发达国家相比,我国节水灌溉水肥一体化利用还处在起步阶段,发展空间大,发展前景极为广阔。

节水高效灌溉制度是灌溉管理技术的基础,它是根据作物的需水规律,把有限的灌溉水量在灌区内及作物生育期内进行最优分配,达到高产、高效的目的。从 20 世纪 50 年代开始,我国在此方面研究比较深入,编制了全国主要农作物需水量等值线图,建立了全国灌溉试验资料数据库。近年来,我国又开始了节水高效灌溉制度研究、非充分灌溉条件下的节水灌溉制度研究,取得了初步成果,一些模型的理论和实用性均较好。

目前,我国节水灌溉管理应用技术研究与世界先进水平相比差距尚大,具体表现在以下几个方面:

(1)土壤墒情监测技术与设备研发。

(2)土壤墒情预测技术。

(3)非充分灌溉条件下的节水高效灌溉制度,特别是不同节水灌溉技术条件下的节水高效灌溉制度。

(4)抗干扰能力强、水头损失小的实用量水技术与设备。

模块三　我国节水灌溉技术的发展趋势

码 1-1　微课:智慧灌溉

(一)因地制宜,继续普及与推广先进的喷、微灌技术和水肥一体化技术

目前,我国节水灌溉工程中,喷、微灌技术所占的比例还比较低,与发达国家相比较还有较大的差距。以色列在推广喷、微灌技术的过程中,研制出多种灌溉兼施肥设备,使肥料与灌溉水混合使用,实现了节水、增产和优质的统一。目前,国内外喷、微灌技术正朝着低压、节能、多目标利用、产品标准化和系列化及运行管理自动化方向发展。任何一项节水灌溉技术都有其适用的自然条件、经济条件,普及与推广喷、微灌技术必须坚持因地制宜的原则。在有条件的地区,应大力发展地下滴灌技术,就是在灌溉过程中,水通过地埋毛管上的灌水器缓慢渗入附近土壤,再借助毛细管作用或重力扩散到整个作物根层的灌溉技术。由于在灌溉过程中几乎没有水分蒸发损失,而且对土壤结构的破坏轻,因此在各项节水灌溉技术中,该项技术的节水增产效果最为明显,而且便于农田作业和管理,特别适合于在我国西北地区干旱、高温、风大的自然条件下推广应用。此外,水肥一体化技术自动化程度较高,可以实现精确灌溉、精准施肥,具有节水、节肥、节药、节地和省工、改善土壤及微生态环境等优点。应在全国范围内大力推广水肥一体化技术。

(二)实现灌溉渠系管道化

日本早在20世纪60年代初,就在旱地灌溉系统中用管道取代斗、农明渠;70年代末又开始用大口径管道取代输水干渠;到80年代中期,日本新建灌溉渠系的大部分都采用管道化输水。美国约有一半的大型灌区实现了管道化输水。我国已基本普及了井灌区低压管道输水技术,今后的发展方向是大型渠灌区渠系管道化,并加快相应大口径塑料管材的开发生产。

(三)发展现代精细地面灌溉技术

土地平整是改进地面灌溉的基础和关键,由于我国地面灌溉量大、面广,急需推广应用激光控制平地技术、水平畦田灌溉技术、田间闸管灌溉系统以及土壤墒情自动监测技术等一切改进地面灌溉的措施,逐步实现田间灌溉水的有效控制和适时适量的精细灌溉。激光控制平地技术是目前世界上最先进的土地平整技术,在发达国家已被广泛应用。这是一项“傻瓜式”的高新技术,具有自动化程度高、作业效率高、操作简单等特点,便于大规模推广应用。激光控制平地设备由激光发射装置、激光接收装置、控制器、平地铲运设备等四部分构成。激光发射装置被水平安装在矗立于田间的三角支架上,它产生的激光光束被高速旋转的棱镜反射,在田间上方产生一个激光平面,该平面作为平地作业的基准面。激光接收装置则垂直安装在平地铲运设备桅杆上。平地作业时,铲运机具刀口的初始位置一旦被确定,无论田面地形如何起伏,受激光发射和接收系统的控制,控制器始终通过液压升降系统将铲运刀口与平地作业的基准面保持在某一恒定值,能够实现高精度的土地平整。1995年以来,中国水利水电科学研究院引进了激光控制平地成套设备,并在“九五”国家重点科技攻关项目中,对该项技术进行了全面、系统的试验示范研究。结果表明,该项技术能够大幅度改善农田的平整状况,土地平整精度达到了标准偏差值小于2~3 cm;通过科学的田间设计与管理,田间灌水效率达到了70%~80%。水利部组织召开现场会,农业部和科技部先后发文,对该项技术给予了充分肯定,并在东北、新疆维吾尔自治区、山东等地开始推广应用。水平畦田灌溉技术是建立在激光控制平地技术基础上的一种地面灌溉技术,自20世纪80年代起首先在美国应用,随后在许多国家推广。该技术适用于多种粮食作物灌溉,经过合理的系统设计和田间管理,水平畦田灌溉可以取得与压力灌溉系统相媲美的灌溉效果。中国水利水电科学研究院通过水利部“948”项目,引进并开发生产了田间闸管灌溉系统。该系统不仅可替代田间毛渠完成田间配水过程,还可通过启闭安装在管道上的闸门实施田间控制灌溉。其与现有的低压管道输水管网相配套,具有投资少、见效快、使用方便灵活的显著特点。

(四)研究和推广非充分灌溉技术

非充分灌溉理论源于传统的充分灌溉理论,但不是简单地地延伸,它将与生物技术、信息技术及“四水”转化理论等高新节水技术和理论相结合,创建新的灌溉理论及技术体系,它将对现有灌溉工程的规划设计及灌溉管理模式等产生巨大的冲击和影响。我国北方一些地区已经实行了减少灌溉次数等非充分灌溉方式,一些科研单位和灌溉试验站也开始了一些非充分灌溉的试验研究。

(五)“3S”技术在农业节水灌溉中的应用

现代农业是以高新技术应用为标志的。在西方发达国家,通过遥感技术(RS)、地理信息系统(GIS)、全球定位系统(GPS)(“3S”)及计算机网络获取、处理、传送各类农业信息的应用技术已到了实用化的阶段,信息技术已成为现代农业不可缺少的一部分。我国在这方面的工作也开始起步,如作物估产、土壤含水量分布的监测等,但在实际应用上还有一定的困难。进入21世纪,空间遥感得到了大力发展,更多的卫星被送上太空,从而使“3S”技术在农业节水领域中应用成为可能。例如,应用“3S”技术建立土壤墒情监测网系统,对全国农田墒情进行监测,为农业灌溉用水和抗旱减灾服务。在监测土壤墒情的同时,与当时当地的作物需水量相结合,可科学确定灌溉用水计划。目前,发达国家的一些先进灌区以土壤墒情监测作为灌溉用水管理的主要依据,根据气象观测资料、土壤墒情资料、作物长势资料等确定作物的灌溉水量及灌溉时间,及时提供用水信息,从而使农业灌溉管理更加科学、精确。我国农业结构和水土资源分布具有很强的区域性,各地区发展不平衡,应当根据不同地区的自然经济状况,包括水资源状况、气候条件、农业生产经营方式、作物种类、经济发展水平等,科学确定不同地区、不同阶段的节水灌溉发展模式,加快研究开发先进、适用的农业高效用水技术与设备。

(六)走综合节水、系统节水的路子

回顾世界和我国节水灌溉发展的历程,最重要的启示是,必须把追求综合效益最大化作为出发点和立足点,坚持适用、方便、自愿的原则,积极探索与生产关系相适应的节水途径和措施,走综合节水、系统节水的路子。这是发展农业节水灌溉的生命力。一是结合农业结构调整和现代化农业建设发展节水灌溉。为适应我国加入世界贸易组织的要求,推行农业结构调整到哪里,节水工程就配套到哪里,以调整促节水,靠节水增效益。山东省烟台市蓬莱区以喷灌、微喷灌技术为依托,发展高效果品种植业,粮经作物种植比例由原来的6:4发展到现在的3:7。二是结合经济发展和改善生态环境发展节水灌溉。山东省莱州市、龙口市等通过发展节水灌溉,使海水入侵区和地下水漏斗区面积得到有效控制。淄博市严重缺水,近年来,大力发展节水灌溉,目前已累计发展节水灌溉面积10万多hm^2,占有效灌溉面积的80%以上,节约下来的水资源合理分流到第二、三产业和城镇居民以及生态环境使用,实现了水资源的优化配置。三是因地制宜发展综合型节水灌溉工程。最近几年在我国一些经济发达地区按照“山丘果园微灌化、大棚瓜菜滴灌化、粮食作物喷灌管灌化、渠道防渗化”的思路,大力发展综合节水灌溉,为其他地区发展农业节水模式提供了借鉴。我国的农业节水发展虽然取得了辉煌的成就,但与国外发达国家节水相比,在农业节水工程的投入、规模、标准,技术体系建设,现代化管理水平,工程设计的规范化,综合节水技术的推广应用等方面还有较大差距,还没有形成适合不同类型区且具有一定工程规模和示范辐射作用的农业综合节水技术体系。

能力训练

1. 试述节水灌溉技术体系。
2. 简述节水灌溉技术发展趋势。
3. 你认为如何学好本课程?

项目二　地面灌溉节水技术

【目标】

通过对地面灌溉节水技术的分类及特点的认知,理解各类地面灌溉节水技术基本内容和应用要求,掌握确定地面灌水技术要素的方法。

【任务】

1. 地面灌溉节水技术的特点有哪些?
2. 节水型畦灌技术的特点及技术要素确定。
3. 节水型沟灌技术的特点及技术要素确定。
4. 膜上灌灌水技术的特点及技术要素确定。
5. 波涌灌灌溉技术的特点及技术要素确定。

任务一　地面灌溉节水技术的分类及特点

模块一　传统地面灌水方法

码 2-1　微课:地面灌溉技术

中国是一个农业大国,人口多、耕地少、水资源紧缺、水旱灾害频繁,特殊的气候、地理等自然条件以及社会条件决定了中国农业必须走灌溉农业的发展道路。我国是世界上从事农业、兴修水利最早的国家,早在5 000年前的夏商时期就有“尽力乎沟洫”“陂障九泽、丰殖九薮”等农田水利的内容,出现了世界上最早的地面灌溉系统,在井田中布置沟渠,进行灌溉排水,西周时在黄河中游的关中地区已经有较多的小型灌溉工程,如《诗经》中就记载有“泥池北流,浸彼稻田”,意思是引渭河支流泥水灌溉稻田。

传统地面灌水方法是使灌溉水通过田间渠沟或管道输入至田间,水流在田面上呈连续薄水层或细小水流沿田面流动,主要借重力作用兼有毛细管作用下渗湿润土壤的灌水方法。

传统上,根据灌溉水向田间输送的形式和湿润土壤的方式不同,地面灌水方法可分为畦灌、沟灌和淹灌三类,各自具有不同的特点。

(一)畦灌

畦灌是一种既古老又常见的作物灌水方式。它是将灌溉土地用低矮土埂分割成许多矩形条状田块,即灌水畦,又称畦田,灌水时,灌溉水从输水垄沟或直接从田间毛渠引入畦田后,在畦田田面上形成很薄的水层,沿畦长坡度方向均匀流动,在流动的过程中主要借助重力作用垂直下渗、逐渐湿润土壤的灌水方法。

畦灌方法主要适用于灌溉窄行距密植作物或撒播作物,如小麦、谷子等粮食作物,花生、芝麻等油料作物,以及牧草和菠菜、芫荽等速生性密植蔬菜等。此外,各种作物的播前储水灌溉也常采用畦灌方法,可加大灌溉水向土壤中下渗的水量,使土壤中储存更多的水分供作物发芽出土,有利于培育壮苗。畦灌方法还可用于冲洗盐碱地,以降低土壤中的盐碱含量。

1. 畦灌的分类

根据畦田方向与地形等高线的关系,畦灌可以分为顺坡畦灌和横坡畦灌两种。地面坡度较小(小于0.01)时,畦田长边方向沿最陡地面坡度方向,即垂直于等高线布置,称顺坡畦灌。地面坡度较大(大于0.01)时,为了避免田面水流过快,畦田长边方向常与等高线斜交或平行布置,称横坡畦灌。

码2-2 教学动画:畦灌

根据畦田长度,畦灌又有长畦灌和短畦灌两种。通常,畦长大于100 m的称为长畦灌;畦长小于100 m的称为短畦灌或小畦灌。

2. 畦田布置

畦田布置应主要依据地形条件,并综合考虑耕作方向,但应保证畦田沿长边方向有一定的坡度,实际生产中通常沿地面最大坡度方向布置。一般适宜的畦田田面坡度为0.001~0.003,最大可达0.02。坡度太小,水层流动困难,灌水时间长,土壤湿润不均匀;坡度太大,水流速度快,表土易受冲刷而引起水土流失。

1)畦长

畦长应根据畦田纵坡、土壤质地及土壤透水性、土地平整情况和农业技术措施等确定。畦长过长,畦首受水时间过长,从而使畦首灌水量过多,畦首、畦尾的土壤湿润不均匀,且浪费水量;畦长过短,修畦和浇地用工多,畦埂占地多且不利于田间栽培管理。通常,畦田纵坡大的畦长宜短,纵坡小的畦长可稍长;砂质土壤,土壤透水性强,畦长宜短,黏质土壤,土壤透水性弱,畦长可以适当加长;土地平整度差,会延长水流由畦首推进到畦尾的时间,增加畦田的供水时间,加大深层渗漏,因此畦长宜短,而土地平整度高的畦田畦长可稍长。目前我国自流灌区,一般传统畦灌方法的畦长以50~75 m为宜;在提水灌区和井灌区,畦长应短一些,一般为30~50 m。

2)畦宽

畦宽主要取决于畦田的土壤平整度和入畦流量的大小,以及农业技术要求和农业机具的宽度。畦田过宽,会造成入畦单宽流量过小,水流推进速度缓慢,水流推进锋面不均匀,导致畦灌系统性能降低。当入畦流量较大,且田面平整度较高时,可适当加大畦宽。为适应机耕和机播作业,畦宽多按当地农业机具宽度整数倍确定,一般为2~4 m。在水源流量小时或井灌区,为了迅速在整个畦田田面上形成流动的薄水层,一般畦田的宽度较小,多为0.8~1.2 m。为了灌水均匀,一般要求畦田田面无横向坡度,以免水流集中而冲刷土壤。

3)畦埂

畦埂是临时性的,应与整地、播种相结合,最好采用筑埂器修筑。畦埂断面一般为三角形,高0.2~0.25 m,底宽0.3~0.4 m,引洪水灌溉的地区应适当加大些。为防止畦埂跑水,在畦田地边和路边最好修筑固定的地边畦埂和路边畦埂,其埂高不应小于0.3 m,底宽 0.5~0.6 m,顶宽 0.2~0.3 m。

(二)沟灌

沟灌是我国在地面灌溉中普遍应用于宽行作物的一种较好的灌水方法。沟灌是在作物种植行间开挖灌水沟,灌溉水由输水沟或毛渠进入灌水沟后,在流动的过程中主要借土壤毛细管作用和重力作用从沟底和沟壁向周围渗透而湿润土壤的灌水方法。

码 2-3 教学动画:沟灌

与畦灌相比,沟灌灌水后不会破坏作物根际疏松的土壤结构,不会形成严重的田面土壤板结,土壤通气良好;多雨季节,可利用灌水沟汇集地面径流,并用作排水沟及时进行排水;沟状水流仅覆盖了 1/5 的地表面,可减弱作物植株间的土壤蒸发损失,有利于土壤保墒;开灌水沟时可对作物兼起培土作用,对防止作物倒伏有显著效果。但是,沟灌需要开挖灌水沟,劳动强度较大,若采用开沟机械,则可使开沟速度加快,开沟质量提高,劳动强度减弱。

沟灌适用于灌溉宽行距的中耕作物,如棉花、玉米和薯类等作物;某些宽行距的蔬菜也采用沟灌,如番茄、茄子、黄瓜、南瓜等。

1. 沟灌的分类

(1)依据地形坡度,沟灌可分为顺坡沟灌和横坡沟灌两种。在大多数情况下,灌水沟都沿地面坡度方向,即基本上垂直于地面等高线,故称顺坡沟。但是,当地面坡度较大时,也可使灌水沟与地面坡度方向成锐角,使灌水沟能获得适宜的比降,以有利于在田间自流灌水,故称横坡沟,又称等高线沟。

(2)依据灌水垄沟断面尺寸及沟深大小,沟灌可分为深沟灌和浅沟灌两种。深沟灌常用于灌溉多年生深根行播作物;浅沟灌一般适用于土壤渗水较缓慢的土质及窄行作物。一般认为,灌水沟深度大于 0.25 m、底宽大于 0.3 m 的灌水沟,称为深灌水沟;深度小于 0.25 m、底宽小于 0.3 m 的灌水沟,称为浅灌水沟。

(3)依据灌水沟沟尾是否封闭,沟灌可分为封闭沟灌和流通沟灌两种。灌水沟沟尾用土埂封堵死的,称封闭沟。在灌溉水流入封闭灌水沟后,其在流动的过程中一部分水量下渗入土壤内;而在放水停止后,沟中仍将存蓄一部分水量,再经过一段时间,才逐渐完全渗入土壤内。所以,封闭沟适用的地面坡度应较小,一般以小于 1/200 的地区为宜。灌水沟的尾部不封闭的,称为流通沟。在灌水沟流入流通沟后,在流动的过程中全部渗入土壤内,灌水停止后,沟中不需要存蓄部分水量。因此,流通沟灌适用于地面坡度较大或地面坡度虽小但土壤透水性亦小的地区。我国沟灌主要采用封闭沟灌方法。流通沟灌在国外自动化沟灌系统中常用,但需要尾水回收再利用系统,以及相应的回收再利用装置。

2. 灌水沟布置

适宜于沟灌的地面坡度一般为 0.005~0.02。地面坡度过小,水流流速慢,土壤入渗时间长,容易造成深层渗漏而浪费水量。地面坡度也不宜过大,否则水流流速快,容易使土壤湿润不均匀,达不到预定的灌水定额。

灌水沟的布置是否合理,将对沟灌灌水质量、灌水效率、土地平整工作量以及田间灌水沟的布置等影响很大,应依据沟灌田间试验资料和群众沟灌灌水实践经验认真分析研究,合理确定。

1）灌水沟的间距

灌水沟的间距即沟距，应和沟灌的湿润范围相适应，并应满足农业耕作和栽培上的要求。

沟灌灌水时，灌溉水沿灌水沟向土壤入渗，同时受重力和毛细管力两种力的作用。其中，重力作用主要是使沿灌水沟流动的灌溉水垂直下渗，而毛细管力的作用除使灌溉水向下浸润外，亦向四周扩散，甚至向上浸润。因此，沿灌水沟断面不仅有纵向下渗湿润土壤，同时有横向入渗浸润土壤。灌水沟中纵、横两个方向的浸润范围主要取决于土壤质地及其透水性能，以及灌水沟中的水深或在灌水沟中水流的时间长短。

在砂质土壤上，灌水沟中的水流受重力作用，其垂直下渗速度较快，而向四周沟壁的侧渗速度相对较慢，所以其土壤湿润范围呈长椭圆形。在黏质土壤上，毛细管力的作用较强烈，灌水沟中水流通过沟底的垂直下渗与通过沟壁的侧渗接近平衡，故其土壤湿润范围呈扁椭圆形，如图 2-1 所示。

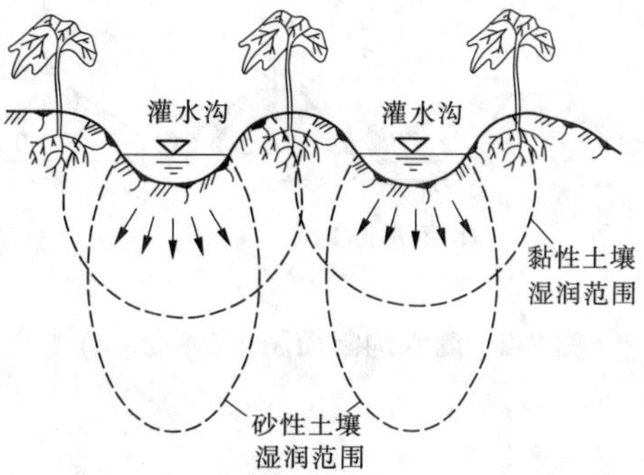

图 2-1　灌水沟土壤湿润示意图

为了使土壤湿润均匀，灌水沟的间距应使土壤的浸润范围相互连接。因此，在透水性强的砂质土壤上，灌水沟间距应较窄，多为 50～60 cm；而在透水性弱的黏质土壤上，灌水沟间距应较宽，多为 75～80 cm；中质土壤透水性居于二者之间，灌水沟间距多为 65～75 cm。

实际生产中为了方便操作，一般情况下，灌水沟间距应尽可能与作物的行距相一致。作物的种类和品种不同，其所要求的种植行距也不相同。因此，当根据土壤质地确定的灌水沟间距与作物的行距不相适应时，应结合当地具体情况，考虑作物行距要求，适当调整灌水沟的间距。

2）灌水沟的长度

由于沟灌主要是借毛细管力湿润土壤，土壤入渗时间较长，灌水沟的长度与土壤的透水性和地面坡度有直接关系。在地面坡度较大或土壤透水性较弱时，为了增加土壤入渗时间，灌水沟长度可以适当长一些。而在地面坡度较小或土壤透水性较强时，要适当缩短灌水沟沟长。根据灌溉试验结果和生产实践经验，一般砂质土壤上的灌水沟长度为 30～50 m，黏质土壤上的沟长为 50～100 m。

3)灌水沟的断面结构

灌水沟的断面形状一般为梯形和三角形。其深度与宽度应依据土壤类型、地面坡度,以及作物的种类等确定。

为防止实施沟灌时出现沟漫灌而浪费灌溉水量的现象,通常对于棉花等行距较窄(平均行距一般在0.55 m左右)的作物,要求小水浅灌,多采用三角形断面,见图2-2(a)。对于玉米等行距较宽(一般行距为0.7~0.8 m)的作物,灌水量较大,多采用梯形断面,见图2-2(b)。梯形断面的灌水沟,上口宽为0.6~0.7 m,沟深0.2~0.25 m,底宽0.2~0.3 m;三角形断面的灌水沟,上口宽为0.4~0.5 m,沟深0.16~0.2 m。灌水沟中水深一般为沟深的1/3~2/3。梯形断面灌水沟实施灌水后,往往会改变成为近似抛物线形断面,见图2-2(c)。

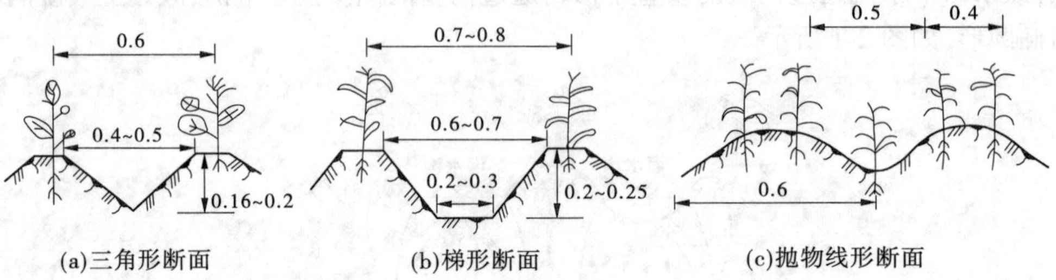

图2-2 灌水沟断面图 (单位:m)

(三)淹灌

淹灌又称格田灌,是用较高的田埂将灌溉土地划分成许多格田,灌水时先使灌溉水饱和土壤,然后在土壤表面建立并维持一定深度的水层,主要借重力作用湿润土壤的地面灌水方法。淹灌主要适用于水稻、水生蔬菜及盐碱地的冲洗改良。

淹灌要求格田有比较均匀的水层,为此要求格田田面平整,地面坡度应小于0.001,一般以0.000 5为最好。应有独立的进水口和排水口,避免串灌、串排,以提高灌水质量。

格田的形状一般为长方形或方形。格田面积依地形和土壤质地而异,在平原地区,格田一般宽25~40 m,长约100 m;在丘陵地区,格田一般宽20~30 m,长60~80 m,或者更小;田埂的高度一般为20~40 cm,顶宽30~40 cm,边坡约为1:1。冲洗和改良盐碱地用的格田,多采用宽10~20 m,长50~100 m;其田埂高度,黏质土壤应大于30 cm,砂质土壤应大于40 cm。

模块二 地面灌溉节水技术特点

地面灌溉节水技术是对传统的畦灌、沟灌的畦沟规格和技术要素等进行改进后形成的新的灌溉技术,它能有效提高灌溉水的利用率和灌水均匀度,达到节水、节能、省工、低成本、高产、稳产、环保等目的。地面灌溉节水技术包括节水型畦灌、节水型沟灌、膜上灌和波涌灌溉等类型。

对地面灌溉节水技术的基本要求有以下几个方面:

(1)保证实现定额灌水。

地面灌溉节水技术应能满足作物生长发育对水分的需求,遵循科学的灌溉制度,按照计划的灌水定额,适时适量地对作物进行灌溉。

(2)田间水的有效利用率高。

地面灌溉节水技术应能控制田间灌水全过程中各种水量的损失;应能合理而有效地利用灌溉水,节约用水。避免产生深层渗漏,尽量减少灌水后表层土壤强烈蒸发。

(3)田间灌水均匀度高,灌水质量高。

这是评价各种地面灌水方法优劣的一项重要指标。地面灌溉节水技术应使田面受水均匀,渗入田间各点的灌溉水量均匀或基本相等,计划湿润层内的深度大致相同;避免土壤计划湿润层内水分过多或者不足;维持适宜的土壤溶液浓度,避免土壤养分流失,从而促进土壤肥力的提高;尽量不冲刷田面表层土壤,不破坏或者少破坏土壤结构,保持土壤疏松而不会使表层土壤板结。

(4)高效低耗,灌水成本低。

地面灌溉节水技术应能为以后的农业耕作管理创造便利条件,为田间灌水工作逐步实施机械化与自动化奠定基础,以使人工灌水、配水的劳动强度减弱至最低限度;促使田间灌溉效率提高,田间灌水劳动生产率提高,灌水用工少,田间灌水用材料、燃料等消耗降低;占地少、灌水成本低。

(5)方便与农业技术措施密切配合。

地面灌溉节水技术必须方便与其他农业技术措施(如中耕、密植、间作套种、立体栽培种植、施肥、喷药等)密切配合,充分发挥这些农业技术措施的作用,为共同促进作物优质、稳产、高产创造有利的条件。

(6)简单经济,便于推广。

地面灌溉节水技术应简单、容易操作、便于推广。

任务二　节水型畦灌技术

近年来,我国广大灌区为节约灌溉水、提高灌水质量、降低灌水成本,推广应用了许多项先进的节水型畦灌技术,取得了明显的节水和增产效果。它主要包括小畦灌、长畦分段灌、宽浅式畦沟结合灌、水平畦灌等技术。

模块一　小畦灌灌水技术

小畦灌是我国北方麦区一项行之有效的田间节水灌溉技术,在河北、山东、河南、陕西等省均有相当规模的推广和应用,主要是指畦田“三改”灌水技术,也就是“长畦改短畦、宽畦改窄畦、大畦改小畦”的“三改”畦灌灌水技术。

(一)小畦灌灌水技术的主要技术要素

小畦灌的技术要素包括畦长、畦宽、入畦流量等,应根据不同的土壤质地、田面坡度和地下水埋深,通过对比试验选择灌水均匀度、田间水利用率及灌溉水储存率较高的灌水技术要素组合作为灌水的依据。河南省人民胜利渠引黄灌区在试验研究基础上,得出了不同土质条件下适宜的小畦灌灌水技术要素组合,见表2-1。

通常,小畦灌“三改”灌水技术适宜的技术要素为:畦田地面坡度1/1 000~1/400,单宽流量2.0~4.5 L/(s·m),灌水定额300~675 m^3/hm^2。畦田长度,自流灌区以30~50 m为宜,最长不超过70 m;机井和高扬程提水灌区以30 m左右为宜。畦田宽度,自流灌区以2~3 m为宜;机井提水灌区以1~2 m为宜。畦埂高度一般为0.2~0.3 m,底宽0.4 m左右,地头埂和路边埂可适当加宽培厚。

表2-1 畦田长度与田面坡度、土壤性质及单宽流量关系

土壤类型	不同地面坡度各技术要素取值								
	<0.002			0.002~0.01			0.01~0.025		
	畦长(m)	畦宽(m)	单宽流量[L/(s·m)]	畦长(m)	畦宽(m)	单宽流量[L/(s·m)]	畦长(m)	畦宽(m)	单宽流量[L/(s·m)]
强透水性轻质土壤	30~50	3.0	5~6	50~70	3.0	5~6	70~80	3.0	4~5
中透水性土壤	50~70	3.0	5~6	70~80	3.0	4~5	80~100	3.0	3~4
弱透水性重质土壤	70~80	3.0	4~5	80~100	3.0	3~4	100~130	3.0	2~3

(二)小畦灌灌水技术的优点

(1)节约水量、易于实现小定额灌水。

大量试验资料表明,入畦单宽流量一定时,灌水定额随畦长的增加而增大,也就是说,畦长越长,畦田水流的入渗时间越长,因而灌水量也就越大。小畦灌通过缩短畦长,减小灌水定额,一般不超过675 m^3/hm^2,可节约水量20%~30%。

(2)灌水均匀,灌水质量高。

小畦灌畦块面积小,水流流程短且比较集中,水量易于控制,入渗比较均匀,可以克服高处浇不上、低处水汪汪等不良现象。据测试,不同畦长的灌水均匀度为:畦长30~50 m时,灌水均匀度都在80%以上,符合科学用水的要求;而畦长大于100 m时,灌水均匀度则达不到80%的要求。

(3)防止深层渗漏,提高田间水的有效利用率。

小畦灌深层渗漏很小,从而可防止灌区地下水位上升,预防土壤沼泽化和土壤盐碱化发生。据灌水前后对200 cm土层深度的土壤含水量测定表明:畦长30~50 m时,未发现深层渗漏(入渗未超过1.0 m土层深度);畦长100 m,深层渗漏量较微;畦长200~300 m,深层渗漏水量平均要占灌水量的30%左右,几乎相当于小畦灌法灌水定额的50%。

(4)减轻土壤冲刷,减少土壤养分淋失,土壤板结减轻。

传统畦灌的畦块大,畦块长,灌水量大,容易严重冲刷土壤,易使土壤养分随深层渗漏而损失。而小畦灌灌水量小,有利于保持土壤结构,保持和提高土壤肥力,促进作物生长,增加产量10%~15%。

(5)土地平整费用低。

由于畦块面积小,对整个田块平整度要求不高,只要保证小畦块内平整就行了,这样既减少了大面积平地的土方工程量,又节约了平地用工量。

模块二　长畦分段灌灌水技术

长畦分段灌又称长畦短灌，是我国北方一些渠、井灌区在长期的灌水实践中摸索出的一种节水灌溉技术。灌水时，将一条长畦分为若干个横向畦埂的短畦，采用低压塑料薄壁软管或地面纵向输水沟，将灌溉水输送入畦田，然后自下而上或自上而下依次逐段向短畦内灌水，直至全部短畦灌完。长畦分段灌布置如图 2-3 所示。

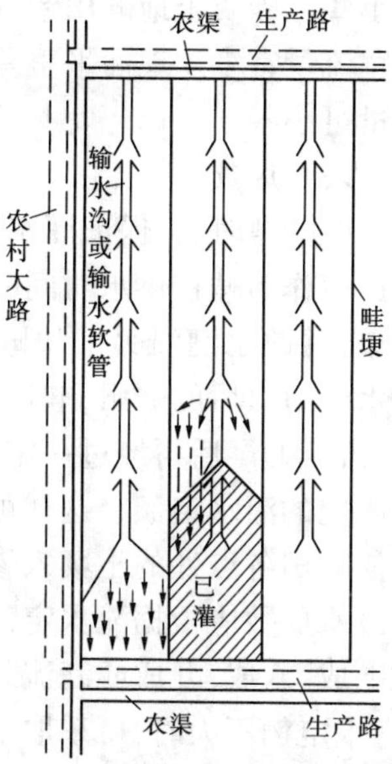

图 2-3　长畦分段灌布置示意图

长畦分段灌若用输水沟输水和灌水，同一条输水沟第一次灌水时，应由长畦尾端的短畦开始自下而上分段向各个短畦内灌水；第二次灌水时，应由长畦首端开始自上而下向各分段短畦内灌水，输水沟内一般仍可种植作物。长畦分段灌若用低压塑料软管输水、灌水，每次灌水时均可将软管直接铺设在长畦田面上，软管尾端出口放置在长畦的最末一个短畦的上端放水口处开始灌水，该短畦灌水结束后可采用软管“脱袖法”脱掉一节软管，自下而上逐个分段向短畦内灌水，直至全部短畦灌水结束。

这种方法在陕西关中西部、新疆维吾尔自治区、山东、河北和辽宁等地得到普遍推广应用。

(一) 长畦分段灌的技术要素

长畦分段灌的畦宽可以宽至 5~10 m，畦长可达 200 m 以上，一般均在 100~400 m，但其单宽流量并不增大。

这种灌水技术的要求是，正确确定入畦灌水流量、分段进水口的间距(短畦长度与间距)和分段改水时间或改水成数。

1. 单宽流量

依据畦灌灌水技术要素之间的关系可知，进入畦田的总灌水量应与计划灌水量相等，即

$$3\,600qt = mL \tag{2-1}$$

式中　q——入畦单宽流量，L/(s · m)；

t——畦首处畦口的供水时间，h；

m——灌水定额，mm；

L——畦长，m。

由式(2-1)即可计算已知畦田长度情况下的入畦单宽流量。

由式(2-1)可知，在相同的土质、地面坡度和畦长情况下，入畦单宽流量的大小主要与灌水定额有关。因此，可在不同条件下引用不同的入畦单宽流量，以控制达到计划的灌水定额。地面坡度大的畦田，入畦单宽流量应选小些；地面坡度小的畦田，入畦单宽流量则可选大些。如在相同地面坡度条件下，畦田长，入畦单宽流量可大些；畦田短，入畦单宽流

量可小些。砂质土地畦田渗水快,入畦单宽流量应大;黏重土地或壤土地畦田渗水慢,入畦单宽流量宜小。地面平整差的畦田,入畦单宽流量可大些;地面平整好的畦田,入畦单宽流量可小些。

2. 改水成数

实施畦灌时,为保证灌水均匀,通常采用改水成数法,即以畦田薄水层水流长度与畦长的比值作为畦首供水时间的依据,即当薄层水流到达畦长的一定距离时就封堵该畦田入水口,并改水灌溉另一块畦田。例如,薄层水流流至畦长的80%时,封口改水,即为八成改水。封口后的畦田,畦口虽已停止供水,但畦田田面上剩余薄层水流仍将继续向畦尾流动,流至畦尾后再经过一定时间,畦尾存水刚好全部渗入土壤,以使整个畦田湿润土壤达到既定的灌水定额。这样可使畦田上的薄层水流在畦田各点处的滞留时间大致相等,从而使畦田各点处的土壤入渗时间和渗入土壤中的水量大致相等。

改水成数应根据灌水定额、土壤性质、地面坡度、畦长和单宽流量等条件确定,一般可采取七成、八成、九成或满流封口(十成)改水措施。当土壤透水性较小,畦田田面坡度较大,灌水定额不大时,可采取七成或八成改水措施;当土壤透水性强,畦田田面坡度小,灌水定额又较大时,应采取九成改水措施。封口过早,会使畦田灌水不足,甚至无水;封口过晚,畦尾又会产生跑水、积水现象,浪费灌溉水量。总之,正确控制封口改水,可以防止畦尾漏灌,或发生跑水流失。据各地灌水经验,在一般土壤条件下,畦长50 m时宜采取八成改水措施,畦长30~40 m时宜采取九成改水措施,畦长小于30 m时应采取十成改水措施。

3. 分段进水口的间距

根据水量平衡原理及畦灌水流运动基本规律,在满足计划灌水定额和十成改水措施的条件下,计算分段进水口间距的基本公式如下:

对于有坡畦灌

$$L_0 = \frac{40q}{1+\beta_0}\left(\frac{1.5m}{K_0}\right)^{\frac{1}{1-\alpha}} \tag{2-2}$$

对于水平畦灌

$$L_0 = \frac{40q}{m}\left(\frac{1.5m}{K_0}\right)^{\frac{1}{1-\alpha}} \tag{2-3}$$

式中 L_0——分段进水口间距,m;

q——入畦单宽流量,L/(s·m);

m——灌水定额,m^3/亩;

K_0——第一个单位时间内的土壤平均入渗速度,mm/min;

α——入渗递减系数;

β_0——地面水流消退历时与水流推进历时的比值,一般β_0=0.8~1.2。

长畦分段灌灌水技术要素可以参照表2-2。

(二)长畦分段灌灌水技术的优点

正确应用长畦分段灌,能达到省水、省地、灌水均匀度高、灌溉水有效利用率高的目的。实践证明,长畦分段灌是一种良好的节水型灌水方法,它具有以下优点。

1. 节水

长畦分段灌灌水技术可以实现灌水定额450 m^3/hm^2 左右的低定额灌水,灌水均匀度、田间灌水储存率和田间灌水有效利用率均大于80%,且随畦长而增大。与畦田长度相同的传统畦灌方法相比较,可节水40%~60%,田间灌水有效利用率可提高1倍左右或更多。

表2-2 长畦分段灌灌水技术要素参考

序号	输水沟或灌水软管流量(L/s)	灌水定额(m^3/亩)	畦长(m)	畦宽(m)	单宽流量[L/(s·m)]	单畦灌水时间(min)	长畦面积(亩)	分段长度×段数(m×段)
1	15	40	200	3	5.00	40.0	0.9	50×4
				4	3.76	53.3	1.2	40×5
				5	3.00	66.7	1.5	35×6
2	17	40	200	3	5.67	35.0	0.9	65×3
				4	4.25	47.0	1.2	50×4
				5	3.40	58.8	1.5	40×5
3	20	40	200	3	3.67	30.0	0.9	65×3
				4	5.00	40.0	1.2	50×4
				5	4.00	50.0	1.5	40×5
4	23	40	200	3	7.67	26.1	0.9	70×3
				4	5.76	34.8	1.2	65×3
				5	4.60	43.5	1.5	50×4

2. 省地

长畦分段灌灌溉设施占地少,可以省去1~2级田间输水渠沟,且畦埂数量少,可以减少田间做埂的用工量,同时节约耕地。

3. 适应性强

与传统的畦灌方法相比,可以灵活适应地面坡度、糙率和种植作物的变化,可以采用较小的单宽流量,减小土壤冲刷。

4. 易于推广

该技术投资少,节约能源,管理费用低,技术操作简单,因而经济实用,易于推广应用。

5. 便于田间耕作

田间无横向畦埂或渠沟,方便机耕和采用其他先进的耕作方法,有利于作物增产。

模块三 宽浅式畦沟结合灌灌水技术

宽浅式畦沟结合灌灌水技术是一种适应间作套种或立体栽培作物“二密一稀”种植

的灌水畦与灌水沟相结合的灌水技术。这是一种节水、高产、低成本的优良灌水技术,近年来在河南、陕西等省得到了推广应用。

(一)宽浅式畦沟结合灌灌水技术的应用

宽浅式畦沟结合灌灌水技术主要是把畦田田面和灌水沟相间交替更换使用,分别用于间作套种的不同作物的种植和灌溉。以常见的小麦和夏播玉米为例说明。

1. 做畦

畦田田面宽为 40 cm,可以种植两行小麦(“二密”),行距 10~20 cm。

2. 小麦的播种与灌溉

小麦播种于畦田后,可以采用常规畦灌或长畦分段灌灌水技术灌溉,见图 2-4(a)。

3. 套种玉米

小麦乳熟期,在每隔两行小麦之间开挖浅沟,套种一行玉米(“一稀”),套种的玉米行距为 90 cm。在此期间,当遇干旱、土壤水分不足,或遇有干热风时,可利用浅沟灌水,灌水后借浅沟湿润土壤,为玉米播种和发芽出苗提供良好的土壤水分条件,见图 2-4(b)。

4. 畦田田面更换为灌水沟

小麦收获后,玉米已近拔节期。可在小麦收割后的空白畦田田面处开挖灌水沟,并结合玉米中耕培土,把从畦田田面上挖出的土壤附在玉米根部,就形成了垄梁及灌水沟沟埂,而原来的畦田田面则成为灌水沟沟底。这样,灌水沟的间距正好是玉米的行距,灌水沟的上口宽则为 50 cm,见图 2-4(c)。

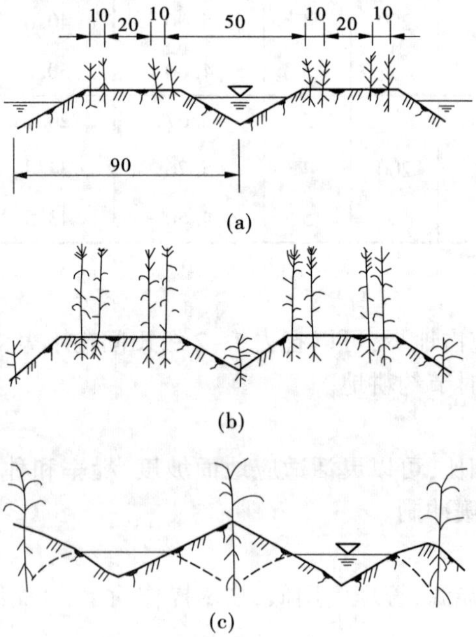

图 2-4　宽浅式畦沟结合灌灌水示意图　(单位:cm)

这种做法既可使玉米根部牢固、防止倒伏,又能多蓄水分,增强耐旱能力。

(二)宽浅式畦沟结合灌灌水技术的优点

1. 节水、灌水均匀度高

该技术灌水均匀度高,灌水量小,一般灌水定额 35 m^3/亩左右即可,而且玉米全生育期灌水次数比一般玉米地还可以减少 1~2 次,耐旱时间较长。

2. 破坏土壤结构少

灌溉水流入浅沟以后,就由浅沟沟壁向畦田土壤侧渗湿润土壤,对畦田田面的土壤结构破坏少,能保持土壤疏松透气,有利于作物根系的生长。

3. 蓄水保墒效果好

在把畦田田面更换为灌水沟的同时,对玉米进行了中耕培土,有利于玉米根部土壤水分的保持,保墒效果好,同时提高了玉米抗倒伏能力。

4. 提高作物产量和经济效益

"二密一稀"的种植方式使得田间作物的通风透光得到改善,有利于作物的生长。采用这种技术,还能促使玉米适当早播,解决了小麦、玉米两茬作物"争水、争时、争劳"的尖锐矛盾。适当早播延长了玉米的生长期,且在实际生产中,施肥集中,养分利用充分,有利于两茬作物获得高产、稳产。

该技术能获得较好的节水效果和经济效益,是我国北方广大旱作物灌区值得推广的节水灌溉技术,但是,它也存在一定的缺点,主要是田间沟、畦多,沟和畦要轮番交替更换,劳动强度较大,费工也较多。

模块四　水平畦灌灌水技术

水平畦田灌水技术,即水平畦灌,是建立在激光控制土地平整技术应用基础上的,田块纵向和横向两个方向的田面坡度均很小或为零时,短时间内供水给大面积田块的一种新的地面节水灌溉技术。采用这种方法实施灌水时,通常要求引入畦田的单宽流量很大,以使进入畦田的薄水层水流能在很短时间内迅速覆盖整个畦田田面,并主要以重力作用逐渐渗入到作物根系土壤区内。

(一)水平畦灌灌水技术的特点

水平畦灌是一种节约灌溉用水的先进灌水技术,其主要特点如下。

1. 水平田面

畦田田面各方向的坡度都很小(≤1/3 000)或为零,整个畦田田面可看作水平田面。所以,水平畦田上的薄层水流在田面上的推进过程将不受畦田田面坡度的影响,而只借助于薄层水流沿畦田流程上水深变化所产生的水流压力向前推进。

2. 入畦流量大

进入水平畦田的总流量很大,以便入畦的薄层水流能在短时间内迅速布满整个畦田地块。

3. 静态入渗

进入水平畦田的薄层水流主要以重力作用、静态方式逐渐渗入到作物根系土壤区内,而与一般畦灌主要靠动态方式下渗不同,故它的水流消退曲线为一条水平直线。

4. 节水、灌水均匀度高

由于水平畦田首末两端地面高差很小或为零,所以对水平畦田田面的平整度要求很高,因而一般情况下,水平畦田不会产生田面泄水流失或出现畦田首端入渗水量不足及畦田末端发生深层渗漏现象,灌水均匀度高。在土壤入渗速度较低的条件下,灌溉田间水利用率可达98%以上,一般可节水20%以上。

水平畦灌适用于所有种类作物和各种土壤条件的灌溉。水平畦灌尤其适用于土壤入渗速度比较低的黏性土壤,同时是适用于砂性土壤的一种良好的节水方法。

水平畦灌目前主要在美国等一些发达国家推广应用,由于我国一直采用常规机械平地设备进行土地粗平,田面平整精度难以满足大面积田块进行水平畦灌的要求,因此水平畦灌在我国还没有得到广泛应用。应结合我国国情,在对现有田间灌溉工程进行必要改进与配套的基础上,采用激光控制土地平整技术完成对现有畦块的田面平整工作,以使水平畦灌这一先进的节水灌溉技术得到广泛应用。

(二)激光控制平地技术

激光控制平地技术是目前世界上最先进的土地平整技术。它利用激光辐射在田面上方形成的平面作为操平的控制标准,使用液压控制系统自动地、敏捷地控制平地铲的升降,实施土地的精平作业。该法具有自动化操作、平地精度高、作业效率高等突出的优点。激光控制平地作业适宜在采用常规机械平地设备完成粗平的基础上开展田面的精平,显著改善地面的微地形条件,实现高精度的土地平整。

1. 激光控制平地设备构成

激光控制平地设备一般由4个基本的部分构成:激光发射器、激光接收器、控制器、平地铲运设备和牵引设备(见图2-5)。

1)激光发射器

激光发射器是一个由电池驱动的激光发生器,被水平地安装在矗立于田间的三角支架上。该发射器高速旋转时,可在田面上方产生激光平面,作为平整土地作业的参照面,替代常规土地平整中利用地面高程测量得到的、由不连续网格点构成的平整作业基准面。这个参照面是由激光束构成的光学平面,不受田间平整作业活动的影响和干扰。

2)激光接收器

激光接收器是垂直安装在平地铲运设备桅杆上的、接收来自激光发射器信号的接收器,由具有中心控制点的一系列微感应检测器构成。在平地作业过程中,来自激光发射器的光束首先被激光接收器检测,确定此时激光参照面与激光接收器中心控制点间的相对距离,随后向控制器发出调整信号,由控制器指挥平地铲运刀口的升降,始终保持激光接收器的中心控制点与激光参照面在同一平面内。

3)控制器

控制器安装在拖拉机内,其功能是根据激光接收器传递的位置调整信息,控制液压系统不断地上下调节行进中平地铲刀口的位置,完成对田面挖方和填方的操作。

4)平地铲运设备和牵引设备

平地铲运设备由铲运机具和液压升降控制系统构成,牵引设备为各种类型的拖拉机。

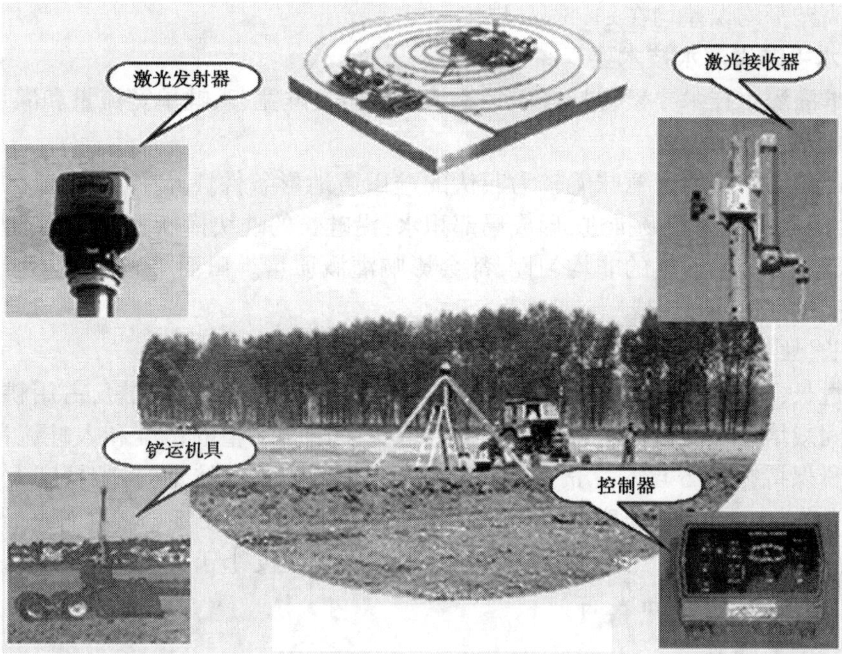

图 2-5　激光控制平地设备构成示意图

2. 激光控制平地作业原理

激光控制平地技术是利用激光作为非视觉控制手段代替常规机械平地设备中操作人员的目测判断能力,控制液压平地铲运机具的升降高度,达到精准平地的效果。

激光控制平地作业时,一旦铲运机具刀口的初始位置根据平地设计高程确定后,无论田面的地形现状如何起伏,受激光发射与接收系统的影响,控制器始终令液压升降系统将铲运刀口与平地控制参照面间的距离保持在某一恒定值 b。平地过程中,当铲运刀口位置处的地面高程高于设计高程时,激光接收器感应到此时的刀口与控制参照面的距离小于 b 值,则控制器通过液压系统迫使铲运刀口下降,直到激光平面与刀口间的距离恢复到 b 值,铲运刀口下降后挖掘的土方,将被铲运机具装载供填方之需;反之,刀口会抬升,卸载装运的土方,填埋田间洼地。这样在田块内按一定行进规律做往复运动,逐步完成对整个地块的自动平整作业。

3. 激光控制平地作业效率和平整精度

激光控制平地机械的作业效率和平整精度都相当高,如美国的 CAM3C0 激光平地机,功率为 132.3 kW(180 马力),每台班 8 h 可以精平 5~15 hm^2 的土地,能完成 2 500~5 000 m^3 的平地土方量,其平整精度可达到最大误差在±3 cm 以内。但从充分发挥作业效率的特点出发,激光控制平地技术较为适宜在地面平整状况绝对改善度(田面平整后和平整前的地面高程标准偏差值的差值)不太大(<5 cm)的条件下应用,因此主要用于改善田面的微地形条件。

对于水平畦田的土地平整程度,美国土地保持局要求的标准是,80%的水平畦田地块田面平均高差应在±1.5 cm 以内。实际上,利用激光控制的平地铲运机平整土地,其平整后的地面高差平均误差均在±1.5 cm以内。

(三)水平畦灌灌水技术要素

水平畦灌灌水技术要素包括畦田平整精度、畦长、畦宽、入畦单宽流量和灌水时间等。

1.畦田平整精度

较差的田面平整精度意味着较为起伏的畦田微地形条件。其中,沿纵坡方向的田面不平整,会阻碍水流的顺畅推进,形成局部积水;沿畦长的畦块横断面方向上,地面的凸凹不平会引起水分入渗深度的非均匀性,都会影响灌溉质量。田面平整精度小于2 cm时,可获得很高的灌溉质量。

2.畦长、畦宽

畦块过长,田间微地形条件会对灌溉质量产生不利影响;畦块过短,占用耕地较多且不利于田间栽培管理。选择适宜的畦宽主要取决于田面平整的精度和入畦流量的大小。在入畦流量保持在3~5 L/(s·m)的范围内,当地面平整状况较差(平整精度大于10 cm)时,畦长宜为30~50 m,畦宽为1~2 m;当地面平整精度在5 cm左右时,畦长可为50~70 m,畦宽为2~3 m;当地面平整状况较好(平整精度小于2 cm)时,畦长可增大到100 m,畦宽可扩大到10 m左右。

3.入畦单宽流量

较大的入畦单宽流量能加快水流在畦田内的推进速度,缩短推进历时,使水分沿畦长的入渗分布更为均匀,有利于提高灌溉效率和灌水均匀度;但入畦单宽流量过大容易对畦面土壤产生冲刷。应根据田间土壤质地,并结合畦块宽度选择,一般以3~5 L/(s·m)为宜,最大值不超过5 L/(s·m)。

4.灌水时间

灌水时间过长易造成灌水过量,且会使畦田水分入渗分布不均匀,灌溉效率和灌水均匀度下降。应依据设计条件确定合理的灌水时间,并加强田间灌溉管理。

模块五　畦灌灌水技术参数优化

影响畦灌节水效果的关键是灌水技术参数,通过分析影响土壤入渗能力的各种因素及其机制,利用数学理论和计算机模拟技术,建立地面灌溉效果优化模型,确定不同土壤条件下的地面灌溉优化灌水技术参数,从而提高灌溉水利用率。

第一,收集调查灌区的畦田规格、水源类型、土地平整程度、灌水定额、灌水时间、灌水次数、改水成数、土壤地面比降、灌溉水利用率、作物生育阶段、灌溉目的等相关参数;收集、测定各类灌区、各类地形条件下的土壤质地、土壤容重、土壤有机质含量,各种情况下的土壤含水量;做各种土壤条件下的土壤入渗试验。

第二,根据各试验区的试验数据建立土壤入渗能力及土壤入渗参数预报模型;收集不同土壤及耕作条件,对各种不同土壤的土壤入渗能力及参数进行实时预报,确定不同耕作条件下的土壤入渗参数。

第三,选择地面水流运动模拟模型,利用计算机对地面灌溉进行水流模拟,建立地面灌溉灌水技术参数优化模型。

第四,将所得到的土壤入渗参数代入地面水流运动模拟程序,选取不同的畦田规格、地面坡降、灌水定额、单宽流量等灌水参数,利用地面灌溉灌水技术参数优化模型,对灌水技术参数进行优化。主要包括以下两种方式。

(一)优化各种土壤条件下的畦田长度

由于土壤水分入渗参数的空间变异性,不同的土壤质地,不同的耕作条件,在给定入畦单宽流量的条件下,达到最佳灌溉效果所要求的畦田长度不同。考虑农田灌溉的实际情况,地面灌溉条件下的优化技术参数的确定按如下思路考虑:首先综合考虑田间供水流量大小,根据地形条件选择畦田宽度,确定进入畦田的单宽流量;其次在不同的作物生长期,依据相应的土壤入渗能力、计划灌水定额等分别优化各次灌水的畦田长度,使每次灌溉达到最佳的灌溉效果,为长畦短灌提供依据。

(二)优化各种土壤条件下的单宽流量

畦灌条件下的优化入畦单宽流量的基本思路是:首先综合考虑田间灌溉网的布置、地形条件确定灌水畦田长度;其次在不同的作物生长期,依据相应的土壤入渗能力、计划灌水定额等分别优化各次灌水的单宽流量,使每次灌溉达到最佳的灌溉效果。

任务三　节水型沟灌技术

模块一　细流沟灌技术

细流沟灌是用短管(虹吸管)或从输水沟上开一小口引水,流量较小,单沟流量为0.1~0.3 L/s。灌水沟内水深一般不超过沟深的1/2,为1/5~2/5沟深。因此,细流沟灌在灌水过程中,水流在灌水沟内边流动边下渗,直到全部灌溉水量均渗入土壤计划湿润层内为止,一般放水停止后在沟内不会形成积水,属于在灌水沟内不存蓄水的封闭沟类型。

(一)细流沟灌的形式

细流沟灌的形式一般有如下三种。

1. 垄植沟灌

垄植沟灌是在田间顺地面最大坡度方向做垄,作物播种或栽植在垄背上[见图2-6(a)]。第一次灌水前在行间开沟,用于作物灌溉。这种形式适合于雨量大而集中的地区,所开的沟可作为排水沟使用,能有效防止作物遭受涝害和渍害,大部分果实类蔬菜作物,如番茄、茄子、黄瓜等多采用这种形式。

2. 沟植沟灌

沟植沟灌是在灌水前先开沟,并在沟底播种或栽植作物(中耕作物一行,密植作物三行),其沟底宽度应根据作物要求的行距和行数而定[见图2-6(b)]。沟植沟灌中所开的沟可起到一定的防风作用,最适应于风大而又有冻害的地区。

3. 混植沟灌

混植沟灌是在垄背及灌水沟内都种植作物[见图2-6(c)]。这种形式不仅适用于中耕作物,也适用于密植作物。

(二)细流沟灌技术要素

细流沟灌技术要素主要包括入沟流量、沟的规格、放水时间等。

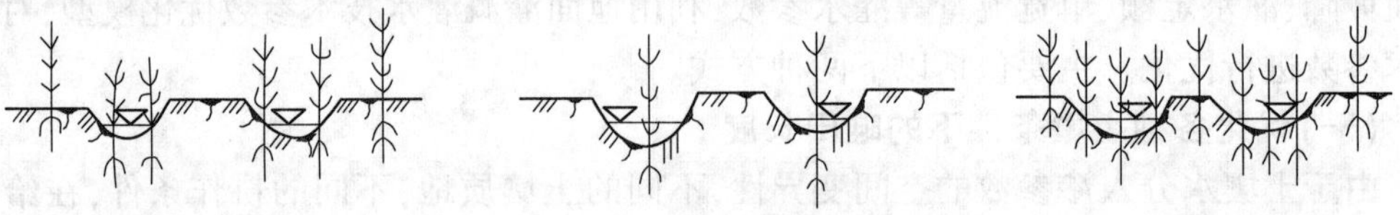

(a)垄植沟灌　(b)沟植沟灌　(c)混植沟灌

图 2-6　细流沟灌形式

1. 入沟流量

入沟流量控制在 0.2~0.4 L/s 最为适宜;入沟流量大于 0.5 L/s 时沟内将产生严重冲刷,湿润均匀度差。

2. 沟的规格

沟的规格包括沟长、沟宽、沟深和间距。

(1) 沟长。壤土、砂壤土,地面坡度在 0.01~0.02 时,沟长一般控制在 60~120 m。

(2) 沟宽、沟深和间距。灌水沟应在灌水前开挖,以免损伤作物秧苗,沟断面宜小,一般沟底宽 12~13 cm,上口宽 25~30 cm,深度 8~10 cm,间距 60 cm。

3. 放水时间

细流沟灌主要借毛细管力下渗,对于壤土和砂壤土,一般采用十成改水;土壤透水性差的黏性土壤,可以允许在沟尾稍有余水。

(三) 细流沟灌的优点

1. 土壤结构破坏小

由于沟内水浅,流动缓慢,主要借毛细管作用浸润土壤,水流受重力作用湿润土壤的范围小,所以对保持土壤结构有利。

2. 地面蒸发量减少

与存蓄水的封闭沟灌相比,蒸发损失量可减少 2/3~3/4。

3. 表层土温提高

与存蓄水的封闭沟灌相比,可使土壤表层温度提高 2 ℃左右。

4. 保墒效果好

湿润土层均匀,而且深度大,保墒时间长。

模块二　沟垄灌灌水技术

沟垄灌灌水技术是在作物播种前,根据其行距要求,先在田块上每隔两行作物做成一个沟垄,在垄上种植两行作物,则垄间就形成灌水沟,留作灌水使用,如图 2-7 所示。灌水时,主要靠灌水沟内的旁侧土壤毛细管作用渗透湿润作物根区的土壤。

沟垄灌灌水技术多适用于棉花、马铃薯等薯类作物或宽窄行相间种植的作物,既可以抗旱,又能防渍涝。

沟垄灌灌水技术的主要优点在于:

(1) 灌水沟垄部位的土壤疏松,通气状况好,土壤保持水分的时间持久,有利于抗御干旱。

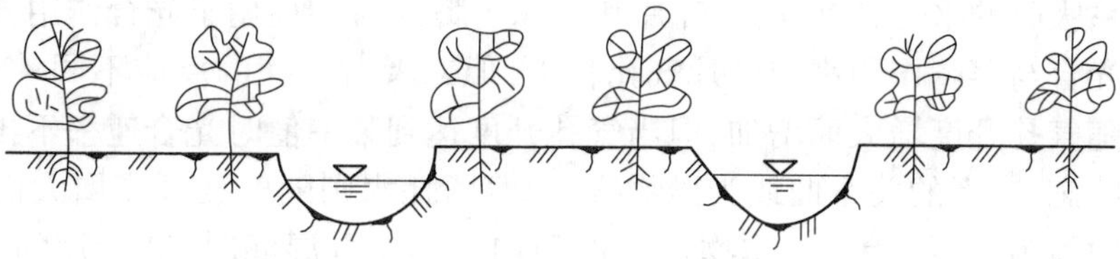

图 2-7　沟垄灌示意图

(2)作物根系区的土壤温度较高。

(3)灌水沟垄部位土壤水分过多时,可以通过沟侧土壤向外排水,土壤和作物不容易发生渍涝危害。

但该技术也存在缺点,主要是修筑沟垄比较费工,沟垄部位蒸发面大,容易跑墒。

模块三　沟畦灌灌水技术

沟畦灌类似于宽浅式畦沟结合灌灌水方法。这种沟畦灌是以三行作物为一个单元,把每三行作物中的中行作物行间部位处的土壤,向两侧的两行作物根部培土,形成土垄,而中行作物只对单株作物根部周围培土,这样,行间就形成浅沟,留作灌水时使用,如图 2-8 所示。

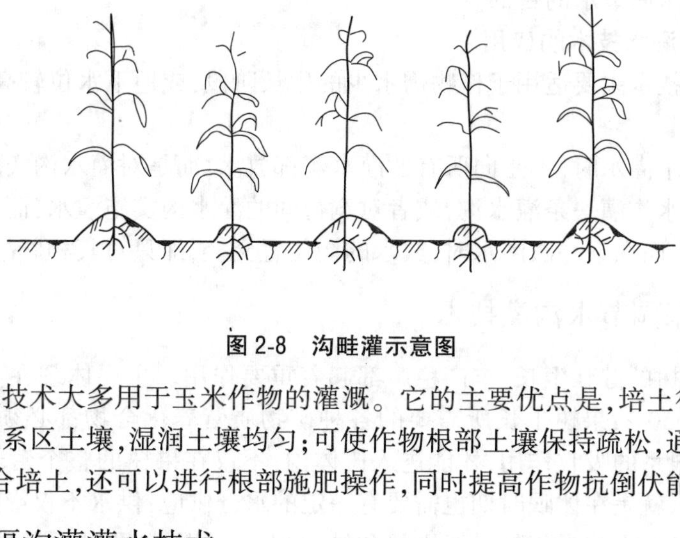

图 2-8　沟畦灌示意图

沟畦灌灌水技术大多用于玉米作物的灌溉。它的主要优点是,培土行间以旁侧入渗方式湿润作物根系区土壤,湿润土壤均匀;可使作物根部土壤保持疏松,通气性好,利于根系下扎生长;结合培土,还可以进行根部施肥操作,同时提高作物抗倒伏能力。

模块四　隔沟灌灌水技术

隔沟灌是建立在控制性分根交替灌溉理论基础之上的一种灌水新方法,是通过改变灌水方式与作物根区土壤的湿润方式,利用作物根系生长的向水性,控制性地隔沟灌溉作物的节水灌溉技术。

(一)隔沟灌灌水技术原理

研究证明,作物根系能选择性地从局部的水分有效区域吸水,而且其吸水的速率大大超过根区湿润时的速率;作物根系经过一定程度的水分胁迫锻炼,重新复水后,其水分传导还会高于未经受水分胁迫锻炼的,根系吸水存在明显的补偿效应。

作物根系吸收的水分,99%用于叶片和植株蒸腾,仅有1%用于光合作用,形成光合产物。作物的光合与蒸腾作用都与叶片气孔相关,但二者对气孔的反应不同。光合速率在一定范围内随气孔开度增大而增加,但当气孔开度达到某一值时光合速率不再明显增加,即达到饱和状态,二者的关系曲线为抛物线;而蒸腾耗水则随气孔开度增大而线性增加,二者的关系曲线为直线。因此,作物根区得到均匀和充分湿润时,其叶片的气孔开度较大,蒸腾耗水量最大,但单位水分消耗所产生的二氧化碳同化物却保持在饱和水平,光合效率相对较低,即水分利用效率较低。反之,由充分供水到一定程度地限制根区供水,即使作物叶片气孔开度出现一定程度的变小,其光合速率也不会下降或下降幅度较小,而蒸腾耗水则会大量减少。所以,适当地减少对作物根区的供水,不会对其光合速率产生显著的负面影响,却能节约灌水量、提高水分利用效率。

作物根区土壤干燥,即作物受到水分胁迫时,根系中就产生一种水分胁迫信号物质ABA(脱落酸),其浓度或强度随干旱的加剧而增加,叶片感应到这种干旱信号后,会及时调节其气孔保持最适开度,以减少水分的奢侈消耗,最大限度地获得作物光合产物的积累,提高作物水分利用效率。

隔沟灌灌水技术就是通过对灌水沟实施间隔放水,改变根区土壤湿润方式,刺激作物根系吸收补偿功能及作物部分根系处于水分胁迫时ABA浓度的变化,以调节气孔开度,达到减少蒸腾耗水而节水的目的。

(二)隔沟灌灌水技术的应用

隔沟灌灌水技术主要适用于作物需水少的生长阶段,或地下水位较高的地区,以及宽窄行种植作物。

采用这种技术灌水时,不是向所有的灌水沟都放水,而是对灌水沟实施间隔放水。一般是间隔一条灌水沟灌一条灌水沟,或者对宽行间的灌水沟实施灌水,而对窄行间的灌水沟则不进行灌水;而在下一次灌水时,放水的沟位置交换,即只对其相邻的灌水沟灌水。

模块五　果园节水沟灌技术

水对不同果树的健壮生长、丰产稳产都起着重要作用。主要体现在:果树树根、枝及叶中的含量约为50%;果树生长所需要的各种矿物质营养化合物都必须溶解在水中,呈离子状态,通过根系的吸收作用,才能进入树体内;不仅在果树的整个营养生长期需要有足够的水分供应,就是在休眠时期也需要有一定的水分供应;供水不仅影响果树当年的生长结果状态,而且会影响来年的果树生长和结果,甚至会影响果树的寿命。因此,无论对何种类型和特点的果园,都必须合理地进行及时而适量的灌溉,这是果园管理中极为重要的一项措施。

(一)果树的灌水时期

果树的灌水时期一般根据果树在生长期内各个物候期的需水要求及土壤水分变化的规律等确定。每次灌水应在果树未受到缺水影响以前进行,若果树已从形态上显露出缺水时再灌溉,会对果树的生长和结果造成不可弥补的损失。果树的适宜灌水时期大体上可分为花前水、花后水、花芽分化水、休眠期灌水。

1. 花前水

花前水又称催芽水。在果树发芽前后到开花前期，若土壤中有充足的水分，将会加强新梢的生长，加大叶片面积，增强光合作用，并使开花和坐果正常，为当年丰产打下基础。因此，春旱地区，花前灌水是促进果树萌芽、开花、新梢叶片生长，以及提高果树坐果率的有效措施。一般可在果树萌芽前后进行灌水，但以提前尽早灌水效果更好。

2. 花后水

花后水又称催梢水。果树新梢生长和幼果膨大期是果树的需水临界期，此时期果树的生理机能最旺盛。若土壤水分不足，果树叶片因强烈蒸腾而吸收幼果水分，致使幼果的膨大受到影响，出现皱缩和脱落；根系的吸收作用也会受到影响，果树生长减弱，产量显著下降。因此，这一时期若遇干旱，应及时进行灌溉，对加强新梢迅速生长、提高坐果率，并促使幼果膨大有显著作用，是保证果树高产稳产的关键水，一般可在落花后 15 d 至生理落果前进行灌水。在南方多雨地区，此时期正值梅雨季节，应特别注意果园的排水工作。

3. 花芽分化水

花芽分化水又称成花保果水。对多数落叶果树而言，此时正值果实迅速膨大期及花芽大量分化期，应及时灌水。这样既可以满足果实膨大对水分的要求，保证提高当年产量，又能促进花芽健壮分化，形成大量有效花芽，为来年丰产创造条件。

4. 休眠期灌水

休眠期灌水又称冬灌。一般在冬季土壤封冻前灌水，可起到防旱御寒作用，保证果树安全越冬，也有利于花芽发育，并在土壤中储足水分，促使肥料分解，有利于果树次年春天生长。我国北方地区，冬春比较干旱，更有必要进行冬灌。

通常，果树在一般年份的上述各个灌水时期需各灌水一次，即可满足果树在该时期的需水要求。一般认为，在果树生长期的前半期应充足供水，以利生长发育和结果；在果树生长期的后半期要适当控制水分，以使果树逐渐停止生长，适时进入休眠期，做好越冬准备。若果园内土壤含水量降低到田间持水量的 50%，则必须及时进行灌水。

（二）果园节水沟灌技术要素与优点

沟灌是果园地面灌溉中较为合理的一种灌水方法，它是在整个果园的果树行间开灌水沟，由输水沟或输水管道供水灌溉，如图 2-9 所示。

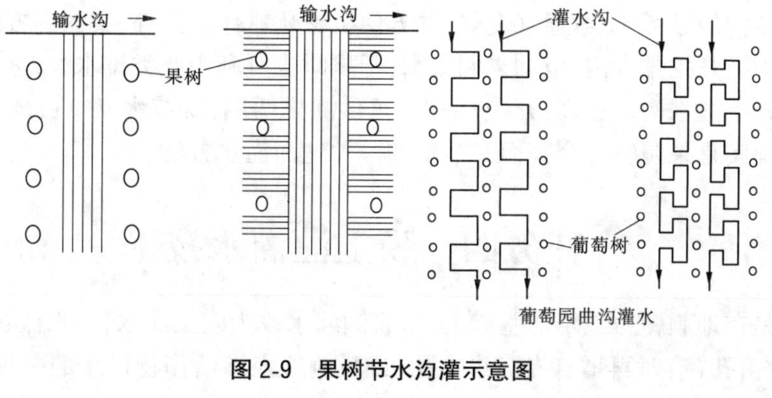

图 2-9　果树节水沟灌示意图

1. 果园节水沟灌技术要素

果园节水沟灌技术要素包括灌水沟的布置、规格、单沟流量等。

1) 灌水沟的布置

灌水沟的比降以不使灌水沟遭受冲刷为宜。在坡度较陡的地区,灌水沟可接近平行于等高线布置。

距离果树树干最近的灌水沟,在幼龄果园内为50~80 cm;结果果园的距离为100~150 cm。

对于密植果园,在每一果树行间开一条灌水沟即可。对于稀植果园,若为黏重土壤,可在每行果树间每隔100~150 cm开一条灌水沟;若为轻质土壤,则每隔75~100 cm开一条灌水沟。灌溉结束,可以将灌水沟填平。

灌水沟除在果树行间开挖封闭式纵向深沟外,也可由总沟分出许多封闭式的横向短沟,以布满树根所分布的面积上。灌水沟还可以采用弯曲形沟布置形式。

2) 灌水沟的规格

(1)灌水沟的间距。应视土壤类型及其透水性而定。一般易透水的轻质土壤,沟距为60~70 cm;有结构的中壤土和轻壤土,沟距为80~90 cm;黏重土壤上的沟距为100~120 cm。

(2)灌水沟的长度。在土层厚、土质均匀的果园,可达130~150 m;若土层浅、土质不均匀,沟长不宜大于90 m。

(3)灌水沟的深度。依据灌水沟距果树树干的远近而定,距离树干远的灌水沟应深些,距离树干近的灌水沟应浅些。一般灌水沟深20~25 cm,近树干的灌水沟沟深12~15 cm。

(4)横向短沟规格。横向短沟长度,3~5年的果树为3~4 m;5~6年的果树为4~6 m。短沟沟距一般为1.0 m,沟深15~20 cm,距树干最近的沟应离树干50 cm以上。

3) 灌水沟的单沟流量

灌水沟的单沟流量通常为0.5~1.0 L/s。

2. 果园节水沟灌技术的优点

果园节水沟灌技术的主要优点是:湿润土壤均匀,灌溉水量损失小,可以减少土壤板结和对土壤结构的破坏,土壤通气良好,并方便机械化耕作。另外,我国南方雨水较多,一般平地果园均需开挖排水沟,以利果园排水;干旱时也可利用此类排水沟,进行蓄水浸灌,而无须再另开挖灌水沟。这样,开挖"一沟"可供灌排两用,既节水又少占地,增产效果很显著。沟灌确实是果园较为合理而又节水的一种地面灌水方法。

任务四　膜上灌灌水技术

膜上灌是在地膜覆盖栽培的基础上,把膜侧灌水改为膜上灌水,使水流在膜上推进过程中,通过放苗孔(有时再增打专门渗水孔)或膜侧缝入渗给作物供水的一种局部灌水技术。它是畦灌、沟灌和局部灌水方法的综合。

模块一　膜上灌灌水技术的特点

膜上灌是通过放苗孔或膜侧缝入渗来给作物供水的,实际上是把传统的浇灌作物种植区域的田地,变成直接浇灌作物。这种供水方式改善了作物的生长发育环境,同时提高了灌溉水的有效利用率,节水增产效果显著。该技术的特点主要体现在以下几个方面。

(一)节水效果明显

许多研究结果表明,膜上灌较传统的地面灌溉可节水 30%~50%,最高可达 70%。节水原因主要如下:

(1)膜上灌是可控的局部灌溉,平均施水面积(放苗孔和渗水带)仅为传统沟(畦)灌灌水面积的 2%~3%,其余 97%~98%的面积均依靠灌水孔的旁渗浸润来进行灌溉,所以克服了灌水过程中的深层渗漏。

(2)灌水时水流由膜上或膜侧推进,降低了沟(畦)田面上的糙率,促使水流推进速度加快,推进距离与时间呈幂函数规律,减少了深层渗漏。

(3)相对于常规地面灌溉来说,膜上灌是利用地膜上的放苗孔和附加孔灌水,入膜流量和灌水定额都比较小。例如试验表明,当机井出水量为 50 m^3/h 时,可同时开 5~10 个畦灌水,灌水定额为 450~600 m^3/hm^2。

(4)由于覆膜作用,既可以防止膜间露地的过量灌溉,又可以大大减少棵间无效蒸发,增强了土壤的保墒作用。

(5)膜下土壤水在高温下汽化—凝聚—再回归土壤转变为土壤水,如此反复循环,提高了水资源利用率,延长了灌水周期,减少了灌水次数。

(二)灌水质量高

膜上灌灌水质量明显高于传统的沟(畦)灌,主要表现在以下两个方面。

1. 灌水均匀度提高

膜上灌的地膜作为畦块的防渗护面材料,糙率较小,膜上水流速度较大,畦块首尾部进水时差短,所以沟畦首、中、尾的横断面、纵断面的入渗量差异小,提高了沟畦中作物均匀受水的程度。另外,膜上灌可以通过增开或封堵灌水孔的方法来消除沟(畦)首尾或其他部位处进水量的大小,以调整和控制灌水孔数目对灌水均匀度的影响。因此,膜上灌不仅可以提高地膜覆盖沿沟(畦)长度方向的灌水均匀度和湿润土壤的均匀度,同时可以提高地膜沟(畦)横断面方向上的灌水均匀度和湿润土壤的均匀度。

2. 保持土壤结构

由于膜上灌水流是在地膜上流动或存蓄,因此不会冲刷膜下土壤表面,也不会破坏土壤结构;而通过放苗孔和灌水孔向土壤内渗水,又可以保持土壤疏松,不致使土壤产生板结。

(三)作物生长发育环境得到改善

地膜覆盖栽培技术与膜上灌灌水技术相结合,改变了传统的农业栽培技术和耕作方式,也改善了田间土壤水、肥、气、热等土壤肥力状况的作物生长发育环境。

1. 水

膜上灌因为田面覆盖地膜,可显著减少棵间蒸发,膜下水分则主要被作物根系吸收,相对供水量充足,能充分满足作物生长发育的需求;同时,土壤水分集中于作物主根四周,根系向四周发育庞大而均匀,有利于水分和养分的吸收。

2. 肥

膜上灌不会冲刷表土,又减少了深层渗漏,从而可以大大减少土壤肥料的流失;覆盖地膜后,膜下土温提高,有利于土壤中微生物的活动,也活化了土壤中的钙离子,降低了土壤容重,促进了有机质的分解和矿化,减少了氮的挥发和流失,前期增加了土壤中氧的解吸,后期则提高了土壤对氮的固结能力,土壤肥力提高。

3. 气

膜上灌可以保持土壤结构疏松,从而保持良好的土壤通气性。

4. 热

由于作物生育期内田面均被地膜覆盖,膜下土壤白天积蓄热量,晚上则散热较少,而膜下的土壤水分又增大了土壤的热容量,导致地温提高而且相当稳定。据观测,采用膜上灌可以使作物苗期地温平均提高 1~1.5 ℃,作物全生育期的土壤积温也有所增加,从而促进了作物根系对养分的吸收和作物的生长发育,并使作物提早成熟。一般粮棉等大田作物可提前 7~15 d 成熟,辣椒、西瓜等蔬菜作物可提前 20 d 左右上市。

(四)增产效益显著

膜上灌改善了作物的生长发育环境,使作物出苗率高,根系发育健壮,生长发育良好,从而促使作物提早成熟、增产增效。据观测,采用膜上灌灌水技术,玉米可增产 17%~51.8%、棉花增产 5.12%~22.83%、洋葱增产约 20%,且采收期提前 20 d 以上,提早上市,经济效益显著提高。

总之,膜上灌具有节水多、灌水好、投资少、产量高、易推广和见效快的特点,尤其在干旱条件下更显示了巨大的节水潜力,节水效益在 50%~60%,是一项值得大力推广、广泛应用的灌溉技术。但是,膜上灌溉作为一种新型节水灌溉技术,有许多问题还需要去研究和完善,如开发膜上灌成套农机具,解决地膜污染;研究适合当地的膜上灌技术要素及灌溉制度、水肥生产函数;开发土壤水、盐、热实时监测和自控设备;开发膜上灌复合灌水技术等。党的二十大报告明确提出,到 2035 年生态环境根本好转,美丽中国的目标基本实现,但是值得重视的是随着膜灌技术的推广与应用,广大农村膜污染问题日益严重,迫切需要采取切实可行的措施加以解决。

模块二　膜上灌灌水技术的类型

依据所配套的灌水技术不同,膜上灌分为膜畦膜上灌、膜沟膜上灌、格田膜上灌等;依据湿润土壤的方式不同,膜上灌则可分为膜孔灌、膜缝灌、膜缝膜孔灌等类型。

(一)膜孔灌

膜孔灌是指灌溉水流在膜上流动,通过膜孔(作物放苗孔或专用灌水孔)渗入到作物根部土壤中的灌水方法。该法依靠膜孔灌水,无膜缝和膜侧旁渗,灌水均匀度高。专用灌水孔可根据土质不同打单排孔或双排孔,如在轻质土壤上打双排孔,在重质土壤上打单排孔。孔径和孔距根据作物灌水定额等确定,一般轻壤土、壤土以孔径 0.005 m、孔距 0.2 m 的单排孔为宜。

膜孔灌分为膜孔畦灌和膜孔沟灌两种。

1. 膜孔畦灌

膜孔畦灌首先由专门的铺膜机完成铺膜,地膜两侧必须翘起 5 cm 高,并嵌入土埂中,如图 2-10 所示。膜畦宽度根据地膜和种植作物的要求确定,双行种植一般采用宽 70~90 cm 的地膜;三行或四行种植一般采用 180 cm 宽的地膜。作物需水完全依靠放苗孔和增加的灌水孔供给,入膜流量为 1~3 L/s。

该灌水方法提高了灌水均匀度,节水效果好,适合于棉花、玉米和高粱等条播作物。

2. 膜孔沟灌

膜孔沟灌是将地膜铺在沟底,作物种植在垄上,水流通过沟中地膜上的专门灌水孔渗入土壤,再通过毛细管作用浸润作物根系附近的土壤,如图 2-11 所示。

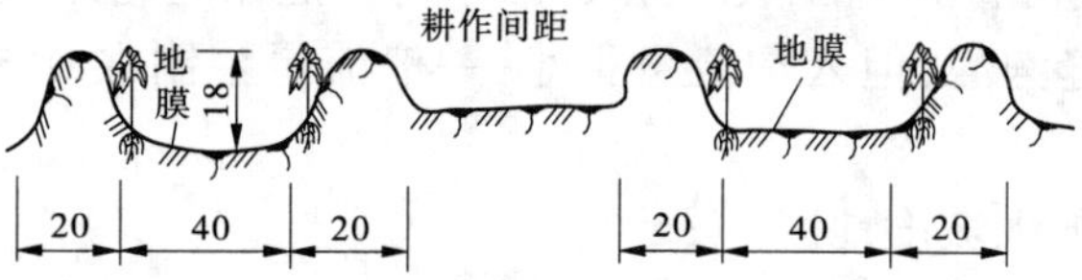

图 2-10 膜孔畦灌 (单位:cm)

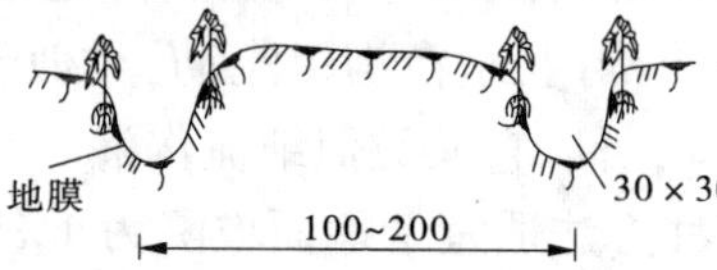

图 2-11 膜孔沟灌 (单位:cm)

这种技术对随水传播的病害有一定的防治作用,特别适用于甜瓜、西瓜、辣椒等易受由灌水传播的病害威胁的作物。灌水沟规格以作物不同而异,蔬菜一般沟深 30~40 cm,沟距 80~120 cm;西瓜和甜瓜的沟深为 40~50 cm,上口宽 80~100 cm,沟距 350~400 cm。对于蔬菜作物,入沟流量以 1~1.5 L/s 为宜。

(二)膜缝灌

膜缝灌有膜缝畦灌、膜缝沟灌、细流膜缝灌等几种形式。

1. 膜缝畦灌

膜缝畦灌是在畦田田面上铺两幅地膜,畦田宽度为稍大于 2 倍的地膜宽度,两幅地膜间留有 2~4 cm 的窄缝,如图 2-12 所示。水流在膜上流动,通过膜缝和放苗孔向作物供水。

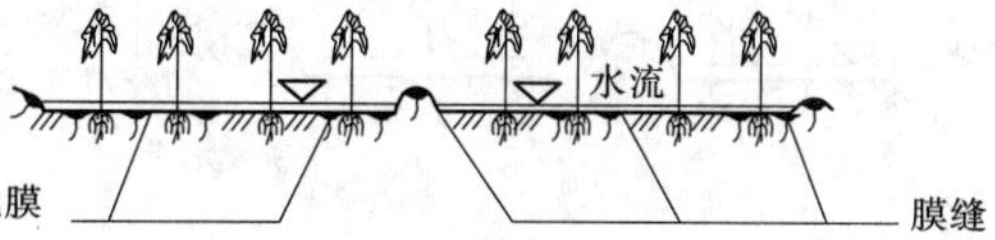

图 2-12 膜缝畦灌

入膜流量为 3~5 L/s,畦长以 30~50 m 为宜,要求土地平整。

2. 膜缝沟灌

膜缝沟灌是对膜侧沟灌进行改进,将地膜铺在沟坡上,沟底两膜相会处留有 2~4 cm 的窄缝,通过放苗孔和膜缝向作物供水,如图 2-13 所示。膜缝沟灌的沟长为 50 m 左右。

这种方法减少了垄背杂草和土壤水分的蒸发,多用于蔬菜,其节水增产效果很好。

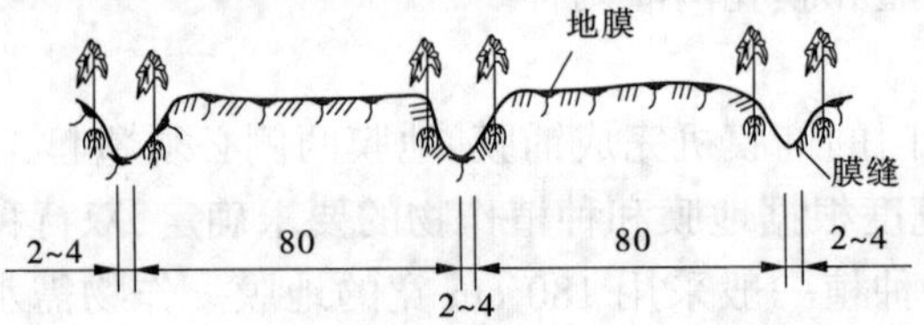

图 2-13 膜缝沟灌 (单位:cm)

3. 细流膜缝灌

细流膜缝灌是在普通地膜种植下,利用第一次灌水前追肥的机会,用机械将作物行间地膜轻轻划破,形成一条膜缝,并通过机械再将膜缝压成一条 U 形小沟。灌水时将水放入 U 形小沟内,水在沟中流动,类似于膜缝沟灌,但入沟流量很小,一般流量控制在 0.5 L/s 为宜,所以它又类似细流沟灌。

这种方法适宜于地面坡降为 1%左右的大坡度地区。

(三)膜缝膜孔灌

膜缝膜孔灌是指水流在膜上流动,既利用膜缝,又利用专用灌水孔和放苗孔进行渗入到作物根部土壤中的灌水方法。它主要包括打埂膜上灌技术,目前应用较多,主要用于棉花和小麦田上。

打埂膜上灌技术是将原来使用的铺膜机前的平土板改装成打埂器,刮出地表 5~8 cm 厚的土层,在畦田侧向构筑成高 20~30 cm 的畦埂。其畦田宽 0.9~3.5 m,膜宽 0.7~1.8 m。

铺膜形式可分为单膜或双膜,如图 2-14、图 2-15 所示。对于双膜,其中间或膜两边各有 10 cm 宽的渗水带,这种膜上灌技术,畦面低于原田面,灌溉时水不易外溢和穿透畦埂,故入膜流量可加大到 5 L/s 以上。双膜或宽膜的膜畦灌溉,要求田面平整程度较高,以增加横向和纵向的灌水均匀度。

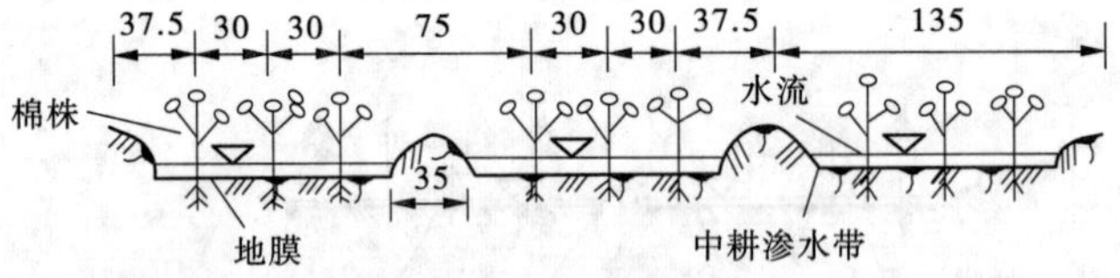

图 2-14 打埂膜上灌(单膜) (单位:cm)

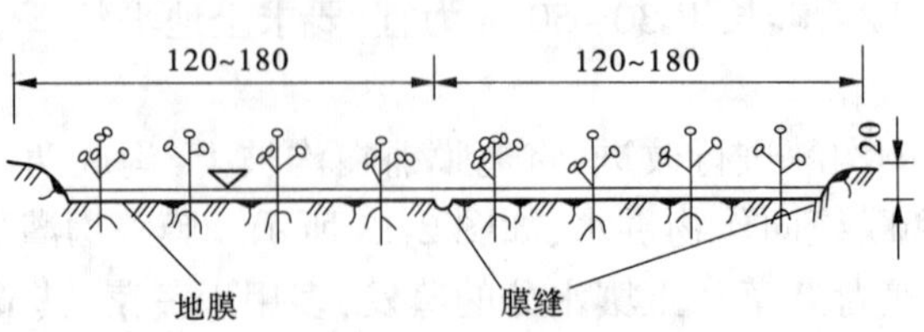

图 2-15 打埂膜上灌(双膜) (单位:cm)

模块三 膜上灌灌水技术的应用

目前膜上灌灌水技术多采用膜孔沟(畦)灌的形式。

(一)膜孔沟(畦)灌的主要技术要求

膜孔沟(畦)灌属于局部浸润灌溉,其主要的技术要求有以下几个方面:

(1)平整土地是保证膜孔灌水均匀、提高灌溉质量、节约灌溉用水的基本条件。因此,在播种和铺膜以前必须进行精细的平整土地工作,并清除树根和碎石,以免刺破塑料地膜。

(2)播前喷洒除草剂,防止生长杂草。

(3)膜孔灌溉需要铺膜、筑埂,在有条件的地区可采用膜上灌播种铺膜机,一次完成开畦、铺膜和播种;在北方井灌地区多用人工铺膜、筑埂。

(4)在灌溉时,还要加强管理,注意沟(畦)首尾灌水是否均匀、有无深层渗漏和尾部废泄水现象;控制好进入沟(畦)的流量,防止串灌和漫灌。

(5)膜孔沟(畦)一般要求地面有一定坡度,水流在坡度均匀的膜上流动,边流动边从放苗孔和增加的灌水孔渗入水量。沿程的入渗水量和灌水均匀程度与放苗孔和灌水孔的数目、孔口面积、土壤性质等有很大关系。因此,要根据具体情况在塑料地膜上适时适量地增加一些渗水孔,以保证首尾灌水均匀。

(二)膜孔沟(畦)灌技术要素的确定

为保证作物根系区土层中具有足够的渗水量,以满足作物生长对水分的需要,就必须根据不同的地形坡度、各种土质的膜孔渗吸速度和田间持水量等因素来确定膜孔沟(畦)灌溉的技术要素。其技术要素主要包括入膜流量、改水成数、开孔率、膜孔沟(畦)规格等。

1. 入膜流量

入膜流量是指单位时间内进入膜沟或膜畦首端的水量,常以 L/s 为单位。

入膜流量的大小主要根据沟(畦)宽度、土壤质地、地面坡度和单位长度膜孔入渗强度的大小等确定。一般应根据田间不同入膜流量的水流行进过程实测资料,建立行进过程图解方程,并评价其灌水均匀度和田间水有效利用率等,来确定最佳入沟(畦)流量。无实测资料时,也可采用下式计算:

$$q = 0.001Knv\omega \tag{2-4}$$

$$\omega = \frac{nd^2}{4}SLN$$

式中 q——入膜流量,又称灌水强度,即单位时间单位膜宽上的灌水量,L/(h·m);

K——旁侧入渗影响系数,它与膜上水深成正比,与膜畦长度成反比,对无旁渗的打埂膜上灌,一般取值为1.46~3.86,平均为2.66;

n——每米膜长上的灌水孔数,包括放苗孔和增设的专用灌水孔的孔数;

v——土壤的入渗速度,cm/h,随灌水次数的增加而减小,依田间实测确定;

ω——放苗孔在内和专用灌水孔的平均面积,cm^2;

d——放苗孔或灌水孔孔径(直径),cm;

S——孔距,cm;

L——膜沟(畦)长度,cm;

N——孔口排数,单排孔 $N=1$,双排孔 $N=2$。

2. 改水成数

一般对于坡度较平坦的膜孔沟(畦)灌,改水成数为1;对坡度较大的膜孔沟(畦)灌,要考虑取改水成数为0.8~0.95。若有些膜孔沟(畦)灌溉达不到灌水定额,则要考虑允许尾部泄水以延长灌水历时。

3. 开孔率

开孔率的多少直接影响灌水定额的大小,随着开孔率的增大,灌水定额也在增加,但当开孔率增大到一定程度时,灌水定额增加缓慢,逐渐接近于同等条件下的露地灌水定额。

4. 膜孔沟(畦)规格

膜孔沟(畦)宽度主要根据栽培作物的行距和薄膜宽度、耕作机具等要求确定。目前,棉花和小麦的膜孔沟(畦)灌分单膜和双膜,地膜宽度一般为120~180 cm。

当地面坡度在0.001时,对于黏土和壤土,膜孔沟(畦)长度一般为20~25 m;膜孔沟(畦)宽为1 m时,入膜流量宜为1.5 L/(s·m),改水成数为1;膜孔沟(畦)宽为2 m时,入膜流量为2~3 L/(s·m)。当地面坡度在0.003~0.004时,对于草甸土,膜孔沟(畦)长度一般以50 m较为适宜,入膜流量为2 L/(s·m)。

(三)膜孔沟(畦)灌技术应注意的问题

(1)膜孔沟(畦)灌是低定额的局部灌溉,由于入渗强度的降低,灌溉时要特别注意满足灌水定额的要求。

(2)覆盖地膜改变了地面原始状态,因此要对作物灌溉制度和施肥等进行适当调整,以解决作物的需水需肥问题。

(3)膜孔沟(畦)灌时,必须做到田间横向要平整、纵向比降要均匀,这样才能提高膜孔灌溉质量。

(4)若实行膜上灌,则揭膜回收只能在收获以后进行,由于浇水以后膜面上有淤泥覆盖,部分膜被埋入,造成地膜回收困难,少部分地膜残留在土壤中,对土地造成污染。因此,应尽量采用可自行降解的地膜。另外,作物收割后,应及时回收残膜。

任务五　波涌灌溉技术

波涌灌溉是对地面沟(畦)灌溉的重大发展,又称涌流灌溉或间歇灌溉。波涌灌溉是把灌溉水断续地按一定周期向灌水沟(畦)供水,逐段湿润土壤,直至水流推进到灌水沟(畦)末端的一种节水型地面灌溉新技术。也就是说,波涌灌溉向灌水沟(畦)供水是不连续的,其灌溉水流也不是一次灌水就推进到灌水沟(畦)末端的;而是灌溉水在第一次供水输入灌水沟(畦)达一定距离后,暂停供水,然后过一定时间后,再继续供水,如此分几次间歇反复地向灌水沟(畦)供水。

模块一 波涌灌溉的特点

与传统的地面沟(畦)灌相比,波涌灌溉具有以下特点。

(一)节水效果显著

波涌灌溉采用供水与停水交替发生的间歇灌水方式,其最显著的特点是节水。畦长在100~300 m时,间歇灌溉与连续灌溉相比节水10%~30%,畦长越长,节水率越大。

研究结果表明,间歇灌和连续灌相比,相同的单宽流量,间歇畦灌输水速度是连续畦灌的1.2~1.6倍,因此畦面的受水时间比连续畦灌大大减少,入渗量也相应减少。减少的原因在于:每一次间歇水流产生一个湿润和落干的周期,水浸润土块;在水流前进时,土壤颗粒有分选沉淀的过程,偏砂的土粒下沉,黏土粒上浮且土粒膨胀,孔隙变小,水土结合形成一个光滑、密实和封闭的过水表面,这样不仅降低了土壤的吸水率,土壤入渗减慢,而且田面糙率变小,下次供水时的水流推进速度相应变快,深层渗漏明显减少。因为抽取的水量减少,节约水的同时相应地节约了能量。

(二)灌水质量提高

波涌灌溉水流推进速度快,灌水效率高,平均灌水效率可提高20%左右;减少了畦(沟)首的入渗量而畦(沟)尾入渗量增加,避免了大量的深层渗漏,灌水均匀度提高10%~20%;能防止肥料随水流失,保持肥效;且省工省时,可缩短轮灌周期,进一步扩大灌溉面积。

(三)可实现小定额灌溉和自动控制

波涌灌溉能以较高的效率进行小定额的灌水,可以留下土壤贮水空间和减少灌溉需水量,为能更有效地利用降雨创造条件。

由于地面输水灌溉较易推广,只要在田间管理系统上增加一个间歇阀和自动控制器,就可以成为一个自动化的间歇灌溉装置,实现灌溉的自动控制。

波涌灌溉特别适合在我国旱作物灌区农田地面灌溉推广应用。

模块二 波涌灌溉的方式

目前,波涌灌溉的田间灌水方式主要有以下三种。

(一)定时段-变流程方式

定时段-变流程方式,也称时间灌水方式,是在灌水的全过程中,每个灌水周期(一个供水时间和一个停水时间构成一个灌水周期)的放水流量和放水时间一定,而每个灌水周期的水流推进长度则不相同。这种方式对灌水沟(畦)长度小于400 m的情况很有效,需要的自动控制装置比较简单、操作方便,而且在灌水过程中也很容易控制。因此,目前在实际灌溉中,涌流灌溉多采用此种方式。

(二)定流程-变时段方式

定流程-变时段方式,也称距离灌水方式,是每个灌水周期的水流新推进的长度和放水流量相同,而每个灌水周期的放水时间不相等。一般,这种灌水方式比定时段-变流程方式的灌水效果要好,尤其是对灌水沟(畦)长度大于400 m的情况,灌水效果更佳。但是,这种灌水方式不容易控制,劳动强度大,灌水设备也相对比较复杂。

(三)定流程-变流量方式

定流程-变流量方式,也称增量灌水方式,是以调整控制灌水流量来达到较高灌水质量的一种灌水方式。它是在第一个灌水周期内增大流量,使水流快速推进到灌水沟(畦)总长3/4的位置停止供水;然后在随后的几个灌水周期中,再按定时段-变流程方式或定流程-变时段方式,以较小的流量来满足计划灌水定额的要求。该方式主要适用于透水性能较强的土壤条件。

模块三　波涌灌溉系统的组成及类型

(一)波涌灌溉系统的组成

波涌灌溉系统一般由水源、波涌阀、自控器和田间输配水管道等组成,其中波涌阀和自控器是整个系统的核心,称为波涌灌溉设备。

1. 水源

能按时按量满足供给作物需水需要,且符合水质要求的河流、塘库、井泉等均可作为波涌灌溉的水源。在井灌区可来自低压输水管道给水栓(出水口),在渠灌区则取自农渠分水闸口。

2. 波涌阀

目前应用的波涌阀有两种可转变水流方式的阀门类型,即用水或空气驱动的囊状阀和用水或电力驱动的机械阀。

3. 自控器

自控器大部分为电子控制器,可根据程序控制供水时间,并控制波涌阀开关的转向,一旦确定了总放水时间,它能自动定出周期放水时间和周期数,并自动完成切换,实现灌溉自动化。

4. 田间输配水管道

一般采用聚乙烯(PE)软管或聚氯乙烯(PVC)硬管,将低压输水管道出水口或农渠分水口与波涌阀进水口相连,在波涌阀出水口处装有软管或硬管伸向两侧,起到传统的控制闸孔完成出流灌溉。

(二)波涌灌溉系统的类型

根据管道布置方式的不同,将波涌灌溉系统分为双管系统和单管系统两类。

1. 双管系统

双管波涌灌溉田间灌水系统如图2-16所示。一般通过埋在地下的暗管把水输送到田间,再通过阀门和竖管与地面上带有阀门的管道相连。这种阀门可以自动地在两组管道间开关水流,故称双管。通过控制两组间的水流可以实现间歇供水。当这两组灌水沟结束灌水后,灌水工作人员可将全部水流引到另一放水竖管处,进行下一组波涌灌溉灌水沟的灌水。对已具备低压输水管网的地方,采用这种方式较为理想。

2. 单管系统

单管波涌灌溉田间灌水系统通常是由一条单独带阀门的管道与供水处相连接,故称单管,管道上的各出水口则通过低水压、低气压或电子阀控制,而这些阀门均以一字形排列,并由一个控制器控制这个系统,如图2-17所示。

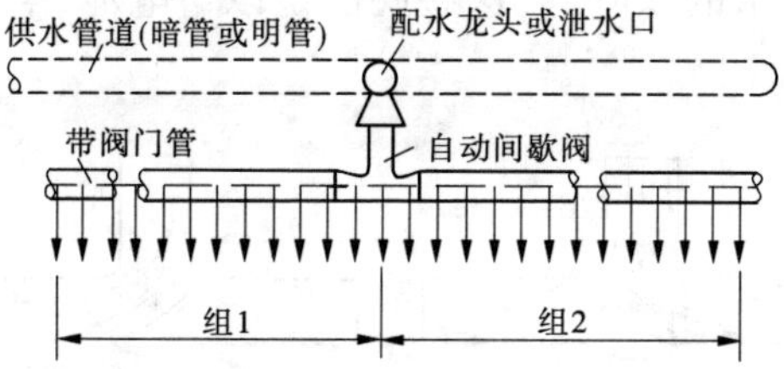

图 2-16　双管波涌灌溉田间灌水系统示意图

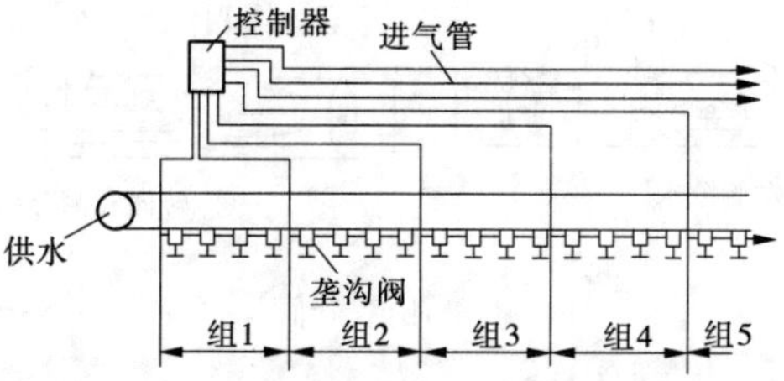

图 2-17　单管波涌灌溉田间灌水系统示意图

模块四　波涌灌溉设备

波涌灌溉设备主要是指波涌灌溉系统中的波涌阀和自控器。目前在国外已有波涌灌溉控制阀投放市场。近年来,我国已从国外引进数套波涌灌溉设备,但价格昂贵、数量有限,推广受到限制。

(一)国外波涌灌溉设备

1. 波涌阀

国外开发的波涌灌溉系列设备中,波涌阀的结构主要有两种类型:一类是气囊阀,以水力或气体驱动为动力;另一类是机械阀,以水力或电力驱动为动力。

水动式气囊阀(见图 2-18)靠供水管道中的水压运行,控制器改变阀门内每只气囊的水压。当一只气囊受到水的压力时,便充气膨胀,关闭其所在一侧的水流,而对面的另一只气囊打开并连通大气,排气变小而使水流通过其所在一侧流出。

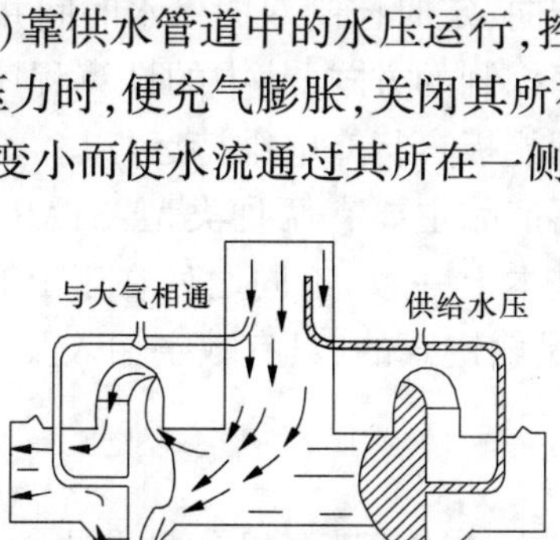

图 2-18　水动式气囊阀

蝶形机械阀(见图 2-19)的构造各式各样,有向右或向左转动分水的单叶阀,也有交替开关向右或向左转动分水的双叶阀,这些阀门是以蓄电池、空气泵或内带可充电电池的太阳能作为动力的。

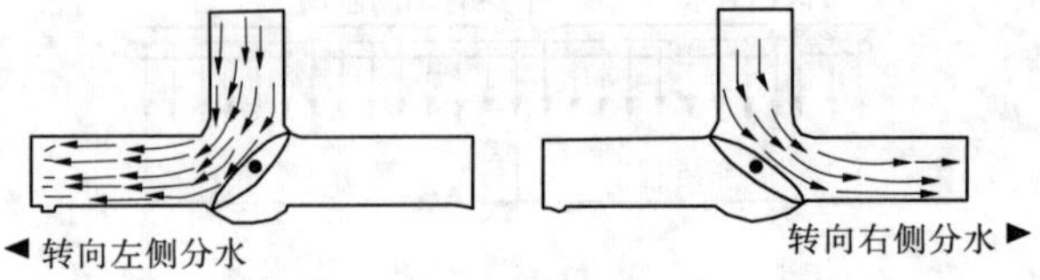

(a)单叶阀

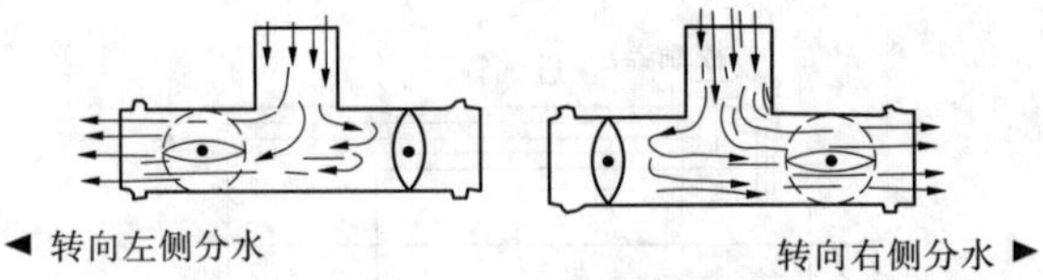

(b)双叶阀

图 2-19　蝶形机械阀示意图

水动式气囊阀和蝶形机械阀目前在美国市场上都可看到,但后者的商品化程度较高、使用的数量也较多,尤以单阀叶的机械阀为主。整个阀体呈三通结构的 T 字形,采用铝合金材料铸造。水流从进水口引入后,由位于中间位置的阀门向左、右交替分水,阀门由控制器中的电动马达驱动。

欧洲一些国家,如葡萄牙生产的波涌阀为双阀叶系统,不同于美国的波涌灌溉系列产品。它主要采用一台控制器和减速箱,通过联动机构,同时控制波涌阀的左右阀门运行,其工况只有两种状态,即左开右关或右开左关,而且开关状态同时完成。

2. 自控器

自控器由微处理器、电动机、可充电电池及太阳能板组成,采用铝合金外罩保护。自控器用来实现波涌阀开关的转向,定时控制双向供水时间并自动完成切换,实现波涌灌溉的自动化。自控器多采用程序控制的方式,其中的计算程序可自动设置蝶形机械阀的开关时间间隔。自控器可由太阳能板自行充电维持运行。

目前美国市场上的自控器产品主要有两种类型:STAR 控制器和 PRO JR Ⅱ控制器。这两种自控器的构造及功能基本上一致,不同之处在于 PRO JR Ⅱ控制器的参数输入是旋钮式的,而 STAR 控制器则是触键式的,具有数字输入及显示功能。两类控制器均能与任意尺寸的波涌阀相连接。

(二)国产波涌灌溉设备

我国自行研发并已批量生产的波涌灌溉设备也由波涌阀和自控器组成。波涌阀整个阀体为全铝合金材质,工业化铸模制造。采用双阀结构形式使波涌阀在具备水流换向功能的同时,在双阀关闭时又具有切断水流运动的控制功能。采用双阀结构形式不仅使设备可作为波涌灌溉的硬件设备使用,还可结合自控器的时间耦合方式,实现灌区田间输配水系统的自动化管理和地面灌溉过程的自动化。

1. 波涌阀

波涌阀采用双阀叶结构形式。双阀叶可根据自控器的指令,左右交替地切换水流,实现水流的定向输水过程。灌水结束后可自动同时关闭左右两个阀门,并切断水流。因此,可实现无人值守和远距离遥控运行,避免因不能及时关闭水流造成过量灌溉引起的水量浪费。波涌阀的主要构件包括:

(1)驱动器。由两台微型直流电机组成,分别控制左右两个阀门的启闭状态。

(2)减速器。波涌阀的两个阀门是由同一个控制器和两个相同的变速箱进行控制的,减速箱采用三级变速。

(3)阀门。阀门为带有周边止水垫圈的圆形闸门,其中轴上下两端经止水轴承分别与阀体和减速箱连接。受减速箱控制,闸门环绕中心轴做直角旋转,实现水流开启和关闭状态。密闭的减速箱被固定在阀体两侧并通过中心轴与闸门相接。

(4)阀体。阀体为主体结构,类似于三通,铝合金材质。由三段直径为 200 mm 的铝合金管组合连接而成,一端与水源相连,两端为出水口。

(5)其他。止水垫圈、止水橡胶等。

2. 自控器

自控器是波涌灌溉系统的控制中心,它接受外界参数,通过运算,对波涌阀发出操作指令,实现闸门的交替启闭。其中,控制电路板及软件是控制器的核心部分。自控器主要由电源、微控制器、电机控制等部分组成。

模块五　波涌灌溉灌水技术要求

波涌灌溉可以分为波涌沟灌和波涌畦灌两类。它们与传统的连续沟(畦)灌的最主要区别就在于,完成一次灌水需要几个放水和停水周期才能湿润灌水沟(畦)的全部长度。图 2-20 是由 3 个周期完成灌水的波涌灌溉示意图。

(一)波涌灌溉控制参数

波涌灌溉控制参数包括波涌间歇供水的周期时间、供水周期数、放水时间、停水时间及循环率等。

(1)供水的周期时间。是指一次间歇灌水运行与停止所需的全部时间。

(2)供水周期数。是指完成整个灌水过程所需的供水周期数量。一般田块长度在 200 m 以上时,以 3~4 个供水周期为宜;田块长度在 200 m 以下时,则以 2~3 个供水周期为宜。每个供水周期内的灌水时间可在 30~60 min 范围内选择。

(3)放水时间和停水时间。放水时间包括周期放水时间和总放水时间。周期放水时间是指一个周期向灌水沟(畦)供水的时间;总放水时间是指完成灌水组灌水的实际时间,为各周期放水时间之和,其值根据灌水经验估算,一般采用连续灌水时间的 65%~90%。畦田较长,入畦流量较大时取大值。

停水时间是两次放水之间的间歇时间,一般等于放水时间,也可大于放水时间。

(4)循环率。是指一次供水周期内的灌水时间与周期时间的比值。循环率应以在停水期间田面水流消退完毕并形成致密层,以降低土壤入渗能力和便于灌水管理为原则进行确定,循环率过小,间歇时间过长,田面可能发生龟裂而使入渗率增大;循环率过大,间

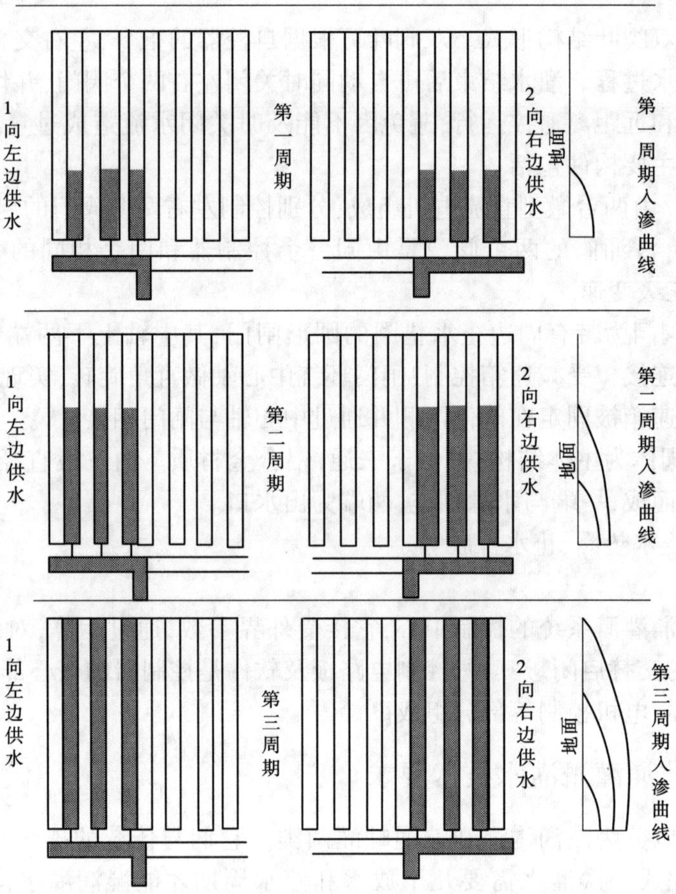

图 2-20　由 3 个周期完成灌水的波涌灌溉示意图

歇时间过短,田面不能形成减渗层,波涌灌溉的优点难以发挥。为便于波涌灌溉设备的工作运行和田间实施操作,取循环率为 1/2,即一次供水周期内的灌水时间与停水时间相等。

(二)波涌灌溉技术要素

波涌灌溉技术要素是指在特定的灌水控制参数下影响田间灌水效果的技术参数,如田块规格、田面坡度、入沟(畦)流量等。波涌灌溉技术要素直接影响灌水质量,应根据地形、土壤情况合理选定。

(1)田块规格。它对波涌灌水质量的影响主要反映在畦(沟)长度的差异上。波涌畦灌条件下的节水率随畦块长度的增加而增大,但畦田长度超过 350 m 后,节水率开始出现下降的趋势,因此其最大畦(沟)长度不宜超过 400 m,可在 100～350 m 范围内选择。此时,不仅具有较高的节水率,而且灌水均匀度、灌溉效率和储水效率都较高,总体灌水质量高。

(2)田面坡度。通常,畦面坡降在 0.000 5～0.005 时,波涌畦灌的灌水效率大致在 85%左右,灌水均匀度在 83%～93%,储水效率在 84%左右,具有良好的灌溉性能。沟底坡降在 0.000 1~0.01 时，波涌沟灌的灌水效率为 81%~87%，灌水均匀度在 85%左右，储水效率大于 85%，波涌沟灌具有较好的灌水质量。

(3)入沟(畦)流量。即放水流量。一般由水源、灌溉季节、田面和土壤状况确定，流量越大，田面流速越大，水流推进距离越长，灌水效率越高，但流量过大会对土壤产生冲刷，因此应综合考虑。

一般入畦单宽流量控制在 2~4 L/(s · m) 时的波涌畦灌系统性能良好，而入沟流量在 1.5~3 L/(s · m)时，可获得较好的波涌灌水效果。

根据试验研究结果，在壤土条件下，适宜于波涌畦灌应用的田间技术要素组合条件是：畦长 100~350 m，畦面坡降 0.000 5~0.005，入畦单宽流量 2~4 L/(s · m)，畦块田面平整精度指标小于 3 cm；适宜于波涌沟灌应用的田间技术要素组合条件是：沟长 100~350 m，沟底坡降 0.000 1~0.01，入沟单宽流量 1.5~3 L/(s · m)，沟面平整精度指标小于 4 cm。

能力训练

1. 地面灌溉是目前应用最广泛、最主要的一种灌溉方法，它主要有哪些优缺点？

2. 合理的地面灌溉节水技术必须满足哪几方面要求？其主要节水技术措施包括哪几种类型？

3. 畦灌技术是我国古老传统的灌水方法。近年来，为节约灌溉水，提高灌水质量，降低灌水成本，各地推广应用了许多项先进的节水型畦灌技术，取得了明显的节水和增产效果。请发挥想象力，可以使用什么形式的畦灌方法达到节水增产效果？

4. 比较小畦灌、长畦分段灌、宽浅式畦沟结合灌、水平畦灌的优缺点及其适用范围。

5. 节水型沟灌技术有哪些种类？各有哪些优点和适用范围？

6. 你见过作物采用沟灌灌水吗？沟灌与畦灌比较有何优势？

7. 膜上灌溉具有哪些优点？

8. 目前膜上灌灌水技术多采用膜孔沟(畦)灌的形式。膜孔沟(畦)灌分别适用于哪些作物？

9. 波涌灌溉向灌水沟(畦)供水是不连续的，其灌溉水流不是一次灌水就推进到灌水沟(畦)末端。请问，这种供水方式较一次推进到沟(畦)末端的传统做法的不同结果及其产生原因是什么？

项目三 喷灌工程技术

【目标】

通过对喷灌工程系统的类型及特点的认知,了解喷灌系统的组成,理解喷灌系统类型的适用范围及规划设计的基本原则,掌握喷灌系统的主要设备及其参数选定方法,能够进行中小型喷灌工程的规划设计。

【任务】

1. 喷灌系统的组成主要包括哪些部分?

2. 喷灌系统的主要设备有哪些?各有哪些主要功能?

3. 如何进行喷灌工程规划设计?

任务一 喷灌系统的认知

喷灌是用压力管道输水,再由喷头将水喷射到空中,形成细小的水滴,均匀地喷洒在农田上湿润土壤并满足作物需水要求的一种先进的灌溉方法。喷灌所需压力可以由水泵加压或利用地形自然落差获得。

模块一 喷灌系统的组成和特点

(一)喷灌系统的组成

喷灌系统通常由水源工程、水泵和动力设备、管道系统、喷头,以及附属工程、附属设备组成,见图3-1。

码3-1 微课:喷灌系统的组成和分类

1. 水源工程

河流、湖泊、水库、池塘、井泉或渠道水等都可以作为喷灌的水源,但都必须修建水源工程,如泵站及附属设备、水量调蓄池和沉淀池等。水源应满足喷灌在水量和水质方面的要求。

2. 水泵和动力设备

除利用自然水头外,喷灌系统的工作压力均由水泵提供。喷灌系统常用的水泵有离心泵、自吸式离心泵、深井潜水电泵等。在有电力供应的地方常用电动机作为水泵的动力机;在用电困难的地方可用柴油机、手扶拖拉机等作为动力机与水泵配套。动力机转速和功率的大小要根据水泵的配套要求而定。

3. 管道系统

喷灌的管道系统一般分为干管、支管和竖管。干管起输配水的作用;支管是工作管道,支管上按一定间距安装竖管,竖管上安装喷头,压力水通过干管、支管、竖管,经喷头喷洒在田面上。大型喷灌工程或在渠灌区发展喷灌也可以利用明渠输水,在支渠或斗渠控制范围内设置加压泵站,加压后的水再进入喷灌管道系统。

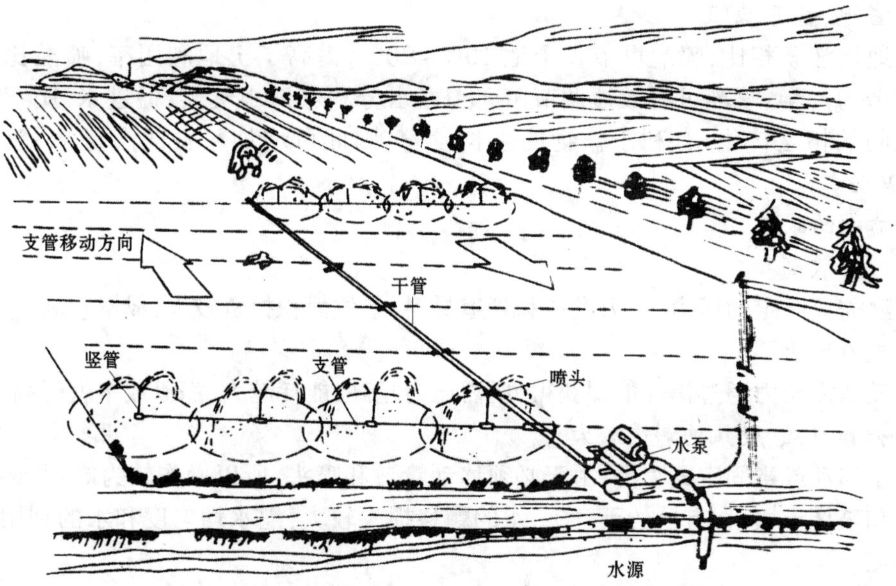

图 3-1　喷灌系统示意图

4. 喷头

喷头是喷灌系统的专用设备,形式多种多样,但喷头的作用是将压力水通过喷嘴喷射到空中,形成细小的水滴,洒落在土壤表面。

5. 附属工程、附属设备

喷灌工程中还用到一些附属工程和附属设备。例如,从河流、湖泊、渠道取水,应设拦污设施;为了保护喷灌系统的安全运行,必要时应设置进排气阀、调压阀、安全阀等。在灌溉季节结束后应排空管道中的水,需设泄水阀,以保证喷灌系统安全越冬。为观察喷灌系统的运行状况,在水泵进出水管路上应设置真空表、压力表和水表,在管道上还要设置必要的闸阀,以便配水和检修。考虑综合利用时,如喷洒农药和肥料,应在干管或支管上端设置调配和注入设备。

移动喷灌机组在田间作业时,应按喷灌的要求规划田间作业道路和供水设施。以电动机为动力时应架设供电线路,配置配电和电气控制箱等。

附属工程、附属设备对保证喷灌系统正常运行,充分发挥喷灌效益具有重要的意义,应引起足够的重视。

(二)喷灌的特点

1. 喷灌的优点

1)灌水均匀,省水

喷灌的喷洒方式类似降雨,在人工控制下可不产生地面径流或深层渗漏,水的利用率可达 85%,灌水均匀度达 80%~90%,与地面灌溉相比,可省水 30%~50%。

2)适应性强,不受地形限制

采用喷灌对土地平整要求不高,平地、坡地、岗地等不同地形条件均可采用喷灌,同时不受土壤条件限制,甚至透水性较强的砂土采用地面灌溉有很大困难时,也可采用喷灌。

3)省地、省工、增产

与地面灌溉相比,喷灌可节省土地10%~20%,提高了土地利用率,喷灌比地面灌溉节省劳力一半;喷灌可有效地调节田间土壤水分和农田小气候,促进水、肥、气、热各因素之间的相互转化,有利于作物的生长发育,因此可增加粮食的产量,一般可增产10%~20%。

2. 喷灌的缺点

1)投资较高

喷灌需要一定的压力、动力设备和管道材料,单位面积投资较大,成本较高。

2)能耗较大

喷灌所需压力通过消耗能源获得,所需压力越高,能耗越大,灌溉成本就越高。

3)操作麻烦,受风的影响较大

对于移动或半固定式喷灌,由于必须移动管道和喷头,所以操作较为麻烦,还容易踩踏伤苗和破坏土壤;在有风的天气下,水的飘移损失较大,灌水均匀度和水的利用程度都有所降低。

模块二　喷灌系统的类型及其适用条件

(一)喷灌系统的类型

喷灌系统的类型很多,其分类方法也有多种。

1. 按系统获得压力的方式分类

1)机压喷灌系统

机压喷灌系统靠机械(如水泵)加压使系统获得工作压力。

2)自压喷灌系统

自压喷灌系统利用地形自然落差来获得工作压力。

2. 按系统的喷洒特征分类

1)定喷式喷灌系统

定喷式喷灌系统的喷头在一个位置上做定点喷洒,如各类管道式喷灌系统和定喷机组式喷灌系统。

2)行喷式喷灌系统

行喷式喷灌系统的喷头在行走移动过程中进行喷洒作业,如卷盘式、中心支轴式、平移式等行喷式喷灌机组成的喷灌系统。

3. 按系统的设备组成分类

1)管道式喷灌系统

水源、喷灌用水泵与各喷头间由一级或数级压力管道连接,由于管道是这类系统中设备的主要组成部分,故称之为管道式喷灌系统。根据管道的可移程度,这类系统又分为固定管道式喷灌系统、半固定管道式喷灌系统和移动管道式喷灌系统。

码3-2　教学动画：指针式喷灌机

2)机组式喷灌系统

以喷灌机(机组)为主体的喷灌系统,称为机组式喷灌系统。机组式喷灌系统又分为定喷机组式喷灌系统和行喷机组式喷灌系统。

(二)各类喷灌系统的特点及适用条件

1. 固定管道式喷灌系统

水泵和动力机构成固定的泵站,各级管道多埋入地下(也有固定于地面的),喷头装在固定于支管的竖管上,即系统各组成部分(除喷头外)在整个灌溉季节,甚至常年固定不动。

固定管道式喷灌系统运行操作方便,易于管理,生产效率高,工程占地少,且便于实行自动化控制。其主要缺点是设备利用率低,耗材多,投资大,管道投资常占总造价50%以上,甚至达80%左右。

固定管道式喷灌系统适用于灌水次数频繁、经济价值较高的蔬菜和经济作物区以及城市园林、花卉、绿地的喷灌。

2. 移动管道式喷灌系统

一个可以移动的水泵及动力机组,配有一定数量的可移动管道,并带有多个喷头工作,即整个喷灌系统除水源及水源工程外,从水泵与动力机、各级管道,直到喷头都可以拆卸移动,轮流使用于不同地块。

移动管道式喷灌系统设备利用率高,设备用量与投资造价较低。缺点是机、泵、管等设备的拆装搬移劳动强度较大,生产效率较低,有时还会损伤作物;设备的维修、保养工作量增加;供水渠道及沿渠道路占有一定面积。

移动管道式喷灌系统适用于各种作物,但当为高秆密植作物时,在土质黏重或地形复杂的情况下,将给设备的拆卸移动带来困难。

3. 半固定管道式喷灌系统

泵站和干管固定不动,支管和喷头是可移动的。与固定管道式喷灌系统相比,由于支管可以移动并重复使用,减少了用量,降低了投资;与移动管道式喷灌系统相比,则由于机、泵、干管不移动,方便了运行操作,提高了生产效率。因此,半固定管道式喷灌系统的设备用量、投资造价和管理运行条件均介于固定管道式喷灌系统与移动管道式喷灌系统之间,是值得推荐和重点发展的形式。

码3-3　教学动画:半固定管道式喷灌系统

4. 定喷机组式喷灌系统

在田间布设一定规格的输水明渠或暗渠,每隔一定距离设置供抽水用的工作池,喷灌机沿渠(管)移动,在每个预定的抽水点(工作池)处做定点喷洒。根据所用的机组不同又可分为以下两种系统。

1)使用单喷头机组的系统

这种系统形式简单,施工方便,使用灵活,一套机组反复使用,设备简单,投资小,动力还可综合利用。其缺点是机具移动频繁,劳动强度大,管理不便,喷灌质量不易保证,田间工程占地多。该系统适用于喷洒质量要求不高、灌水次数不多的地方或临时抗旱性的喷灌。对于解决山丘地区零星、分散耕地的灌溉,它是一种较好的形式。

2)使用多喷头机组的系统

这种喷灌系统除在设计方法上与移动管道式喷灌系统不同外,其优缺点与适用条件均与后者相同。

5. 行喷机组式喷灌系统

在田间按一定规格修建供水设施,喷灌机在连续移动过程中进行喷洒喷灌。

行喷机组式喷灌系统机械化、自动化程度高,运行操作方便,工作效率高,节省操作管理人员,喷洒时受风的影响小,均匀度较高,但一般耗能较多,一次性投资较高,维修保养需较高的技术水平。

行喷机组式喷灌系统一般适用于土地开阔连片,地形平坦,田间障碍物少,以及经济条件、技术力量较强的地方。但由于行喷式喷灌机类型多样,规模各异,故其优缺点与适用条件不尽相同,在采用时应根据拟选机型的规格与性能做出具体分析。

任务二　喷灌系统的主要设备

模块一　喷头

(一)喷头的分类

喷头是喷灌系统的主要组成部分,其作用是把压力水流喷射到空中,散成细小的水滴并均匀地散落在地面上。因此,喷头的结构形式及其制造质量的好坏,直接影响喷灌质量。喷头的种类很多,通常按喷头工作压力或结构形式进行分类。

1. 按工作压力分类

喷头按工作压力分类如表3-1所示。

表3-1　喷头按工作压力分类

喷头类别	工作压力(kPa)	射程(m)	流量(m^3/h)	适用范围
低压喷头(低射程喷头)	<200	<15.5	<2.5	射程近、水滴打击强度低,主要用于苗圃、菜地、温室、草坪、园林、自压喷灌的低压区或行喷式喷灌机
中压喷头(中射程喷头)	200~500	15.5~42	2.5~32	喷灌强度适中,适用范围广,果园、草地、菜地、大田及各类经济作物均可使用
高压喷头(远射程喷头)	>500	>42	>32	喷洒范围大,但水滴打击强度也大。多用于对喷洒质量要求不高的大田作物和牧草等

2. 按结构形式分类

喷头按结构形式主要有固定式(见图3-2)、孔管式(见图3-3)、旋转式三类。固定式又分为折射式、缝隙式、离心式三种形式;孔管式又分为单(双)孔口、单列孔、多列孔三种形式;旋转式又分为摇臂式、叶轮式、反作用式三种形式。

喷头采用的材质有铜、铝合金和塑料三种类型,我国已定型生产PY_1、PY_2、ZY-1、ZY-2等系列摇臂式喷头。常用摇臂式喷头见图3-4。

(二)喷头的基本参数

喷头的基本参数包括喷头的几何参数、工作参数和水力性能参数。

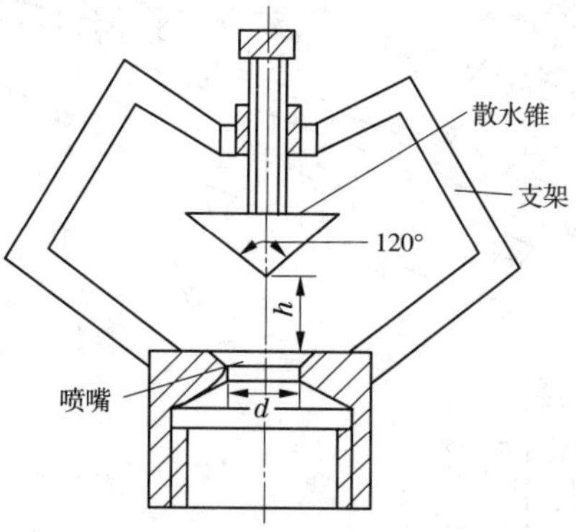

图 3-2　固定式喷头示意图

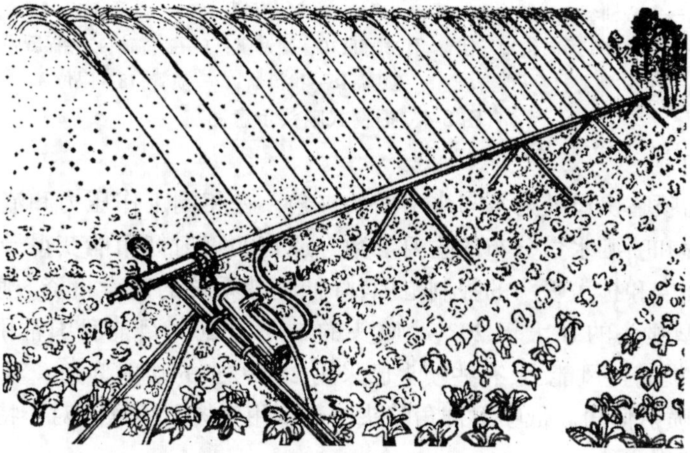

图 3-3　孔管式喷头示意图

1. 喷头的几何参数

1) 进水口直径 D

进水口直径是指喷头空心轴或进水口管道的内径 D(mm)。通常比竖管内径小,因而使流速增加,一般流速应控制在 3~4 m/s 的范围内,以求水头损失小而又不致使喷头体积太大。喷头的进水口直径确定后,其过水能力和结构尺寸也就大致确定了,喷头与竖管的连接一般采用管螺纹。我国 PY 系列摇臂式喷头以进水口公称直径命名喷头的型号,如常用的 $PY_1$20 喷头,其进水口的公称直径为 20 mm。

2) 喷嘴直径 d

喷嘴直径指喷嘴流道等截面段的直径 d(mm)。喷嘴直径反映喷头在一定工作压力下的过水能力。同一型号的喷头,往往允许配用不同直径的喷嘴,如 ZY-2 喷头可以配用直径 6~10 mm 的九种喷嘴,这时若工作压力相同,则喷嘴直径愈大,喷水量就愈大,射程也愈远,但雾化程度要相对降低。

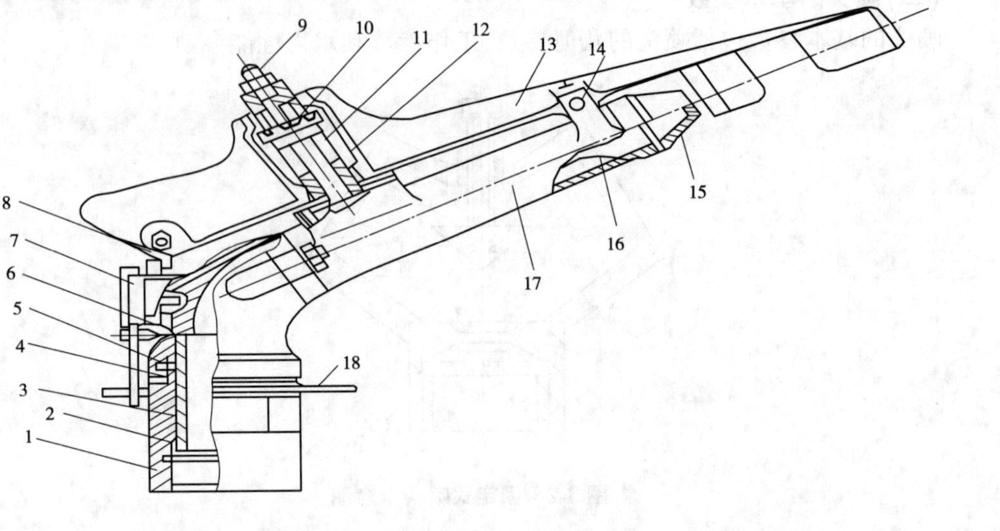

1—空心轴套;2—减磨密封圈;3—空心轴;4—防砂弹簧;5—弹簧罩;6—喷体;
7—换向器;8—反向钩;9—摇臂调位螺钉;10—弹簧座;11—摇臂轴;12—摇臂弹簧;
13—摇臂;14—打击块;15—喷嘴;16—稳流器;17—喷管;18—限位环

图 3-4 摇臂式喷头示意图

3)喷射仰角 α

喷射仰角指喷嘴出口处射流与水平面的夹角。在相同工作压力和流量情况下,喷射仰角是影响射程和喷洒水量分布的主要参数。适宜的喷射仰角能获得最大的射程,从而可以降低喷灌强度和扩大喷头的控制范围,降低喷灌系统的建设投资。喷射仰角一般在20°~30°,大中型喷头的 α 大于20°,小喷头的 α 小于20°,目前我国常用喷头的 α 多为27°~30°。为了提高抗风能力,有些喷头已采用21°~25°的喷射仰角。对于小于20°的喷射仰角,称为低喷射仰角。低喷射仰角喷头一般多用于树下喷灌。对于特殊用途的喷灌,还可以将 α 制造得更小。

2. 喷头的工作参数

1)工作压力 P

喷头的工作压力是指喷头进水口前的内水压力,一般以 P 表示,单位为kPa或m。喷头工作压力减去喷头内的水头损失等于喷嘴出口处的压力,简称喷嘴压力,以 P_z 表示。

2)喷头流量 q

喷头流量又称喷水量,是指单位时间内喷头喷出的水的体积或水量,单位为 m^3/h、L/s等。影响喷头流量的主要因素是工作压力和喷嘴直径,同样的喷嘴,工作压力越大,喷头流量也就越大,反之亦然。

3)射程 R

射程是指在无风条件下,喷头喷射出来的有效水滴所能达到的最远距离,也就是喷洒湿润半径,一般以 R 表示,单位为m。但这种说法不够严密,为了统一标准、便于比较,国家标准《农业灌溉设备 喷头 第三部分:水量分布特性和试验方法》(GB/T 27612.3—2011)规定,喷头射程指在正常旋转情况下,喷头中心线距测点的灌水强度为某一数值的最远距离。对于流量大于 75 L/h 的喷头,该点的灌水强度为 0. 26 mm/h;对于流量不大于 75 L/h 的喷头,该点的灌水强度为 0. 13 mm/h。喷头的射程主要取决于喷嘴压力、喷水流量或喷嘴直径、喷射仰角、喷嘴形状和喷管结构等因素。另外,整流器、旋转速度等也不同程度地影响射程。因此,在设计或选用喷头射程时考虑以上各项因素。

3. 喷头的水力性能参数

常用的 ZY-2 型喷头的水力性能参数见表 3-2。

表 3-2　常用的 ZY-2 型喷头的水力性能参数(1 in 内螺纹接口)

喷嘴直径(mm)	工作压力(MPa)	流量(m^3/h)	射程(m)	不同喷头组合间距(m×m)的降水量(mm/h)				
				18×18	18×24	24×24	24×30	30×30
6. 0/3. 1	0. 20	2. 43	16. 3	7. 5				
	0. 25	2. 71	17. 3	8. 4	6. 3			
	0. 30	2. 97	18. 5	9. 2	6. 9			
	0. 35	3. 22	19. 0	9. 9	7. 5	5. 6		
	0. 40	3. 43	19. 6	10. 6	7. 9	6. 0		
6. 5/3. 1	0. 20	2. 76	16. 8	8. 5	6. 4			
	0. 25	3. 09	17. 8	9. 5	7. 2			
	0. 30	3. 39	18. 9	10. 5	7. 8	5. 9		
	0. 35	3. 65	19. 5	11. 3	8. 4	6. 3		
	0. 40	3. 90	20. 1	12. 0	9. 0	6. 8		
7. 0/3. 1	0. 20	3. 12	17. 0	9. 6	7. 2			
	0. 25	3. 50	18. 1	10. 8	8. 1			
	0. 30	3. 83	19. 1	11. 8	8. 9	6. 6		
	0. 35	4. 13	20. 1	12. 7	9. 6	7. 2		
	0. 40	4. 41	21. 0	13. 6	10. 2	7. 7	6. 1	
7. 5/3. 1	0. 20	3. 50	17. 5	10. 8	8. 1			
	0. 25	3. 92	18. 6	12. 1	9. 1			
	0. 30	4. 30	19. 8	13. 3	10. 0	7. 5		
	0. 35	4. 64	20. 5	14. 3	10. 7	8. 1		
	0. 40	4. 95	21. 2	15. 3	11. 5	8. 6	6. 9	
8. 0/3. 1	0. 20	3. 91	18. 0	12. 1	9. 1			
	0. 25	4. 38	19. 2	13. 5	10. 1	7. 6		
	0. 30	4. 81	20. 4	14. 8	11. 1	8. 4		
	0. 35	5. 17	21. 2	16. 0	12. 0	9. 0	7. 2	
	0. 40	5. 53	22. 0		12. 8	9. 6	7. 7	

续表 3-2

喷嘴直径(mm)	工作压力(MPa)	流量(m^3/h)	射程(m)	不同喷头组合间距(m×m)的降水量(mm/h)				
				18×18	18×24	24×24	24×30	30×30
8.5/3.1	0.20	4.35	18.2	13.4	10.1			
	0.25	4.87	19.9	15.0	11.3	8.5		
	0.30	5.34	21.6		12.4	9.3	7.4	
	0.35	5.76	22.1		13.3	10.0	8.0	
	0.40	6.16	22.5		14.3	10.7	8.6	
9.0/3.1	0.20	5.39	20.0		12.5	9.4		
	0.25	5.92	21.7		13.7	10.3	8.2	
	0.30	6.38	22.5		14.8	11.1	8.9	
	0.35	6.81	23.4		15.8	11.8	9.5	7.6
	0.40	7.25	24.0			12.6	10.1	8.1
9.5/3.1	0.20	5.94	20.2		13.8	10.3		
	0.25	6.52	21.9		15.1	11.3	9.1	
	0.30	7.03	22.8			12.2	9.8	7.8
	0.35	7.51	23.6			13.0	10.4	8.3
	0.40	7.97	24.7				11.3	9.9
10.0/3.1	0.20	6.52	20.3		15.1	10.8		
	0.25	7.16	21.9			11.3	9.9	
	0.30	7.72	23.0			12.4	10.1	
	0.35	8.24	24.1			14.3	11.4	9.1
	0.40	8.77	25.4			15.2	12.2	9.7

注:1 in=2.54 cm。

(三)喷灌的技术要素

喷灌的主要技术参数有喷灌强度、喷灌均匀度及水滴打击强度等几项指标,是衡量喷灌系统质量的重要标准和设计喷灌系统的重要依据。

1. 喷灌强度

喷灌强度是指单位时间内喷洒在单位面积上的水量,以水深表示,单位为 mm/h 或 mm/min。喷灌强度又分为点喷灌强度、平均喷灌强度以及组合喷灌强度等。

1)点喷灌强度

点喷灌强度是指单位时间内喷洒在土壤表面某点的水深,可用下式表示:

$$\rho_i = \frac{h_i}{t} \tag{3-1}$$

式中　ρ_i——点喷灌强度,mm/h;

h_i——喷灌水深,mm;

t——喷灌时间,h。

2)平均喷灌强度

平均喷灌强度是指一定湿润面积上各点在单位时间内喷灌水深的平均值,用下式表示:

$$\bar{\rho} = \frac{\bar{h}}{t} \tag{3-2}$$

式中　$\bar{\rho}$——平均喷灌强度,mm/h;

$\bar{h}$——平均喷灌水深,mm;

t——喷灌时间,h。

不考虑水滴在空气中的蒸发和飘移损失,根据喷头喷出的水量与喷洒在地面上的水量相等的原理计算的平均喷灌强度,又称为计算喷灌强度,用下式表示:

$$\rho_s = \frac{1\ 000q}{A} \tag{3-3}$$

式中　ρ_s——无风条件下单喷头喷洒平均喷灌强度,mm/h;

q——喷头流量,m^3/h;

A——单喷头喷洒控制面积,m^2。

3)组合喷灌强度

喷灌时一般都是多个喷头同时喷洒,各喷头湿润面积有所重叠,这时湿润面积小于单喷头喷洒湿润面积,另外随着风速增加,湿润面积也会减小,这时就应考虑到系统的组合喷灌强度。组合喷灌强度用下式计算:

$$\rho = K_\omega C_\rho \rho_s \tag{3-4}$$

式中　C_ρ——布置系数,查表3-3;

K_ω——风系数,查表3-4。

表3-3　不同运行情况下的 C_ρ 值

运行情况	C_ρ
单喷头全圆喷洒	1
单喷头扇形喷洒(扇形中心角 α)	$\frac{360}{\alpha}$
单支管多喷头同时全圆喷洒	$\frac{\pi}{\pi-(\pi/90)\arccos(a/2R)+(a/R)\sqrt{1-(a/2R)^2}}$
多支管多喷头同时全圆喷洒	$\frac{\pi R^2}{ab}$

注:表内各式中 R 为喷头射程,a 为喷头在支管上的间距,b 为支管间距。

喷灌工程中,组合喷灌强度不应超过土壤入渗率(渗吸速度),使喷洒到土壤表面上的水能及时渗入土壤中,而不形成积水和径流。对于定喷式喷灌系统,不同类型土壤允许喷灌强度可按表3-5确定。当地面坡度大于5%时,允许喷灌强度按表3-6进行折减。

表3-4 不同运行情况下的 K_ω 值

运行情况		K_ω
单喷头全圆喷洒		$1.15v^{0.314}$
单支管多喷头同时全圆喷洒	支管垂直风向	$1.08v^{0.194}$
	支管平行风向	$1.12v^{0.302}$
多支管多喷头同时喷洒		1.0

注:1. 式中 v 为风速,以 m/s 计;

2. 单支管多喷头同时全圆喷洒,若支管与风向既不垂直又不平行,则可近似地用线性插值方法求取 K_ω;

3. 本表公式适用于风速 v 为 1~5.5 m/s 的情况。

表3-5 不同类型土壤允许喷灌强度

土壤类型	允许喷灌强度(mm/h)
砂土	20
砂壤土	15
壤土	12
黏壤土	10
黏土	8

注:有良好覆盖时,表中数字可提高20%。

表3-6 坡地允许喷灌强度降低值

地面坡度(%)	允许喷灌强度降低值(%)
5~8	20
4~12	40
13~20	60
>20	75

2. 喷灌均匀度

喷灌均匀度是指喷灌面积上水量分布的均匀程度,它是衡量喷灌质量的重要指标之一,直接关系到喷灌农作物的增长幅度。喷灌均匀度是指喷灌系统的均匀度,也就是喷头组合的均匀度,单个喷头的喷洒均匀度在实际中并无意义。影响喷灌均匀度的因素很多,如喷灌结构、工作压力、喷头间距、风向、风力等。均匀度的表示方法常用均匀系数和水量分布图表示。这里仅介绍均匀系数。

均匀系数可用克里斯琴森系数 C_u 表示,即

$$C_u = 1 - \frac{\Delta h}{\overline{h}} \tag{3-5}$$

式中 C_u——喷灌均匀系数;

$\overline{h}$——喷洒水深平均值,mm;

Δh——喷洒水深平均离差,mm。

在设计风速下，喷灌均匀系数不应低于75%，但对行喷式喷灌系统，不应低于85%。

3. 水滴打击强度

水滴打击强度是指在喷头喷洒范围内，单位受水面积上一定量的水滴对土壤或作物的打击动能，也就是单位时间内、单位受水面积所获得的水滴撞击能量。它与水滴大小、降落速度和密集程度有关。目前，常用水滴直径或雾化指标来间接反映水滴打击强度。

1）水滴直径

水滴直径是指落在地面上或作物叶面上的水滴直径（mm），由于喷头喷射出来的水舌在空气的阻力和水舌内部的涡流作用下，粉碎成水滴的过程是一个变化的而且不均匀的过程，因此从同一个喷头喷出来的水滴大小不一。一般，近处小水滴多些，远处大水滴多些，在同一范围内，水滴直径也有大有小，常用水滴平均直径来评价这一随机分布的水滴群。水滴平均直径是指在喷洒范围内某一点观测到的所有水滴直径的平均值。

水滴直径的大小主要取决于喷头工作压力和喷嘴直径，也受粉碎机构和转速的影响。当喷嘴直径不变时，水滴平均直径随着压力的提高而减小；对于相同的压力，喷嘴直径越小，水滴平均直径就越小。了解了这种关系后，使用喷头时就可灵活掌握，通过改变某些参量以符合生产的需要。例如，在作物的幼苗期要求水滴细小，这时可以改用小喷嘴使水滴直径变小。因此，要根据灌溉作物、土壤性质确定水滴直径的适宜性。一般要求水滴平均直径在1~3 mm（大田作物和果树等不宜大于3 mm，蔬菜等细嫩作物不宜大于2 mm）。水滴直径大，一般来说打击强度也就大，但直径大小不是唯一因素，打击强度还取决于水滴密度等因素。

2）雾化指标

雾化指标是用喷头工作压力 h_P 和主喷嘴直径 d 的比值来表示的，计算公式如下：

$$W_h = \frac{h_P}{d} \tag{3-6}$$

式中 h_P——喷头工作压力，m；

d——主喷嘴直径，mm。

W_h 值越大，说明其雾化程度越高，水滴直径越小，打击强度也越小。表3-7列出了不同作物要求的雾化指标，以供参考。

表3-7 喷头雾化指标

作物种类	W_h
蔬菜及花卉	4 000~5 000
果树、粮食作物、经济作物	3 000~4 000
牧草、饲料作物、草坪及绿化林木	2 000~3 000

模块二 管道及其附件

管道是喷灌工程的重要组成部分。管材必须保证在规定的工作压力下不发生开裂、爆管现象，工作安全可靠。管材在喷灌系统中需用数量多，投资比例较大，需要在设计中按照因地制宜、经济合理的原则加以选择。此外,管道附件也是管道系统中不可缺少的配件。

(一)喷灌管材

喷灌管道按照材质分为金属管道和非金属管道;按照使用方式分为固定管道和移动管道。

目前,喷灌工程中可以选用的管材主要有塑料管、钢管、铸铁管、钢筋混凝土管、薄壁铝合金管、薄壁镀锌钢管以及涂塑软管等。一般来讲,地埋管道尽量选用塑料管,地面移动管道可选用薄壁铝合金管以及涂塑软管。

1. 塑料管

塑料管是由不同种类的树脂掺入稳定剂、添加剂和润滑剂等挤出成型的。按其材质可以分为聚氯乙烯(PVC)管、聚乙烯(PE)管和改性聚丙烯(PP)管等。喷灌工程中常采用承压能力为400~1 000 kPa的管材。

塑料管的优点是重量轻,便于搬运,施工容易,能适应一定的不均匀沉陷,内壁光滑,不生锈,耐腐蚀,水头损失小。其缺点是存在老化脆裂问题,随温度升降变形大。喷灌工程中如果将其作为地埋管道使用,可以最大限度地克服老化脆裂缺点,同时减小温度变化幅度,因此地埋管道多选用塑料管。硬聚氯乙烯管材规格与尺寸公差见表3-8。

表3-8 硬聚氯乙烯管材规格与尺寸公差 (单位:mm)

公称外径	平均外径极限偏差	公称压力 0.25 MPa		公称压力 0.40 MPa		公称压力 0.63 MPa		公称压力 1.00 MPa		公称压力 1.25 MPa	
		壁厚	极限偏差	壁厚	极限偏差	壁厚	极限偏差	壁厚	极限偏差	壁厚	极限偏差
20	+0.3					0.7	+0.3	1.0	+0.3	1.2	+0.4
25	+0.3			0.5	+0.3	0.8	+0.3	1.2	+0.4	1.5	+0.4
32	+0.3			0.7	+0.3	1.0	+0.3	1.6	+0.4	1.9	+0.4
40	+0.3	0.5	+0.3	0.8	+0.3	1.3	+0.4	1.9	+0.4	2.4	+0.5
50	+0.3	0.7	+0.3	1.0	+0.3	1.6	+0.4	2.4	+0.5	3.0	+0.5
63	+0.3	0.8	+0.3	1.3	+0.4	2.0	+0.4	3.0	+0.5	3.8	+0.6
75	+0.3	1.0	+0.3	1.5	+0.4	2.3	+0.5	3.6	+0.6	4.5	+0.7
90	+0.3	1.2	+0.4	1.8	+0.4	2.8	+0.5	4.3	+0.7	5.4	+0.8
110	+0.4	1.4	+0.4	2.2	+0.5	3.4	+0.6	5.3	+0.8	6.6	+0.8
125	+0.4	1.6	+0.4	2.5	+0.5	3.9	+0.6	6.0	+0.8	7.4	+1.0
140	+0.5	1.8	+0.4	2.8	+0.5	4.3	+0.7	6.7	+0.9	8.3	+1.1
160	+0.5	2.0	+0.4	3.2	+0.6	4.9	+0.7	7.7	+1.0	9.5	+1.2
180	+0.6	2.3	+0.5	3.6	+0.6	5.5	+0.8	8.6	+1.1		
200	+0.6	2.5	+0.5	3.9	+0.6	6.2	+0.9	9.6	+1.2		
225	+0.7	2.8	+0.5	4.4	+0.7	6.9	+0.9				
250	+0.8	3.1	+0.6	4.9	+0.7	7.7	+1.0				
280	+0.9	3.5	+0.6	5.5	+0.8	8.6	+1.1				
315	+1.0	3.9	+0.6	6.2	+0.9	9.7	+1.2				

注:1. 本表摘自《喷灌用塑料管基本参数及技术条件——硬聚氯乙烯管》(SL/T 96.1—1994);

2. 公称压力是管材在20 ℃下输送水的压力。

塑料管的连接形式分为刚性连接和柔性连接,刚性连接有法兰连接、承插黏接和焊接等;柔性连接多为一端 R 形扩口或使用铸铁管件套橡胶圈止水承插连接。

2. 钢管

常用的钢管有无缝钢管(热轧和冷拔)、焊接钢管和水煤气钢管等。

钢管的优点是能够承受动荷载和较高的工作压力,与铸铁管相比较,管壁较薄,韧性强,不易断裂,节省材料,连接简单,铺设简便。其缺点是造价较高,易腐蚀,使用寿命较短。因此,钢管一般用于系统的首部连接、管路转弯、穿越道路及障碍等处。

钢管一般采用焊接、法兰连接或者螺纹连接方式。

3. 铸铁管

铸铁管可分为连续铸铁管和砂型离心铸铁管两种。

铸铁管的优点是承压能力大,一般为 1 MPa;工作可靠;寿命长,可使用 30~50 年;管件齐全,加工安装方便等。其缺点是重量大,搬运不方便;造价高;内部容易产生铁瘤阻水。铸铁管一般采用法兰接口或者承插接口方式进行连接。

4. 钢筋混凝土管

钢筋混凝土管分为自应力钢筋混凝土管和预应力钢筋混凝土管,均是在混凝土浇制过程中,使钢筋受到一定拉力,从而保证其在工作压力范围内不会产生裂缝。

钢筋混凝土管的优点是不易腐蚀,经久耐用;长时间输水,内壁不结污垢,保持输水能力;安装简便,性能良好。其缺点是质脆、重量较大,搬运困难。

钢筋混凝土管的连接,一般采用承插式接口,分为刚性、柔性接头。

5. 薄壁铝合金管

薄壁铝合金管材的优点是重量轻;能承受较大的工作压力;韧性强,不易断裂;不锈蚀,耐酸性腐蚀;内壁光滑,水力性能好;寿命长,一般可使用 15~20 年。其缺点是价格较高;抗冲击能力差;耐磨性不及钢管;不耐强碱性腐蚀等。喷灌用薄壁铝合金管材的规格与尺寸公差见表 3-9。

薄壁铝合金管材的配套管件多为铝合金铸件和冲压镀锌钢件。铝合金铸件不怕锈蚀,使用管理简便,有自泄功能;冲压镀锌钢件转角大,对地形变化适应能力强。

薄壁铝合金管材的连接多采用快速接头连接。

6. 涂塑软管

用于喷灌工程中的涂塑软管主要有锦纶塑料软管和维纶塑料软管两种。锦纶塑料软管是用锦纶丝织成网状管坯后在内壁涂一层塑料而成的;维纶塑料软管是用维纶丝织成网状管坯后在内、外壁涂注聚氯乙烯而成的。

涂塑软管的优点是重量轻,便于移动,价格低。其缺点是易老化,不耐磨,怕扎、怕压折,一般只能使用 2~3 年。

涂塑软管接头一般采用内扣式消防接头,常用规格有 ϕ 50 mm、ϕ 65 mm 和 ϕ 80 mm 等几种。这种接头用橡胶密封圈止水,密封性能较好。

表 3-9　喷灌用薄壁铝合金管材的规格与尺寸公差

<table>
<tr><th>外径 D
(mm)</th><th>外径公差
(mm)</th><th>壁厚
(mm)</th><th>壁厚公差
(mm)</th><th>定尺长度 L
(mm)</th><th>长度公差
(mm)</th><th>圆度
(%D)</th><th>直度
(%L)</th></tr>
<tr><td>32</td><td></td><td>—</td><td>—</td><td rowspan="16">6 000;5 000</td><td rowspan="16">+15</td><td rowspan="16">±0.5</td><td rowspan="16">0.3</td></tr>
<tr><td>40</td><td rowspan="2">-0.35</td><td rowspan="3">1.0</td><td rowspan="3">±0.12</td></tr>
<tr><td>50</td></tr>
<tr><td>60</td><td rowspan="4">-0.45</td></tr>
<tr><td>65</td><td rowspan="5">1.5</td><td rowspan="5">±0.18</td></tr>
<tr><td>70</td></tr>
<tr><td>75</td></tr>
<tr><td>80</td></tr>
<tr><td>90</td><td rowspan="5">-0.60</td></tr>
<tr><td>100</td><td rowspan="2">2.0</td><td rowspan="2">±0.22</td></tr>
<tr><td>105</td></tr>
<tr><td>110</td><td rowspan="2">2.5</td><td rowspan="2">±0.25</td></tr>
<tr><td>120</td></tr>
<tr><td>130</td><td rowspan="3">-0.80</td><td rowspan="3">3.0</td><td rowspan="3">±0.30</td></tr>
<tr><td>150</td></tr>
<tr><td>160</td></tr>
</table>

注:本表摘自《喷灌用金属薄壁管及管件》(GB/T 24672—2009)。

(二)管道附件

喷灌工程中的管道附件主要为控制件和连接件。它们是管道系统中不可缺少的配件。

控制件的作用是根据喷灌系统的要求来控制管道系统中水流的流量和压力,如阀门、逆止阀、安全阀、空气阀、减压阀、流量调节器等。

连接件的作用是根据需要将管道连接成一定形状的管网,也称为管件,如弯头、三通、四通、异径管、堵头等。

1. 阀门

阀门是控制管道启闭和调节流量的附件。按其结构不同,可有闸阀、蝶阀、截止阀几种,采用螺纹或法兰连接,一般手动驱动。

给水栓是半固定管道式喷灌系统和移动管道式喷灌系统的专用阀门，常用于连接固定管道和移动管道，控制水流的通断。

2. 逆止阀

逆止阀，也称止回阀，是一种根据阀门前后压力差而自动启闭的阀门，它使水流只能沿一个方向流动，当水流反方向流动时则自动关闭。在管道式喷灌系统中常在水泵出口处安装逆止阀，以避免水泵突然停机时回水引起的水泵高速倒转。

3. 安全阀

安全阀用于减小管道内超过规定的压力值，它可以防护关闭水锤和充水水锤。喷灌系统常用的安全阀是 A49X-10 型开放式安全阀。

4. 空气阀

喷灌系统中的空气阀常为 KQ42X-10 型快速空气阀。它安装在系统的最高部位和管道隆起的顶部，可以在系统充水时将空气排出，并在管道内充满水后自动关闭。

5. 减压阀

减压阀的作用是管道系统中的水压力超过工作压力时，自动降低到所需压力。适用于喷灌系统的减压阀有薄膜式、弹簧薄膜式和波纹管式等。

6. 管件

不同管材配套不同的管件。塑料管件和水煤气管件规格及类型比较系列化，能够满足使用要求，在市场中一般能够购置齐全。钢制管件通常需要根据实际情况加以制造。

(1)三通和四通。主要用于上一级管道和下一级管道的连接，对于单向分水的用三通，对于双向分水的用四通。

(2)弯头。主要用于管道转弯或坡度改变处的管道连接。一般按转弯的中心角大小分类，常用的有 90°、45°等。

(3)异径管。又称大小头。用于连接不同管径的直管段。

(4)堵头。用于封闭管道的末端。

7. 竖管和支架

竖管是连接喷头的短管，其长度可按照作物茎高不同或同一作物不同的生长阶段来确定，为了拆卸方便，竖管下部常安装可快速拆装的自闭阀(插座)。支架是为稳定竖管因喷头工作而产生的晃动设置的，硬质支管上的竖管可用两脚支架固定，软质支管上的竖管则需用三脚支架固定。

模块三　水泵及动力

喷灌系统中，需要由水泵来对喷灌用水进行加压。与水泵配套的动力机常为电动机，在缺少电力供应的地方可以用柴油机作为动力机。

(一)水泵

喷灌系统常用水泵的类型包括离心泵、井泵(长轴井泵、深井潜水电泵)、微型泵、真空泵等。常用水泵型号标注形式及其意义见表 3-10。

(二)动力

喷灌工程中用于为水泵提供动力的主要有电动机和柴油机等。

表 3-10 常用水泵型号标注形式及其意义

<table>
<tr><th colspan="3">水泵种类</th><th>型号举例</th><th>型号中字母的意义</th><th>型号中数字的意义</th></tr>
<tr><td rowspan="4">离心泵</td><td rowspan="3">单级单吸</td><td>BP 型</td><td>65BP-55</td><td>BP:喷灌用离心泵</td><td>65—泵吸入口径为 65 mm
55—扬程为 55 m</td></tr>
<tr><td>BPZ 型</td><td>50BPZ$_{CZ}$-45</td><td>BPZ:喷灌用自吸式离心泵
CZ:与柴油机直联</td><td>50—泵吸入口径为 50 mm
45—扬程为 45 m</td></tr>
<tr><td>IB 型
IS 型</td><td>IB80-50-250
IS80-50-250</td><td>I:国际标准第一代号
B:“泵”汉语拼音第一个字母
IS:国际标准</td><td>80—泵吸入口径为 80 mm
50—泵排出口径为 50 mm
250—叶轮名义直径为 250 mm</td></tr>
<tr><td>单级双吸</td><td>S 型</td><td>150S-50</td><td>S:单级双吸卧式离心泵</td><td>150—泵吸入口径为 150 mm
50—扬程为 50 m</td></tr>
<tr><td rowspan="2">井泵</td><td>长轴井泵</td><td>JC 型</td><td>100JC10×23</td><td>JC:长轴离心深井泵</td><td>100—适用最小井径 100 mm
10—流量 10 m^3/h
23—泵的级数为 23 级</td></tr>
<tr><td>潜水电泵</td><td>QJ 型</td><td>200QJ80-55/5</td><td>QJ:井用潜水泵</td><td>200—适用最小井径 200 mm
80—流量 80 m^3/h
55—扬程为 55 m
5—泵的级数为 5 级</td></tr>
</table>

任务三 喷灌工程规划设计

模块一 喷灌系统规划设计的原则及内容

喷灌工程的规划设计应当分成规划和设计两个阶段,即规划(也称设计任务书、总体设计)和技术设计。当喷灌面积在 500 亩以下时,可将规划和设计要求的内容融在一起一步完成。

(一)规划原则

(1)与当地经济发展规划、农业发展规划、节水灌溉发展规划协调一致;

(2)合理利用水资源,地下水和地表水合理开发、联合运用;

(3)与全社会节水及农业综合节水措施配套实施;

(4)经济效益、社会效益、生态环境效益综合考虑;

(5)各种节水灌溉类型科学选择、合理布局。

(二)设计原则

(1)工程设计应与工程规划相一致;

(2)工程设计应严格按照喷灌工程技术规范、标准进行;

(3)工程设计要根据实际情况,因地制宜,在保证工程质量的前提下,既要满足使用要求,同时应尽量降低成本;

(4)工程设计应达到满足施工需要的深度要求。

(三)规划设计内容

规划设计成果应提交规划阶段成果和技术设计阶段成果。

1.规划阶段成果要求

规划阶段应提交的成果有设计任务书和工程规划布置图。

1)设计任务书

设计任务书可按下述内容和顺序编制:

(1)喷灌区基本情况;

(2)喷灌工程可行性分析;

(3)喷灌系统类型的选择;

(4)水源分析及水源工程规划;

(5)喷灌工程的规划布置;

(6)投资概算及效益分析。

2)工程规划布置图

工程规划布置图要求,在地形图上绘出灌区的边界线,压力分区线,水源工程、泵站等主要建筑物和骨干管(渠)道的初步布置。为使图幅大小适用,所用地形图比例尺如下:灌区面积5 000亩以下者宜为1/2 000~1/5 000;5 000亩以上者可为1/5 000~1/10 000。

2.技术设计阶段成果要求

技术设计阶段应提出的成果有设计说明书和一套设计图纸。

1)设计说明书

设计说明书应将技术设计的内容、依据的规范或标准、计算方法、计算公式及计算结果按设计步骤逐项阐述清楚。具体内容如下:

(1)基本资料。内容与设计任务书中相同,但应进一步具体化。

(2)喷灌系统选型。若在设计任务书中充分论证,此处可省略。

(3)作物灌溉制度及喷灌用水量计算。按设计标准列出灌区各种作物的灌溉制度及喷灌用水量、用水流量的计算成果。

(4)水源分析及水源工程规划。按设计标准列出水源流量、水位等特征值以及水质分析成果。说明水源工程规划的方法与成果。

(5)喷头选型及组合。写出所选喷头的规格、型号和性能参数,喷头组合形式和组合间距,均匀度、喷灌强度和雾化指标的设计标准及校核结果。

(6)喷灌系统布置。阐明系统布置所遵循的原则及所考虑的因素,管道的级数,各级管道的数量、长度等特征值。

(7)拟定喷灌工作制度及轮灌方式。列出工作制度中的各项数值以及轮灌编组、轮灌次序等安排。

(8)管道水力计算。按已经确定的管道布置方案和喷灌工作制度,确定各级管道的流量、管道的长度;根据系统要求的耐压能力及管材供应等因素,选用合适的管材;然后通过管道水力计算确定其管径。

(9)管道系统结构。对管道的埋深、坡度,以及闸阀、节制阀、排气阀、泄水阀和镇墩等附属设施的设置做出说明。

(10)喷灌系统设计流量和设计扬程的确定。

(11)水泵与动力选配。根据系统设计流量和设计扬程,选择水泵与动力机的规格型号及各项性能参数,水泵安装高程以及泵站的结构形式等。

(12)材料、设备用量及投资预算。列出各种设备和建筑材料的规格型号及用量清单,以及工程投资预算表。

(13)技术经济计算。阐明效益计算、经济分析和各项技术经济指标的计算方法及成果。

(14)其他。如对施工安装与运行管理方面的注意事项做出必要的说明等。

2)设计图纸

(1)工程平面布置图。平面布置图在地形图上绘出,其比例尺宜为1/1 000~1/2 000。图中应示出灌区边界及内部分区线、水源及水源工程、泵站及输电线路、各级管道位置及其名称与编号、各类闸阀以及其他附属设施位置。

(2)管道纵断面图。绘出各级固定管道的纵断面图(固定支管一般可绘1~2条作典型)。管道纵断面图应绘出地面线、管底线,标出各种管件(各类闸阀、三通、四通、异径管等)和镇墩的位置,底栏应包括桩号、地面高程、管底高程、挖深、纵坡和管径等。纵断面图的纵横比例尺一般应不相同,以图幅大小适当、图面清晰为准。

(3)管道系统结构示意图。以透视或平面形式绘出固定管道系统的结构示意,标出各级管道的材质、长度、管径,注明管道系统中各种设备和管件的规格型号。

(4)工程建筑物设计图。包括泵站平面图、立面图、蓄水池、工作池、阀门井、泄水井、镇墩等建筑物的结构。

模块二　喷灌系统规划设计方法

喷灌系统规划设计前应首先确定灌溉设计标准。按照《喷灌工程技术规范》(GB/T 50085—2007)的规定,以地下水为水源的喷灌工程,其灌溉设计保证率不应低于90%,其他情况下喷灌工程灌溉设计保证率不应低于85%。

下面以管道式喷灌系统为例,说明喷灌系统规划设计方法。

(一)基本资料收集

进行喷灌工程的规划设计,需要认真收集灌区的一些基本资料,主要包括自然条件(地形、土壤、作物、水源、气象资料)、生产条件(水利工程现状、生产现状、喷灌区划、农业生产发展规划和水利规划、动力和机械设备、材料和设备生产供应情况、生产组织和用水管理)和社会经济条件(灌区的行政区划、经济条件、交通情况,以及市、县、镇发展规划)。

(二)喷灌制度的拟定

1.设计灌水定额

灌水定额是指单位面积一次灌水的灌水量或水层深度。设计中一般采用作物生育期内各次灌水量中最大的一次作为设计灌水定额，对于种植不同作物的灌区，通常采用设计时段内主要作物的最大灌水定额。

$$m = 10\gamma h(\beta_1 - \beta_2)/\eta \tag{3-7}$$

式中　m——设计灌水定额，mm；

h——计划湿润层深度，一般大田作物取 40~60 cm，蔬菜取 20~30 cm，果树取 80~100 cm；

η——喷洒水利用系数，一般取 0.7~0.9；

γ——计划湿润层土壤干密度，g/cm³；

β_1——土壤适宜含水量（重量百分比）上限，可取田间持水量的 85%~95%；

β_2——土壤适宜含水量（重量百分比）下限，可取田间持水量的 60%~65%。

2. 设计灌水周期

根据灌水临界期内作物最大日需水量值，按下式计算设计灌水周期：

$$T = \frac{m}{ET_a}\eta \tag{3-8}$$

式中　T——设计灌水周期，d；

ET_a——控制区内作物最大日需水量，mm/d；

η——喷洒水利用系数，一般取 0.7~0.9。

码 3-4　微课：喷灌系统选型与喷头布置

（三）喷灌系统的选型

喷灌系统形式应根据喷灌的地形、作物种类、经济条件、设备供应等情况，综合考虑各种喷灌系统形式的优缺点，经技术经济比较后选定。例如，在喷灌次数多、经济价值高的蔬菜、果园等经济作物种植区，可采用固定管道式喷灌系统；大田作物喷洒次数少，宜采用半固定管道式或机组式喷灌系统；在地形坡度较陡的山丘区，移动喷灌设备困难，可考虑固定式喷灌系统；在有自然水头的地方，尽量选用自压式喷灌系统，以降低设备投资和运行费用。

（四）喷头选型与组合间距的确定

1. 喷头的选择

喷头的选择包括喷头型号、喷嘴直径和喷头工作压力的选择。喷头这些参数的确定，主要取决于作物的种类、喷灌区的土壤条件，以及喷头在田间的组合情况和运行方式。当喷头选定之后，喷头的其他参数，如流量、射程、单喷头全圆喷洒无风状况下的喷灌强度、进水口直径等也就随之确定（由喷头性能表中查取）。若喷头的组合间距和运行方式确定下来，则整个系统的喷灌强度、喷洒均匀度及雾化程度即可确定。因此，选择喷头和确定组合间距要满足下列四点要求：

（1）组合后的喷灌强度不超过土壤的允许喷灌强度值。

（2）组合后的喷灌均匀系数不低于《喷灌工程技术规范》（GB/T 50085—2007）规定的数值。

（3）雾化指标应符合作物要求的数值。

（4）有利于减少喷灌工程的年费用。

2. 喷头的喷洒方式和组合形式

1)喷头的喷洒方式

喷头的喷洒方式因喷头的形式不同可有多种,如全圆喷洒、扇形喷洒、带状喷洒等。在管道式喷灌系统中,除在田角路边或房屋附近使用扇形喷洒外,其余均采用全圆喷洒。全圆喷洒能充分利用射程,允许喷头有较大的间距,并可使组合喷灌强度减小。

2)喷头的组合形式

喷头的组合形式,就是指喷头在田间的布置形式,一般用相邻的四个喷头的平面位置组成的图形表示。喷头的组合间距用 a 和 b 表示:a 表示同一支管上相邻两喷头的间距;b 表示相邻两支管的间距。喷头的基本组合形式有矩形组合(见图3-5)和平行四边形组合(见图3-6)两种。喷头组合形式的选择,要根据地块形状、系统类型、风向风速等因素综合考虑。$e=a/2$ 时的平行四边形组合,喷头喷洒图形的搭接比较均衡,支管间距可略大一些,有利于节省支管。但这样做往往造成支管首尾喷头的工作条件特殊,使用不便,因此除非是为了适应地块形状,一般不宜采用平行四边形组合。有稳定主风向时,宜采用矩形组合,且使支管尽可能与主风向垂直,风向多变时,宜采用矩形的特例正方形组合形式。

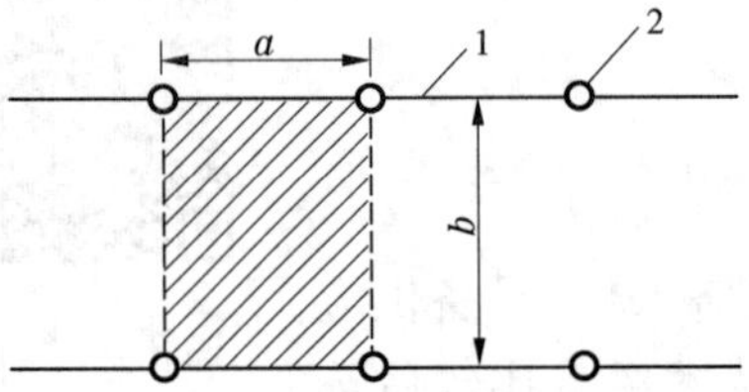

1—支管;2—喷头

图3-5 矩形组合

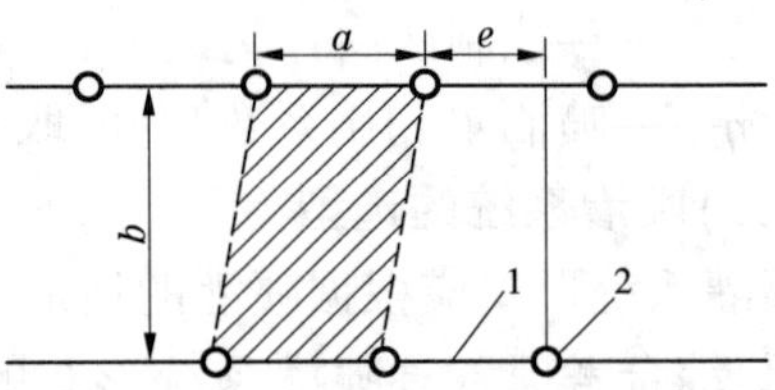

1—支管;2—喷头

图3-6 平行四边形组合

一般情况下,无论是矩形组合,还是平行四边形组合,都应尽可能使支管间距 b 大于喷头间距 a,以便在固定管道式喷灌系统中减少支管用量,节省设备投资,在半固定管道式喷灌系统和移动管道式喷灌系统中避免频繁移动支管,减轻作业人员的劳动强度。

3. 喷头的运行方式

在管道式喷灌系统中,喷头的作业方式主要有以下三种:

(1)单喷头喷洒。一般是一根管子上只带一个喷头,喷完一个工作点再移到下一个工作点。由于喷头是单独喷洒,喷头组合形式是由几个相邻工作点的布置形式决定的,故采用这种作业形式时必须确定工作点的位置,以保证喷洒均匀度。

(2)单行多喷头同时喷洒(见图3-7)。是指一根支管上布置着多个喷头同时喷洒的情况。由于每个喷头的湿润圆面积与相邻喷头的湿润圆面积相互搭接,因此一个喷头的平均控制面积是个鼓形的面积,其大小取决于喷头射程 R 和喷头间距 a。这时的喷头组合形式还取决于相邻支管上的喷头布置。

(3)多行多喷头同时喷洒(见图3-8)。是指2根及2根以上彼此相邻且分别带有多个喷头的支管同时喷洒的情况。这时相邻2根支管上的喷头布置就决定了喷头组合形式。

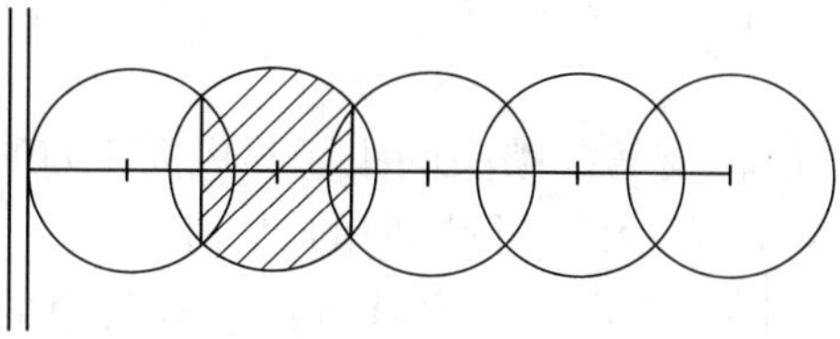

图 3-7　单行多喷头同时喷洒示意图

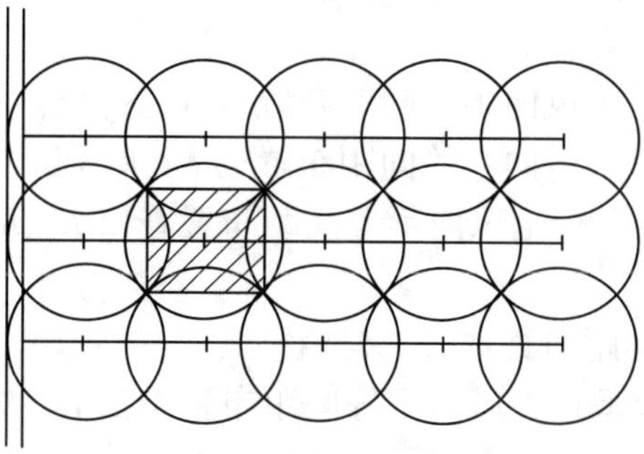

图 3-8　多行多喷头同时喷洒示意图

4. 喷头组合间距的确定

喷头的组合间距不仅直接受喷头射程的制约，同时受到喷灌系统所要求的喷灌均匀度和喷灌区土壤允许喷灌强度的限制。也就是说，喷头的组合间距与所选喷头关系很大，组合间距的确定是否合理，将直接影响到整个喷灌工程的灌水质量。因此，目前常将喷头组合间距的确定和喷头选型的工作一起进行，即先根据喷灌区自然条件和拟定的喷头组合形式及作业方式，确定满足喷灌灌水质量要求的参数，然后根据这些参数选择喷头并确定其组合间距。

确定喷头组合间距的方法有很多种，如几何作图法、修正几何作图法、经验系数法等，但最终归结起来，它们都是用系数乘以喷头的射程来确定组合间距的。其中，经验系数法考虑了风的影响，使用普遍，下面仅介绍这一方法。

1）根据设计风速和设计风向确定间距射程比

间距射程比可按喷头的组合形式及喷洒支管与主风向的相对位置关系从表 3-11 中选取。采用这些数据确定的组合间距，能使喷灌的组合均匀系数 C_u 达到 75%以上。选用我国生产的 PY 系列和 ZY 系列的喷头时，均可使用此表。

表 3-11　支管垂直主风向布置时的间距射程比

10 m 高的风速（m/s）	不等间距布置（$a<b$）		等间距布置（$a=b$）
	垂直风向 K_a	平行风向 K_b	K_a，K_b
0.3~1.6	1.0	1.3	1.1~1.0
1.6~3.4	1.0~0.8	1.3~1.1	1.0~0.9
3.4~5.4	0.8~0.6	1.1~1.0	0.9~0.7

根据设计风速及喷头不等间距或等间距布置,查表3-11得到垂直风向的间距射程比和平行风向的间距射程比。

当支管垂直主风向布置(沿支管的喷头间距 a 与风向垂直)且不等间距布置时,K_a 取表中的垂直风向的 K_a 值,K_b 取表中的平行风向的 K_b 值。

当支管平行主风向布置且不等间距布置时,则 K_a 取表中的平行风向的 K_b 值,K_b 值取表中的垂直风向的 K_a 值。

当支管与主风向既不垂直又不平行时,则应视支管与主风向的夹角 β($0°<\beta<90°$)对 K_a、K_b 进行调整。具体方法是:

(1)$\beta<15°$,按支管平行主风向不等间距布置选 K_a、K_b 值。

(2)$\beta>75°$,按支管垂直主风向不等间距布置选 K_a、K_b 值。

(3)$15°<\beta<30°$,按支管平行主风向不等间距布置查出 K_a、K_b 值后,可按 $K_a=K_b-0.1$,$K_b=K_a+0.1$ 计算。

(4)$30°<\beta<60°$,按等间距布置选 K_a、K_b 值。

(5)$60°<\beta<75°$,按支管垂直主风向不等间距布置查出 K_a、K_b 值后,可按 $K_a=K_a+0.1$,$K_b=K_b-0.1$ 计算。

对于等间距布置的情况,按设计风速查表3-11得到 $K_a=K_b$。

2)确定组合间距

根据初选喷头的射程 R 和选取的间距射程比 K_a、K_b 值,按下式计算组合间距:

喷头间距
$$a = K_aR \tag{3-9}$$

支管间距
$$b = K_bR \tag{3-10}$$

计算得到 a、b 值后,还应调整到可适应管道的规格长度。对于固定管道式喷灌系统和移动管道式喷灌系统,计算的喷头的组合间距可按调整后采用,但对于半固定管道式喷灌系统则需要把 a、b 值调整为标准管节长的整数倍。调整后的 a、b 值,如果与式(3-9)、式(3-10)计算的结果相差较大,则应校核计算间距射程比 a、b 值是否超过表3-11中规定的数值,如不超过则 $C_u \geq 75\%$ 仍满足,如超出表中所列数值则需重新调整间距。

5. 组合喷灌强度的校核

在选喷头、定间距的过程中已满足了雾化程度和均匀度的要求,但是否满足喷灌强度的要求,还需进行验证。验证的公式为

$$\rho \leqslant [\rho] \tag{3-11}$$

将式(3-4)代入式(3-11),得

$$K_\omega C_\rho \rho_s \leqslant [\rho] \tag{3-12}$$

式中 $[\rho]$——灌区土壤的允许喷灌强度,mm/h;

其他符号意义同前。

如果不满足式(3-12)的要求,则应重新选择喷头和确定喷头组合间距,直至满足要求。

码3-5 教学案例:喷灌管道系统的布置及喷灌制度的确定

(五)管道系统布置

管道式喷灌系统的布置主要有两个内容:一是确定水源工程的位置或根据现有水源工程进行喷灌地块的合理划分;二是进行骨干管道

的初步布置和田间管道系统的布置。

1. 管道布置一般应遵循的原则

(1)管道布置应力求使管道总长度最短。

(2)管线的布置应与道路、林带、排水系统、供电系统及居民点的规划相结合。

(3)骨干管道中,安装给水栓的那一级管道布置是否合理,是输配水系统合理布置的关键。在山丘地区,应尽量使这级管道沿主坡向布置,如果只能盘山(平行等高线)布置,则应走在田块的上方。在平原地区,应尽量使这级管道沿路旁、田边布置,便于用水和管理,当地块形状不规则时,这级管道布置应能使支管长度和规格尽量统一。

(4)喷洒支管应尽量与耕作和作物种植方向一致。

(5)喷洒支管最好平行等高线布置,如果受条件限制,至少也应尽量避免逆坡布置。

(6)在风向比较恒定的喷灌区,支管最好垂直于主风向布置,应尽量避免平行主风向布置。

(7)喷洒支管与上一级管道的连接,应避免锐角相交,支管铺设应力求平顺、减少折点。

在贯彻以上原则时,有时会出现矛盾,这时应根据具体情况进行分析比较,分清主次,因地制宜地确定布置方案。

2. 管道布置形式

管道系统布置主要有两种形式:

(1)丰字形布置(见图 3-9 和图 3-10);

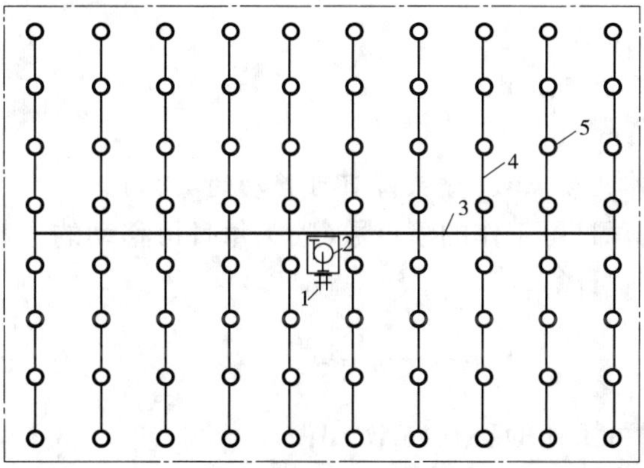

1—井;2—泵站;3—干管;4—支管;5—喷头

图 3-9 丰字形布置(一)

(2)梳齿形布置(见图 3-11)。

(六)喷灌工作制度的拟定

喷灌工作制度包括喷头在一个喷点上的喷洒时间、喷头每日可工作的喷点数(喷头每日可移动的次数)、每次需要同时工作的喷头数、每次同时工作的支管数以及确定轮灌编组和轮灌顺序。

1. 喷头在一个喷点上的喷洒时间

喷头在一个喷点上的喷洒时间与设计灌水定额、喷头流量和喷头组合间距有关,可按

下式求得:

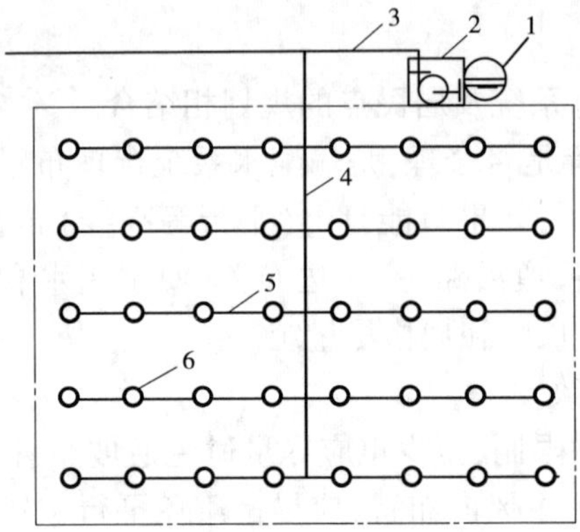

1—蓄水池;2—泵站;3—干管;
4—分干管;5—支管;6—喷头

图3-10 丰字形布置(二)

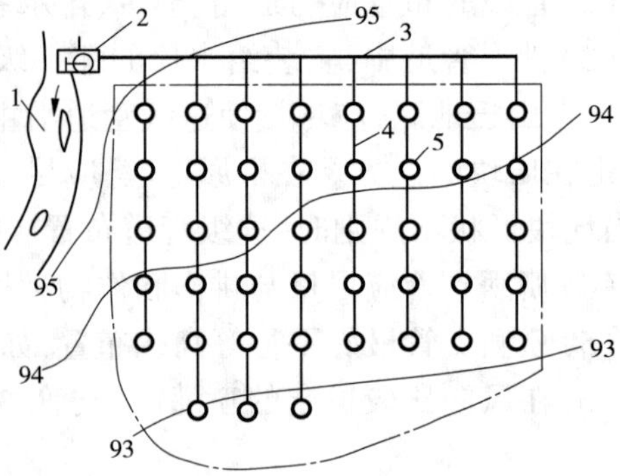

1—河渠;2—泵站;3—干管;4—支管;5—喷头

图3-11 梳齿形布置

$$t = \frac{abm}{1\ 000q} \tag{3-13}$$

式中 t——喷头在一个喷点上的喷洒时间,h;

a——喷头间距,m;

b——支管间距,m;

m——设计灌水定额,mm;

q——喷头流量,m^3/h。

2.喷头每日可工作的喷点数(喷头每日可移动的次数)

一般情况下,喷头每日可工作的喷点数(喷头每日可移动的次数)就是指每根支管每日可移动的次数,用下式计算:

$$n = \frac{t_r}{t + t_y} \tag{3-14}$$

式中 n——喷头每日可工作的喷点数,次/d;

t_y——每次移动、拆装和启闭喷头的时间,h;

t_r——喷头每日喷灌作业时间,即设计日净喷时间,h。

设计日净喷时间是确定喷灌系统设计流量的重要参数。设计日净喷时间越长,系统设施的利用率越高,则相应的投资造价就低。它应根据具体情况进行经济分析来确定,但不宜低于国家标准GB/T 50085—2007所需要的日净喷时间。另外,为了提高工作效率,改善工作条件,通常都采用两套或三套支管、喷头交替使用,即一套支管和喷头正在运行时,另一套或两套已安排就绪,前者工作完毕,后一套立即开启接着工作,待前者喷洒完的田块不泥泞时,再拆卸并装到后续喷洒位置上去。这样一来,支管和喷头装卸、移动就不占用喷灌作业时间,即$t_y=0$;喷头每日可工作的喷点数则用式$n=t_r/t$计算。对n的计算结果要求取整。

3. 每次需要同时工作的喷头数

每次需要同时工作的喷头数可按下式求得：

$$n_p = \frac{N}{nT} \tag{3-15}$$

式中 n_p——每次需要同时工作的喷头数(取整数)，个；

N——喷灌区内总喷点数，个，应从系统平面布置图中查取或总面积除以 ab；

T——设计灌水周期，d。

4. 每次需要同时工作的支管数

每次需要同时工作的支管数可按下式求得

$$n_{支} = \frac{n_p}{n_{喷头}} \tag{3-16}$$

式中 $n_{支}$——每次需要同时工作的支管数，个

$n_{喷头}$——一根支管上的喷头数，个。

5. 确定轮灌编组及轮灌顺序

鉴于目前国内喷灌工程规模一般不大，为了尽量节省投资，多采用有序轮灌的工作制度。按式(3-16)计算出每次需要同时工作的支管数后，便可结合系统平面布置图上支管分布的情况进行轮灌编组并确定轮灌顺序。做这项工作时，应考虑以下几个主要问题：

(1)轮灌编组应该有一定的规律，力求简明，方便运行管理。切不可为片面追求降低管道系统投资或运行成本而采取过于复杂的编组。

(2)各轮灌组的工作喷头数应尽量一致，以保证系统的流量较为平稳，且始终保持在水泵高效区的范围之内。若各轮灌组的喷头数很难均等，则其差别不要超过 1~3 个，并且尽可能使离泵站较远或地势较高的组别喷头数略少，离泵站较近或地势较低的组别喷头数略多。

(3)轮灌编组应该有利于提高管道设备的利用率。

(4)制定轮灌顺序时，应尽量把流量分散到各输、配水管道中去，避免流量集中于某一条干管配水，从而有利于减小输配水管道的管径或减少其水头损失，降低管道投资或运行费用。

进行轮灌编组和轮灌顺序的确定是一项琐碎而细致的工作，应认真进行多方案比较，从中选择最佳方案。

(七)管道水力计算

管道水力计算的任务是确定各级管道管径和计算管道水头损失。

1. 管径的选择

1)干管管径确定

对于规模不太大的喷灌工程，可用如下经验公式来估算这类管道的管径：

当 $Q<120\ m^3/h$ 时 $$D = 13\sqrt{Q} \tag{3-17}$$

当 $Q\geqslant 120\ m^3/h$ 时 $$D = 11.5\sqrt{Q} \tag{3-18}$$

式中 Q——管道流量，m^3/h；

D——管径，mm。

2)支管管径确定

支管管径的确定除与支管的设计流量有关外,还要满足喷洒均匀度的要求。因此,为了保证同一支管上各喷头实际喷水量的相对偏差不大于20%,国家标准GB/T 50085—2007规定:同一支管上任意两个喷头之间的工作压力差应在喷头设计工作压力的20%以内。显然,支管若在平坦的地面上铺设,其首末两端喷头间的工作压力差应最大。若支管铺设在地形起伏的地面上,则其最大的工作压力差并不一定发生在首末喷头之间。考虑地形高差ΔZ的影响时,上述规定可表示为

$$h_\omega + \Delta Z \leqslant 0.2h_p \tag{3-19}$$

式中 h_ω——同一支管上任意两喷头间支管段水头损失,m;

ΔZ——两喷头的进水口高程差,m,顺坡铺设支管时,ΔZ值为负,逆坡铺设支管时,ΔZ值为正;

h_p——喷头设计工作压力水头,m。

因此,同一支管上工作压力差最大的两喷头间的水头损失即为

$$h_\omega \leqslant 0.2h_p - \Delta Z \tag{3-20}$$

从式(3-20)可以看出:逆坡铺设支管时,允许的h_ω值小,即选用的支管管径应大些;顺坡铺设支管时,因ΔZ值本身为负值,其允许的h_ω值可以比$0.2h_p$大些。也就是说,支管顺坡铺设时,因地形坡降弥补了支管内的部分水力坡降,选用的支管管径可适当小些。

当一条支管选用同管径的管子时,从支管首端到末端,由于沿程出流,支管内的流速水头逐次减小,抵消了局部水头损失,所以计算支管内水头损失时,可直接用沿程水头损失来代替其总水头损失,即$h'_f=h_\omega$,式(3-20)可改写为

$$h'_f \leqslant 0.2h_p - \Delta Z \tag{3-21}$$

喷头选定后,喷头的设计工作压力可从喷头性能表中查得。两喷头进水口高程差ΔZ(实际上就是两喷头所在地的地面高差)可以从系统平面布置图中查取。利用公式$h'_f=FfLQ^m/d^b$,在其他参数已知的情况下反求管径d,d就是该支管可选用的最小管径的计算值。因管材的管径已标准化、系列化,因此还需按管材的标准管径将计算出的管径规范取整。对半固定、移动管道式喷灌系统的支管,考虑到运行与管理的方便,最大的管径一般不超过100 mm,并且应尽量使各支管取相同的管径,至少也需在一个作业区中统一。对于固定管道式喷灌系统,地埋支管的管径可以不同,但规格不宜太多,同一条支管一般最多可变径两次。

2.管道水力计算

喷灌管道都是有压管道,管道水力计算主要是计算管道沿程水头损失和局部水头损失,其目的是合理选定各级管道的管径和确定系统的设计扬程。

1)沿程水头损失的计算

沿程水头损失可按下式计算:

$$h_f = f\frac{LQ^m}{d^b} \tag{3-22}$$

式中 h_f——沿程水头损失,m;

f——沿程摩阻系数;

L——管道长度,m;

Q——管道设计流量,m^3/h;

d——管道内径尺寸,mm;

m、b——流量指数和管径指数,均与摩阻损失有关,部分管材的 f、m、b 值见表 3-12。

表 3-12 部分管材的 f、m、b 值

管材		$f(Q,m^3/h;d,mm)$	m	b
混凝土管 钢筋混凝土管	$n=0.013$	1.312×10^6	2.00	5.33
	$n=0.014$	1.516×10^6	2.00	5.33
	$n=0.015$	1.749×10^6	2.00	5.33
钢管、铸铁管		6.250×10^5	1.90	5.10
石棉水泥管		1.455×10^5	1.85	4.89
硬塑料管		0.948×10^5	1.77	4.77
铝管、铝合金管		0.861×10^5	1.74	4.74

在喷灌系统中,支管一般为等距等流量多口出流时,其沿程水头损失采用下式计算:

$$h'_f = h_f F \tag{3-23}$$

式中 h'_f——多口出流管道沿程水头损失,m;

F——多口系数,查表 3-13。

表 3-13 多口系数 F 值

管上出口总数	F		管上出口总数	F	
	$x=1$	$x=0.5$		$x=1$	$x=0.5$
1	1.000	1.000	11	0.412	0.384
2	0.651	0.534	12	0.408	0.382
3	0.548	0.457	13	0.404	0.380
4	0.499	0.427	14	0.401	0.379
5	0.471	0.412	15	0.399	0.378
6	0.452	0.402	16	0.396	0.377
7	0.439	0.396	17	0.394	0.376
8	0.430	0.392	18	0.393	0.376
9	0.422	0.388	19	0.391	0.375
10	0.417	0.386	20	0.390	0.375

注: x 为支管入口至第一个喷头的距离与喷头间距的比值。

2)局部水头损失的计算

局部水头损失一般可用下式计算:

$$h_j = \zeta \frac{v^2}{2g} \tag{3-24}$$

式中 h_j——局部水头损失,m;

ζ——各管件局部水头损失系数;

v——管道流速,m/s。

在工程设计中,为了简化局部水头损失计算,通常按沿程水头损失的10%~15%作为局部水头损失取值。

(八)水泵及动力选择

为了选择水泵和动力,首先要确定系统的流量和扬程。

系统流量为同时工作喷头流量之和。当各喷头流量相等时,系统流量为

$$Q = Nq \tag{3-25}$$

式中 q——喷头流量,m^3/h;

N——同时工作的喷头数。

水泵扬程 H 为

$$H = h_p + \sum h_f + \sum h_j + \Delta \tag{3-26}$$

式中 h_p——喷头设计工作水头,m;

Δ——典型喷头高程与水源水位差,m;

$\sum h_f$——水泵到典型喷头之间沿程水头损失之和,m;

$\sum h_j$——水泵到典型喷头之间局部水头损失之和,m。

求得 Q 和 H 之后,即可查有关手册选择水泵和动力机械。

其他设计内容包括管道系统结构设计、泵站设计和材料明细表及编制工程概预算等,详见有关书籍。

任务四 喷灌系统规划设计示例

模块一 基本资料的收集

(一)地理位置和地形

某小麦喷灌地块长470 m、宽180 m。地势平坦,有1/2 000地形图。

(二)土壤

土质为砂壤土,土质肥沃,田间允许最大含水量23%(占干土重),允许最小含水量18%(占干土重),土壤干密度 $\gamma = 1.36\ g/cm^3$;土壤允许喷灌强度 $[\rho] = 15\ mm/h$,设计根区深度为40 cm,设计最大日耗水强度4 mm/d,喷灌水利用系数取0.8。

(三)气候

暖温带季风气候,半干旱地区。年平均气温 13.5 ℃。无霜期大致在 200~220 d,农作物可一年两熟。日照时数为 2 400~2 600 h,多年平均降水量 630.7 mm,一般 6~9 月的降雨量占全年降水量的 70%以上。灌溉季节风向多变,风速为 2 m/s。

(四)作物

种植小麦和玉米,一年两熟,南北方向种植。其中,小麦生长期为 10 月上旬至次年 6 月上旬,约 240 d,全生长期共需灌水 4~6 次。

(五)水源

地下水资源丰富,水质较好,适于灌溉。地块中间位置有机井一眼,机井动水位埋深 24 m,出水量 50 m^3/h。

(六)社会经济情况和交通运输

本地区经济较发达,交通十分便利,电力供应有保证,喷灌设备供应充足。

模块二　喷灌系统规划设计

(一)喷灌制度拟定

根据设计资料,确定设计灌水制度和灌水中期。

(二)喷灌系统选型

根据灌区种植作物、土壤、地形等条件,确定系统类型。

(三)喷头选型与组合间距确定

根据《喷灌工程技术规范》(GB/T 50085—2007)以及作物、土壤及喷头生产供应情况等,确定喷头形式及有关技术参数和几何参数。

根据所选定的喷头确定喷头的组合形式及间距。

码 3-6　文档:喷灌工程技术规范(GB/T 50085—2007)

(四)管道系统布置

根据地形及水源等情况,确定干支管的布置。

(五)喷灌工作制度拟定

根据喷灌灌溉制度及喷灌系统布置,确定喷灌工作制度。

(六)管道水力计算

管道水力计算时,先确定干支管管径,然后计算水头损失。

(七)水泵及动力选择

先确定系统流量及水泵扬程,然后根据流量和扬程选择水泵及动力。

(八)管网系统结构设计

确定喷灌系统各部分的连接方式及安装方式等。

在规划设计时,要认真学习《喷灌工程技术规范》(GB/T 50085—2007),严格按照规范进行。

任务五　喷灌工程施工与运行管理

模块一　喷灌工程施工

(一)施工的组织和准备

不同形式的喷灌系统的工程内容不同,难易程度差别很大,一般而言施工的重点是地埋管道和泵站,除轻小型喷灌机组和移动管道式喷灌系统因工程简单、可依据产品使用要求自行安装外,其他类型的喷灌工程均应组织专业队伍施工,以保证施工质量。

施工应进行严格的质量管理,特别是对原材料和购入的设备必须有质量检验制度,杜绝使用不合格的材料和设备;施工中应有专职或兼职的质检人员监督每道工序的施工质量,工程规模较大时应采用施工监理制,以确保施工质量。

(二)工程施工

喷灌工程的施工一般包括水源工程施工、泵站施工、管道和附属设备的安装,以及田间配套工程的施工等。

1.施工放样

施工放样是按图纸把设计方案布置到地面上,以便施工,它是落实设计方案的重要一步。首先在施工现场设置工程测量控制网,并应保留到施工结束。应标定除各种建筑物的主轴线和纵横轴线,标出基坑开挖线和建筑物轮廓线,以及基坑开挖和建筑物主要位置的高程。对于泵站,应标定水泵的轴线位置和泵房的基础位置以及开挖深度;对于管道,除标定其轴线位置外,还应定出弯头、三通、四通、竖管以及阀门井的位置和开挖深度;对于为喷灌机组供水的渠道,应标定中心线、坡角线和开挖深度。

2.基坑开挖

喷灌工程中管槽开挖的土方量大,条件复杂,技术要求高,应特别注意。在便于施工的前提下管槽应尽可能开挖得窄些,这样有利于减轻管道承受的土压力,而且土方量也小,但必须保证边墙的稳定性。基槽断面形式可根据土质、开挖深度、施工方法等选择矩形、梯形或复式结构。管槽的底面即是管床,不得超挖,而且应修整平直。如有局部超挖,应以相同土壤填补并夯实至接近天然密实度。管槽开挖中减少不均匀沉降的隐患对于采用刚性接头的管道至关重要,必须按施工技术要求进行。管槽经过岩石、卵石区时容易损坏管道,应将槽底至少再挖深 15 cm ,并填土夯实至设计槽底标高。基坑和管槽开挖后应立即浇筑基础或铺设管道,以免造成塌方或底土风化,影响施工质量。如果开挖后不能立即进行下道工序,应预留 15~30 cm 土层,待下道工序开始前再挖至设计基坑底高程。基槽挖出的土应堆放在基槽的一侧,基坑积水应立即排出。

3.埋设管道

管道施工前应将管材、管件运抵现场并沿管槽排放在无堆土的一侧,承插式管道应将承口对准水流方向。安装前应对管材进行外观检查,发现有破损变形时应立即更换。管槽底面如有落石、落土,应予清除,积水应事先排净并落干。安装管道时应防止砂石及其他杂物进入管道,中断安装时应封堵管口。

吊运时,管道不得与槽壁、槽底碰撞,应与管床接触紧密,不得使用木材、砖石衬垫。安装管道应按先干管后支管,自低处向高处的顺序进行,脆性管材和塑料管穿越公路时应加套管或修筑涵洞保护管道和管件安装完毕后,应部分回填并夯实,管道定位后再进行水压试验。这一点对于塑料管及其他承插式连接的管道非常重要,否则极易造成管道移位甚至脱节。部分回填土的高度应达到管顶高度的一半左右。

水压试验后应立即进行回填。回填必须在管道两侧同时进行,管道周围应回填松散并剔除石块的碎土。回填土应分层夯实,每层填土高度应控制在 20 cm 左右,特别注意保证管道周围的填土切实夯实。塑料管材温度变形大,应在地面温度和地下温度接近时回填,必要时还应安装伸缩节。

阀门井和镇墩的施工安装按相关砖石工程施工及验收规范的规定进行。

(三)设备安装

喷灌系统所使用的设备比较多,而且系统形式不同,所用设备也不尽相同。管道式喷灌系统的管材用量大,刚性管材和硬塑料管的供应状态均为一节一节的管道,因受运输限制,其节长度一般不超过 6 m,故现场安装的工作量很大,管件也比较多,因此工程质量往往反映在管道安装上。此外,水泵和动力机的安装以及阀门的安装也应严格按设备安装使用说明书和施工技术要求进行。

1. 机电设备安装

(1)动力机以直联方式拖动水泵时,应严格保证动力机和水泵同轴,为此应用楔形铁先将其中之一调整水平,然后再利用楔形铁调整另一个设备的前后高度,使轴联器端面间隙上下、左右一致,外缘母线平行,距离均匀。调整时一定要随时保持地脚螺栓的旋紧程度,不得以旋松地脚螺栓的办法调整同轴度;应按一个方向盘动水泵或动力机,避免加工误差的不良影响;楔形铁应靠近地脚螺栓均匀垫放,保证设备底座与基座有较大的支撑面。

(2)动力机以皮带传动方同一垂直平面内。动力机和水泵均应用地脚螺栓可靠固定,中心距应符合设计规定。

(3)电器设备应由具有低压电器安装资格的专业人员按电器接线图的要求进行安装。安装后应检查接线是否正确并进行试运行,检查电器设备工作是否正常,三相供电线端子上的电压是否符合规定,如有异常,应立即切断电源排除故障。检查水泵接线相序是否正确时,应尽可能缩短运转时间,如发现水泵转向与说明书要求的向不符,应调换接线,使相序符合要求。

2. 固定管道的安装

固定管道的安装是在管道施工过程中进行的,管槽开挖和管床处理的质量直接影响管道安装,故管道安装必须在管槽开挖验收后进行。

固定管道的安装实际上是进行管道的连接,应严格按照施工技术要求进行。喷灌系统常用的管道连接方式主要有承插连接、黏接、热熔对接、法兰连接等。

1)硬聚氯乙烯管

硬聚氯乙烯管管道通常采用承插口黏接的方法。黏接剂应按管材生产供货部门的技术要求选择,管道和管件黏接表面应按黏接技术要求进行去污、打毛等预处理,承口和插口的配合间隙应符合黏接技术要求,黏接剂应涂抹均匀、饱满,涂抹长度应符合要求。黏接前应保持管道固定。

码 3-7　教学动画:法兰连接

2)改性聚丙烯管

聚丙烯管材属热塑性管材,可采用翻边连接和热熔对接。

(1)翻边连接时应将管道端面锯正、锉平,要使用专用模具或专用设备进行,翻边应与管中心线垂直,尺寸符合要求,保证法兰盘安装到位。密封圈应安放正确,不得偏向一侧。使用塑料法兰盘必须严格控制密封圈的压缩量,以免法兰盘受力过大而损坏。拧紧螺栓时应使各螺栓均匀受力,不得先拧紧一侧再紧另一侧,应以位置相对的螺栓为一组,同时拧紧或轮流拧紧。

(2)热熔对接应将管道端面锯正、锉平,要使用专用对接设备进行,以保证对接质量。操作时应严格控制加热温度、加热时间及融合长度。连接后应仔细进行外观检查,如对接不齐应切开重新加工对接。

3)铸铁管

铸铁管通常采用承插连接。安装前应清除承口内部及插口外部的沥青及飞边毛刺,检式拖动水泵时,应保证动力机和水泵的轴线平行, 皮带轮在查承口和插口尺寸是否符合要求。安装时应在插口上做出插入深度的标记,以控制对口间隙在允许范围内。安装后,承插口应用膨胀水泥、石棉水泥或油麻等填塞。采用膨胀水泥和石棉水泥时,填塞深度应为接口深度的 1/2~2/3,填塞应分层捣实、压平,并及时养护。采用油麻时,应拧成辫状填入打紧,麻段搭接时长度应为 10~15 cm,接头应分散,不得集中在一处。

喷灌系统通常使用各类通用阀门、流量计和水表等设备,这些设备一般为法兰连接或螺纹连接连入管网时应尽可能采用管道配套连接件中的相应管件,必要时也可采用钢管加工连接件。喷灌系统的裸露管道(包括地埋管和给水栓之间的连接管、阀门井中的管道等)如本身强度不足,应以钢管代替。钢管焊接法兰盘时应保证法兰盘与管道中心线垂直。

(四)管道水压试验

管道在施工安装期间应分段进行水压试验,施工安装结束后应对整个管网进行水压试验。水压试验的目的是检查管道安装的密封性是否符合规定,同时也对管材的耐压性能和抗渗性能进行全面复查。水压试验中发现的问题必须进行妥善处理,否则必将成为隐患。

(五)试运行

试运行应在全部工程完成后进行。在试运行中重点检查水源、水泵、压力供水管网、地面移动管道、喷头,以及闸阀、进排气阀、安全阀、调压阀、减压阀、计量设备的工作状况是否符合要求,并进行必要的调整。运行调试应在设计流量下进行,规模较大的喷灌系统可分组进行运行调试。

试运行必须按操作规程进行,事先应明确运行调试的操作顺序、观测项目,安排好操作和观察人员,试运行结果应记录并整理归档。

试运行应由施工单位负责组织,设计单位协助,监理单位监督,使用单位参加,试运行中发现的问题必须妥善处理。

(六)工程验收

工程验收是对工程设计、施工的全面审查。工程验收由业主和水利主管部门按规定组织实施。设计单位、施工单位和监理单位应提交全套设计文件、施工期间的验收报告、水压试验记录、试运行报告、工程决算报告、运行操作规则、竣工图纸和竣工报告。

模块二　喷灌系统运行管理

(一)水源工程的使用与维修

由于机井淤积影响单井出水量,对水源工程即机井除经常性的养护外,每当灌溉季节前后,都应及时清淤除障或整修。

(1)机井井口配置保护设施,修建井房,加设井台、井盖,以防止地面积水,风沙、土块、杂物等淤塞机井并造成井水的污染。

(2)掌握机井的技术指标,如井深、井管倾斜度、井径、砂层垂直分布、水位、出水量和水中含沙量等,并定期做记录,以便科学地使用机井,合理地开采地下水,并根据地下水情况适当调整机井每次开机时间和灌水周期。

码 3-8　文档:泵站技术管理规程

(3)在机井使用过程中,要注意观察水量和水质的变化。若发生异常现象,如出水量减少、水中含沙量增大等,应立即查清原因,采取相应的洗井、维修改造及其他措施。

(4)开机前要进行一次细致的检查,检查的主要内容有:水泵和电动机是否固定良好,各部位螺丝是否有松动现象,周围是否有妨碍运转的物件,电动机和电路是否正常。

(5)开机运行后应注意各种测量仪表、机泵运转声音、水泵出水量等是否正常;水泵与水管各部分是否有漏水和进气现象,吸水管应保证不漏气;轴承部位的温度及电动机升温情况是否超过允许温度;如机泵发生故障,要弄清故障发生的地方和部位,找出原因,及时拆卸修理。

(6)停机时应先关闭启动器,后拉电闸;长期停机或冬季使用水泵后,应该打开泵体下面的放水塞,将水放空,防止锈坏或冻坏水泵;停机后应该把泵表面的水迹擦净以防锈蚀;停灌期间把可拆卸的设备收回,经保养后妥善保管;寒冷冬季应及时放空管道。

(7)经常保持井房内和机泵表面干净。常用螺丝要用合适的固定扳手操作,不常用的外露的丝扣要用油布定期擦一擦,以防锈固。机泵运行,在冬闲季节要进行彻底检修,清洗、除锈去垢、修复和更换损坏的零部件。

(二)管道系统的运行管理与维护

管道灌溉比渠道灌溉输水的速度快,技术要求高,计划性强。

在管道系统放水或停水时,常会产生涌浪和水击,很易发生管道爆裂。为防止水击产生、保护管道安全运行,严禁先开机或先打开进水闸门再打开出水口。

日常运行时,严禁突然关闭闸阀和出水口。灌水结束、管道停止运行时,应先停机或先缓慢关闭闸阀,然后再缓慢关闭给水栓。有多个出水口停止运行时,应自下而上逐渐关闭给水栓。有多条管道停止运行时,也应自下而上逐渐关闭闸门或闸阀。

在输水、灌水阶段,应经常测定各级管道的水压,以便了解管网系统的工作情况和水压变化动态,确定管网规划设计是否合理;运行期间有无可能发生水压超过管道管材的承受能力,并采取措施,多开出水口或改变轮灌方式等降低水压;有无可能因水压过低或招致产生负压现象等。

(三)喷灌设备的运行管理与维护

喷灌机运行前应对其组成部分进行检查,要求喷头连接牢固,流道通畅,转动灵活,换向可靠,弹簧松紧适度,零件齐全;管件完好齐全,控制闸阀及安全保护设备启闭自如,动作灵活,止水橡胶质地柔软,具有弹性;量测仪表盘面清晰,指针灵敏。平移式喷灌机导向触杆及其微动开关的动作必须灵敏可靠。利用钢索导向时,导向钢索应绷紧牢固,停车桩应完好无损,连接件牢固,电缆线无破损,传感部件动作灵活。

喷灌设备喷洒开始时,应缓慢开启放水阀逐个启动喷头,并逐步调整压力至喷头压力额定值,严禁同时启动所有喷头。停止喷洒时,应逐个缓慢关闭放水阀,不得同时关闭所有喷头。

能力训练

1. 简述喷灌系统的组成,说明其优缺点。

2. 简述喷灌系统的类型及其适用范围。

3. 手绘一副自己曾经见过或想象出的喷灌场景。

4. 喷头按工作压力分哪几类?其适用范围如何?

5. 参照表3-2,计算ZY-2型喷头(喷嘴直径7.0 mm/3.1 mm)在0.3 MPa工作压力下的喷头平均喷灌强度。

6. 参照表3-2,计算ZY-2型喷头(喷嘴直径7.0 mm/3.1 mm)在0.3 MPa工作压力下,组合间距18 m×24 m,多支管、多喷头同时全圆喷洒时的喷头组合喷灌强度。该种喷灌方式是否适合在黏土地作业?

7. 参照表3-2,计算ZY-2型喷头(喷嘴直径7.0 mm/3.1 mm)在0.3 MPa工作压力下的喷头雾化指标。这种喷头适合蔬菜及花卉灌溉吗?

8. 根据不同管材的主要特性,地埋管道和地面移动管道尽可能选用哪类管材比较合适?

9. 仔细比较安全阀、空气阀、减压阀的不同原理,理解其不同作用。

10. 已知喷灌用硬塑料管,$L=100$ m,$Q=0.03$ m^3/s,外径×壁厚=180 mm×5.5 mm,求沿程水头损失 h_f 和管内水流速度 v。

11. 铝质喷灌支管，外径×壁厚＝76 mm×1.5 mm，管长 $L=150$ m，支管上带有 6 个喷头，$q=7\ m^3/h$，喷头间距为 30 m，求喷灌作业时沿程水头损失。

12. 某支管长 120 m，支管上带有 8 个 PY_1-20 型喷头，$q=2.96\ m^3/h$，$H=30$ m，$d=7$ mm，喷头间距为 16 m，第一个喷头到干管的距离等于 8 m，采用铝合金管，求支管的管径。

13. 某灌区（270 m×290 m，见图 3-12）种植作物为蔬菜，地形为平地，土壤为壤土，水井供水量 60 m^3/h，动水位 20 m，每天开机 14 h，作物最大日耗水强度 $ET_a=6$ mm/d，作物耗水高峰期日均降水量 $P=0$，设计灌水周期 7 d 。参考有关资料，规划设计喷灌系统。

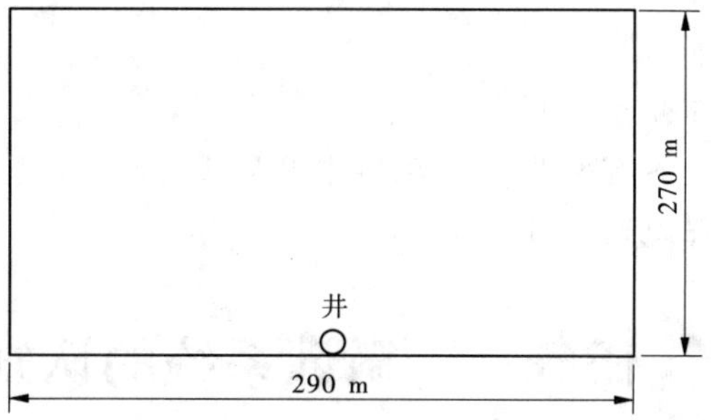

图 3-12　某灌区平面图

项目四　微灌工程技术

【目标】

通过对微灌系统的类型及特点的认知,了解微灌系统的组成,理解微灌系统类型的适用范围及规划设计的基本原则,掌握微灌系统的主要设备及其参数选定方法,能够进行中小型微灌工程的规划设计。

【任务】

1. 微灌系统由哪几部分组成?
2. 微灌系统的主要设备有哪些?其主要作用是什么?
3. 如何进行微灌工程规划设计?

任务一　微灌系统的认知

模块一　微灌系统的组成及特点

(一)微灌及微灌系统

1. 微灌的含义

微灌即按照植物生长所需的水和养分,利用专门设备或自然水头加压,再通过低压管道系统末级毛管上的孔口或灌水器,将有压水流变成细小的水流或水滴,直接输送到植物根区附近,均匀、适量地滴入植物根层部分土壤中的一种灌水方法。

微灌最早出现在20世纪初期,1913年美国科罗拉多州立大学的E. B. House成功建立了首个微灌系统,这是微灌技术的起始点。1920年德国改进了灌水设备,将穿孔管灌溉技术研究出来,实现了水出流方面的第一次突破。20世纪40年代,以色列农业工程师希姆克·伯拉斯将微灌技术应用在以色列内盖夫沙漠地区温室内的灌溉,促进了微灌技术的快速的发展。到了20世纪60年代,微灌被作为一种新型的灌溉措施迅速应用到现代农业滴灌系统。20世纪70年代,微灌技术在美国、英国、澳大利亚等国家逐步得到发展和应用。随着微灌的不断发展,国外对于微灌技术的理论探索也取得了丰硕的成果。对微灌灌水器,支管、毛管的水力计算以及设计方法的研究极大地推动了微灌的发展。1974年我国从墨西哥引进微灌技术,其发展历程经过了三个时期,1974~1985年为微灌的试点时期,该时期主要是引进国外的微灌产品,并通过学习国外的技术,尝试制造相关产品。1986~1990年为我国微灌的示范推广时期,使微灌产品的类型不断丰富、产品质量逐步提高,研发了孔口滴头、补偿滴头并且不断改进已有产品,推进了我国微灌产品的开发与应用。20世纪90年代以后,我国在新的微灌产品及其配套设备的改进和研发方面成绩突出。北京绿源公

码4-1　微课:微灌系统组成与主要设备

司引进以色列的技术,使我国微灌技术快速发展。但也应该看到,与一些先进国家相比,还有较大差距,主要反映在灌水器质量不高,微灌自动化程度不高,灌水质量与效率不高等方面,这些需要我们努力改进。

2. 微灌系统

微灌系统通常由水源工程、首部枢纽、输配水管网和灌水器等四部分组成,其形式见图 4-1。

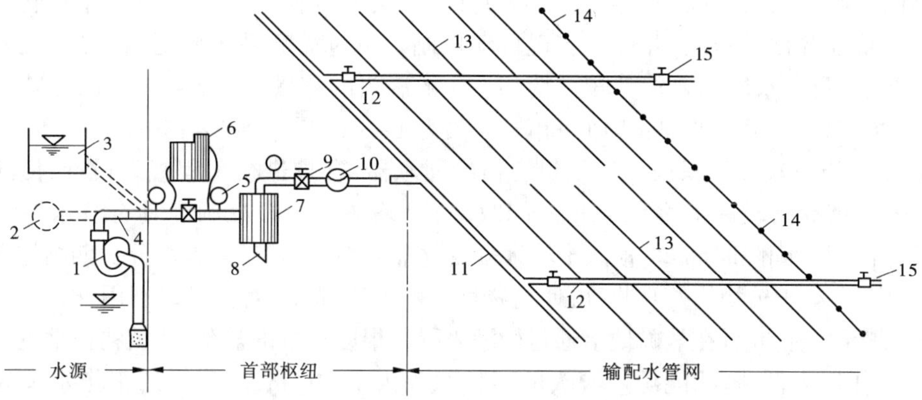

1—水泵;2—供水管;3—蓄水池;4—逆止阀;5—压力表;
6—施肥罐;7—过滤器;8—排污管;9—阀门;10—水表;
11—干管;12—支管;13—毛管;14—灌水器;15—冲洗阀门

图 4-1　微灌系统示意图

1) 水源工程

河流、湖泊、塘堰、沟渠、井泉等,只要水质符合微灌要求,均可作为微灌的水源;否则将使水质净化设备过于复杂,甚至引起微灌系统的堵塞。为了充分利用各种水源进行灌溉,往往需要修建引水、蓄水和提水工程,以及相应的输配电工程,即通称为水源工程。

2) 首部枢纽

微灌工程的首部通常由水泵及动力机、控制阀门、水质净化装置、施肥装置、测量和保护设备等组成。首部枢纽担负着整个系统的驱动、检测和调控任务,是全系统的控制调度中心。

3) 输配水管网

微灌系统的输配水管网一般分干、支、毛三级管道。通常干、支管埋入地下,也有将毛管埋入地下的,以延长毛管的使用寿命。

4) 灌水器

微灌的灌水器安装在毛管上或通过连接小管与毛管连接,有滴头、微喷头、涌水器和滴灌带等多种形式,或置于地表,或埋入地下。灌水器的结构不同,水流的出流形式也不同,有滴水式、漫射式、喷水式和涌泉式等。

(二) 微灌的特点

与目前应用的其他灌水方式比较,微灌具有以下几个特点:

(1) 局部湿润土壤。这是与传统地面灌水方法(沟、畦灌等)和喷灌的最大区别。微灌不是对整个灌水地段实施全面积灌溉,而是通过管道系统将水直接送到植物根部附近,只湿润主根层所在的耕层土壤,不破坏土壤结构,湿润区土壤水、热、气、养分状况良好,减少土壤表面蒸发。所以,微灌又称为局部灌水方法。

(2)灌水量小,灌水周期短,属微量精细灌溉范畴。微灌条件下的植物基本上没有棵间蒸发,植物需水量比较小。同时,微灌设备可以按照需要准确控制灌水量,既不存在深层渗漏,亦无喷灌条件下的飘移蒸发损失。在现有的灌水方法中,微灌所需的灌水量最小。另外,微灌不仅具有以补充降雨不足为目的的灌水功能,同时特别适合给植物输送液态化肥、除草剂等化学药剂,并便于实现自动控制。不过灌溉系统的运行管理、规划设计和安装调试以及对水质的要求都较为精细。一般滴头的流量为1.5~12 L/h,微喷头的流量为50~200 L/h。微灌的灌水时间间隔:蔬菜为1~3 d;果树为7~15 d。

(3)灌水质量较高。只要选用质量合格的灌水器,合理进行工程规划设计,使灌水器出水均匀,就能获得较高的灌水质量。同时,微灌条件下的灌溉制度具有灌水持续历时长、前后两次灌水间隔时间短、根区土壤水分变化幅度小的特点,土壤水分长期维持在植物适宜的湿度,有利于植物均衡吸收,可使植物增产和改善品质,而且可以利用含盐浓度不很高的咸水进行微灌,或者在盐碱地上通过微灌来稀释根区土壤的盐分,使植物正常生长。

(4)工作压力低,节约能源。滴头的工作水头为7~10 m,微喷头的工作水头为10~15 m。微灌田间灌溉水有效利用系数高,对需消耗能量的提水灌区,节水也就意味着节能。只是微灌输水系统的水头损失较大,尤其是滴灌系统。如何降低管道系统(含过滤设备)的输水损失,有效防止灌水器堵塞,是微灌应用推广中最为突出的问题。为解决灌水器堵塞问题,世界各国都做出巨大的努力,已经制造出过滤效果好的过滤器和抗堵性能良好的灌水器。

(三)微灌的优缺点

1. 微灌的优点

(1)省水。微灌系统全部由管道输水,很少有沿程渗漏和蒸发损失;属局部灌溉,灌水时一般只湿润植物根部附近的部分土壤,灌水流量小,不易发生地表径流和深层渗漏;另外,微灌能适时适量地按植物生长需要供水,较其他灌水方法水的利用率高。

(2)节能。微灌的灌水器在低压的条件下运行,同时因微灌比地面灌溉省水,灌水利用率高,对提水灌溉来说就意味着减少了能耗。

(3)灌水均匀。微灌系统能够做到有效地控制每个灌水器的出水量,灌水均匀度高,一般可达80%~90%。

(4)增产。微灌能适时适量地向植物根区供水供肥,有时还可调节植物棵间温度和湿度,不会造成土壤板结,为植物营造了良好的生长条件,因而有利于实现高产稳产,提高产品质量。许多地方实践证明,微灌较其他灌水方法一般可增产30%左右。

(5)对土壤和地形的适应性强。微灌系统的灌水速度可快可慢,对于入渗率很低的黏性土壤,灌水速度可以放慢,使其不产生地面径流;对于入渗率很高的砂质土,灌水速度可以提高,灌水时间可以缩短或进行间歇灌水,这样做既能使植物根系层经常保持适宜的土壤水分,又不至于产生深层渗漏。由于微灌是低压力管道输水,适应性较强,所以不要求地形平坦。

(6)在一定条件下可以利用咸水资源。微灌可以使植物根系层土壤经常保持较高含水状态,因而局部的土壤溶液浓度较低,渗透压比较低,植物根系可以正常吸收水分和养分而不受盐碱危害。实践证明,使用咸水滴灌,灌溉水中含盐量在2~4 g/L时植物仍能正常生长,并能获得较高产量。但是利用咸水滴灌会使滴水湿润区外围形成盐斑,长期使用会使土质恶化。因此,在干旱和半干旱地区,在灌溉季节末期应用淡水进行洗盐。

(7)节省劳动力和耕地。微灌系统不需平整土地、筑渠和开沟打畦。还可实行自动控制,大大减少了田间灌水的劳动量和降低了劳动强度。

2. 微灌的缺点

(1)易于堵塞。灌水器的堵塞是当前微灌应用中最主要的问题,严重时会使整个系统无法正常工作,甚至报废。引起堵塞的原因有物理因素、生物因素或化学因素,如水中的泥沙、有机物质或微生物以及化学沉淀物等。因此,微灌对水质要求较严,一般均应经过过滤,必要时还需经过沉淀和化学处理。

(2)会引起盐分积累。当在含盐量高的土壤上进行微灌或是利用咸水微灌时,盐分会积累在湿润区的边缘。若遇到小雨,这些盐分可能会被冲到植物根区而引起盐害,这时应继续进行微灌。在没有充分冲洗条件的地方或是秋季无充足降雨的地方,不要在高含盐量的土壤上进行微灌或利用咸水微灌。

(3)可能限制根系的发展。由于微灌只湿润部分土壤,加之植物的根系有向水性,这样就会引起植物根系集中向湿润区生长。另外,在没有灌溉就没有农业的地区,如我国西北干旱地区,利用微灌时,应正确地布置灌水器;在平面上要布置均匀,在深度上最好采用深埋方式。

(4)造价一般较高。微灌需要大量设备、管材、灌水器,所以造价较高。

总之,微灌的适应性较强,使用范围较广,不同地区应根据当地自然条件、植物种类等因地制宜地选用。

模块二　微灌系统的类型及其适用范围

码 4-2　微课:微灌系统的类型与特点

微灌是利用专门设备将有压水流变成细小的水流或水滴,湿润作物根部附近土壤的灌水方法。因此,微灌系统常按选用灌水器的不同进行分类,即不同灌水方法采用不同的灌水器,可分为滴灌系统、微喷灌系统、涌灌系统、渗灌系统和雾灌系统等。

(一)滴灌

滴灌即滴水灌溉,是利用塑料管道和安装在直径约10 mm毛管上孔口非常小的灌水器(滴头或滴灌带等),消杀水中具有的能量,使水一滴一滴缓慢而又均匀地滴在作物根区土壤中进行局部灌溉的灌水形式,如图4-2所示。由于滴头流量很小,只湿润滴头所在位置的土壤,水主要借助土壤毛管张力入渗和扩散。它是目前干旱缺水地区最有效的一种节水灌溉方式,其水的利用率可达95%。因此,滴灌较喷灌具有更高的节水增产效果,同时可以结合灌溉给作物施肥,提高肥效1倍以上。

按管道的固定程度,滴灌可分固定式、半固定式和移动式三种类型。

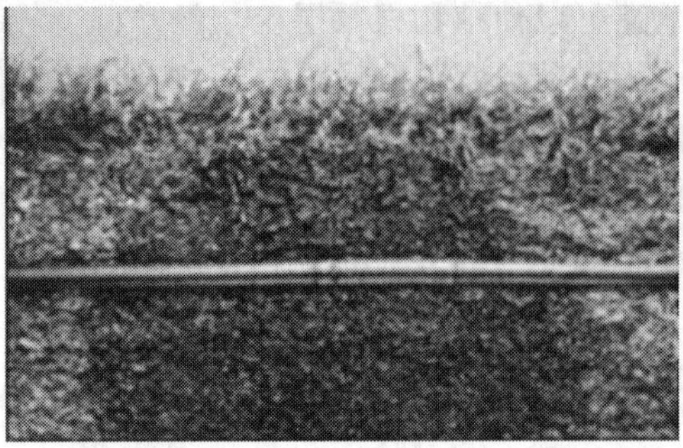 

图 4-2　滴灌示意图

(1)固定式滴灌。各级管道和滴头的位置在灌溉季节是固定的。其优点是操作简便、省工、省时,灌水效率高、效果好。国产设备亩投资为 1 000(果树)~2 000 元(大棚蔬菜、花卉),进口设备亩投资为 2 500~3 500 元(按 2010 年不变价格)。

(2)半固定式滴灌。干、支管固定,毛管由人工移动。亩投资为 700~1 000 元。

(3)移动式滴灌。干、支、毛管均由人工移动,设备简单,但用工较多。亩投资为 500~700 元。

结合我国劳动力多、资金缺乏的具体情况而研究开发的半固定式、移动式滴灌系统,大大降低了工程造价,为滴灌在大田植物和经济欠发达地区的推广应用创造了条件。

微灌适用于果树、蔬菜、经济植物及温室大棚灌溉,在干旱缺水的地区也可用于大田作物灌溉。其不足之处是滴头出流孔口小、流程长,流速又非常缓慢,易结垢和堵塞,因此应对水源进行严格的过滤处理。

(二)微喷灌

微喷灌又称微型喷洒灌溉,是利用塑料管道输水,通过很小的喷头(微喷头)将水喷洒在土壤或作物表面进行局部灌溉,如图 4-3 所示。与一般的喷灌相比,微喷头的工作压力明显下降,有利于节约能源、节省设备投资,同时具有调节田间小气候的优点,又可结合灌溉为作物施肥,提高肥效,可使作物增产 30%。微喷灌与滴灌相比,微喷头的工作压力与滴头相近,不同的是微喷头可以充分利用水中能量,将水喷到空中,在空气中消杀能量;且微喷头不仅比滴头湿润面积大,流量和出流孔口都较大,水流速度也明显加快,大大降低了堵塞的可能性。

图 4-3　微喷灌示意图

微喷灌主要应用于果树、经济植物、花卉、草坪、温室大棚等灌溉。

(三)涌灌

涌灌又称涌泉灌溉、小管灌溉,是通过从开口小管涌出的小水流将水灌入土壤的灌水方式(见图4-4)。由于灌水流量较大(但一般不大于250 L/h),有时在地表需要筑沟埂来控制灌水。此灌水方式的工作压力很低,不易堵塞,但田间工程量较大,适合地形较平坦地区的果树等灌溉,如图4-5所示。

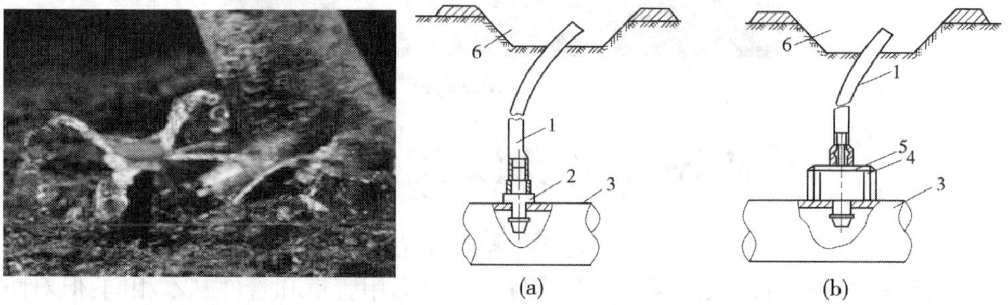

1—小管;2—接头;3—毛管;4—稳流器;5—胶片;6—渗水沟

图4-4 涌灌示意图

(四)渗灌

所谓渗灌,就是通过埋在地下植物根系活动层(20~50 cm)的毛管上的灌水器(微孔渗灌管),将灌溉水引入田间耕作层借毛细管作用自下而上湿润土壤的灌水方式,所以又称为地下灌溉。

(a)渗灌管　(b)大田渗灌　(c)渗灌湿润示意图

图4-5 渗灌示意图

渗灌具有蒸发损失少、省水、省电、省肥、省工和增产效益显著等优点,且不会妨碍耕作。果树、棉花、粮食植物等均可采用。其缺点为:一是堵塞不易发现,也不便于维护;二是当管道间距较大时,灌水不够均匀,在土壤渗透性很大或地面坡度较陡的地方不宜使用。亩投资为400~1 000元。

(五)雾灌

雾灌又称弥雾灌溉,与微喷灌很相似,只是工作压力较高(可达到200~400 kPa),喷出的水滴极细,灌水时形成水雾以调节空气湿度,如全日照喷雾育苗就要采用雾灌,如图4-6所示。

图 4-6 某温室雾灌

任务二 微灌系统的主要设备

微灌设备通常由首部加压机泵、过滤器、施肥装置以及控制、量测、保护装置,输配水管道和管件,灌水器等组成。微灌用管道和管件虽与喷灌用管道和管件基本相同,但对防堵塞的要求较高,同时工作压力也较低,所以多采用黑色塑料材质的管道和管件。通常干、支管多用聚氯乙烯硬管,末级毛管多用聚乙烯半软管。国产的微灌设备系列如图 4-7 所示。

- 国产微灌设备种类
  - 首部枢纽
    - 过滤器
      - 筛网式
      - 叠片式
      - 砂石介质式
      - 涡流离心分离式
    - 化肥注入装置
      - 压差注入式
      - 文丘里负压吸入式
      - 高位开敞式
      - 离心泵吸水管改装式
  - 管道系统
    - 软管系列
      - 双上孔软管
      - 袋式软管
    - 半软管系列
      - 外接式
      - 内接式
      - 内插外接式
    - 硬管系列
      - 多功能快速、自锁式
      - 脉冲系统插式
  - 灌水器
    - 连续出流
      - 滴水式
      - 微喷式
      - 射流式
      - 渗流式
    - 间歇出流
      - 脉冲式
      - 涌流式

图 4-7 国产的微灌设备系列

模块一　灌水器

灌水器又称配水器,其作用是消杀或分散管道输送来的集中水流中的能量。均匀而稳定地向植物的根区土壤配水,以满足植物生长的需要。灌水器的质量好坏直接影响到微灌系统是否工作可靠及灌水质量。

(一)微灌工程对灌水器的基本要求

(1)出水量小。灌水器出水量的大小取决于工作水头高低、过水流道断面大小和出流受阻的情况。微灌用的灌水器的工作水头一般为5~15 m。过水流道直径或孔径一般在0.3~2.0 mm,出水流量在2~250 L/h。

(2)出水均匀、稳定。一般情况下,灌水器的出流量随工作水头大小而变化。因此,要求灌水器本身具有一定的调节能力,使得在水头变化时流量的变化较小。

(3)抗堵塞性能好。灌溉水中总会含有一定的污物和杂质,由于灌水器流道和孔口较小,在设计和制造灌水器时要尽量采取措施,提高它的抗堵塞性能。

(4)制造精度高。灌水器的流量大小除受工作水头影响外,还受设备制造精度的影响。如果制造偏差过大,每个灌水器的过水断面大小差别就会很大,无论采取哪种补救措施,都很难提高灌水器的出水均匀度。因此,为了保证微灌灌水质量,要求灌水器的制造偏差系数 C_v 值一般不宜大于0.07。

(5)结构简单。便于制造安装。

(6)坚固耐用,价格低廉。灌水器在整个微灌系统中用量较大,其费用往往占整个系统总投资的25%~30%。另外,在移动式微灌系统中,灌水器要连同毛管一起移动,为了延长使用寿命,要求在降低价格的同时要保证产品经久耐用。

实际上,绝大多数灌水器不能同时满足上述所有要求。因此,在选用灌水器时,应根据具体使用条件,只满足某些主要要求即可。例如,使用水质不好的地面水源时,要求灌水器的抗堵塞性能较高,而在使用相对较干净的井水时,对灌水器的抗堵塞性能的要求就可以低一些。

(二)灌水器的分类

灌水器种类很多,按结构和出流形式可分为滴头、滴灌带、微喷头、渗头、涌水器等。

码4-3　微课:微灌系统灌水器

1.滴头

滴头的作用是消杀经毛管输送来的有压水流中的能量,使其以稳定的速度一滴一滴地滴入土壤。滴头常用塑料压注而成,工作压力约为100 kPa,流道最小孔径在0.3~1.0 mm,流量在0.6~1.2 L/h。其基本形式有微管式、管式、涡流式和孔口式,前三种通过立面或平面呈螺旋状的长流道来消能。以管式滴头应用最普遍,按其在毛管上的安装方式又分管间式滴头和管上滴头。孔口式滴头流量稍大,水流呈紊流,它是通过令水流折射来消能的。为了减少滴头堵塞,管式滴头和孔口式滴头还可做成具有自动清洗功能的补偿式滴头。

另外,还有带脉冲装置、间隔一定时间呈喷射状出水的脉冲式滴头。

滴头参数及代号表示方法如图 4-8 所示。

按结构来分,滴头还有以下几种:

(1)长流道型滴头。靠水流与流道壁之间的摩阻消能来调节出水量的大小,如微管滴头、内螺纹管式滴头等,分别如图 4-9、图 4-10 所示。

(2)孔口型滴头。靠孔口出流造成的局部水头,如图 4-11 所示。

(3)涡流型滴头。靠水流进入灌水器的涡室内形成涡流来消能和调节出水量的大小,如图 4-12 所示。

码 4-4　教学动画:滴头工作原理

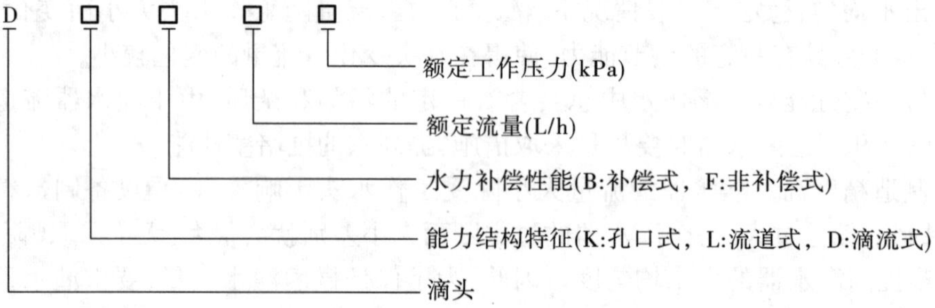

图 4-8　滴头参数及代号表示方法

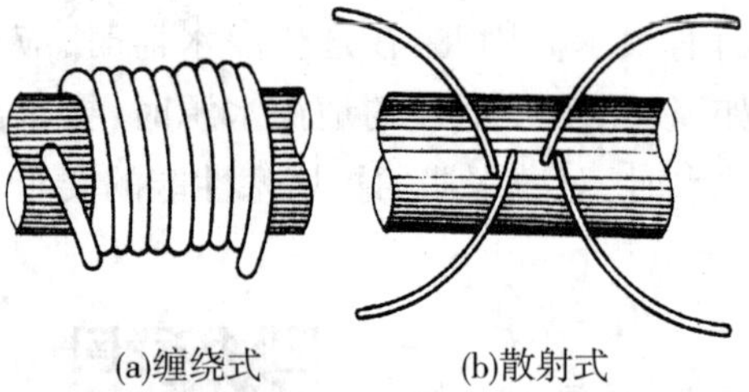

(a)缠绕式　(b)散射式

图 4-9　微管滴头

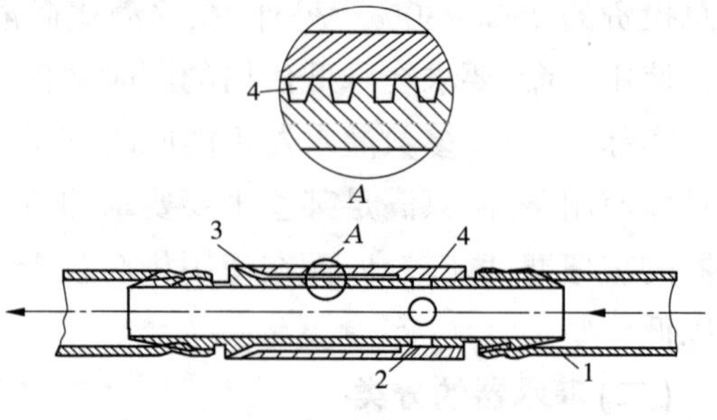

1—毛管;2—滴头;3—滴头出水;4—螺纹流道

图 4-10　内螺纹管式滴头

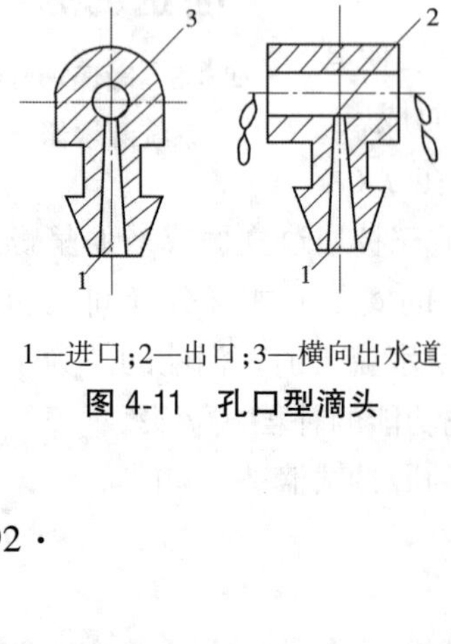

1—进口;2—出口;3—横向出水道

图 4-11　孔口型滴头

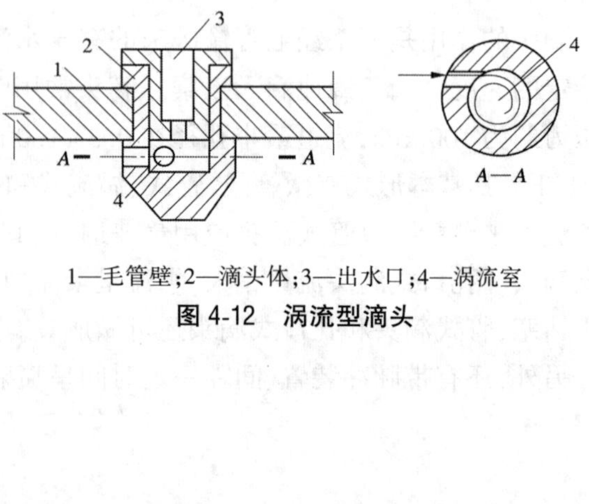

1—毛管壁;2—滴头体;3—出水口;4—涡流室

图 4-12　涡流型滴头

为了方便安装，提高安装质量，各类管式和孔口式滴头均有和毛管组成一体出厂的产品。

(4)压力补偿型滴头。利用水流压力压迫流道槽口滴头内的弹性体(片)使流道或孔口形状改变或过水断面面积发生变化，从而使出流量自动保持稳定，同时具有自清洗功能，如图 4-13 所示。表 4-1 所示为压力补偿型滴头的性能。

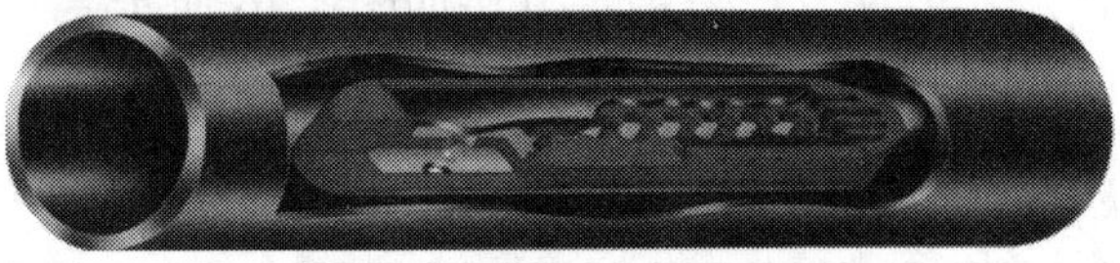

图 4-13 压力补偿型滴头

码 4-5 教学动画：
压力补偿式滴头

2. 滴灌带

将滴头与毛管制造成一整体兼具配水和滴水功能的滴灌管道称为滴灌带，按结构可分为：①内镶式滴灌带，如图 4-14 所示；②薄壁滴灌带，如图 4-15 所示。

表 4-1 压力补偿型滴头的性能

名称	优点	适应性	流量(L/h)	压力补偿范围(kPa)
压力补偿型滴头	保持恒流，灌水均匀；自动清洗，抗堵塞性能好；灵活方便，滴头可预先安装在毛管上，也可在施工现场安装	适合于各种地形及作物；适合于滴头间距变化的情况；适合系统压力不稳定时；适用于大面积控制	2	80~400
			4	
			8	
			4	70~350
			4	100~300

(a)片式

(b)管式

图 4-14 内镶式滴灌带

码 4-6 教学动画：
滴灌带内部结构

滴灌带有关参数以兰色轨道滴灌带为例。兰色轨道 16 mm 滴灌带流量参数见表 4-2，不同坡度下兰色轨道滴灌带最大铺设长度见表 4-3，其他滴管带参数见表 4-4。

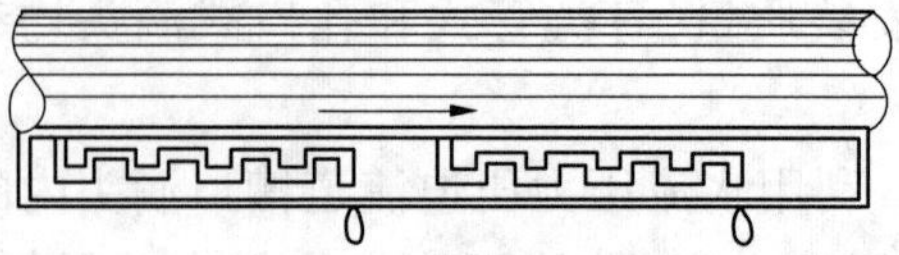

图 4-15　薄壁滴灌带

滴灌带有压力补偿式与非压力补偿式。其名称及代号表示方法如图 4-16 所示。

表 4-2　兰色轨道 16 mm 滴灌带流量参数

编码	滴头间距(mm)	单滴头流量(5.5 m 水头)(L/h)	百米带流量(5.5 m 水头)(L/h)
EA5××1234	300	0.74	243
EA5××2428	600	1.24	204

表 4-3　不同坡度下兰色轨道滴灌带最大铺设长度(5.5 m 水头)　(单位:m)

流量 (L/h)	滴头间距 (cm)	灌水均匀度 (%)	下坡	下坡	下坡	平坡	上坡	上坡
			3%	2%	1%	0	1%	2%
0.497	30	90	73	320	333	260	131	76
1.2	40	90	213	223	215	173	109	72

表 4-4　其他滴管带参数

管径(mm)	臂厚(mm)	流量(L/h)	工作压力(100 kPa)	滴头间距(mm)	编号
16	0.3	2.7	0.3~1.2	300	1233
16 地埋	0.4	2.7	0.3~1.5	300	1243C

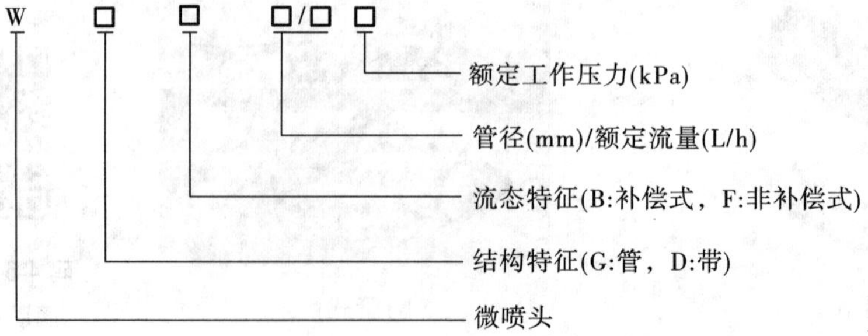

图 4-16　滴灌带名称及代号表示方法

3. 微喷头

微喷头是将压力水流以细小水滴喷洒在土壤表面,湿润土壤满足作物需水要求的灌水器。单个微喷头的喷水量一般不超过 250 L/h,射程一般小于 7 m。有射流式、离心式、折射式、缝隙式等,种类繁多,可供选择的余地很大。在工程设计使用中可以兼顾方方面面的需求加以选定。全圆均匀喷洒的各种微喷头性能参数见表 4-5,部分微喷头的外形见图 4-17。

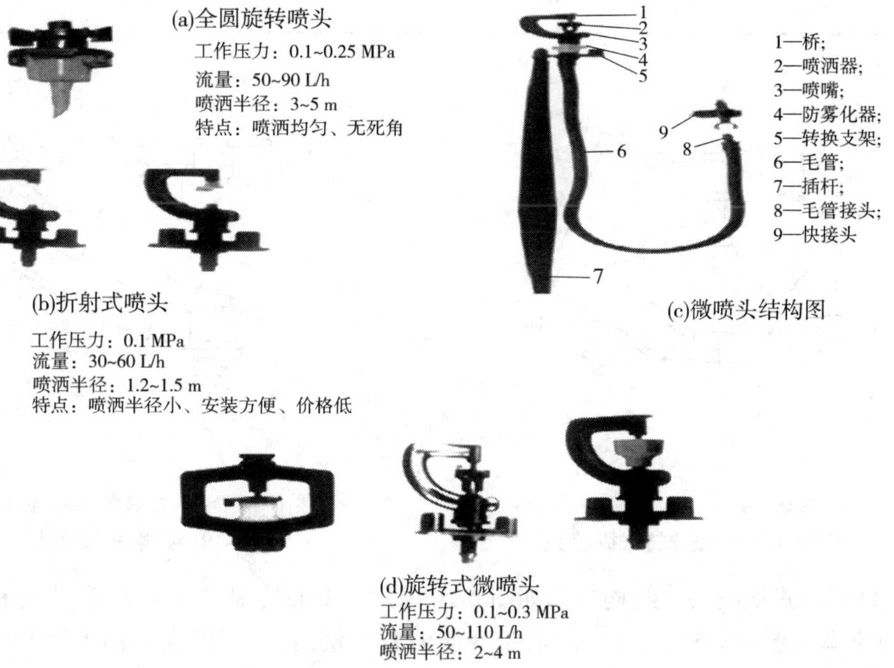

图 4-17 部分微喷头的外形

微喷头即微型喷头,作用与喷灌的喷头基本相同。只是微喷头一般工作压力较低,湿润范围较小。对单喷头射程范围内的水量分布要求不如喷灌高。其外形尺寸大致在 0.5~10 cm。喷嘴直径小于 2.5 mm,单喷头流量不大于 300 L/h,工作压力小于 300 kPa。多数用塑料压注而成,有的也有部分金属部件。其种类繁多,据统计达数千种。按喷射水流湿润范围的形状有全圆和扇形之分,按结构形式有固定式和移动式之分,固定式微喷头与固定式喷头相近,有射流旋转式、折射式、离心式和缝隙式等,其构造都比较简单。射流旋转式微喷头则是由不同形状的旋臂来驱动的。

(1)射流旋转式微喷头。一般由旋转折射臂、支架、喷嘴构成,见图 4-18。其特点是有效湿润半径较大,喷水强度较低,水滴细小。其缺点是旋转部件易磨损,使用寿命较短。

(2)折射式微喷头。其主要部件有喷嘴、折射锥和支架,见图 4-19。折射式微喷头的优点是结构简单,没有运动部件,工作可靠,价格便宜;其缺点是由于水滴太微细,在空气干燥、温度高、风力大的地区 ,蒸发漂移损失大。

表 4-5　全圆均匀喷洒的各种微喷头性能参数

编号	产品名称	喷嘴直径(mm)	工作压力(100 kPa)	流量(L/h)	喷洒半径(m)
2020A	双桥折射微喷头	1.2	2.0~3.5	75~91	0.75~1.0
2240	十字雾化喷头	1.0	2.5~4.0	4~7.5	1.2~3.0
2110	单嘴旋转微喷头	1.4	1.5~3.5	102~135	3.0~3.5

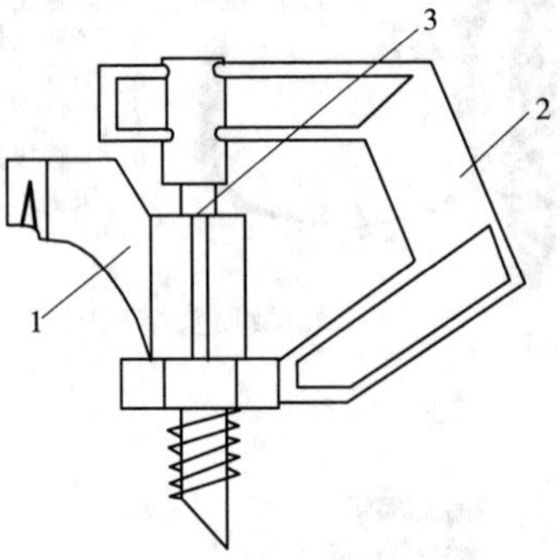

1—旋转折射臂;2—支架;3—喷嘴

图 4-18　射流旋转式微喷头

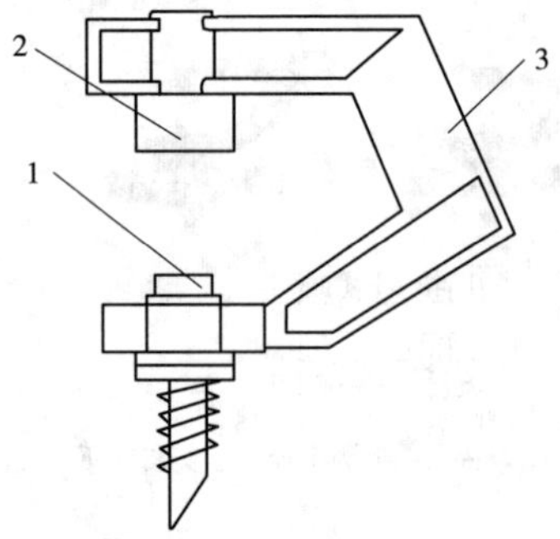

1—喷嘴;2—折射锥;3—支架

图 4-19　折射式微喷头

(3)离心式微喷头。结构外形如图 4-20 所示。其特点是工作压力低,雾化程度高,一般形成全圆的湿润面积,由于在离心室内能消散大量能量,所以在同样流量的条件下,孔口较大,从而大大降低了堵塞的可能性。

(4)缝隙式微喷头。如图 4-21 所示,一般由两部分组成,下部为底座,上部是带有缝隙的盖。

4. 渗头

渗头作为地表下渗灌的灌水器,其作用是使水直接渗入植物根区土壤,有多孔瓦管(罐)、海绵渗头等。

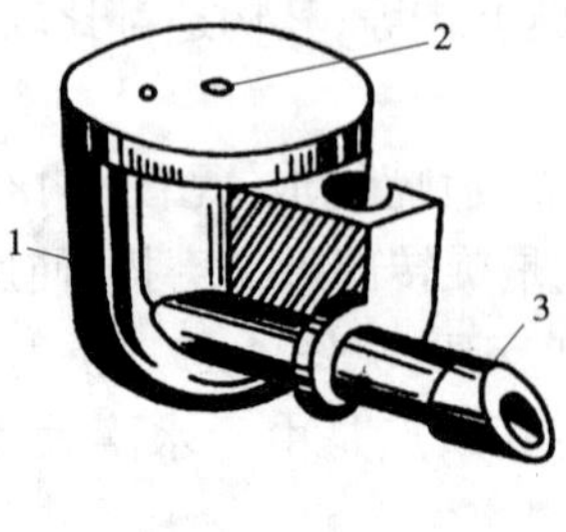

1—离心室;2—喷嘴;3—接头件

图 4-20　离心式微喷头

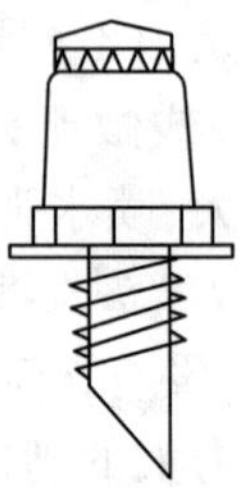

图 4-21　缝隙式微喷头

5. 涌水器

压力水流经消能后以连续水流的形式缓缓涌出，灌入根区灌水沟(坑)内。其工作压力比其他灌水器都低。按结构形式分，有微管式和孔口式两种。

模块二 管道与连接件

管道是微灌系统的主要组成部分。各种管道与连接件按设计要求组合安装成一个微灌输配水管网，按植物需水要求向田间和植物输水及配水。管道与连接件在微灌工程中用量大、规格多、所占投资比例大，其型号规格和质量的好坏不仅直接关系到微灌工程费用的大小，而且关系到微灌能否正常运行和管道寿命的长短。

(一)对微灌用管与连接件的基本要求

(1)能承受一定的内水压力。微灌管网为压力管网，各级管道必须能承受设计工作压力，才能保证安全输水与配水。因此，在选择管道时一定要了解各种管材与连接件的承压能力，而管道的承压能力与管材及连接件的材质、规格、型号及连接方式等有直接关系。

(2)耐腐蚀抗老化性能强。微灌系统中灌水器孔口很小，因此微灌管网要求所用的管道与连接件应具有较强的耐腐蚀性能和抗老化性能。

(3)规格尺寸与公差必须符合技术标准。管径偏差与壁厚偏差应在技术标准允许范围内，管道内壁要光滑、平整、清洁，外观光滑，无凹陷、裂纹和气泡，连接件无飞边和毛刺。

(4)价格低廉。微灌管道及连接件在微灌系统投资中所占比例大，应力求选择满足微灌工程要求且价格便宜的管道及连接件。

(5)安装施工容易。各种连接件之间及连接件与管道之间的连接要简单、方便、牢固且不漏水。

(二)微灌管的种类

微灌工程一般采用塑料管。塑料管具有抗腐蚀、柔韧性较好、能适应较小的局部沉陷、内壁光滑、输水摩阻小、比重小、重量轻和运输安装方便等优点，是理想的微灌用管。塑料管的主要缺点是受阳光照射时易老化，但埋入地下时，塑料管的老化问题将会得到较大程度的缓解，使用寿命可达20年以上。对于大型微灌工程的骨干输水管道(如输水总干管等)，当塑料管不能满足设计要求时，也可采用其他材质的管道，但要防止因锈蚀而堵塞灌水器。微灌系统常用的塑料管主要有两种：聚乙烯(PE)管(见图4-22)和聚氯乙烯(PVC)管，ϕ63 mm以下的管采用聚乙烯管，ϕ63 mm以上的管采用聚氯乙烯管。硬聚氯乙烯管材规格与尺寸见表3-8，低密度聚乙烯(LDPE、LLDPE)管材规格见表4-6。

图4-22 PE管材

表 4-6 低密度聚乙烯(LDPE、LLDPE)管材规格 (单位:mm)

公称外径 d_a	平均外径极限偏差	壁厚 e							
		公称压力 0.2 MPa		公称压力 0.25 MPa		公称压力 0.32 MPa		公称压力 0.4 MPa	
		公称壁厚	极限偏差	公称壁厚	极限偏差	公称壁厚	极限偏差	公称壁厚	极限偏差
75	+0.3	—	—	—	—	1.6	+0.4	1.9	+0.4
90	+0.3	—	—	—	—	1.8	+0.4	2.2	+0.5
110	+0.4	—	—	1.8	+0.4	2.2	+0.4	2.7	+0.5
125	+0.4	—	—	2.0	+0.4	2.5	+0.4	3.1	+0.6
140	+0.5	2.0	+0.4	2.2	+0.4	2.8	+0.5	3.5	+0.6
160	+0.5	2.0	+0.4	2.5	+0.4	3.2	+0.5	4.0	+0.6
180	+0.6	2.3	+0.5	2.8	+0.5	3.6	+0.5	4.4	+0.7
200	+0.6	2.5	+0.5	3.2	+0.6	3.9	+0.5	4.9	+0.8
225	+0.7	2.8	+0.5	3.5	+0.6	4.4	+0.7	5.5	+0.9
250	+0.8	3.1	+0.6	3.9	+0.6	4.9	+0.8	6.2	+1.0
280	+0.9	3.5	+0.6	4.4	+0.7	5.5	+0.9	6.9	+1.1
315	+1.0	+4.0	+0.6	+4.9	+0.8	+6.2	+1.0	7.7	+1.2

注:1. 公称壁厚(e_0)根据设计应力(σ_s)8 MPa 确定。

(三)微灌管道连接件的种类

连接件是连接管道的部件,亦称管件。管道种类及连接方式不同,连接件也不同。鉴于微灌工程中大多用聚乙烯管,因此这里仅介绍聚乙烯管连接件。目前,国内微灌用聚乙烯塑料管的连接方式和连接件有两大类:一是以北京绿源公司为代表的外接式管件(ϕ 20 mm 以下的管也采用内接式管件);二是以山东莱芜塑料厂为代表的内接式管件。两者的规格尺寸相异,用户在选用时,一定要了解连接件管道的规格尺寸,选用与其相匹配的管件。

(1)接头。作用是连接管道。根据两个被连接件管道的管径大小,分为同径和异径连接接头。根据连接方式不同,聚乙烯接头分为螺纹式接头、内插式接头和外接式接头三种。

(2)三通。用于管道分叉时的连接件。与接头一样,三通有同径和异径两种。每种型号又有内插式和螺纹式两种。

(3)弯头。在管道转弯和地形坡度变化较大之处就需要用弯头连接。其结构也有内插式和螺纹式两种。

(4)堵头。用来封闭管道末端的管件,有内插式和螺纹式两种。

(5)旁通。用于支管与毛管间的连接。

(6)插杆。用于支撑微喷头,使微喷头置于规定高度。

(7)密封紧固件。用于内接式管件与管连接时的紧固。

模块三　微灌用过滤设备

码 4-7　微课：微灌系统过滤器的分类与选择

(一)微灌用过滤设备的作用

微灌要求灌溉水中不含有造成灌水器堵塞的污物和杂质。而任何水源(包括水质良好的井水)都不同程度地含有污物和杂质。这些污物和杂质可区分为物理、化学和生物类,诸如尘土、砂粒、微生物及生物体的残渣等有机物质,碳酸钙等易产生沉淀的化学物质,以及菌类、藻类等水生动植物。在进行微灌工程规划设计前,一定要对水源水质进行化验分析,并根据选用的灌水器类型和抗堵塞性能,选定水质净化设备。

(二)微灌用过滤设备的类型

依据过滤设备过滤介质和水流形式,微灌用过滤设备可分为以下几种(见图 4-23)。

(a) 离心式过滤器　　(b)(双灌)砂石过滤器　　(c) 筛网过滤器

图 4-23　各种过滤器

1. 旋流式水砂分离器

旋流式水砂分离器又称离心式或涡流式过滤器。旋流式水砂分离器的优点是水砂分离器能连续过滤高含砂的灌溉水。

其缺点主要有:①不能除去与水比重相近或比水轻的有机质等杂物,特别是水泵启动和停机时过滤效果下降,会有较多的砂粒进入系统,水头损失较大;②水砂分离器只能作为初级过滤器,然后使用筛网过滤器进行第二次处理,这样可减轻网式过滤器的负担,延长冲洗周期。

码 4-8　教学动画：离心过滤器

2. 砂石过滤器

砂石过滤器又称砂介质过滤器。它是利用砂石作为过滤介质的过滤器,主要由进出水口、过滤罐体、砂床和排污孔等部分组成。

3. 筛网过滤器

筛网过滤器是一种简单而有效的过滤设备。这种过滤器的造价较为便宜,在国内外微灌系统中使用最为广泛。筛网过滤器由筛网、壳体、顶盖等部分组成。

4. 叠片式过滤器

叠片式过滤器是用数量众多的带沟槽的薄塑料圆片作为过滤介质,工作时水流通过叠片,泥沙被拦截在叠片沟槽中,清水通过叠片的沟槽进入下游。

(三)微灌用过滤设备的注意事项

(1)选择过滤器种类主要根据灌水器的孔径和水源水质条件,一般按灌水器出水孔径的1/10~1/7来确定相应网孔有效尺寸和过滤器的清污能力。

(2)选择水质净化处理装置时还要考虑这些装置本身的清污能力和特性。

①旋流水砂分离器能清除水中粒径大于85 pm以上的、比重大于水的大部分颗粒,但对有机质颗粒的过滤效果比较差;

②筛网过滤器的清污能力与网孔有效尺寸有关,是一种结构简单的过滤器,但是很容易被大粒径砂粒和水生藻类堵塞,从而降低过滤能力;

③叠片过滤器与筛网过滤器性能类似,但存储杂质的容量较大,抗滤芯内外压差的能力较强;

④砂过滤器既能清除水中固体颗粒,又能清除藻类和水生物,但是管理维护较复杂,投资较高。

因此,要根据水源水质情况选用一种或两种以上的过滤器,才能保证微灌系统正常运行。

【例4-1】 某滴灌系统过滤器的选择:

项目地所用水源是地下水,水中含有细砂及少量大粒径砂粒,属于水质条件较好的水源种类。采用二级过滤系统,第一级采用离心过滤器,可过滤水中的大部分砂石;第二级采用叠片式过滤器,可进一步对水质进行净化,确保水质清洁,以保证滴灌管线长期使用而不会发生堵塞的现象。

模块四 施肥装置

码4-9 微课:微灌系统的施肥、控制、测量与保护装置

(一)微灌用施肥装置作用

微灌用施肥装置就是在微灌系统施加可溶性肥料或农药溶液,安装在微灌系统首部的施肥(施农药)装置。施肥装置通常有压差式施肥罐、开敞式肥料罐、文丘里注入器、注射泵等。

(二)微灌用施肥装置类型

依据施肥装置工作原理和施加方式不同,微灌用施肥装置有以下几种类型:

(1)压差式施肥罐。如图4-24(a)所示,由储液罐、进水管、出水管、调压阀等几部分组成,是利用干管上的调压阀所造成的压差,使储液罐中的肥液注入干管。其优点是,加工制造简单,造价较低,不需外加动力设备。缺点是溶液浓度变化大,无法控制。罐体容积有限,添加化肥次数频繁且较麻烦。输水管道因设有调压阀而造成一定的水头损失。

(2)开敞式肥料罐。用于自压滴灌系统中,在自压水源(如蓄水池)的正常水位下部适当的位置安装肥料罐,将其供水管及阀门与水源相连,打开肥料罐供水管阀门,打开肥料罐输液阀,肥料罐中的肥液就自动随水流输送到灌溉管网及各个灌水器对作物施肥。

(3)文丘里注入式施肥器。如图4-24(b)所示,一般并联于管路上,它与开敞式肥料箱配套组成一套施肥装置,使用时先将化肥或农药溶于开敞式化肥箱中,然后接上输液管

即可开始施肥。其结构简单,使用方便,主要适用于小型微灌系统向管道注入肥料或农药。

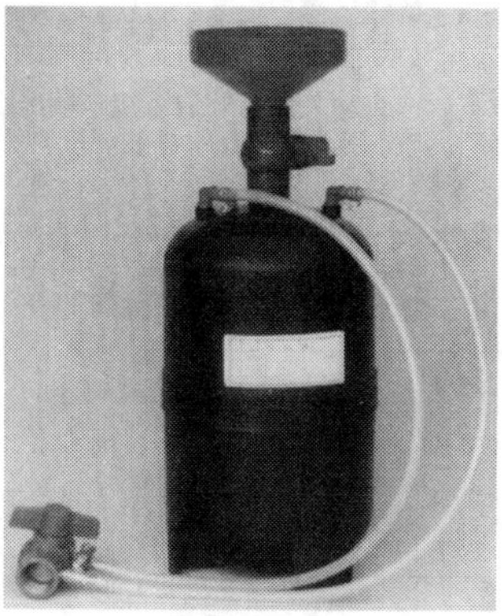

(a) 压差式施肥罐

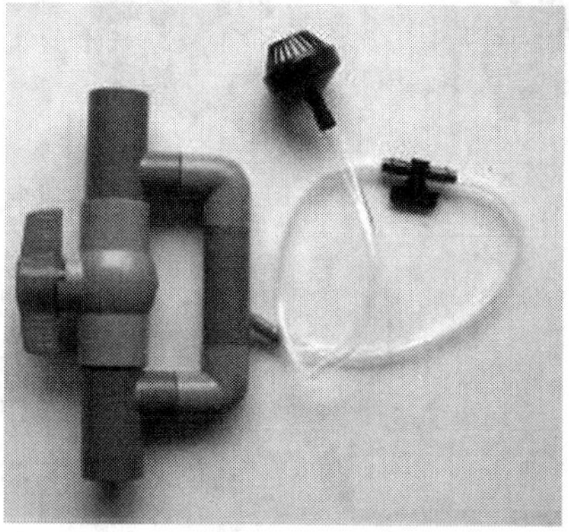

(b) 文丘里注入式施肥器

图 4-24 微灌用施肥装置

(三)微灌系统施肥或农药的注意事项

(1)化肥或农药的注入一定要放在水源与过滤器之间,使肥液先经过过滤器之后再进入灌溉管道,以免堵塞管道及灌水器。

(2)施肥和施农药后,必须利用清水把残留在系统内的肥液或农药全部冲洗干净,防止设备被腐蚀。

(3)在化肥或农药输液管与罐水管连接处一定要安装逆止阀,防止肥液或农药流进水源。

模块五 控制测量与保护装置

(一)量测仪表

流量、压力量测仪表用于测量管线中的流量或压力,包括水表、压力表等。水表用于测量管线中流过的总水量,根据需要可以安装于首部,也可以安装于任何一条干、支管上,若安装在首部,须设于施肥装置之前,以防肥料腐蚀;压力表用于测量管线中的内水压力,在过滤器和密封式施肥装置的前后各安设一个压力表,可观测其压力差,通过压力差的大小能够判定施肥量的大小和过滤器是否需要清洗。

(二)控制装置

控制器用于对系统进行自动控制,一般控制器具有定时或编程功能,根据用户给定的指令操作电磁阀或水动阀,进而对系统进行控制。

阀门是直接用来控制和调节微灌系统压力流量的操纵部件,布置在需要控制的部位上,其形式有闸阀、逆止阀、空气阀、水动阀、电磁阀等。

(三)安全装置

为保证微灌系统安全运行,需在适当位置安装安全保护装置。微灌系统常用的安全装置主要有安全阀、进排气阀和压力调节器等,如图 4-25 和图 4-26 所示。

图 4-25 进排气阀与泄水阀

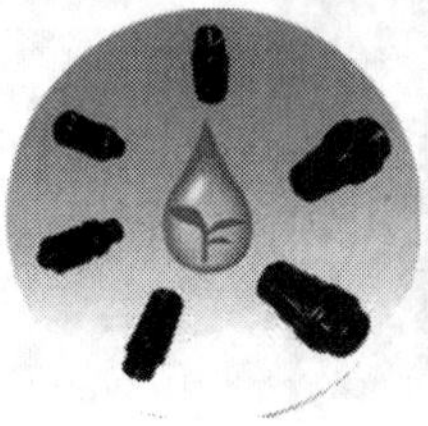

规格	3/4″	1″	1 1/2″
调定压力(MPa)	0.08	0.1	0.23
上端压力(MPa)	≥0.1	≥0.12	≥0.26
过水流量(m^3/h)	2	5	16

图 4-26 压力调节器

任务三 微灌工程规划设计

模块一 微灌工程规划设计的内容及原则

(一)微灌工程规划设计的内容

(1)勘测和收集基本资料,包括水源、气象、地形、土壤、植物、灌溉试验、能源与设备、社会经济状况与发展规划等。

(2)论证工程的可行性。规划要符合当地农业区划和农田水利规划的要求,并与农村发展规划相协调。

(3)根据当地水资源状况和农业生产、乡镇企业、人畜饮水等用水的要求,确定工程的规模。平原区灌溉面积大于 100 hm^2、山丘区灌溉面积大于 50 hm^2 的微灌工程,应分为规划、设计两个阶段进行,面积小的可合为一个阶段进行。

(4)根据水源、气象、地形、土壤、植物种植、社会经济、生产管理水平等条件,因地制宜地选用滴灌、微喷灌、涌泉灌等微灌方式,合理布置水源工程、首部枢纽和输配水管网。

(5)规划布置成果应绘制在不小于 1/5 000 的地形图上,并提出工程概算。

(二)微灌工程规划设计的原则

(1)微灌工程的规划,应与其他的灌溉工程统一安排。例如,喷灌和管道输水灌溉,都是节水、节能灌水新技术,各有其特点和适用条件。在规划时应结合各种灌水技术的特点,因地制宜地统筹安排,使各种灌水技术都能发挥各自的优势。

(2)微灌工程规划应考虑多目标综合利用。目前,微灌大多用于干旱缺水的地区,规划微灌工程时应与当地人畜饮水与乡镇工业用水统一考虑,以求达到一水多用。这样不仅可以解决微灌工程投资问题,而且可以促进乡镇工业的发展。

(3)微灌工程规划要重视经济效益。尽管微灌具有节水、节能、增产等优点,但一次性亩投资较高，兴建微灌工程应力求获得最大的经济效益。为此，在进行微灌工程规划时，要先考虑在经济收入高的经济作物区发展微灌。

(4)因地制宜、合理地选择微灌形式。我国地域辽阔，各地自然条件差异很大，山区、丘陵、平原、南北方、气候、土壤、作物等都各不相同。加之微灌的形式也较多，又各有其优缺点和适用条件，因此在规划和选择微灌形式时，应贯彻因地制宜的原则，切忌不顾条件盲目照搬外地经验。

(5)近期发展与远景规划相结合。微灌系统规划要将近期安排与远景发展结合起来，既要着眼长远发展规划，又要根据现实情况，讲求实效，量力而行。根据人力、物力和财力，做出分期开发计划。使微灌工程建成一处，用好一处，尽快发挥工程效益。

模块二　微灌系统规划设计方法

码 4-10　教学案例：微灌工程规划设计与布置

(一)基本资料的收集

(1)地形资料：地形图(1/200～1/500)且标注灌区范围；

(2)土壤资料：土壤质地、田间持水率、渗透系数等；

(3)作物情况：作物的种植密度，走向、株行距等；

(4)水文资料：取水点水源来水系列及年内月分配资料、泥沙含量、水井位置、供电保证率、水井出水量、动水位等；

(5)气象资料：逐月降雨、蒸发、平均温度、湿度、风速、日照、冻土深；

(6)其他社会经济情况：行政单位人口、土地面积、耕地面积、管理体制等。

(二)水源分析与用水量的计算

1. 分析计算的原则

(1)规划必须对水源的水量、水位和水质进行分析。利用现有水源工程供水的微灌系统，应根据工程原设计和运用情况，确定设计水文年的供水状况；新建水源工程，供水状况应根据来水条件通过计算确定。

(2)以水量丰富的江、河、水库、湖泊为水源时，可不做供水量计算，但必须进行年内水位变化和水质分析。

(3)以小河、山溪、塘坝为水源时，应根据调查资料并参考周边地区水文手册或图集，分析计算设计水文年的径流量和年内分配过程线。

(4)以井、泉为水源时，应根据已有资料分析确定可供水量。无资料时，应对水井做抽水试验，对泉水进行调查，实测出流量来确定可供水量。

(5)微灌水质除必须符合《农田灌溉水质标准》(GB 5084—2021)的规定外，还应满足：

①进入微灌管网的水应经过净化处理，不应含有泥沙、杂草、鱼卵、藻类等物质；

②水质的 pH 一般应为 5.5～8.0；

③水的总含盐量不应大于 200 ppm；

④水的含铁量不应大于 0.4 ppm；

⑤水的总硫化物含量不应大于 0.2 ppm。

(6)微灌用水量应根据设计水文年的降雨、蒸发、植物种类及种植面积等因素计算确定:

①有微灌试验资料时,应由试验资料计算确定;

②无试验资料时,可根据当地的气象资料,按照彭曼公式或蒸发皿法求得需水量,然后计算出微灌的用水量,也可参照邻近相似的灌溉试验资料计算确定。

2. 水源来水量分析

水源来水量分析的任务是研究水源在不同设计保证率年份的供水量、水位和水质,为工程规划设计提供依据。微灌工程水源通常有井、泉类水源,河渠类水源,塘、坝类水源。

3. 灌溉用水量分析

微灌用水量应根据设计水文年的降雨、蒸发、作物种类及种植面积等因素计算确定。

4. 水量平衡计算

水量平衡计算的目的是根据水源情况确定微灌面积或根据面积确定需要的供水流量。

1) 微灌面积的确定

已知来水量确定灌溉面积,即

$$A=\frac{\eta Qt}{10E_a} \tag{4-1}$$

式中 A——可灌面积,hm^2;

Q——可供流量,m^3/h;

E_a——设计耗水强度,mm/d;

t——水源每日供水时数;

η——灌溉水利用系数。

2) 确定需要的供水流量

当灌溉面积已经确定时,计算需要的供水流量,可以采用式(4-1)计算。

【例4-2】 某地埋滴灌系统水量平衡计算。

(1) 基本资料:某井灌区机井出水量在200 m^3/h以上,规划地埋滴灌系统面积为80 hm^2,作物最大耗水强度为4.5 mm/d,试确定机井控制灌溉面积是否满足微灌规划要求。

(2) 根据现有机井出水量,利用式(4-1)计算单井控制面积,其中:$E_a=4.5$ mm/d,$t=20$ h,$\eta=0.95$。

$$A=\frac{\eta Qt}{10E_a}=\frac{0.95\times200\times20}{10\times4.5}=84.4(hm^2)>80\ hm^2$$

(3) 平衡分析:由于系统规划的面积为80 hm^2,小于84.4 hm^2,因此机井控制灌溉面积满足微灌规划要求。

(三)微灌系统布置

微灌系统布置通常是在地形图上做初步布置,然后将初步布置方案带到实地与实际地形做对照,进行修正。微灌系统布置所用的地形图比例尺一般为1/200~1/500。

微灌管网应根据水源位置、地形、地块等情况分级,一般应由干管、支管和毛管三级管道组成。面积大时可增设总干管、分干管或分支管,面积小时可只设支、毛管两级。

1. 毛管和灌水器的布置

毛管和灌水器的布置方式取决于作物种类和所选灌水器的类型。下面分别介绍滴灌系统毛管和微喷灌系统毛管及灌水器的一般布置形式。

1) 滴灌系统毛管和灌水器的布置

(1) 单行毛管直线布置。如图 4-27(a) 所示，毛管顺作物行布置。一行作物布置一条毛管，滴头安装在毛管上。这种布置方式适用于幼树和窄行密植作物。

(2) 单行毛管带环状管布置。如图 4-27(b) 所示，当滴灌成龄果树时，常常需要用一根分毛管绕树布置，其上安装 4~6 个单出水口滴头，环状管与输水毛管相连接。这种布置形式增加了毛管总长。

(3) 双行毛管平行布置。滴灌高大作物，可用双行毛管平行布置，见图 4-27(c)，沿作物行两边各布置一条毛管，每株作物两边各安装 2~3 个滴头。

(4) 单行毛管带微管布置。当使用微管滴灌果树时，每一行树布置一条毛管，再用一段分水管与毛管连接，在分水管上安装 4~6 条微管，见图 4-27(d)，也可将微管直接插于输水毛管上。这种安装方式毛管的用量少，因而降低了工程造价。

上述各种布置形式滴头的位置与树干的距离一般约为树冠半径的 2/3。

2) 微喷灌系统毛管和滴水器的布置

微喷头的结构和性能不同，毛管和微喷头的布置也不同。根据微喷头喷洒直径和作物种类，一条毛管可控制一行作物，也可控制若干行作物。图 4-28 是常见的几种布置形式。

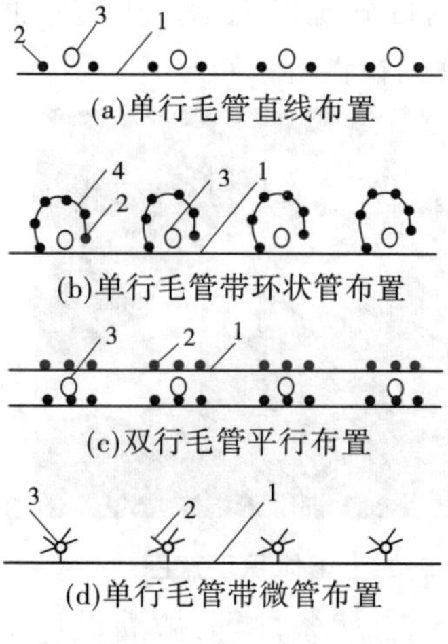

1—毛管；2—灌水器；3—果树；4—绕树环状管

图 4-27　滴灌系统毛管和灌水器的布置形式

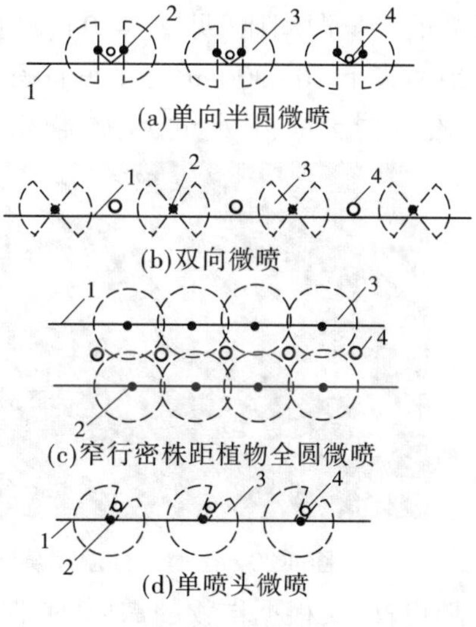

1—毛管；2—微喷头；3—土壤湿润；4—果树

图 4-28　微喷灌系统毛管和灌水器的布置形式

2. 干、支管的布置

干、支管的布置取决于地形、水源、作物分布和毛管的布置。其布置应达到管理方便、工程费用少的要求。在山区，干管多沿山脊布置，或沿等高线布置。支管则垂直等高线布置，向两边的毛管配水。在平地，干、支管应尽量双向控制，两侧布置下级管道，以节省管材。

系统布置方案不是唯一的,有很多可以选择的方案,具体实施时,应结合水力设计优化管网布置,尽量缩短各级管道的长度。

3. 首部枢纽布置

首部枢纽是整个微灌系统操作控制的中心,其位置的选择主要是以投资省、便于管理为原则。一般首部枢纽与水源工程相结合。如果水源较远,首都枢纽可布置在灌区旁边,有条件时尽可能布置在灌区中心,以缩短输水干管的长度。

(四)微灌工程规划设计参数的确定

1. 设计耗水强度

设计耗水强度采用设计年灌溉季节月平均耗水强度峰值,并由当地试验资料确定,在无实测资料时可通过计算或按表4-7选取。

表4-7　设计耗水强度　(单位:mm/d)

作物	滴灌	微喷灌	作物	滴灌	微喷灌
果树	3~7	4~8	蔬菜	4~7	5~8
葡萄、瓜类	3~7	4~8	粮、棉、油等作物	4~7	—
蔬菜(保护地)	2~4	—			

注:干旱地区取上限值。

2. 微灌设计土壤湿润比

微灌的土壤湿润比(见图4-29),是指在计划湿润土层内,湿润土体占总土体的比值。通常以地面以下20~30 cm处湿润面积占总灌溉面积的百分比来表示。土壤湿润比取决于作物、灌水器流量、灌水量、灌水器间距和所灌溉土壤的特性等。

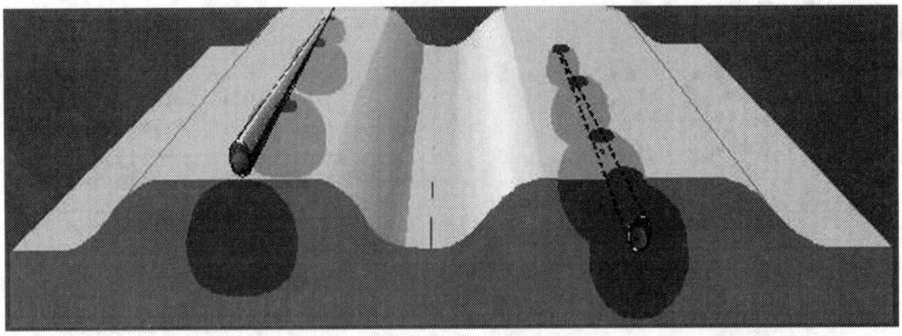

图4-29　土壤计划湿润层深度土体积与被湿润的土壤体积示意图

规划设计时,根据作物的需要、工程的重要性及当地自然条件等,微灌设计土壤湿润比可按表4-8选取。

表4-8　微灌设计土壤湿润比　(%)

作物	滴灌	微喷灌	作物	滴灌	微喷灌
果树	25~40	40~60	蔬菜	60~90	70~100
葡萄、瓜类	30~50	40~70	粮、棉、油等作物	60~90	100

注:干旱地区取上限值。

设计土壤湿润比越大，工程保证程度就要求越高，投资及运行费用也越大。

设计时将选定的灌水器进行布置，并计算土壤湿润比。要求其计算值稍大于设计土壤湿润比，若小于设计值就要更换灌水器或修改布置方案。常用灌水器典型布置形式的土壤湿润比 P 的计算公式如下。

1）滴灌

（1）单行毛管直线布置，土壤湿润比按式（4-2）计算：

$$P = \frac{0.785D_w^2}{S_e S_l} \times 100\% \tag{4-2}$$

式中　P——土壤湿润比（%）；

D_w——土壤水分水平扩散直径或湿润带宽度，其大小取决于土壤质地、滴头流量和灌水量大小，m；

S_e——灌水器或出水点间距，m；

S_l——毛管间距，m。

（2）双行毛管平行布置，按式（4-3）计算：

$$P = \frac{P_1 S_1 + P_2 S_2}{S_r} \times 100\% \tag{4-3}$$

式中　S_1——一对毛管的窄间距，m；

P_1——与 S_1 相对应的土壤湿润比（%）；

S_2——一对毛管的宽间距，m；

P_2——与 S_2 相对应的土壤湿润比（%）；

S_r——作物行距，m。

（3）绕树环状管多出水点布置，按式（4-4）、式（4-5）计算：

$$P = \frac{0.785D_w^2}{S_t S_r} \times 100\% \tag{4-4}$$

$$P = \frac{nS_e S_w}{S_t S_r} \tag{4-5}$$

式中　n——一株果树下布置的灌水器数，个；

S_t——果树株距，m；

S_r——果树行距，m；

S_e——灌水器或出水口间距，m；

S_w——湿润带宽度，m；

D_w——地表以下 30 cm 深处的湿润带宽度，m。

2）微喷灌

（1）微喷头沿毛管均匀布置时的土壤湿润比为

$$P = \frac{A_w}{S_e S_l} \times 100\% \tag{4-6}$$

$$A = \frac{\theta}{360}\pi R^2 \tag{4-7}$$

式中 A_w——微喷头的有效湿润面积,m^2;

θ——湿润范围平面分布夹角,当为全圆喷洒时,$\theta=360°$;

R——微喷头的有效喷洒半径,m;

其他符号意义同前。

(2)一株树下布置 n 个微喷头时的土壤湿润比计算公式为

$$P=\frac{nA_w}{S_tS_r}\times 100\% \tag{4-8}$$

式中 n——一株树下布置的微喷头数,个;

其他符号意义同前。

【例 4-3】 土壤湿润比的校核。

荔枝基本沿等高线种植,株距×行距为 4.5 m×6.0 m,每行树布置一条毛管,毛管沿等高线布置,毛管间距等于果树行距,即 6.0 m。沿毛管上微喷头间距与荔枝树株距相等,即 4.5 m。微喷头的射程为 2.0 m。设计土壤湿润比为 40%,试校核微灌土壤湿润比。

解:计算微灌土壤湿润比:

$$P=\frac{\pi R^2}{6.0\times 4.5}=\frac{3.14\times 2.0^2}{27}=46.5\% > 40\%$$

满足设计湿润比的要求。

3. 微灌的灌水均匀度

影响灌水均匀度的因素很多,如灌水器工作压力的变化、灌水器的制造偏差、堵塞情况、水温变化、微地形变化等。目前,在设计微灌工程时能考虑的只有水力学(压力变化)和制造偏差两种因素对均匀度的影响。微灌的灌水均匀度可以用克里斯琴森均匀系数 C_u 来表示,并由下式计算:

$$C_u=\frac{1-\overline{\Delta q}}{\bar{q}} \tag{4-9}$$

$$\overline{\Delta q}=\frac{1}{n}\sum_{i=1}^{n}|q_i-\bar{q}| \tag{4-10}$$

式中 C_u——微灌均匀系数;

$\overline{\Delta q}$——灌水器流量的平均偏差,L/h;

q_i——各灌水器流量,L/h;

$\bar{q}$——灌水器平均流量,L/h;

n——所测的灌水器数目,个。

《微灌工程技术规范》(GB/T 50485—2009)规定,微灌均匀系数不低于 0.8。

4. 灌水器流量偏差率和工作水头偏差率

灌水器流量偏差率指同一灌水小区内灌水器的最大流量、最小流量之差与设计流量的比值。灌水器流量偏差率和工作水头偏差率按下式计算:

$$q_v=\frac{q_{max}-q_{min}}{q_d}\times 100\% \tag{4-11}$$

$$h_v = \frac{h_{max} - h_{min}}{h_d} \times 100\% \tag{4-12}$$

式中　q_v——灌水器流量偏差率(%),其值取决于均匀系数 C_u,二者关系为:当 C_u = 98%、95%、92%时,q_v = 10%、20%、30%;

q_{max}——灌水器最大流量,L/h;

q_{min}——灌水器最小流量,L/h;

q_d——灌水器设计流量,L/h;

h_v——灌水器工作水头偏差率(%);

h_{max}——灌水器最大工作水头,m;

h_{min}——灌水器最小工作水头,m;

h_d———灌水器设计工作水头,m。

灌水器工作水头偏差率与灌水器流量偏差率之间的关系可用下式表示:

$$h_v = \frac{q_v}{x}\left(1 + 0.15 \times \frac{1 - x}{x}q_v\right) \tag{4-13}$$

式中　x——灌水器流态指数。

《微灌工程技术规范》(GB/T 50485—2009)规定,灌水器允许流量偏差率不应大于20%,即 $[q_v] \leqslant 20\%$。

5. 灌溉水利用系数

微灌的主要水量损失是由于灌水不均匀和某些不可避免的损失造成的,常用下式表示微灌的灌溉水利用系数,即

$$\eta = V_m / V_a \tag{4-14}$$

式中　η——灌溉水利用系数;

V_m——微灌时储存在作物根层的水量,mm 或 m^3/亩;

V_a——微灌的灌溉供水量,mm 或 m^3/亩。

《微灌工程技术规范》(GB/T 50485—2009)规定,微灌灌溉水利用系数,滴灌不低于0.90、微喷灌不低于0.85。

(五)微灌系统的设计

1. 灌溉设计保证率

《微灌工程技术规范》(GB/T 50485—2009)规定,微灌工程灌溉设计保证率应根据自然条件和经济条件确定,不应低于85%。

2. 微灌灌溉制度的确定

微灌灌溉制度是指作物全生育期(对于果树等多年生作物则为全年)每一次的灌水量、灌水周期,一次灌水延续时间,灌水次数和全生育期或全年灌水总量。

1) 设计灌水定额 m

设计灌水定额 m 可根据当地试验资料或按式(4-15)计算确定。

$$m = \gamma z P(\beta_{max} - \beta_{min}) / \eta \tag{4-15}$$

式中　m——设计灌水定额,m;

γ——土壤干密度,g/cm^3;

z——计划湿润土层深度,m;

P——微灌设计土壤湿润比(%);

β_{max}——适宜土壤含水量上限,占干土重的百分比;

β_{min}——适宜土壤含水量下限,占干土重的百分比;

η——灌溉水利用系数。

2)设计灌水周期 T

设计灌水周期取决于作物、水源和管理情况,可根据试验资料确定。在缺乏试验资料的地区,可参照邻近地区的试验资料并结合当地实际情况按下式计算确定:

$$T = \frac{m}{E_a}\eta \tag{4-16}$$

式中 T——设计灌水周期,d。

3)一次灌水延续时间 t

一次灌水延续时间 t 可按下式计算:

$$t = \frac{mS_cS_l}{q} \tag{4-17}$$

式中 t——一次灌水延续时间,h;

q——灌水器流量,L/h。

对于成龄果树,一株树安装 n 个灌水器时,可按下式计算:

$$t = \frac{mS_cS_l}{nq} \tag{4-18}$$

3.微灌系统工作制度的确定

微灌系统工作制度有续灌和轮灌两种主要情况;不同的工作制度要求系统的流量不同,因而工程费用也不同,在确定工作制度时,应根据作物种类、水源条件和经济状况等因素做出合理选择。

1)续灌

续灌是对系统内全部管道同时供水,灌区内全部作物同时灌水的一种工作制度。它的优点是每株作物都能得到适时灌水,操作管理简单。其缺点是干管流量大,工程投资和运行费用高;设备利用率低;在水源不足时,灌溉控制面积小。一般只有在小系统(如几十亩的果园)才采用续灌的工作制度。

2)轮灌

轮灌是支管分成若干组,由干管轮流向各组支管供水,而各组支管内部同时向毛管供水。这种工作制度减少了系统的流量,从而可以减少投资。提高设备的利用率,通常采用的是这种工作制度。

在划分轮灌组时,要考虑水源条件和作物需水要求,以使土壤水分能够得到及时补充,并便于管理。有条件时最好是一个轮灌组集中连片,各组控制的灌溉面积相等。一般情况下,支管配水方案如图4-30所示。按照作物的需水要求,全系统轮灌组的数目 N 为

$$N \leqslant \frac{CT}{t} \tag{4-19}$$

日轮灌次数 n 为

$$n = \frac{C}{t} \tag{4-20}$$

式中　C——系统日工作时间，要根据当地水源和农业技术条件确定，一般不宜大于 20 h。

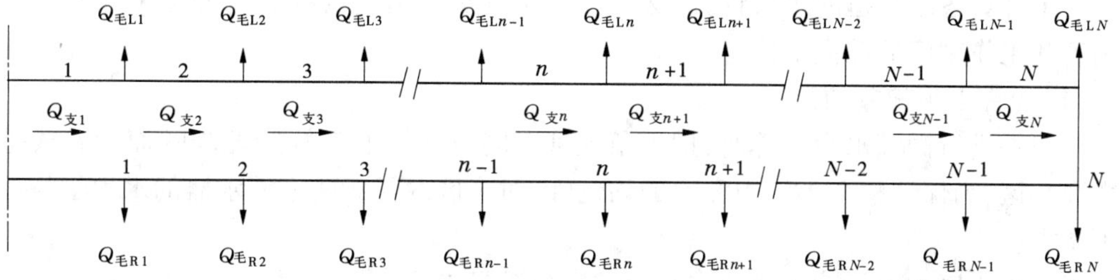

图 4-30　支管配水示意图

4. 微灌系统水力计算

微灌系统水力计算是在已知所选灌水器的工作压力和流量以及微灌工作制度情况下，确定各级管道通过的流量，通过计算输水水头损失来确定各级管道合理的内径。

1) 管道流量的确定

(1) 毛管流量的确定。

毛管流量是毛管上灌水器流量的总和，即

$$Q_{毛} = \sum_{i=1}^{n} q_i \tag{4-21}$$

当毛管上灌水器流量相同时：

$$Q_{毛} = nq_{d} \tag{4-22}$$

式中　$Q_{毛}$——毛管流量，L/h；

n——毛管上同时工作的灌水器个数；

q_i——第 i 号灌水器设计流量，L/h；

q_d——流量相同时单个灌水器的设计流量，L/h。

(2) 支管流量的确定。

支管流量是支管上各条毛管流量的总和，即

$$Q_{支} = \sum_{i=1}^{n} Q_{毛i} \tag{4-23}$$

式中　$Q_{支}$——支管流量，L/h；

$Q_{毛i}$——不同毛管的流量，L/h。

(3) 干管流量的确定。

由于支管通常是轮灌的，有时是两条以上支管同时运行，有时是一条支管运行，故干管流量是由干管同时供水的各条支管流量的总和，即

$$Q_{干} = \sum_{i=1}^{n} Q_{支i} \tag{4-24}$$

式中　$Q_{干}$——干管流量，L/h 或 m^3/h；

$Q_{支i}$——不同支管的流量,L/h 或 m^3/h。

若一条干管控制若干个轮灌区,在运行时各轮灌区的流量不一定相同,为此,在计算干管流量时,对每个轮灌区要分别予以计算。

2)各级管道管径的选择

为了计算各级管道的水头损失,必须先确定各级管道的管径。管径必须在满足微灌均匀度和工作制度的前提下确定。

(1)允许水头偏差的计算。

一般在进行微灌水力计算时,把每条支管上同时运行的毛管所控制的面积看成是一个微灌小区,为保证整个小区内灌水的均匀性,对小区内任意两个灌水器的水力学特性有如下要求:

①灌水小区的流量偏差率或水头偏差率应满足如下条件:

$$q_v \leqslant [q_v] \tag{4-25}$$

$$h_v \leqslant [h_v] \tag{4-26}$$

式中 $[q_v]$——设计允许流量偏差率,按相关规范规定不应大于20%;

$[h_v]$——设计允许水头偏差率,此值可通过式(4-27)计算。

$$[h_v] = \frac{[q_v]}{x}\left(1 + 0.15 \times \frac{1-x}{x}[q_v]\right) \tag{4-27}$$

式中 x——灌水器流态指数。

②灌水小区的允许水头偏差应按下式计算:

$$[\Delta h] = [\Delta h_v]\, h_d \tag{4-28}$$

式中 $[\Delta h]$——灌水小区的允许水头偏差,m;

h_d——灌水器设计工作水头,m。

采用补偿式灌水器时,灌水小区内设计允许的水头偏差应为该灌水器允许的工作水头范围。

(2)允许水头偏差的分配。

由于灌水小区的水头偏差是由支管和毛管两级管道共同产生的,应通过技术经济比较来确定其在支、毛管间的分配。

①毛管进口不设调压装置时。

均匀地形坡度,且支、毛管比降不大于1,分配比例按下式计算:

$$\left.\begin{aligned}
&\beta_1 = \frac{[\Delta h] + L_2 J_2 - L_2 J_1 (a_1 n_1)^{(4.75-1.75a)/(4.75+a)}}{[\Delta h] \times \left[\dfrac{L_2}{L_1}(a_1 n_1)^{(4.75-1.75a)/(4.75+a)} + 1\right]} \\
&(r_1 \leqslant 1, r_2 \leqslant 1) \\
&\beta_2 = 1 - \beta_1 \\
&C = b_0 d^a
\end{aligned}\right\} \tag{4-29}$$

式中 β_1——允许水头偏差分配给支管的比例;

β_2——允许水头偏差分配给毛管的比例;

L_1——支管长度，m；

L_2——毛管长度，m；

J_1——沿支管地形比降；

J_2——沿毛管地形比降；

a_1——支管上毛管布置系数，单侧布置时为1，双测对称布置时为2；

n_1——支管上单侧毛管的根数；

r_1、r_2——支、毛管的降比，指沿毛管的地形比降与支、毛管最下游管段水力比降的比值；

a——指数；

C——管道价格，元/m；

b_0——系数；

其他符号意义同前。

则毛管允许水头偏差$[\Delta h]_{毛}=\beta_2\times[\Delta h]$。

由于式(4-29)计算分配比例较为麻烦，在平坦地形时支、毛管经济的水头损失分配比例均应为0.40。中、小型微灌工程在设计时，如缺乏资料，可按此法进行分配。

②坡地毛管进口设置调压装置时。

山区坡地毛管布置时，一般均在毛管进口安装水阻管、压力调节器等，以使各毛管进口压力值相等，此时小区设计允许的水头偏差应全部分配给毛管，即

$$[\Delta h]_{毛}=[h_v]h_d \tag{4-30}$$

式中 $[\Delta h]_{毛}$——毛管允许水头偏差，m。

(3)毛管管径确定。

按毛管的允许水头损失值，初步估算毛管的内径$d_{毛}$：

$$d_{毛}=\sqrt[b]{\frac{KFfQ_{毛}^{m}L}{[\Delta h]_{毛}}} \tag{4-31}$$

式中 $d_{毛}$——初选毛管内径，mm；

K——考虑到毛管上管件或灌水器产生的局部水头损失而加大的系数，其取值范围一般为1.1~1.2；

F——多口系数，$F=\frac{1}{m+1}\left(\frac{N+0.48}{N}\right)^{m+1}$ $(N\geqslant3)$，N为多孔管总孔数；

f——摩阻系数；

$Q_{毛}$——毛管流量，L/h；

L——毛管长度，m；

m——流量指数；

b——管径指数。

由于毛管的直径一般均大于8 mm，式(4-31)中，各种管材的f、m、b值可按表4-9选用。

(4)支管管径确定。

①平坦地形，毛管进口末设调压装置时，支管管径的初选。

按上述分配给支管的允许水头差,用下式初估支管管径 $d_{支}$:

表 4-9 各种塑料管材的 f、m、b 值

<table>
<tr><th colspan="3">管材</th><th>f</th><th>m</th><th>b</th></tr>
<tr><td colspan="3">硬塑料管</td><td>0.464</td><td>1.770</td><td>4.770</td></tr>
<tr><td rowspan="3">微灌用聚乙烯管</td><td colspan="2">D>8 mm</td><td>0.505</td><td>1.750</td><td>4.750</td></tr>
<tr><td rowspan="2">D≤8 mm</td><td>Re>2 320</td><td>0.595</td><td>1.690</td><td>4.690</td></tr>
<tr><td>Re≤2 320</td><td>1.750</td><td>1.000</td><td>4.000</td></tr>
</table>

注:1. D 为管径,Re 为雷诺数。

2. 微灌用聚乙烯管的 f 值相应于水温 10 ℃,其他温度时应修正。

$$d_{支} = \sqrt[b]{\frac{KFfQ_{支}^{m} L}{0.45[h_{v}]h_{d}}} \tag{4-32}$$

式中 K——考虑到支管管件产生的局部水头损失而加大的系数,K 通常的取值范围为 1.05~1.1;

L——支管长度,m;

其他符号意义同前。

f、m、b 值仍从表 4-9 中选取。需注意的是,应按支管的管材种类正确选用表中系数。

②坡地,毛管进口采用调压装置时,支管管径的初选。

由于此时设计允许的水头差均分配给了毛管,支管应按经济流速来初选其管径 $d_{支}$:

$$d_{支} = 1\,000\sqrt{\frac{4Q_{支}}{3\,600\pi v}} \tag{4-33}$$

式中 $d_{支}$——支管内径,mm;

$Q_{支}$——支管进口流量,m^3/h;

v——塑料管经济流速,一般取 $v = 1.2 \sim 1.8$ m/s。

(5)干管管径确定。

干管管径可按毛管进口安装调压装置时,支管管径的确定方法计算确定。

在上述三级管道管径都计算出后,还应根据塑料管的规格,最后确定实际各级管道的管径。必要时,还需根据管道的规格,进一步调整管网的布局。

微灌系统使用的管材与管件,必须选择其公称压力符合微灌系统设计要求的产品,地面铺设的管道应不透光、抗老化、施工方便、连接牢固可靠。一般情况下,直径 50 mm 以上各级管道和管件可选用聚氯乙烯产品;直径在 50 mm 以下各级管道和管件应选用微灌用聚乙烯产品。

3)管网水头损失的计算

(1)沿程水头损失计算。

对于直径大于 8 mm 的微灌用塑料管道,应采用勃氏公式计算沿程水头损失,即

$$h_f=\frac{fQ^m}{d^b}L$$

式中 h_f——沿程水头损失,m;

f——摩阻系数;

Q——流量,L/h;

d——管道内径,mm;

L——管长,m;

m——流量指数;

b——管径指数。

式中各种塑料管材的f、m、b 值可从表 4-9 中选取。

微灌系统中的支、毛管出流孔口较多,一般可视为等间距、等流量分流管,其沿程水头损失可按下式计算(当 $N\geqslant 3$ 时):

$$h_f'=\frac{fSq_d^m}{d^b}\left[\frac{(N+0.48)^{m+1}}{m+1}-N^m\left(1-\frac{S_0}{S}\right)\right] \tag{4-34}$$

式中 h_f'——等距多孔管沿程水头损失,m;

S——分流孔的间距,m;

S_0——多孔管进口至首孔的间距,m;

N——分流孔总数;

q_d——毛管上单孔或灌水器的设计流量,L/h;

其他符号意义同前。

(2)局部水头损失计算。

局部水头损失的计算公式为

$$h_w=\sum\zeta\frac{v^2}{2g} \tag{4-35}$$

式中 h_w——局部水头损失,m;

ζ——局部水头损失系数,可查表 4-10;

v——管中流速,m/s;

g——重力加速度,m/s^2。

当参数缺乏时,局部水头损失也可按沿程水头损失的一定比例估算,支管为 0.05~0.1,毛管为 0.1~0.2。

4)毛管的极限孔数与极限铺设长度

水平毛管的极限孔数按下式计算:

$$N_m=\mathrm{INT}\left[\frac{5.446[\Delta h]_{毛}d^{4.75}}{KSq_d^{1.75}}\right]^{0.364} \tag{4-36}$$

式中 N_m——毛管的极限孔数;

INT——将括号内实数舍去小数成整数;

$[\Delta h]_{毛}$——毛管的允许水头偏差,m;

d——毛管内径,mm;

K——水头损失扩大系数,$K=1.1\sim1.2$;

S——毛管上分流孔的间距,m;

q_d——毛管上单孔或灌水器的设计流量,L/h。

表 4-10　局部水头损失系数

类型	直角状进口	喇叭状进口	滤网	滤网带底阀	90°弯头(焊接)
图示	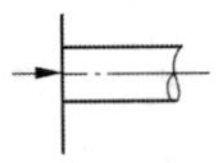	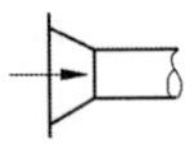	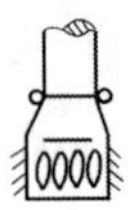	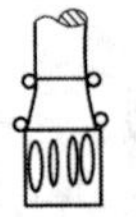	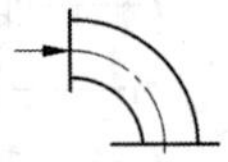
局部水头损失系数	0.5	0.2	2~3	5~8	0.2~0.3(加50%)

类型	45°弯头(焊接)	渐细接头	渐粗接头	逆止阀	闸阀全开
图示		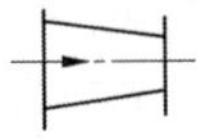	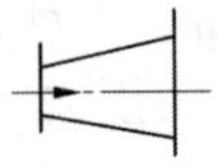	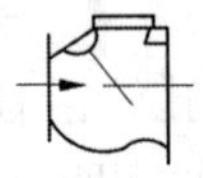	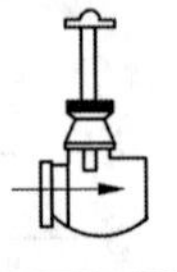
局部水头损失系数	0.1~0.15(加50%)	0.1	0.25	1.7	0.1~0.5

类型	直流三通	折流三通	分流三通	直流分支三通	出口
图示	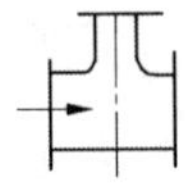	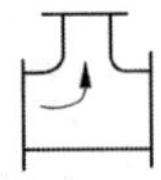	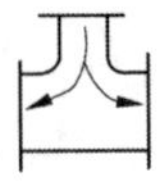	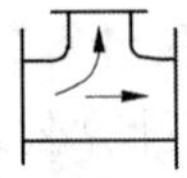	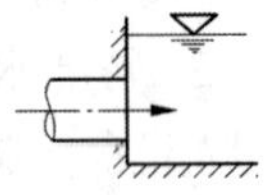
局部水头损失系数	0.1	1.5	1.5	0.1~1.5	0.1

均匀地形坡毛管的极限孔数计算按相关规范进行。

需要注意的是,设计采用的毛管分流孔数不得大于极限孔数。毛管的极限铺设长度可采用下式计算:

$$L_m = N_m S_e + S_0 \tag{4-37}$$

式中　S_0——多孔管进口至首孔的间距,取0.4 m。

【例4-4】　毛管设计及水力计算。已知毛管长度设计最长铺设长度120 m,支管进口压力水头$h_d=11$ m。计算:

(1)毛管允许工作水头偏差率$[h_v]$。设计允许流量偏差率$[q_v]=0.2$,流态指数$x=0.45$。

(2)毛管极限孔数N_m。毛管上单孔的设计流量$q_d=1.1$ L/h,毛管的内径$d=15.9$ mm,毛管水头损失扩大系数$K=1.1$,毛管滴头间距$S_e=0.4$ m。

(3)毛管的极限铺设长度L_m。多孔管进口至首孔的间距$S_0=0.4$ m。

解:(1)毛管允许工作水头偏差率$[h_v]$:

$$[h_v]=\frac{1}{x}q_v\left(1+0.15\times\frac{1-x}{x}q_v\right)=\frac{1}{0.45}\times0.2\times\left(1+0.15\times\frac{1-0.45}{0.45}\times0.2\right)=0.46$$

(2)毛管极限孔数 N_m：

$$N_m=\mathrm{INT}\left[\frac{5.446d^{4.75}h_d[h_v]}{KSq_d^{1.75}}\right]^{0.364}+0.52$$

$$=\mathrm{INT}\left[\frac{5.446\times15.9^{4.75}\times11\times0.46}{1.1\times0.4\times1.1^{1.75}}\right]^{0.364}+0.52=507.4\approx507$$

(3)毛管极限铺设长度为

$$L_m=N_mS+S_0=507\times0.4+0.4=203.2(\mathrm{m})$$

因此，毛管长度设计最长铺设长度 120 m 是合理的。

5)节点的压力均衡验算

微灌管网必须进行节点的压力均衡验算。从同一节点取水的各条管线同时工作时，节点的水头必须满足各条管线对该节点的水头要求。由于各管线对节点水头要求不一致，因此必须进行处理。其处理办法：一是调整部分管段直径，使各条管线对该节点的水头要求一致；二是按最大水头作为该节点的设计水头，其余管线进口根据节点设计水头与该管线要求的水头之差，设置调压装置或安装调压管（又称水阻管）加以解决。压力调节器价格较高，国外微灌工程中经常采用，我国则采用后一种方法即在管线进口处安装一段比该管管径细得多的塑料管，以造成较大的水阻力，消除多余压力。

从同一节点取水的各条管线分为若干轮灌组时，各组运行时的压力状况均需计算，同一组内各管线对节点水头要求不一致时，应按上述处理方法进行平衡计算。

5. 机泵选型配套

微灌系统的机泵选型配套主要依据系统设计扬程、流量和水源取水方式确定。

1)系统设计扬程

系统设计扬程按最不利轮灌条件下，可根据枢纽首部设计水头和首部管道进口与水源设计水位之间的高差，由下式计算确定：

$$H_{设}=H+h_1+\sum h_{f泵}+\sum h_{w泵} \tag{4-38}$$

式中 $H_{设}$——配套机泵的设计扬程，m；

H——灌溉系统设计水头，m；

h_1——水源设计水位与系统进口管轴线间的高差，m；

$\sum h_{f泵}$——设计水位至系统进口段管道的沿程水头损失，m；

$\sum h_{w泵}$——设计水位至系统进口段管道的局部水头损失，m。

2)系统设计流量

系统设计流量为最不利条件下，系统同时运行的支管入口流量之和，即

$$Q_{设}=\sum_{i=1}^{n}Q_{支} \tag{4-39}$$

式中 $Q_{设}$——系统设计流量，L/h 或 m^3/h；

n——同时运行的支管数；

$Q_{支}$——支管入口流量,L/h 或 m^3/h。

3)机泵选型

根据设计扬程和流量,可以从水泵型谱或水泵性能表中选取适宜的水泵。一般水源设计水位或最低水位与水泵安装高度(泵轴)间的高差超过 8.0 m 以上时,宜选用潜水泵;反之,则可选用离心泵等。另外,应根据水泵的要求选配适宜的动力机,防止出现“大马拉小车”或“小马拉大车”的情况。在电力有保证的条件下,动力机应首选电动机。有关介绍水泵型号、性能的书籍很多,可自行参阅有关资料。必须说明的是,所选水泵必须使其在高效区工作,并应为国家推荐的节能水泵。

6. 工程结构设计

1)首部枢纽设计

首部枢纽设计就是正确选择和合理配置有关设备及设施。首部枢纽对微灌系统运行的可靠性和经济性起着重要作用。

(1)过滤器。选择过滤器主要考虑水质和经济两个因素。筛网过滤器是最普遍使用的过滤器,但含有机污染物较多的水源使用砂砾过滤器能得到更好的过滤效果,含砂量大的水源可采用离心式过滤器,但必须与筛网过滤器配合使用。

(2)施肥器。应根据各施肥设备的特点及灌溉面积的大小选择,小型灌溉系统可选用文丘里施肥器;如选用压差式施肥罐,其抗压能力不应低于该设备处的系统最大工作压力。

(3)流量仪表(水表)。选择时要考虑水头损失值在可接受的范围内,并配置于肥料注入口的上游,防止肥料对水表的腐蚀;水表应具有阻力损失小、灵敏度高、量程适宜等性能。

(4)压力表。是系统观测设备,均应设置在干管首部,其精度不应低于 1.5 级,一般装置 2.5 级精度以上的压力表,量程应为系统设计压力的 1.3~1.5 倍。

(5)阀门。管道系统中要设计节制阀、放水阀、进排气阀等。一般节制阀设置在水泵出口处的干管上和每条支管的进口处,以控制水泵出口流量和控制支管流量,实行轮灌。每个节制阀控制一个轮灌区。放水阀一般设置在干、支管的尾部,其作用是放掉管中积水。上述两种阀门处应设置阀门井,其顶部应高于阀门 20~30 cm,其余尺寸以方便操作为度。非灌溉季节,阀门井用盖板封闭,以保护阀门和冬季保温。

进排气阀一般设置在干管上。在管道布置时,因地形的起伏有时不可避免地产生凸峰,管网运行时这些地方易产生气团,影响输水效率,故应设置排气阀将空气排出。逆止阀一般设置在输水干管首部。

当水泵运行压力较高时,由于停电等因素导致突然停机,将造成较大的水锤压力,当水锤压力超过管道试验压力时,水泵最高反转转速超过额定转速 1.25 倍;当管道水压接近气化压力时,应设置逆止阀。

2)管道系统结构设计

管道应能抗老化、施工方便、连接可靠,铺设在地表的管道应该不透光。管道系统结构设计主要包括管道纵坡、埋深的确定,管道连接方式、镇墩结构设计等。

(1)管道纵坡。

管道纵坡应力求平顺,减少折点,有起伏时应避免产生负压,一般管道纵坡采取与自然地面相一致。在遇到地形突变但高差不大时,可采用逐根管道偏转一定角度的办法逐步变坡转弯,以减少折点。

(2)管道埋深。

管道埋深应根据气候条件、地面荷载等因素确定。管道设计埋深一般应考虑防冻及耕作机械碾压等问题,一般干、支管道的埋深不能小于 50 cm,毛管的埋深不能小于 30 cm。输水用聚氯乙烯管材应每隔 30~60 m 设置一个伸缩接头或伸缩节。

(3)管道连接。

塑料管道连接主要有管道扩口承插式、胶接黏合式、热熔连接式等。

(4)镇墩设计。

镇墩是指用混凝土、浆砌石等砌体定位管道,借以承受管中由于水流方向改变等原因引起的推力以及直管自重和温度应变产生的推力、拉力。镇墩设计应根据管道受力具体情况来确定。

3)施工详图的绘制

完整的微灌工程设计,应绘制微灌系统布置图,干、支管道纵断面图,枢纽工程布置图,阀门井、泵站、蓄水池结构图,细部结构安装图,加工部件(如接头等)机械图等。

微灌系统布置图反映出管网系统的级数,各级管道的走向、位置、长度以及各类建筑物的位置等,是工程施工不可缺少的。管道纵断面图标有管道中心线的地面高程、管道铺设坡降、管底开挖高程、阀门位置等。施工时利用此图放线并确定某一段的开挖深度。首部枢纽布置图标明各种仪器设备安装顺序及连接尺寸等,其他结构图是为了施工方便而提供的。

7. 工程预算编制

编制工程预算是工程设计的重要内容;它按一定的顺序,分为设备、土建和其他三部分。编制工程预算必须掌握现行的设备价格,土建和设备安装部分要根据当地近期施工预算定额和材料价格确定。

一般设备部分要分别列出设备名称、规格型号、单位、数量、单价、复价等。在单价计算时,如设计施工期较长(一年以上),原则上要考虑物价上涨因素。土建部分包括泵房、蓄水工程、沉沙池、管线开挖和回填等。应详细列出土石方工程量,砖、水泥、石灰、钢材、木材、沥青、油毡等材料的规格、数量、单价、复价等。

预算的其他部分一般包括设备运输费、勘测设计费、施工技术指导费、施工管理费以及不可预见费等。有试验项目的应包含工程验收或鉴定费。设备运输费通常按设备生产地距工程地点的距离,根据铁路运输、公路运输及装卸等费用的实际情况予以计算。勘测设计费和施工技术指导费应根据工程的难度及投资造价等,按有关规定确定,或以不同阶段(勘测、设计、施工)分别根据工作量的大小协商确定。施工管理费指工程施工阶段的物料、车、人工等的管理费用,一般按工程量的大小及施工期长短来考虑。不可预见费指预算中难以考虑到而工程中又可能出现的少量费用,原则上按工程造价的 5%考虑。

任务四　微灌工程规划设计示例

模块一　日光温室黄瓜滴灌工程设计说明

(一)基本资料

项目区种植反季节蔬菜,本项目为一日光温室,长×宽为 60 m×9 m,面积 $A=540\ m^2$;土质为壤土,干密度 $\gamma=1.45\ g/cm^3$,田间持水量 $\beta_{田}=26\%$;作物为黄瓜,沿南北向(沿 OY 方向)种植,见图 4-31,株距×行距为 0.3 m×0.6 m,日光温室内全额灌溉,黄瓜是喜水作物,生长时间长,需水量比较大,盛果期灌溉补充强度 E_a 取 8 mm/d;水源为井水,水质好,适于饮用,井的出水量为 40 m^3/h,井旁有容积为 25 m^3、高 8 m 的水塔。

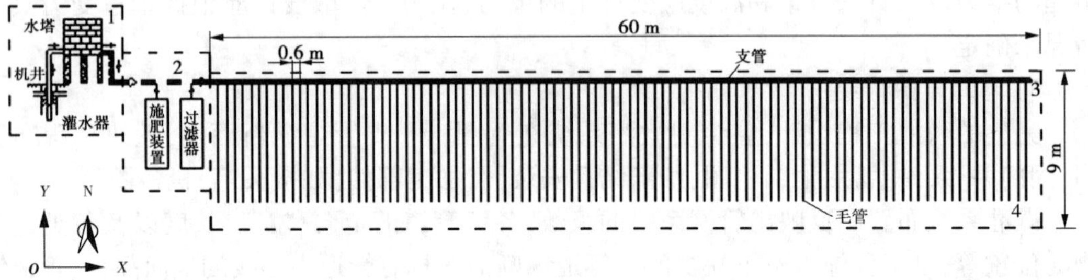

1—水源工程;2—首部枢纽;3—输配水管网;4—灌水器

图 4-31　工程布置简图

(二)系统布置及设计参数

1. 系统布置

本工程由四部分组成,沿水流方向依次为水源工程、首部枢纽、输配水管网、灌水器(见图 4-31)。

码 4-11　文档:微灌工程技术规范

1)水源工程

本滴灌系统的水源为已建机井,井水经水塔以重力流方式输入日光温室,向作物供水。井的出水量可满足灌溉要求。

2)首部枢纽

首部枢纽包括过滤设施、施肥装置等。由于项目区水质好,选用筛网过滤器能满足使用要求,施肥装置采用文丘里施肥器施肥(安装于筛网过滤器之前)。

3)输配水管网

日光温室南北(OY)向短,东西(OX)向长,种植方向为南北(OY)向,本系统仅设支管,沿东西向(OX)铺设,既承担输水任务,又起向毛管配水的作用;毛管与支管垂直即沿南北(OY)向铺设;支管、毛管采用 PE 管,均铺设于地面,布置见图 4-31。

4)灌水器

根据土壤、种植作物、气候条件,采用新疆天业生产的灌水器与毛管合为一体的单翼迷宫式滴灌带,一管一行铺设,其参数见表 4-11。

表 4-11　滴灌带参数

项目	参数	项目	参数
型号	WDF12/1.8-100	滴头间距 S_e(m)	0.3
灌水器设计流量 q_d(L/h)	1.2	毛管布设间距 S_l(m)	0.6
灌水器设计工作水头 h_d(m)	5	灌水器压力流量关系式	$q=0.479h^{0.5709}$
毛管内径 d(mm)	12	滴灌带铺设长度(m)	9

2. 设计参数

1) 系统流量 Q

系统结构简单，面积较小，灌溉时所有毛管全部打开，假设同时工作的灌水器流量相等，同时工作的灌水器个数 $N=(9/0.3)\times(60/0.6)=3\ 000$(个)，灌水器设计流量为 $q_d=1.2$ L/h，代入式 $Q=Nq_d$ 可求得系统流量 $Q=3\ 000\times1.2=3\ 600$(L/h)$=3.6$ m^3/h。

水塔的容积为 25 m^3，可满足系统连续运行 25/3.6=6.94(h)。

2) 灌水小区允许水头(流量)偏差率

(1) 允许流量偏差率$[q_v]$：根据《微灌工程技术规范》(GB/T 50485—2009)的规定，本系统取$[q_v]=20\%$。

(2) 允许水头偏差率$[h_v]$：$x=0.5709$，$q_v=20\%$，代入式$[h_v]=\frac{[q_v]}{x}(1+0.15\times\frac{1-x}{x}[q_v])$，可得$[h_v]=0.358$。

3) 土壤湿润比 P

毛管沿作物直线布置，各参数按图 4-32 计算，$n=1$，$S_e=0.3$ m，$S_w=0.45$ m，$S_t=0.3$ m，$S_r=0.6$ m，用式 $P=\frac{S_wS_t}{S_eS_l}\times100\%$计算得土壤湿润比 $P=75\%$。

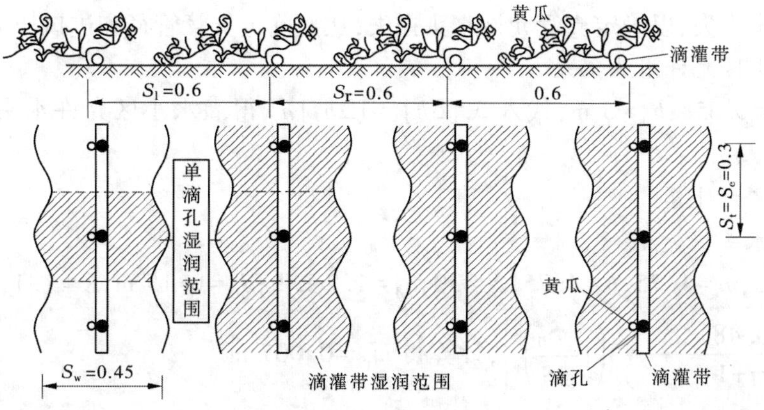

图 4-32　滴灌带与作物布置简图　(单位：m)

4)设计灌水定额 m

由于该系统结构简单,输配水管线短,管道接头及控制阀门少,水量损失小,灌溉水利用率高,依据《微灌工程技术规范》(GB/T 50485—2009),灌溉水利用系数取 $\eta=0.95$,按黄瓜需水高峰期根系深度取 $z=0.4$ m,$\gamma=1.45$ g/cm^3,$P=75\%$,$\beta_{max}=90\%\times26\%=23.4\%$,$\beta_{min}=65\%\times26\%=16.9\%$,代入式 $m=\gamma zP(\beta_{max}-\beta_{min})/\eta$,计算得灌水定额 $m=0.02976$ m$=29.76$ mm$=19.84$ m^3/亩。

5)设计灌水周期 T

由 $m=29.76$ mm,$E_a=8$ mm/d,$\eta=0.95$,得 $T=\dfrac{29.76}{8}\times0.95=3.5$(d),取 3 d。

6)一次灌水延续时间 t

由 $m=29.76$ mm,$S_c=0.3$ m,$S_1=0.6$ m,$q_d=1.2$ L/h,$t=\dfrac{mS_cS_1}{q_d}$ 计算得 $t=4.5$ h。

系统设计参数汇总如表 4-12 所示。

表 4-12 系统设计参数汇总

序号	项目		参数值	序号	项目	参数值
1	灌溉补充强度 E_a(mm/d)		8	4	土壤湿润比 P(%)	75
2	灌溉水利用系数 η		0.95	5	设计灌水定额 m(mm)/(m^3/亩)	29.76/19.84
3	灌水小区允许偏差率	流量偏差率$[q_v]$	0.2	6	设计灌水周期 T(d)	3
		水头偏差率$[h_v]$	0.358	7	一次灌水延续时间 t(h)	4.5

(三)毛管和支管水力设计

日光温室的管网结构简单,一个棚内支管与其供水的毛管(所采用的单翼迷宫式滴灌带)构成一个灌水小区,毛管的铺设长度已定,其水力设计主要是计算小区允许水头偏差及毛管水头损失,以确定支管允许水头损失,从而确定支管管径和进口压力。

1. 灌水小区允许水头偏差

由 $[h_v]=0.358$,$h_d=5$ m,代入式 $[\Delta h]=[\Delta h_v]h_d$ 得灌水小区允许水头偏差 $[\Delta h]=1.79$ m。

2. 毛管水力计算

1)毛管水头损失 $h_毛$

$f=0.505$,$m=1.75$,$b=4.75$,$N=30$,$q_d=1.2$ L/h,$S_0=0.15$ m,$K=1.1$,代入式 $h_毛=K\dfrac{fSq_d^m}{d^b}\left[\dfrac{(N+0.48)^{m+1}}{m+1}-N^m\left(1-\dfrac{S_0}{S}\right)\right]$,计算得 $h_毛=0.007$ m。

2)毛管进口工作压力 $h_{0毛}$

毛管水头损失极小,可认为灌水器的设计工作水头即为毛管进口压力,$h_{0毛}=5$ m。

3. 支管水力设计

1) 支管允许水头偏差

毛管水头损失为0.007 m,则支管允许水头偏差为

$$[\Delta h_1]=[\Delta h]-h_{毛}=1.79-0.007=1.783(\mathrm{m})$$

2)支管管径的确定

支管长度、毛管间距、支管允许水头差都已确定,支管为多孔管,孔数为100,大于3,可将多孔管水头损失计算公式做一变换,计算支管最小管内径:

$$d_{\min}=\left\{\frac{KfSq_{\mathrm{d}}^{m}}{[\Delta h]}\left[\frac{(N+0.48)^{m+1}}{m+1}-N^{m}\left(1-\frac{S_0}{S}\right)\right]\right\}^{\frac{1}{4.75}}$$

$$=\left\{\frac{1.1\times0.505\times0.6\times36^{1.75}}{1.783}\times\left[\frac{(100+0.48)^{2.75}}{2.75}-100^{1.75}\times\left(1-\frac{0.3}{0.6}\right)\right]\right\}^{\frac{1}{4.75}}$$

$$=30.58(\mathrm{mm})$$

根据管材生产情况,取de40PE管(0.25 MPa),其内径为35.2 mm。

3)支管水头损失计算

$f=0.505$,$m=1.75$,$b=4.75$,$N=100$,$S=0.6$ m,$q_{\mathrm{d}}=36$ L/h,$S_0=0.3$ m,$d=35.2$ mm,$K=1.1$,$h_{支}=K\dfrac{fSq_{\mathrm{d}}^{m}}{d^{b}}\left[\dfrac{(N+0.48)^{m+1}}{m+1}-N^{m}\left(1-\dfrac{S_0}{S}\right)\right]$计算得:$h_{支}=0.56$ m,小于允许水头差1.783 m,满足要求。

4)支管进口压力计算

支管为多孔管,用公式 $h_{0支}=h_{0毛}+h_{支}$ 计算支管进口工作水头,式中 $h_{支}$ 为支管的水头损失,则 $h_{0支}=5.56$ m,即支管进口设计压力为5.56 m。

(四)首部枢纽设计

本系统田间部分实际为重力滴灌,首部枢纽的设计包括过滤装置、施肥设施、控制量测设施及保护装置的设计。由于系统面积较小,结构简单,运行压力低,控制量测设施及保护装置简单,这里不做介绍。

(1)过滤装置。因水源为井水,水质好,根据系统设计流量(3.6 $\mathrm{m^3/h}$)并结合灌水器对水质的要求,选用规格型号为1″、过滤精度为120目的筛网过滤器即可。

(2)施肥设施。本系统选用1″文丘里施肥器。

(五)系统运行复核

水塔高8 m,过滤器水头损失及首部枢纽水头损失按2.4 m计,故支管进口压力为5.6 m,与设计压力基本相符。

1. 节点压力推算

各节点压力见图4-33。

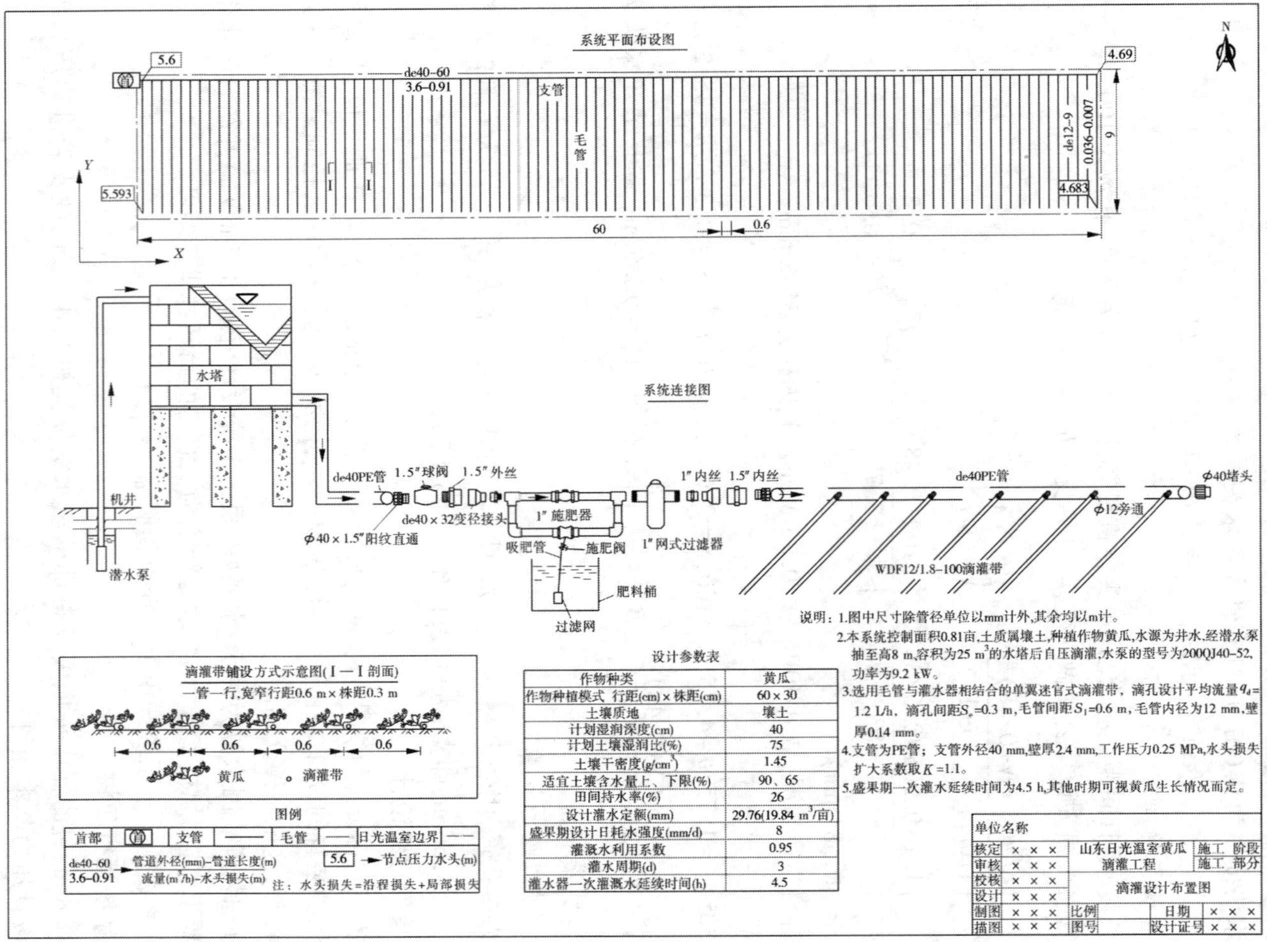

作物种类	黄瓜
作物种植模式 行距(cm)×株距(cm)	60×30
土壤质地	壤土
计划湿润深度(cm)	40
计划土壤湿润比(%)	75
土壤干密度(g/cm³)	1.45
适宜土壤含水量上、下限(%)	90、65
田间持水率(%)	26
设计灌水定额(mm)	29.76(19.84 m³/亩)
盛果期设计日耗水强度(mm/d)	8
灌溉水利用系数	0.95
灌水周期(d)	3
灌水器一次灌溉水延续时间(h)	4.5

图 4-33　日光温室黄瓜滴灌工程系统设计图

2. 灌水小区流量与压力偏差复核

选取灌水小区压力最大的滴头和最小的滴头进行计算。因地形平坦，计算中不考虑地形高差引起的水头变化。根据灌水器流量公式 $q=0.479h^{0.5709}$，由 $h_{max}=5.6$ m，$h_{min}=4.486$ m 计算对应值 $q_{max}=1.28$ L/h，$q_{min}=1.13$ L/h，依据式(4-11)和式(4-12)，流量偏差率 $q_v=10\%<[q_v]=20\%$，压力偏差率 $h_v=22.3\%<[h_v]=35.8\%$，满足要求。

(六)投资概算

1. 材料设备用量

本滴灌系统所需材料及设备用量详见表 4-13，在表中对易耗材料增加 5%损耗量，滴灌带增加 10%损耗量。

表 4-13 日光温室滴灌所需材料及设备用量

序号	名称	规格型号	单位	数量	单价(元)	复价(元)
1	PE 管	de40	m	70	0.7	49
2	滴灌带	WDF12/1.8-100	m	990	0.2	198
3	旁通	φ12 mm	个	105	0.6	63
4	筛网过滤器	1″	个	1	80	80
5	施肥器	1″	个	1		
6	内丝	φ40 mm	个	1	2.4	2.4
7		φ32 mm	个	1	1.2	1.2
8	外丝	φ40 mm	个	1	2.4	2.4
9		φ32 mm	个	1	1.2	1.2
10	球阀	1.5″	个	1	8	8
11	阳纹直通	φ40 mm×1.5″	个	2	5	10
12	变径接头	φ40 mm×32	个	2	1.3	2.6
13	堵头	φ40 mm	个	1	1	1
14	直通	φ12 mm	个	4	1	4
合计						422.8

2. 投资与效益分析

(1)日光温室滴灌与日光温室地面灌溉年投入对比情况如表 4-14 所示。

表 4-14 日光温室滴灌与地面灌溉日光温室年投入对比

序号	生产要素	投入(元/年)	
		滴灌	常规灌
1	化肥	400	1 000
2	大棚膜	300	300
3	草帘	400	400
4	水电费	50	100

续表 4-14

序号	生产要素	投入(元/年)	
		滴灌	常规灌
5	农药	100	200
6	滴灌设备投资	422.8	—
合计		1 672.8	2 000

日光温室滴灌比日光温室地面灌溉年投入节约 2 000−1 672.8＝327.2(元/年)。

(2)日光温室滴灌效益。日光温室滴灌产量为 7 287 kg,日光温室地面灌溉产量为 5 887 kg,增产 1 400 kg,增收 1 120 元。日光温室滴灌与日光温室地面灌溉相比,每年一个日光温室增加效益 1 447.2 元。

模块二　日光温室黄瓜滴灌工程系统设计图

日光温室黄瓜滴灌工程系统设计图如图 4-33 所示。

任务五　微灌工程施工与运行管理

模块一　微灌工程施工

微灌工程泵站及管道施工、安装可参照喷灌系统,这里只介绍首部枢纽和灌水器的安装。

(一)首部枢纽的安装

首部枢纽应根据需要安装控制阀、过滤装置、施肥装置和水表等。

码 4-12　工程录像:微灌工程施工

(1)施肥装置应根据流量、肥料性质和注入量选择;施肥装置应安装在过滤器上游。施肥装置的进、出水管与灌溉管道的连接应牢固,不宜使用软管连接;必须使用软管时,不应拖拉、扭曲或打结。采用注射泵式施肥器,机泵安装应符合产品说明书要求,安装完毕经检查合格后,方可通电试运行。

(2)过滤装置应按输水流向标志安装。自动冲洗式过滤装置的传感器等电气元件应按产品规定的接线图安装,并通电检查运转状况。

(3)控制设备安装。逆止阀应按流向标志安装。压力表、调压阀与管道的连接应严密,安装完毕经检查合格后,方可试运行。水表等计量设备安装应符合规范要求。

(二)灌水器

1. 滴头安装

应选用直径小于灌水器插头外径 0.5 mm 的打孔器在毛管上打孔。

应按设计孔距在毛管上冲出圆孔,随即安装滴头,防止杂物混入孔内。

微管插孔应与微管直径相适应，插入深度不宜超过毛管直径的 1/2，并应采取措施防止脱落。

2. 微喷头安装

微喷头直接安装在毛管上时，应将毛管拉直，两端紧固，按设计孔距打孔，将微喷头直插在毛管上。

用连接管安装微喷头时，应按设计规定打孔，连接管一端插入毛管，另一端引出地面后固定在插杆上，其上再安装微喷头。插杆插入 地下深度不应小于 15 cm，插杆应垂直于地面。

微喷头安装距地面高度不宜小于 20 cm。

3. 滴灌带与出流小管安装

应按设计要求由上而下依次安装。管端应剪平，不应有裂纹，并防止混进杂物。连接前应清除杂物，将滴灌带或出流小管套在旁通上，气温低时宜对管端预热。

模块二　微灌系统运行管理

微灌系统水源工程及管道运行管理参照喷灌系统 。

(一)首部枢纽运行管理

过滤装置管理应符合下列规定：旋流水沙分离器在运行期间应定时冲洗排污；筛网、砂石、叠片式过滤器，当前后压力表压差接近最大允许值时，应冲洗排；筛网和叠片式过滤器，如冲洗后压差仍接近最大允许值，应取出过滤元件进行清洗；砂石过滤器，反冲洗时应避免滤砂冲出器外，必要时应及时补充滤砂。

施肥装置运行前，应按规定进行检查；施肥后，应用清水将系统内的肥液冲洗干净。

控制装置管理，配电盘、启动装置、仪表和自动化控制装置应保持清洁，并应按有关规定进行保养与维修。

(二)灌水器的运行管理

灌水前，应对微灌灌水器及其连接部位进行检查，不能正常工作应及时补换。

灌溉季节后，应对各类灌水器进行检查，修复或更换损坏的或已被堵塞的灌水器；滴灌带、出流小管宜卷盘收回室内保管。

能力训练

一、基础知识能力训练

1. 什么叫微灌？简述微灌的优点和缺点。
2. 什么是土壤湿润比？设计土壤湿润比如何确定？
3. 滴头有哪些形式？性能参数有哪些？
4. 微灌灌水器的流量与水头关系如何？流态指数等于零说明什么？
5. 简述微灌系统的组成和分类。
6. 微灌系统水泵选择应满足哪些要求？
7. 设计耗水强度应如何确定？灌水定额如何确定？

8. 微灌毛管应该如何布置?灌水器的间距如何确定?

9. 过滤器的类型有哪些?其适用什么条件?

10. 如何确定微灌系统各级管道的流量?

11. 什么是流量偏差率?流量偏差率与水头偏差率的关系是什么?

12. 如何确定允许水头偏差率及允许水头差?允许水头差在支、毛管间如何分配?

13. 在地形平坦地区,如何确定支、毛管管径?干管管径如何确定?

14. 如何计算毛、支管进口工作压力?

15. 为什么要进行节点压力均衡验算?当各管段压力不一致时,应如何解决?

二、设计计算能力训练

设计基本资料:某苹果园长 400 m、宽 324 m,苹果树株距×行距为 3 m×3 m,地势平坦,土层厚度 1.5 m,其 1 m 土层平均干密度 1.32 t/m^3,田间持水率(占土体体积)为 21%,多年平均降雨量 250 mm,多年平均蒸发量 1 500 mm,果园地边有一水井(见图 4-34),出水量为 50 m^3/h,动水位为 20 m,田间试验结果表明,该果园苹果树最大耗水量为 5 mm/d。

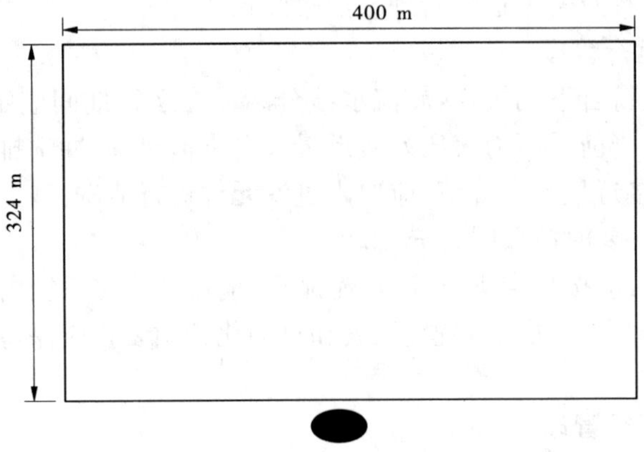

图 4-34 某苹果园示意图

要求:试进行微灌工程规划设计。

项目五　管道输水灌溉工程技术

【目标】

通过对管道输水灌溉工程的类型及特点的认知，了解管道输水灌溉工程的组成，理解管道输水灌溉工程类型的适用范围及规划设计的基本原则，掌握管道输水灌溉工程主要设备的选用方法，能够进行中小型管道输水灌溉工程的规划设计。

【任务】

1. 详述管道输水灌溉系统的组成及其主要功能。
2. 管道输水灌溉系统的主要设备及其作用是什么？
3. 依据规范进行管道输水灌溉工程规划设计。
4. 分析管道输水灌溉工程规划设计实例。

任务一　管道输水灌溉系统的认知

模块一　管道输水灌溉系统的组成及特点

管道输水灌溉工程指由水泵加压或自然落差形成的有压水流，通过管道输送到田间给水装置，采用地面灌溉的工程。其管道工作压力不低于 0.4 MPa。

(一)管道输水灌溉系统的组成

管道输水灌溉工程由水源与取水工程、输配水管网系统和田间灌水系统 3 部分组成。

1. 水源与取水工程

管道输水灌溉工程的水源有井、泉、沟、渠道、塘坝、河湖和水库等。水质应符合《农田灌溉水质标准》(GB 5084—2021)，且不含有大量杂草、泥沙等杂物。

井灌区的取水工程应根据用水量和扬程大小，选择适宜的水泵和配套动力机、压力表及水表，并建有管理房。自压灌区或大中型提水灌区的取水工程还应改进水闸、分水闸、拦污栅及泵房等配套建筑物。

2. 输配水管网系统

输配水管网系统是指低压管道输水灌溉工程中的各级管道、分水设施、保护装置和其他附属设施。在面积较大灌区，管网可由干管、分干管、支管和分支管等多级管道组成。

3. 田间灌水系统

田间灌水系统指出水口以下的田间部分，它仍属地面灌水，因而应采用地面节水灌溉技术，达到灌水均匀并减小灌水定额的目的。

(二)管道输水的特点

1. 节水、节能

管道输水可减少渗漏损失和蒸发损失,与土垄沟相比,管道输水损失可减少5%,水的利用率比土渠提高了30%~40%,比混凝土等衬砌方式节水5%~15%。对机井灌区,节水就意味着降低能耗。

2. 省地、省工

用土渠输水,田间渠道用地一般占灌溉面积的1%~2%,有的多达3%~5%,而管道输水只占灌溉面积的0.5%,提高了土地利用率。同时管道输水速度快,避免了跑水漏水现象,缩短了灌水周期,节省了巡渠和清淤维修用工。

3. 投资小、效益高

管灌投资较低,一般为100~300元/hm^2。同等水源条件下,由于能适时适量灌溉,满足作物生长期需水要求,因而起到增产增收的作用。

4. 适应性强

压力管道输水可以越沟、爬坡和跨路,不受地形限制,施工安装方便,便于群众掌握,便于推广。配上田间地面移动软管,可解决零散地块浇水问题,适合当前农业生产责任制形式。

模块二　管道输水灌溉系统的类型及其适用范围

管道输水灌溉系统按其压力获取方式、管网形式、管网可移动程度的不同等可分为以下类型。

(一)按压力获取方式分类

按压力获取方式不同可分为机压(水泵提水)输水系统和自压输水系统。

码5-1　微课:低压管道输水灌溉工程的类型及特点

1. 机压(水泵提水)输水系统

机压(水泵提水)输水系统又分为水泵直送式和蓄水池式。当水源水位不能满足自压输水要求时,要利用水泵加压将水输送到所需要的高度或蓄水池中,通过分水口或管道输水至田间。目前,井灌区大部分采用水泵直送式。

2. 自压输水系统

当水源较高时,可利用地形自然落差所提供的水头作为管道输水所需要的工作压力。在丘陵地区的自流灌区多采用这种形式。

(二)按管网形式分类

按管网形式不同可分为树状网和环状网两种类型。

1. 树状网

管网呈树枝状,水流通过“树干”流向“树枝”,即从干管流向支管、分支管,只有分流而无汇流,见图5-1(a)。

2. 环状网

管网通过节点将各管道连接成闭合的环状,形成环状网,见图5-1(b)。环状网供水的保证率较高,但管材用量大、投资高,只在一些试点采用,国内管网形式目前主要为树状网。

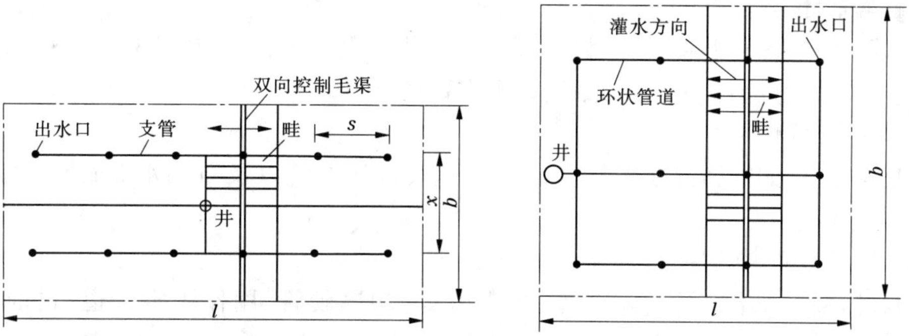

(a)树状网　　(b)环状网

图 5-1　管网系统示意图

(三)按管网可移动程度分类

管网按可移动程度不同分为移动式、固定式和半固定式。

1. 移动式

移动式管网除水源外,机泵和输配水管道都是可移动的,特别适合于小水源、小机组和小管径的塑料软管配套使用。其优点是一次性投资低、适应性强,常做抗旱临时应用;缺点是软管使用寿命短,易被杂草、秸秆划破,在作物生长后期,尤其是高秆作物灌溉比较困难。

2. 固定式

机泵、输配水管道,以及给配水装置都是固定的,水从管道系统的出水口直接分水进入田间沟(畦),因而管道密度大、投资高,在有条件的地区可应用这种形式。

3. 半固定式

机泵固定,干(支)管和给水栓等埋于地下,移动软管输水进入田间沟(畦),它把上述两种形式的优点结合在一起,是比较常用的一种形式。

任务二　管道输水灌溉工程的主要设备

管材及管道附件用量大,占总投资的 2/3 以上,其对工程质量和造价以及效益的发挥影响很大,规划设计时要慎重选用。

模块一　管材

码 5-2　微课:低压管道输水系统的主要设备

(一)管材类型

按管道材质不同可分为塑料管材、金属管材、水泥类管材和其他材料管 4 类。

1. 塑料管材

塑料管材有硬管和软管两类。硬管如聚氯乙烯管、聚乙烯管、聚丙烯管和双壁波纹管等,一般常作为固定管道使用,也可用于地面移动管道。软管如改性聚乙烯薄塑料管、锦纶布管等,主要用作地面移动管道。

2. 金属管材

金属管材,如各种钢管、铸铁管、铝合金管、薄壁钢管等,均为硬管材。其中,钢管、铸铁管用作固定管道;铝合金管、薄壁钢管用作移动管道。

3. 水泥类管材

水泥类管材,如钢筋混凝土管、素混凝土管、水泥土管以及石棉水泥管等,用作地埋暗管。

4. 其他材料管

其他材料管,如缸瓦管、陶瓷管、灰土管等,均属硬管,用作固定管道,目前已很少使用。

(二)管材选择

1. 管材应达到的技术要求

(1)能承受设计要求的工作压力。管材允许工作压力应为管道最大工作压力的1.4倍,且大于管道可能产生水锤时的最大压力。

(2)管壁薄厚均匀,壁厚误差应不大于5%。

(3)地埋管材在农机具和外荷载的作用下管材的径向变形率不得大于5%。

(4)便于运输和施工,能承受一定的沉降应力。

(5)管材内壁光滑、糙率小,耐老化,使用寿命满足设计年限要求。

(6)管材与管材、管材与管件连接方便,连接处同样满足相应的工作压力,满足抗弯折、抗渗漏、强度、刚度及安全等方面的要求。

(7)移动管道要轻便,易于快速拆卸,耐碰撞、耐摩擦,具有较好的抗穿透及抗老化能力等。

(8)当输送的水流有特殊要求时,还应考虑对管材的特殊要求。

2. 管材选择的方法

在满足设计要求的前提下综合考虑管材价格、施工费用、工程的使用年限、工程维修费用等经济因素进行管材选择。

通常在经济条件较好的地区,固定管道可选择价格相对较高但施工、安装方便及运行可靠、管理简单的硬PVC管;移动管可选择塑料软管。在经济条件较差的地区,可选择价格低廉的管材,如固定管可选素混凝土管、水泥砂管等管材;移动软管可选择塑料软管。在将来可能发展喷灌的地区,应选择承压能力较高的管材,以便今后发展喷灌时使用。

模块二　管道附件

管道附件种类繁多,依其功能作用不同,可分为连接附件和控制附件两类。

(一)连接附件

连接附件即管件,主要有同径和异径三通、四通、弯头、堵头及异径渐变管与快速接头等多种。快速接头主要用于地面移动管道上,以迅速连接管道,节省操作时间和减轻劳动强度。

(二)控制附件

控制附件是用来控制管道系统中的流量和水压的各种装置或构件。常用的有阀门、进排气阀、给水装置、逆止阀、安全阀、调压装置等。

1. 给水装置

通常所说的给水装置一般是指出水口或给水栓。出水口是指把地下管道系统的水引出地面进行灌溉的放水口,它一般不能连接地面移动软管。能与地面移动软管连接的出水口称给水栓。给水栓各地有定型产品,可根据需要选用,也有自行制造的。给水栓要坚固耐用、密封性能好、不漏水、软管安装拆卸方便等。

1)给水装置分类

给水装置有多种分类方法,按阀体结构分为移动式、半固定式、固定式3类。

(1)移动式给水装置也称分体移动式给水装置,它由上、下栓体两部分组成。其特点是:①止水密封部分在下栓体内,下栓体固定在地下管道的立管上,下栓体配有保护盖,出露在地表面或地下保护池内;②系统运行时无须停机就能启闭给水栓、更换灌水点;③上栓体移动式使用,同一管道系统只需配2~3个上栓体,投资较省;④上栓体的作用是控制给水、出水方向。例如,GY系列给水栓。

(2)半固定式给水装置的特点是:①一般情况下,止水、密封、控制、给水于一体,有时密封面也设在立管上;②栓体与立管用螺纹连接或法兰连接,非灌溉期可以卸下放室内保存;③同一灌溉系统计划同时工作的出水口必须在开机运行前安装好栓体,否则更换灌水点时需停机;④同一灌溉系统也可按轮灌组配备,通过停机而轮换使用,不需每个出水口配一套,与固定式给水装置相比投资较省。例如,螺杆活阀式给水栓、LG型系列给水栓、球阀半固定式给水栓等。

(3)固定式给水装置也称整体固定式给水装置,其特点是:①止水、密封、控制、给水于一体;②栓体一般通过立管与地下管道系统牢牢地结合在一起,不能拆卸;③同一系统的每一个出水口必须安装一套给水装置,投资相对较大,如丝盖式出水口、地上混凝土式给水栓、自动升降式给水栓等。有些固定式给水装置经改型后(如加法兰等),可成为半固定式给水装置,如轻便式给水栓、杠杆压盖型给水栓等。

2)给水装置的选用原则

(1)应选用经过专家鉴定并定型生产的给水装置。

(2)根据设计出水量和工作压力,选择规模应在适宜流量范围内,且局部水头损失小。

(3)密封压力满足低压管道输水灌溉工程设计要求。

(4)在低压管道输水灌溉工程中,给水装置用量大,使用频率高,长期置于田间,因此在选用时还要考虑耐腐蚀、操作灵活、运行管理方便等因素。

(5)根据是否与地面软管连接来选择给水栓或出水口;根据保护难易程度选择移动式、半固定式或固定式。

3)定型给水装置的选用

经过十几年的研究开发与应用,目前我国定型给水装置较多,表5-1中列出常用给水装置的主要性能参数及特点。

表 5-1 常用给水装置的主要性能参数及特点

型号名称	公称直径(mm)	公称压力(MPa)	局部阻力系数	主要特点	图号
G1Y2-H/L Ⅱ型、G1Y3-H/L Ⅲ型平板阀移动式给水栓	75、90、110、125、160	0.25、0.40	1.25~2.2	移动式,旋紧锁口连接,平板阀内外力结合止水,地上保护,适用于多种管材	图 5-2(a)、(b)
G1Y3-H/L Ⅳ型平板阀移动式给水栓	75	0.6、1.00	5.76	螺纹式外力结合止水,可调控流量,其特点同上	图 5-2(c)
G2Y1-G 型平板阀移动式给水栓	进/出口直径 80、100、150	0.20	1.50~2.00	移动式,倒钩连接装置,平板阀外力止水,地上保护,适用于多种管材	图 5-3
G1Y5-S 型球阀移动式给水栓	110	0.20	A 型:1.23	移动式,快速接头式连接,浮阀内力止水,地上保护,适用于塑料管材	图 5-4
G2Y5-H 型球阀移动式给水栓	110	0.20	1.53	移动式,快速接头式连接,浮阀内力止水,地上保护,适用于塑料管材	图 5-5
G3Y5-H 型球阀移动式给水栓	200/100	0.20	1.53	移动式,丝连接,浮阀内力止水,地上保护,适用于混凝土管道系统	图 5-6
G2Y5-S/H 型球阀移动式给水栓	75、100、125、160	0.15	ϕ160 mm 时为 3.47	移动式,浮阀内力止水,地上保护,集多功能于一体,适用于混凝土管材	图 5-7
G2Y2-H 型平板阀移动式给水栓	75	0.05、0.10		移动式,橡胶活舌内力止水,地上保护,多适用于塑料管材	图 5-8
G3B1-H 型平板阀半固定式给水栓	63	0.25	1.175	半固定式,平板阀外力止水,地上保护,适用于塑料管材	图 5-9
G2B1-H(G)型平板阀半固定式给水栓	A 型:50~160 B 型:110	0.25	A 型:1.0~1.8	半固定式,平板阀外力止水,阀瓣与操作杆利用活节连接,不磨损密封垫圈,地上保护,多用于塑料管	图 5-10
G2B3-H 型平板阀半固定式给水栓	100/75 100/100 125/100		0.20	半固定式,丝堵外力止水,地上保护,适用于压力、流量较小的塑料管道系统	图 5-11

续表 5-1

型号名称	公称直径（mm）	公称压力（MPa）	局部阻力系数	主要特点	图号
G2B7-H 型丝堵半固定式出水口	75、90、110、125	0.20		半固定式，丝堵外力止水，地上保护，适用于压力、流量较小的塑料管道系统	图 5-12
C7G7-N 型丝盖固定式出水口	100	0.20	0.4	固定式，平板阀外力止水，地上保护，适用于压力、流量较小的水泥预制管道	图 5-13（a）、（b）
C2G7-S/N 型丝盖固定式出水口	75、90、110、125	0.20		固定式，丝盖外力止水，地上保护，适用于压力、流量较小的塑料管道系统	图 5-14
C2G1-S 型平板阀固定式给水栓	75	0.05	1.938	固定式，平板阀外力止水，地下保护，适用于塑料管材	图 5-15
C2G7-S 型丝盖固定式出水口	90、110	0.05		固定式，丝盖外力止水，地下保护，适用于塑料管材、压力较小的管道系统	图 5-16
C2G1-N 型平板阀固定式出水口	114			固定式，平板阀外力止水，地上保护，适用于压力、流量较小的塑料管道系统	图 5-17
C2G1-G 型平板阀固定式给水栓	160			固定式，平板阀外力止水，集节制闸、三通、给水于一体，适用于丘陵梯田塑料管道系统	图 5-18、图 5-19
C1G1-S 型双向堵头固定式出水口	63、75、90、110、125			固定式，用密封胶垫与壳内摩擦力止水，地上保护，适用于压力、流量较小的塑料管道系统	图 5-20

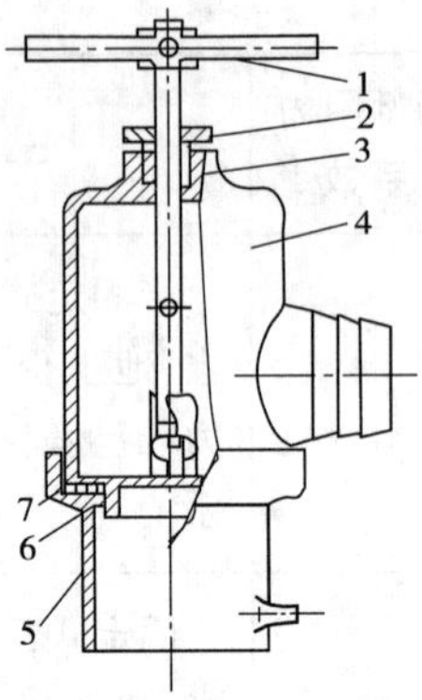

(a)G1Y2-H/L Ⅱ型

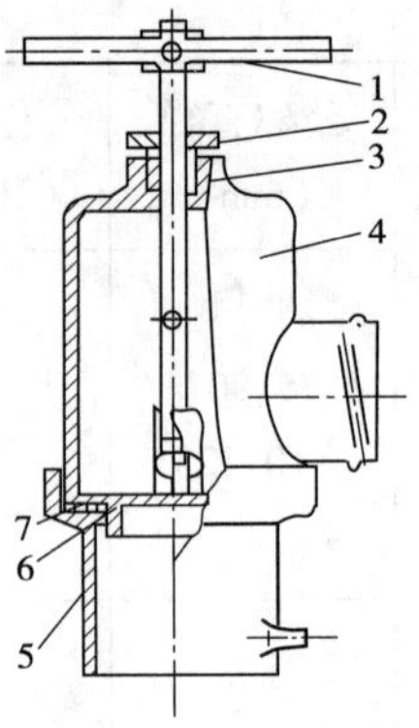

(b)G1Y3-H/L Ⅲ型

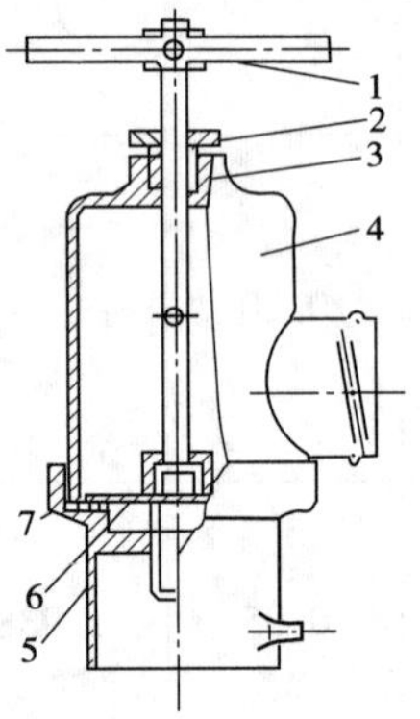

(c)G1Y3-H/L Ⅳ型

1—阀杆;2—填料压盖;3—填料;4—上栓壳;5—下栓壳;6—阀瓣;7—密封胶垫

图5-2 G1Y2-H/L、G1Y3-H/L型平板阀移动式给水栓

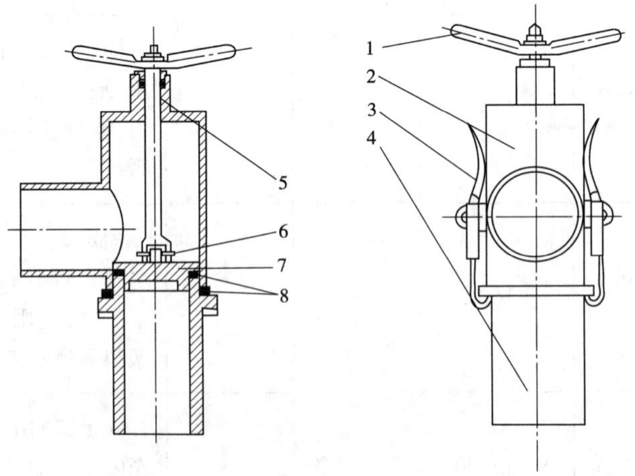

1—阀杆;2—上栓壳;3—连接装置;4—下栓壳;

5—填料;6—销钉;7—阀瓣;8—密封胶垫

图5-3 G2Y1-G型平板阀移动式给水栓

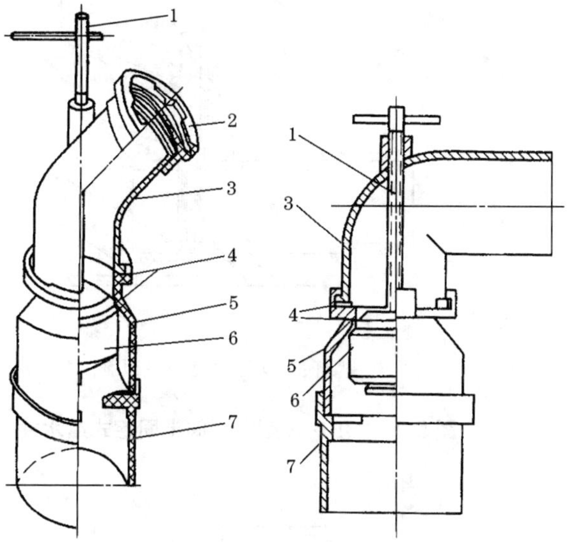

1—操作杆;2—快速接头;3—上栓壳;4—密封胶圈(扩建);
5—下栓壳;6—浮子;7—连接管

图 5-4　G1Y5-S 型球阀移动式给水栓

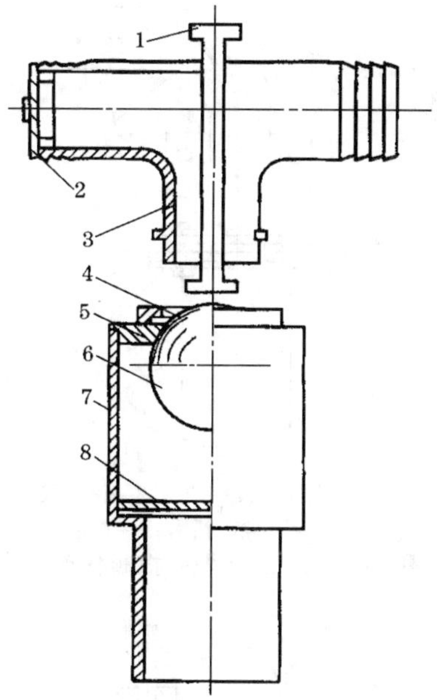

1—推球杆;2—堵盖;3—取水三通;
4—取水(进、排气)口;5—顶盖;
6—球阀;7—栓壳;8—球栅

图 5-5　G2Y5-H 型球阀移动式给水栓

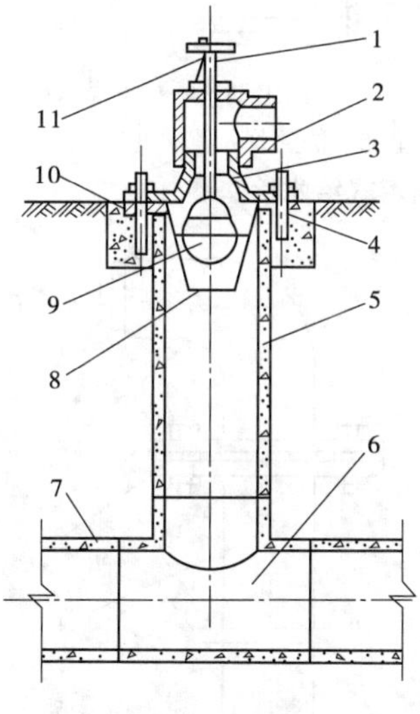

1—操作杆;2—上栓壳;3—下栓壳;
4—预埋螺栓;5—立管;6—三通;
7—地下管道;8—球篮;9—球阀;
10—底盘;11—固定挂钩

图 5-6　G3Y5-H 型球阀移动式给水栓

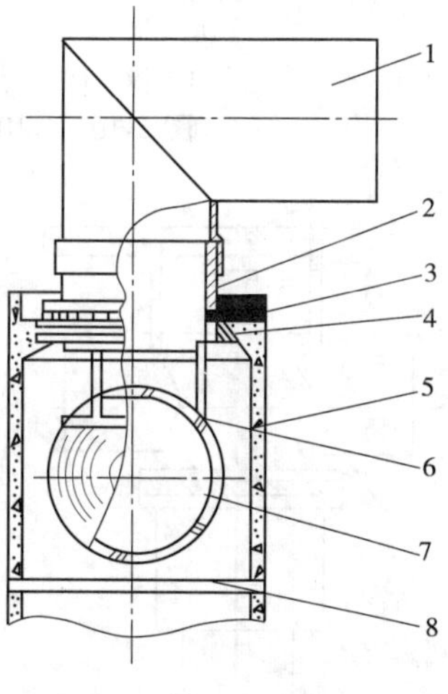

1—出水弯管;2—连接管;3—密封胶垫;
4—密封口环;5—球室;6—推球支架;
7—球阀;8—拦球栅

图 5-7　G2Y5-S/H 型球阀移动式给水栓

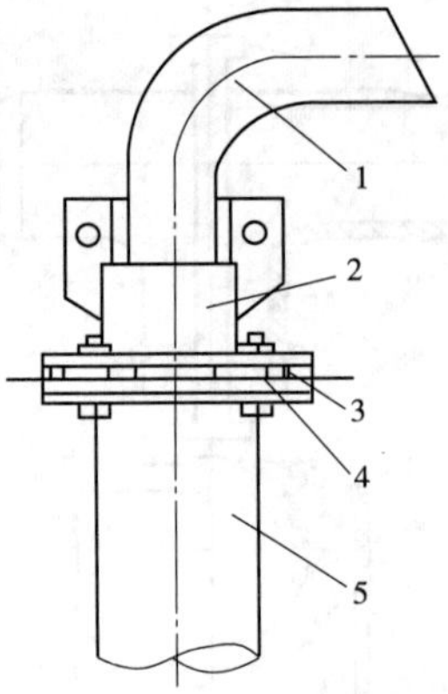

1—上栓体;2—插座;3—密封胶垫;
4—橡胶活舌;5—立管

图 5-8 G2Y2-H 型平板阀移动式给水栓

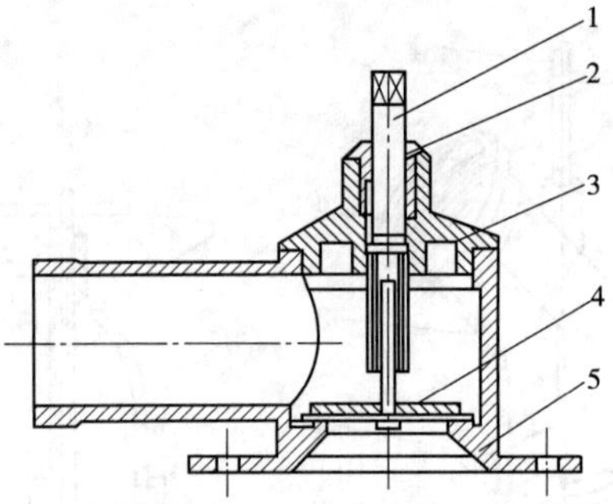

1—螺杆;2—填料压盖;3—顶盖;
4—阀瓣;5—栓壳

图 5-9 G3B1-H 型平板阀半固定式给水栓

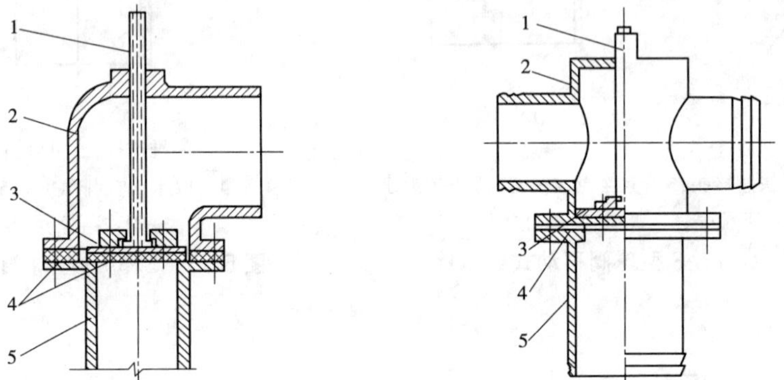

(a)A型 (b)B型

1—操作杆;2—栓壳;3—阀瓣;4—密封胶垫;5—法兰管

图 5-10 G2B1-H(G)型平板阀半固定式给水栓

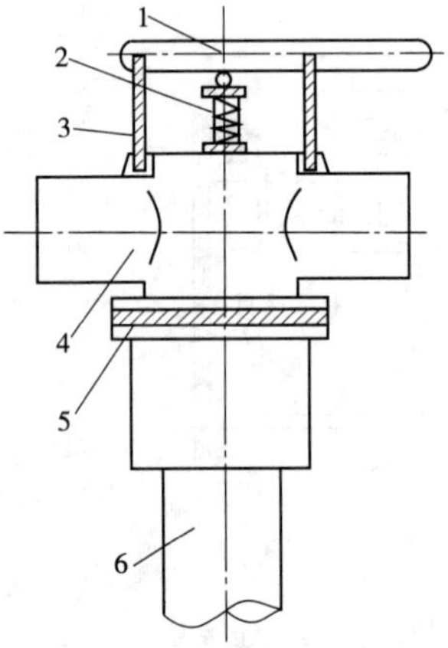

1—操作杆;2—弹簧;3—固定挂钩;
4—栓壳;5—密封胶垫;6—法兰立管

图 5-11 G2B3-H 型平板阀半固定式给水栓

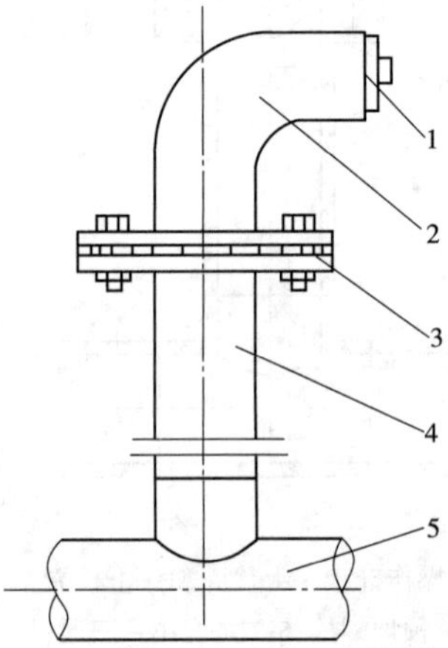

1—丝堵;2—弯头;3—密封胶垫;
4—法兰立管;5—地下管道

图 5-12 G2B7-H 型丝堵半固定式出水口

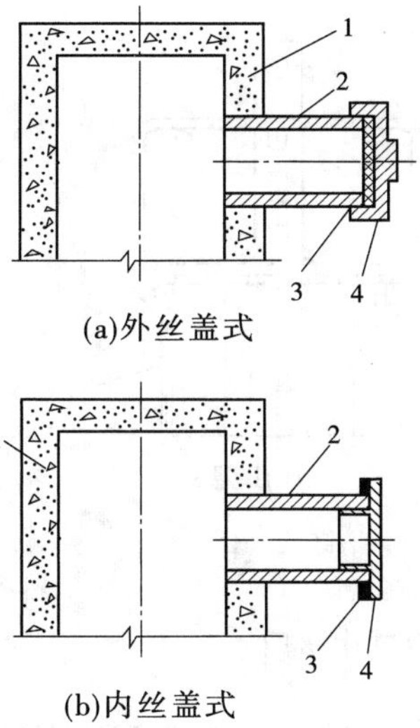

1—混凝土立管；2—出水槽管；
3—密封胶垫；4—止水盖

图 5-13　C7G7-N 型丝盖固定式出水口

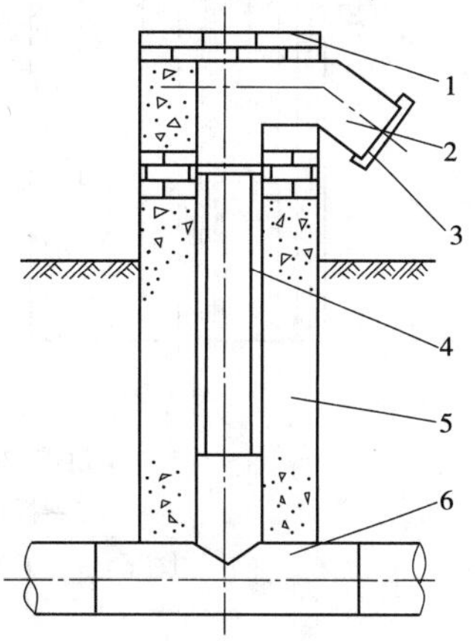

1—砌砖；2—放水管；3—丝盖；
4—立管；5—混凝土固定墩；
6—硬 PVC 三通

图 5-14　C2G7-S/N 型丝盖固定式出水口

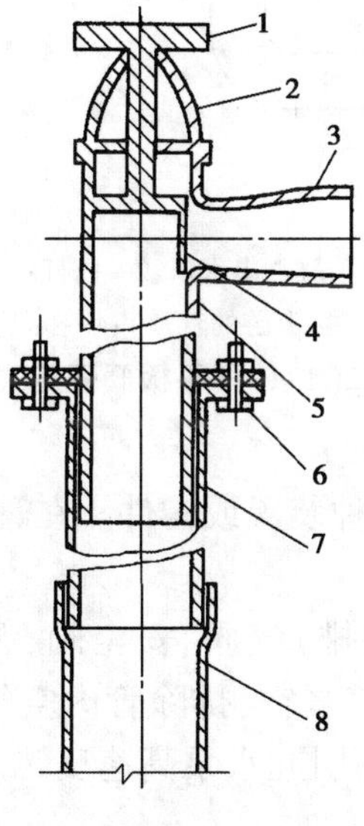

1—开关手轮；2—冲土帽；3—出水嘴；
4—阀门；5—升降管；6—双层橡胶圈；
7—外套管；8—立管

图 5-15　C2G1-S 型平板阀固定式给水栓

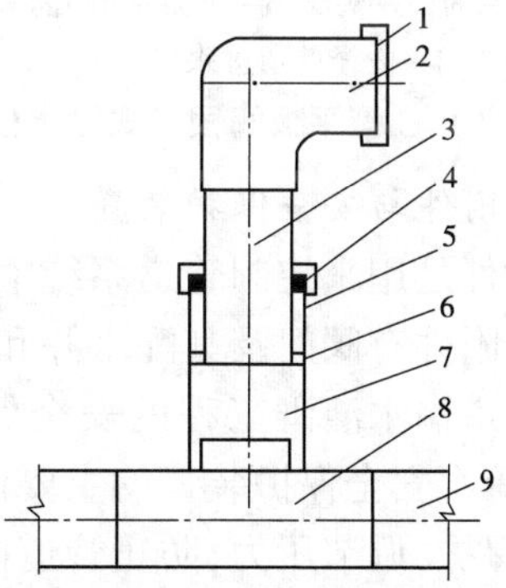

1—出水口盖；2—出水弯头；3—升降立管；
4—密封胶垫；5—管箍；6—限制环；
7—固定套管；8—连接三通；9—地下管道

图 5-16　C2G7-S 型丝盖固定式出水口

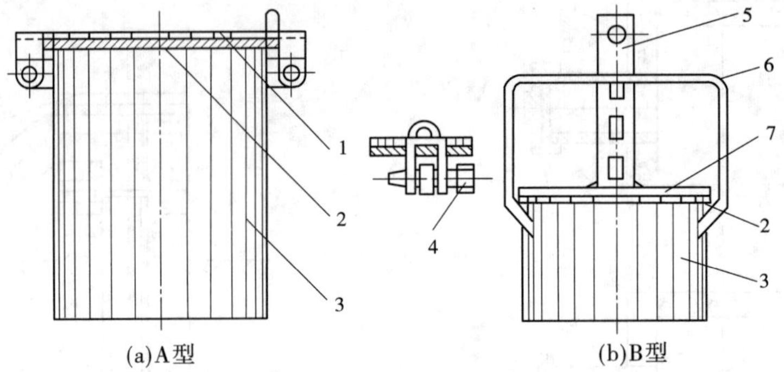

1—顶盖;2—密封胶垫;3—外壳;4—销钉;
5—操作杆;6—支撑框架;7—阀瓣

图5-17 C2G1-N型平板阀固定式出水口

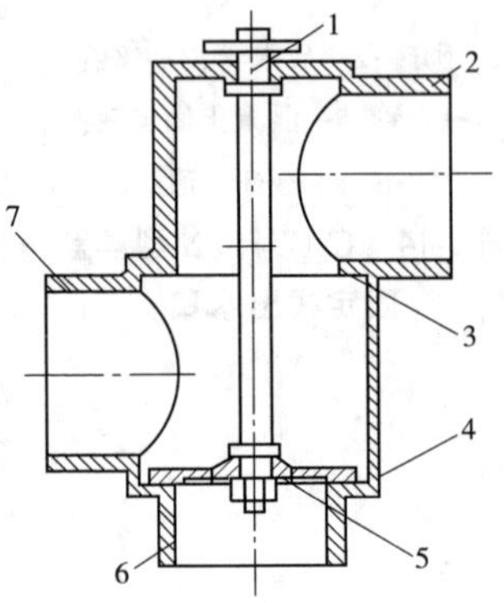

1—操作杆;2—出水口;3—上密封面;
4—下密封面;5—阀瓣;6—下游管道出水口;
7—上游管道进水口

图5-18 C2G1-G型平板阀固定式给水栓(一)

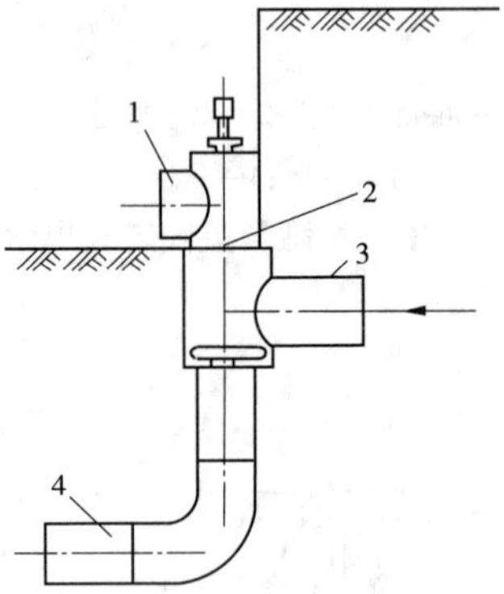

1—出水口;2—阀杆;
3—进水口(接上游的管道);4—接下游的管道

图5-19 C2G1-G型平板阀固定式给水栓(二)

2.控制附件与安全保护装置

控制附件是用来控制管道系统中的流量和水压的各种装置或构件。在管道系统中最常用的控制附件有阀门及其配水井和放水井等。

低压管道输水灌溉工程的安全保护装置主要有进(排)气阀、安全阀、调压阀、逆止阀、泄水阀等。安全保护装置的主要作用分别是破坏管道真空,排除管内空气,减小输水阻力,超压保护,调节压力,防止管道内的水回流入水源而引起水泵高速反转。

1)进(排)气阀

进(排)气阀按阀瓣结构分为球阀式、平板式进(排)气阀两大类。其工作原理是管道充水时,管内气体从进(排)气口排出,球(平板)阀靠水的浮力上升,在内水压力作用下封闭进(排)气口,使进(排)气阀密封而不渗漏,排气过程完毕。管道停止供水时,球(平板)阀因虹吸作用和自重而下落,离开球(平板)口,空气进入管道, 破坏了管道真空或使管道水的回流中断，避免了管道真空破坏或因管内水的回流引起的机泵高速反转。

进(排)气阀可按式(5-1)计算选择，一般安装在顺坡布置的管道系统首部、逆坡布置的管道系统尾部、管道系统的凸起处、管道朝水流方向下折及超过10°的变坡处。

$$d_0 = 1.05D_0\left(\frac{v}{v_0}\right)^{1/2} \tag{5-1}$$

式中　d_0——进(排)气阀通气孔直径，mm；

D_0——被保护管道内径，mm；

v——被保护管道内水流速度，m/s；

v_0——进(排)气阀排出空气流速，计算时可取45 m/s。

几种常用进(排)气阀分别见图5-21～图5-25。

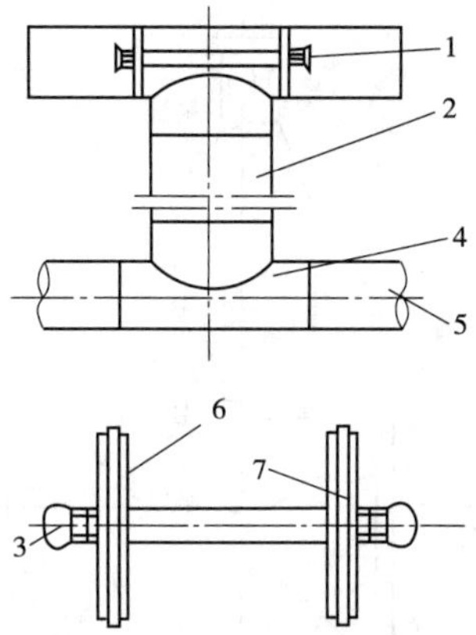

1—双向堵头；2—立管；3—把手；4—三通；5—地下管道；6—压板；7—密封胶垫

图5-20　C1G1-S型双向堵头固定式出水口

2)安全阀

安全阀是一种压力释放装置，安装在管路较低处，起超压保护作用。低压管道灌溉系统中常用的安全阀按其结构形式不同可分为弹簧式、杠杆重锤式。

安全阀的工作原理是将弹簧力或重锤的重量加载于阀瓣上来控制、调节开启压力，即整定压力。在管道系统压力小于整定压力时，安全阀密封可靠，无渗漏现象；当管道系统压力升高并超过整定压力时，阀门则立即自动开始排水，使压力下降；当管道系统压力降低到整定压力以下时，阀门及时关闭并密封如初。

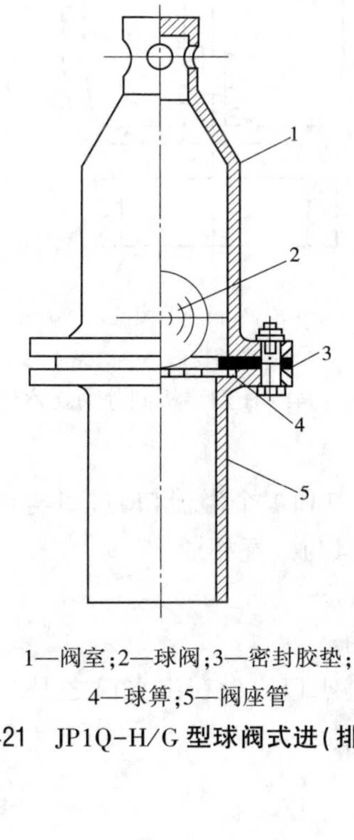

1—阀室；2—球阀；3—密封胶垫；4—球箅；5—阀座管

图5-21　JP1Q-H/G型球阀式进(排)气阀

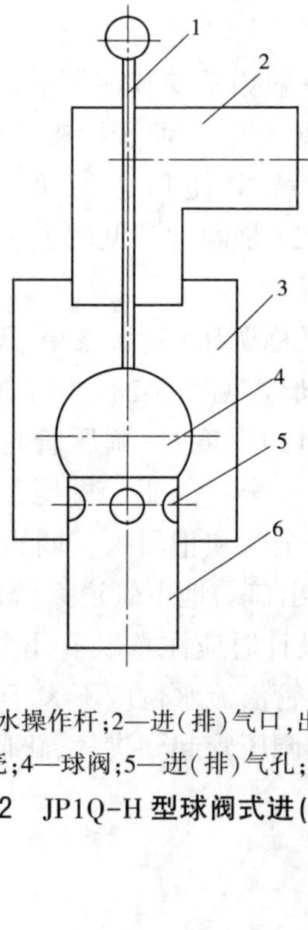

1—取水操作杆；2—进(排)气口，出水弯头；3—阀壳；4—球阀；5—进(排)气孔；6—连接管

图5-22　JP1Q-H型球阀式进(排)气阀

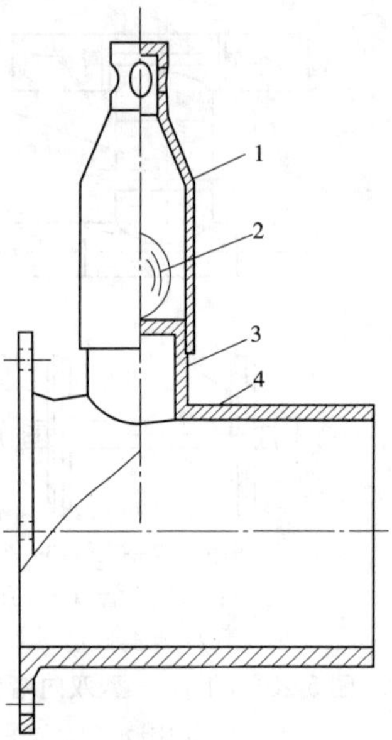

1—阀室;2—球阀;3—球箅管;4—法兰

图 5-23 JP3Q-H/G 型球阀式进(排)气阀

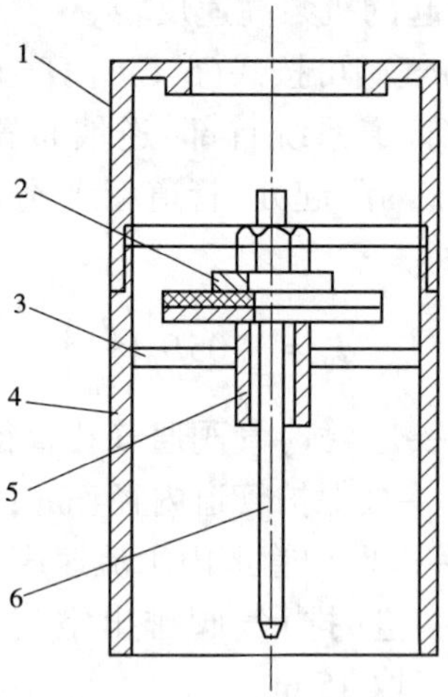

1—上阀壳;2—阀瓣;3—支架;

4—下阀壳;5—导向套;6—阀杆

图 5-24 JP1P-G 型球阀式进(排)气阀

在选用安全阀时,应根据所保护管路的设计工作压力确定安全阀的公称压力。由计算出的定压值决定其调压范围,根据管道最大流量计算出安全阀的排水口直径,并在安装前校正好阀门的开启压力。弹簧式、杠杆重锤式安全阀均用于低压管道灌溉系统。

安全阀一般铅垂安装在管道系统的首部,操作者容易观察到,并便于检查、维修,也可安装在管道系统中任何需要保护的位置。图 5-26、图 5-27 是两种常见的安全阀。

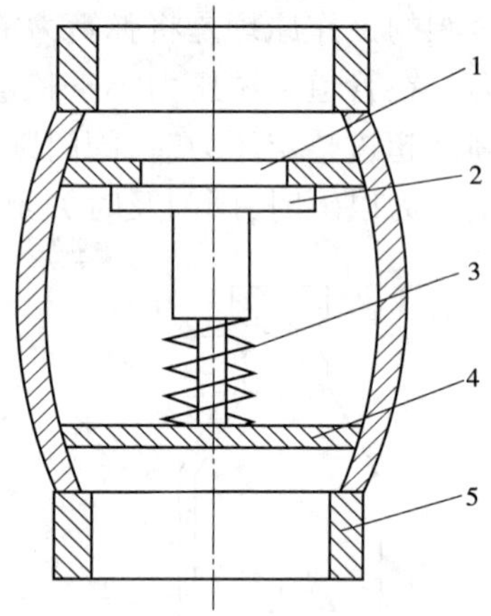

1—进(排)气口;2—阀瓣;3—弹簧;

4—弹簧支座;5—阀壳

图 5-25 J4P-H 型平板阀外力止水进气阀

3)调压管

调压管又称调压塔、水泵塔、调压进(排)气井,其结构形式见图 5-28。其作用是当管内压力超过管道的强度时,调压管自动放水,从而保护管道安全。因此,调压管可代替进(排)气阀、安全阀和止回阀。调压管有 2 个水平进、出口和 1 个溢流口,进口与水泵上水管出口相接,出口与地下管道系统的进水口相连,溢流口与大气相通。

调压管设计时应注意以下几个问题:

(1)调压管溢流水位应不大于系统管道的公称压力。

(2)为使调压管起到进气、止回水作用,调压管的进水口应设在出水口之上。

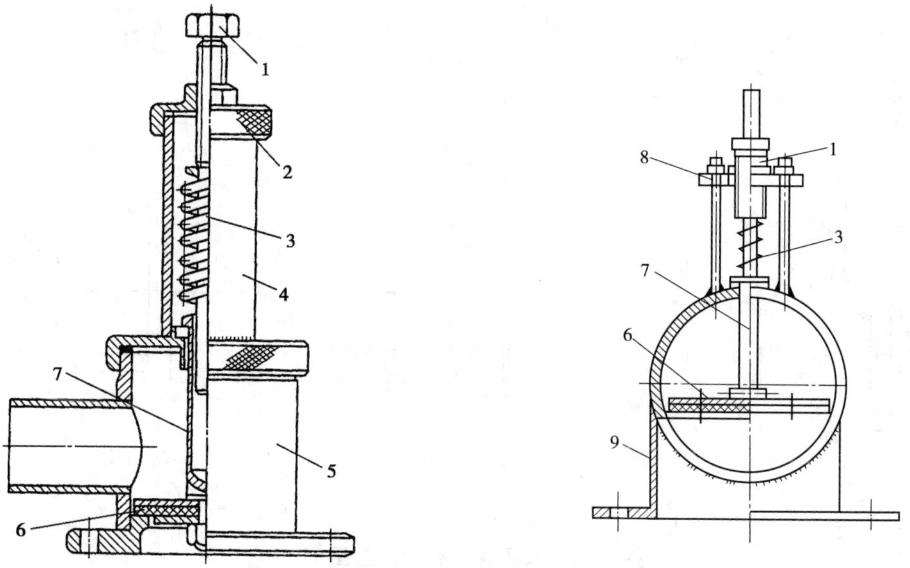

(a)A 型　　　　(b)B 型

1—调压螺栓;2—压盖;3—弹簧;4—弹簧室壳;5—阀室壳;
6—阀瓣;7—导向套;8—弹簧支架;9—法兰管

图 5-26　A3T-G 型弹簧式安全阀

(3)调压管的内径应不小于地下管道的内径。为减小调压管的体积,其横断面可以在进水口以上处开始缩小,但当系统最大设计流量从溢流口排放时,在缩小断面处的平均流速不应大于 3.05 m/s。

(4)水源含砂量较大时,调压管底部应设沉砂池。

(5)调压管的进水口前应装设拦污栅,防止污物进入管道。

4)分(取)水控制装置

管道灌溉系统中常用的分(取)水控制装置主要有闸阀、截止阀以及结合低压管道系统特点研制的一些专用控制装置等。闸阀和截止阀大部分是工业通用产品。管道输水灌溉系统常用的工业阀门主要是公称压力不大于 1.6 MPa 的闸阀和截止阀,其主要作用是接通或截断管道中的水流。

5)计量设备

为实现计划用水,按时计征水费,促进节约用水,在管道输水系统中安装计量设备。我国目前还没有专用的农用水表,在管道输水灌溉系统中通常采用工业与民用水表、流量计、流速仪、电磁流量计等进行量水。井灌区

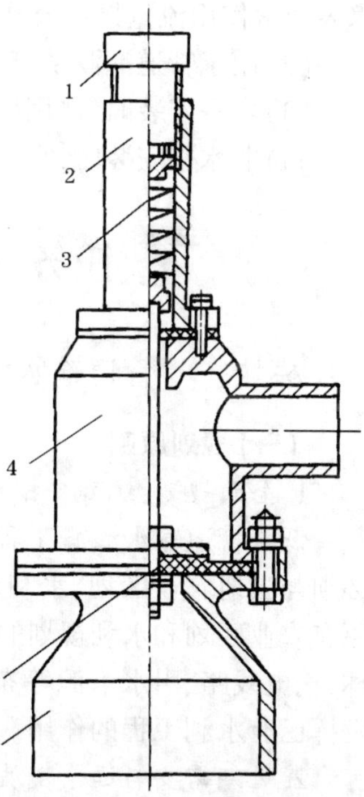

1—调压螺栓;2—弹簧室;3—弹簧;
4—阀瓣室;5—阀瓣;6—阀座管

图 5-27　A1T-G 型弹簧式安全阀

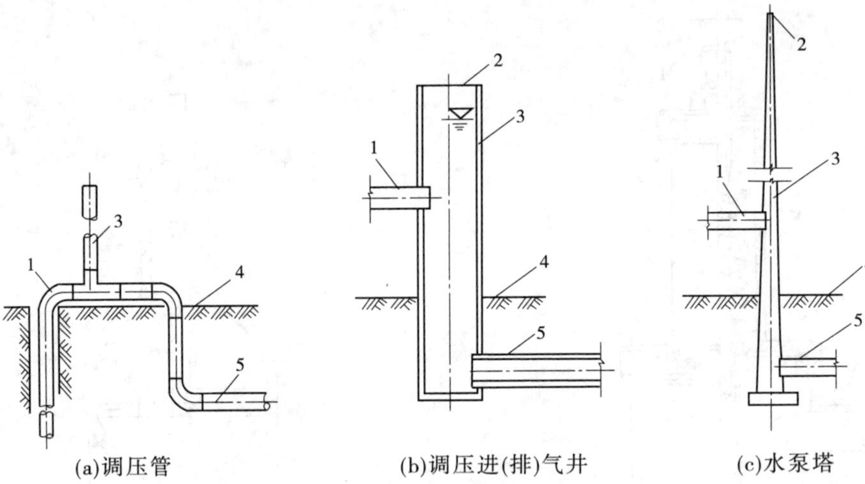

1—水泵上管;2—溢流口;3—调压管;4—地面;5—地下管道

图 5-28 调压管的结构示意图

常用的计量设备为水表,水表可以累计用水量,量水精度可以满足计量要求,且牢固耐用,便于维修。在选用水表时,应遵循以下原则:

(1)根据管道的流量,参考厂家提供的水表流量—水头损失曲线进行选择,尽可能使水表经常使用流量接近公称流量。

(2)用于管道灌溉系统的水表一般安装在野外田间,因此选用湿式水表较好。

(3)水平安装时,选用旋翼式或水平螺翼式水表。

(4)非水平安装时,宜选用水平螺翼式水表。

任务三 管道输水灌溉工程规划设计

模块一 管道输水灌溉工程规划设计的原则及内容

码 5-3 微课:低压管道输水工程规划设计方法(一)

(一)规划原则

1. 全面规划,统筹安排

低压管道输水灌溉工程规划属农田基本建设规划范畴,因此必须与当地农业区划、水利规划及农田基本建设规划相结合。在原有农业区划和水利规划的基础上,综合考虑与规划内沟、渠、路、林、输电线路、引水水源等布置的关系,统筹安排、全面规划,充分发挥已有水利工程的作用。

2. 近期需要与远景发展规划相结合

进行管道输水工程规划设计时,要结合当前的经济状况和今后农业现代化发展的需要,特别是节水灌溉技术的发展要求。如果管道系统有可能改建为喷灌或微灌系统,规划时,干、支管应采用符合改建后系统压力要求的管材。这样,既能满足当前的需要,又可避免今后发展喷灌或微灌系统重新更换管材而造成巨大浪费。

3. 系统运行可靠

低压管道输水灌溉工程能否长期发挥效益，关键在于能否保证系统运行的可靠性。因此，从规划一开始就要对水源、管网布置、管材、管件和施工组织等进行反复比较。不可匆忙施工，不能采用劣质产品。必须做到对每一个环节严格把关，确保整个低压管道输水灌溉工程的质量。

4. 运行管理方便

低压管道输水灌溉工程规划时，应充分考虑工程投入运行后科学地运行管理。

5. 比较论证

应综合考虑管道系统各部分之间的联系，取得最优规划方案。对管道系统规划方案要进行反复比较和技术论证，综合考虑引水水源与管网线路、调蓄建筑物及分水设施之间的关系，力求取得最优规划方案，最终达到节省工程量、减少投资和最大限度地发挥管道系统效益的目的。

(二)规划内容

(1)确定适宜的引水水源和取水工程的位置、规模及形式。在井灌区应确定适宜的井位，在渠灌区则应选择适宜的引水渠段。

(2)确定田间灌溉标准，沟畦的适宜长、宽，给水栓入畦方式及给水栓连接软管时软管的适宜长度。

(3)论证管网类型、确定管网中管道线路的走向与布置方案。确定线路中各控制阀门、保护装置、给水栓及附属建筑物的位置。

(4)拟定可供选择的管材、管件、给水栓、保护装置、控制阀门等设施的系列范围。

(三)规划设计的主要技术参数

(1)灌溉设计保证率。应根据当地自然条件和经济条件确定，但应不低于50%。

(2)管道灌溉系统水利用系数应不低于0.95。

(3)灌溉水利用系数。井灌区应不低于0.80，渠灌区应不低于0.70。

(4)作物耗水强度。

(四)规划设计步骤

(1)调查收集规划前所需要的基本资料，当地农业区划、水利规划和农田基本建设规划等基本情况，并应进行核实和分析。

(2)进行水量平衡分析，确定管道输水灌溉区规模。

(3)实地勘测并绘制规划区平面图，在图中标明沟、渠、路、林及水源的位置和高程。

(4)确定取水工程位置，确定管网形式以及畦田规格、范围和形式。

(5)进行田间工程布置，确定管网形式和畦田规格。

(6)根据管网类型、给水装置位置，选择适宜的管网线路，确定保护设施及其他附属建筑物位置。

(7)水力计算，确定管道附属设施规格、水泵和动力设备选型。

(8)管灌系统结构设计。

(9)工程概算,效益分析。

模块二　管道输水灌溉工程规划设计方法

码 5-4　微课:低压管道输水工程规划设计方法(二)

(一)管道输水工程规划设计方法

管网规划与布置是管道系统规划中关键的一部分。其方法是将水源与各给水栓(出水口)之间用管道连接起来形成管网,保证输送所需水量在输送过程中保持水质不发生变化,损耗的水量最小,使整个管网实现正常经济的运行。因为管网工程投资占管道系统总投资的70%以上,所以管网布置得合理与否,对工程投资、运行状况和管理维护都有很大影响。因此,应对管网规划布置方案进行反复比较,最终确定合理方案,以减小工程投资并保证系统可靠运行。

1.规划布置的原则

(1)井灌的管网常以单井控制灌溉面积作为一个完整系统。渠灌区应根据作物布局、地形条件、地块形状等分区布置,尽量将压力接近的地块划分在同一分区。

(2)规划时首先确定给水栓的位置。给水栓的位置应当考虑灌水均匀。当不采用连接软管灌溉,向一侧灌溉时,给水栓纵向间距可为40~50 m,横向间距一般按80~100 m布置。在山丘区梯田中,应考虑在每个台地中设置给水栓以便于灌溉管理。

(3)在已确定给水栓位置的前提下,力求管道总长度最短。

(4)管线尽量平顺,减少起伏和折点。

(5)最末一级固定管道的走向应与作物种植方向一致,移动软管或田间垄沟垂直于作物种植行。在山丘区,应尽量使干管平行于等高线、支管垂直于等高线布置。

(6)管网布置要尽量平行于沟、渠、路、林带,顺田间生活路和地边布置,以利于耕作和管理。

(7)充分利用已有的水利工程,如穿路倒虹吸和涵管等。

(8)充分考虑管路中量水、控制和保护等装置的适宜位置。

(9)尽量利用地形落差实施重力输水。

(10)各级管道尽可能采用双向供水。

(11)避免干扰输油、输气管道及电讯线路等。

2.管网布置

管网布置之前,首先根据适宜的畦田长度和给水栓供水方式确定给水栓间距,然后根据经济分析结果将给水栓连接而形成管网。由于渠灌区管网布置比井灌区复杂,下面仅介绍井灌区管网布置方法。

1)井灌区管网典型布置形式

当给水栓位置确定时,不同的管道连接形式将形成管道总长度不同的管网,因此工程投资也不同。在我国井灌区管道输水灌溉的发展过程中,许多研究和施工人员根据水源位置、控制范围、地面坡降、地块形状和作物种植方向等条件,总结出如图5-29~图5-35所示的几种常见布置形式。

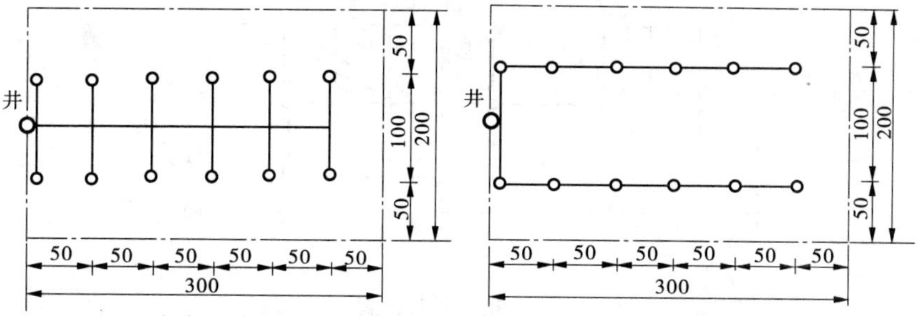

(a)圭字形布置　　(b)Π形布置

图 5-29　给水栓向一侧分水示意图　（单位：m）

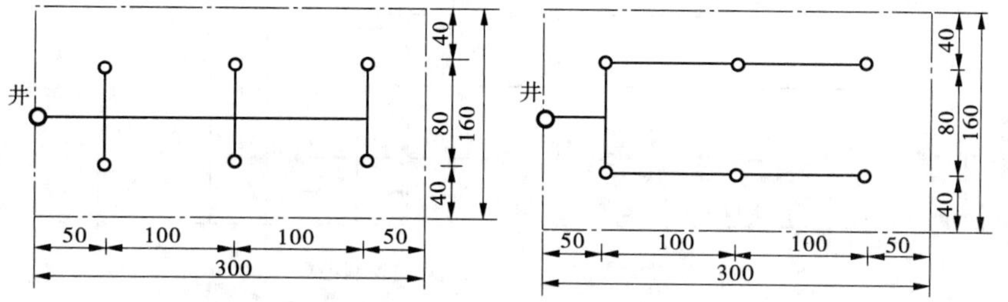

(a)圭字形布置　　(b)Π形布置

图 5-30　给水栓向两侧分水示意图　（单位：m）

图 5-31　一字形布置

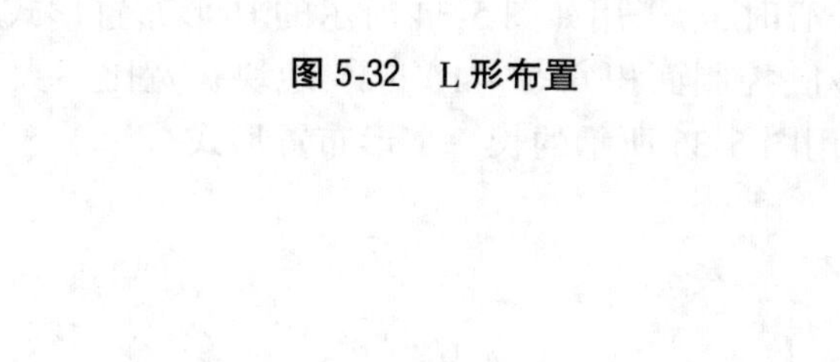

图 5-32　L 形布置

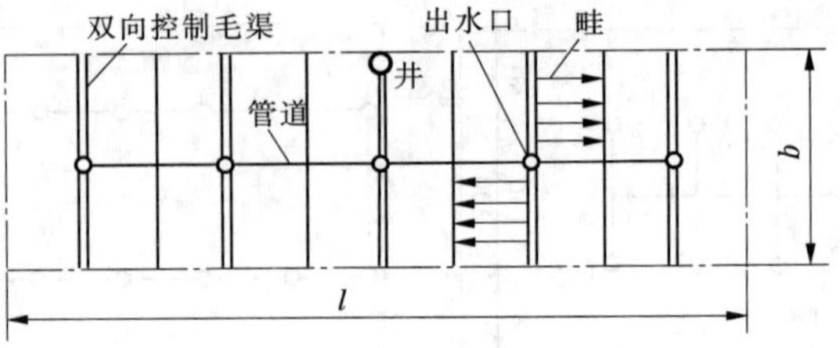

图 5-33 T形布置

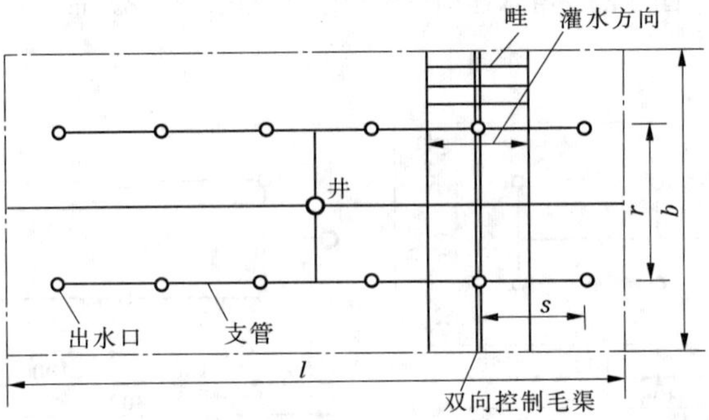

图 5-34 H形布置

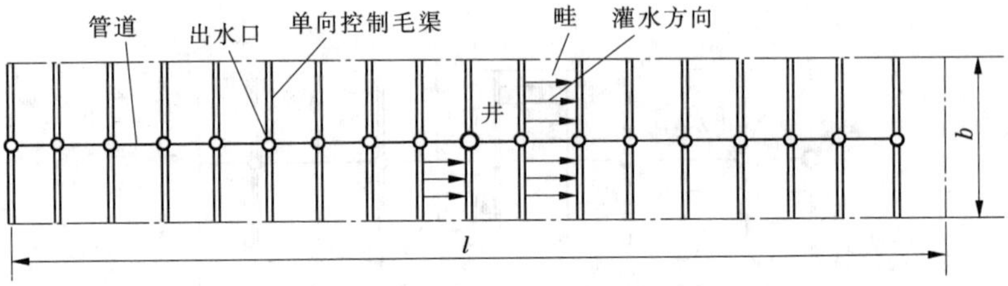

图 5-35 长一字形布置

当机井位于地块一侧,控制面积较大且地块近似成方形时,可布置成图 5-29、图 5-30 所示的形式。这些布置形式适合于井出水量 60~100 m^3/h、控制面积 10~20 hm^2、地块长宽比约等于 1 的情况。

当机井位于地块一侧,地块呈长条形时,可布置成一字形、L 形、T 形,分别如图 5-31~图 5-33 所示。这些布置形式适合于井出水量 20~40 m^3/h、控制面积 3.33~6.67 hm^2、地块长宽比不大于 3 的情况。

当机井位于地块中心时,常采用如图 5-34 所示的 H 形布置形式。这种布置形式适合于井出水量 40~60 m^3/h、控制面积 6.67~10 hm^2、地块长宽比不大于 2 的情况。当地块长宽比大于 2 时,宜采用图 5-35 所示的长一字形布置形式。

2)树状管网总长度最短布置方法

管网布置的实例表明,在给水栓的位置确定之后,不同布置方案生成管网管道总长度差别很大,但寻求经济合理的管网布置却是一项复杂的工作。下面介绍近年来研究较多且有一定实用价值的管道总长度最小的管道布置方法。该法首先确定最小生成树,然后采用费尔玛点法对最小生成树进行修正,得到管道总长度最小的树状管网。

最小生成树法:最小生成树可采用避圈法确定,此方法是先将水源至各给水栓及各给水栓之间按递增顺序排列,然后选最小两条线段连接起来,再由小到大连第三条、第四条……但连线时不可形成回路,即不能形成"圈",如此将所有节点连起来即可得到最小生成树。

费尔玛点法:也称重心法。此法是在管网各管段之间夹角小于120°处补加点,以实现进一步缩短管道总长度。现实生活中管网转弯处多采用直角连接形式,这种布置在几何图形上比较规整,但实际工程中管网的走向是否规整,并不影响田间工程、作物种植。

如图5-36所示,对于给水栓位置已确定的田块按以下步骤构成最小生成树:

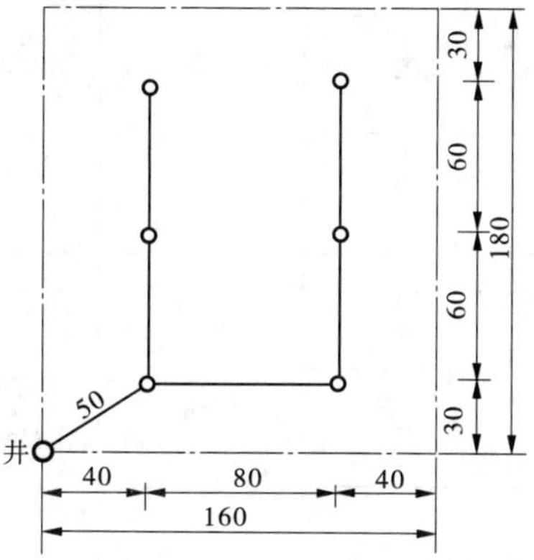

(a)最小生成树

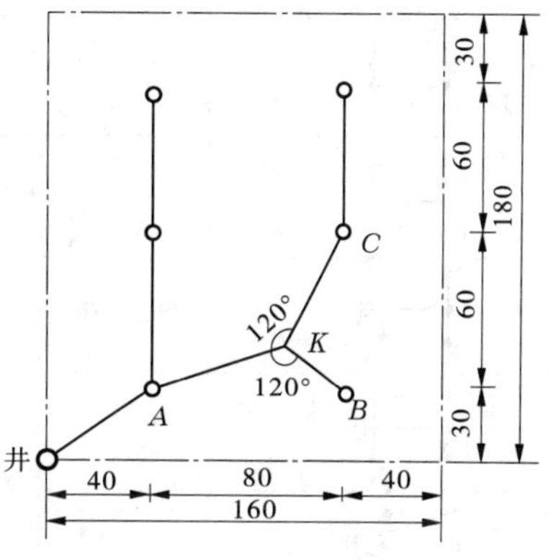

(b)修正后的最小生成树

图5-36　树状管网总长度最短布置示意图　(单位:m)

(1)将所有线段按递增顺序排列,即50 m→60 m→80 m。

(2)连接最短两条线路50 m→60 m(在不构成回路下全连接起来)。

(3)连接80 m长线段(为不构成回路,只能连一条线)。

由最小生成树确定的管道总长度为$50+60\times4+80=370$(m)。

采用费尔玛点法对最小生成树进行修正,首先确定图5-36$\triangle ABC$的重心K,然后连接AK、KC、KB,则$AK=68.6$ m,$KC=47.0$ m,$KB=19.4$ m。$AK+KC+KB=68.6+47.0+19.4=135$(m),原$AB+BC=80+60=140$(m),故修正后的管网比原管网缩短5 m,但增加一个异形接头的施工工作量。

近年来,在管道布置中引进图论理论和有关方法,把寻求管道总长度最小值作为目标函数,抓住了管道布置中诸因素的主要因素,从而真正体现了管道布置的经济性原则,实现管道的经济布置。现对不同水源位置条件下的各种管道布置形式进行对比分析,以供管网布置时参考,见表5-2。

表 5-2　各种管网布置方案分析

水源位置	管网形式	布置方法	管道总长（m）	总长次序		说明
				相同水源位置	不同水源位置	
田块中间	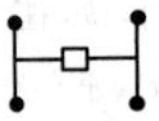	最小树	320	1	1	最小树不能再修正
	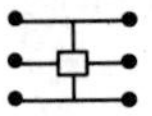		360	2		
	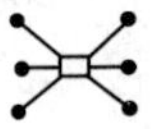		368.4	3		
短边中间		最小树	340	1	2	最小树不能再修正
	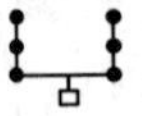		350	2		
	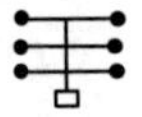		390	3		
长边中间	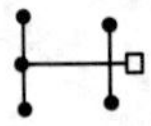	最小树	360	1	3	最小树不能再修正
	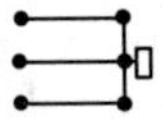		400	2		
	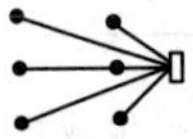		532.6	3		
田块边角	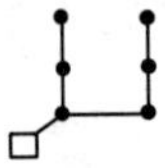	最小树	370	1	4	修正最小树后，管道总长为 165 m
	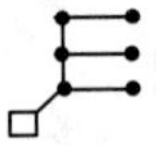		410	2		
	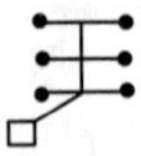		445.4	3		

3) 农村饮水工程骨干树状管网布置

农村饮水工程配水骨干管网是指农村集中式供水工程中水厂至乡镇、村或集中居住区的配水管网。采用从干管接出支管，形成树状管网，费用较省。在农村地区，配水骨干管网一般较长，显管径相对较大，该部分投资在整个供水系统中占据较大比重，是输配水工程规划中的重点。目前农村配水骨干管网布置方式多为树状管网，管道的管径按流量的变化由大到小。随着农村经济发展与农民生活水平的提高，农村配水管网可向环状管网与树状管网相结合的布置方式过渡，以提高供水保证率。一般情况下，村庄及规模较少的镇，可布置成树状管网，规模较大的镇，有条件时，宜布置成环状或坏、树结合的管网。管网定线比城市管网简单，因农村管网节点位置明确，节点用水量大且比较集中，易于做到以最短的管线达到用水量大的节点要求，管网应合理分布于整个用水区，线路尽量短，并符合村镇有关建设规划。线宜沿现有道路或规划道路路边布置，宜通过两侧村庄，管道布置应避免穿越毒物、生物性污染或腐蚀性地段，无法避开时，应采取防护措施。管线布置比较单一，路线较少，分支少，结构简单。

(二)灌溉制度和工作制度

1. 灌溉制度

(1)设计灌水定额。

$$m = 10\gamma_d H(\beta_1 - \beta_2) \tag{5-2}$$

式中 m——设计灌水定额，mm；

γ_d——土壤干密度，g/cm³；

H——土壤湿润层深，cm；

β_1、β_2——以干土重百分率表示的适宜土壤含水量的上限和下限(%)。

(2)设计灌水周期。

$$T = m/E_p \tag{5-3}$$

式中 T——设计灌水周期，d；

E_p——作物耗水强度，mm/d。

2. 灌溉工作制度

灌溉工作制度是指管网输配水及田间灌水的运行方式和时间，是根据系统的引水流量、灌溉制度、畦田的形状及地块平整程度等因素制定的。灌溉工作制度有续灌和轮灌两种方式。

1)续灌方式

灌水期间，整个管网系统的出水口同时出流的灌水方式称为续灌。在地形平坦且引水流量和系统容量足够大时，可采用续灌方式。

2)轮灌方式

在灌水期间，灌溉系统内不是所有的管道同时通水，而是将输配水管分组，以轮灌组为单元轮流灌溉。系统轮灌组数目是根据管网系统灌溉设计引水流量、每个出水口的设计出水量以及整个系统的出水口个数按下式计算：

$$N = \mathrm{INT}[(\sum_{i=1}^{n} q_i)/Q] \tag{5-4}$$

式中 N——系统轮灌组数目；

q_i——第 i 个出水口设计流量，m³/h；

n——系统出水口总数；

Q——灌溉设计流量，m³/h。

(三)水力计算

管道工程设计是依据水源供水条件、田间需水要求和管网规划布置等资料，进行管道设计流量、管径选择、水头损失计算和水源压力水位推算及管道变形与强度等力学指标验算等项工作,以寻求在确保管道安全运行条件下取得最大的经济效益。

1. 管道设计流量

管道设计流量是确定管道过水断面和各种管件规格尺寸的依据。通常是根据各级管道轮灌和续灌工作制度、管道输水损失和作物需水要求等条件进行计算。在比较小的灌区,通常根据主要作物需水高峰期的最大一次灌水量,按下式计算灌溉设计流量:

$$Q = \frac{mA}{Tt\eta} \tag{5-5}$$

式中 Q——灌溉设计流量,m^3/h;

m——设计的一次灌水定额,m^3/hm^2;

A——灌溉设计面积,hm^2;

T——一次灌水的连续时间,h;

t——每天灌水时间,h;

η——灌溉水利用系数。

这里的灌溉设计流量不一定就是管道的设计流量,更不一定就是管道的运行流量。在低压管网系统中,多数场合都是以水泵扬水作为水源。此时,进入管网的总流量即为水泵出水量。对于树状管网来说,当水泵流量 Q_0 大于灌溉设计流量 Q 时,应取 Q 为管道设计流量;当水泵流量 Q_0 小于灌溉设计流量 Q 时,应取 Q_0 为管道设计流量。对于环状管网来说,管道设计流量取入管网总流量的一半,可最大限度地满足供水可靠性和流量均匀分配的要求。

2. 经济管径的确定

由于管道输水系统的设计流量只有一个固定值,所以整个管网也仅有一个管径值。为此,低压管网管径的确定实质上是单管管径的确定,它有别于给水管网管径的计算,即根据设计流量确定的管径就是整个管网的管径。

由水力学公式推导出管网管径的基本计算公式如下:

$$d = \sqrt{\frac{4Q}{\pi v}} = 1.13\sqrt{\frac{Q}{v}} \tag{5-6}$$

式中 d——管道直径,m;

Q——管道内通过的设计流量,m^3/s;

v——管道内水的流速,m/s。

对于管道内水的流速,一般在设计时取平均经济流速,即管径为100~400 mm时,v=0.6~0.9 m/s。为了防止管道中产生水锤破坏管网,在技术上限制管道内最大流速在2.5~3.0 m/s;为了避免在管道内沉积杂物,最小流速不得低于0.5 m/s。

3. 沿程水头损失计算

确定管网中的水头损失也是设计管网的主要任务。知道了管道的设计流量和经济管径,便可以计算水头损失。常用的计算公式有以下几类。

1)刚性管道水头损失计算

这种管材主要指混凝土管、水泥砂浆管、水泥石屑管、水泥炉渣管、水泥砂土管和水泥土管等。

刚性管材内表面比较粗糙，水流多呈紊流状态，沿程水头损失可用式(5-7)计算：

$$h_f = fL\frac{Q^m}{d^b} \tag{5-7}$$

式中 h_f——沿程水头损失，m；

Q——管道设计流量，m^3/h；

L——管道长度，m；

d——管道直径，mm；

f、m、b——系数和指数，参见项目三表3-12。

2)硬质塑料管水头损失计算

这种管材内壁光滑，粗糙度小，管内流速不宜大于2 m/s，多呈紊流状态。沿程水头损失系数λ与管内壁粗糙度无关，可用舍维列夫公式计算：

$$h_f = 0.000\,915\frac{Q^{1.774}L}{d^{4.774}} \tag{5-8}$$

3)移动软管沿程水头损失计算

地面移动软管多用高密(低密)度聚乙烯、维纶塑料、尼龙和胶布等材料，在输水过程中由于内水压力不断变化，使得过水断面也在变化，再加上软管出现起伏、折曲，这些都增大了管道内壁的粗糙度。有关软管沿程水头损失计算介绍如下。

(1)地面软管沿程水头损失计算可参考如下公式：

$$h_f = 0.442\times10^{-3}\frac{Q^{1.093}L}{d^{5.246}} \tag{5-9}$$

(2)对塑料软管，也可以考虑使用哈-威公式，美国在管道输水灌溉工程中使用较多。

$$h_f = 1.13\times10^9\frac{L}{d^{4.4874}}\left(\frac{Q}{C}\right)^{1.852} \tag{5-10}$$

式中 C——沿程摩擦阻力系数，对于PVC、PP、PE塑料管，$C=150$。

根据实测值分析，哈-威公式计算值偏小3%~10%，对地面软管则偏小20%，所以应用式(5-10)时，应将计算值适当加大3%~20%。

4.局部水头损失计算

在工程实践中，经常有根据水流沿程水头损失和局部水头损失在总水头损失中的分配情形，将有压管道分为长管与短管两种。前者沿程水头损失起主要作用，局部水头损失和流速水头可以忽略不计；后者局部水头损失和流速水头与沿程水头损失相比不能忽略。习惯上，将局部水头损失和流速水头损失占沿程水头损失5%以下的管道称为长管；反之，局部水头损失和流速水头损失占沿程水头损失5%以上的管道称为短管。一般的管道输水工程常取局部水头损失为沿程水头损失的5%~10%。

5.水泵扬程计算与水泵选择

1)确定管网水力计算控制点

管网水力计算控制点是指管网运行时所需最大扬程的出流点，即最不利灌水点。该点一般应选取离管网首端较远而地面高程较高的地点。在管网中，当这两个条件不可能同时具备时,应在符合以上条件的地点综合考虑,选出一个最不利灌水点为设计控制点。在轮灌方式中,不同轮灌组应选择各轮灌组的设计控制点。

2)确定管网水力计算线路

管网水力计算线路是自设计控制点到管网首端的一条管线。对于不同轮灌组,水力计算的线路长度和走向不同,应确定各轮灌组的水力计算线路,对于续灌方式则只需选择一条计算线路。

3)各管段水头损失计算

(1)给水栓工作水头。

在采用移动软管的系统中,一般采用管径为50~110 mm的软管,长度一般不超过100 m。给水栓工作水头计算如下:

$$H_g = h_{yf} + h_g + \Delta H_{gy} + (0.2 - 0.3) \tag{5-11}$$

式中 H_g——给水栓工作水头,m;

h_{yf}——移动软管沿程水头损失,m;

h_g——给水栓局部水头损失,m;

ΔH_{gy}——移动软管出口与给水栓出口高差,m。

当出水口直接配水入渠时,式(5-11)中 $h_{yf}=0$,$\Delta H_{gy}=0$。

(2)不同管段水头损失计算。

根据不同管材、管长和管径,计算各管段沿程水头损失和局部水头损失。不同轮灌组各管段水头损失应分别计算。控制线路各管段水头损失可采用表5-3格式进行。

表5-3 控制线路各管段水头损失计算表

管段	长度(m)	流量(m^3/h)	管径(mm)	h_f(m)	h_j(m)	h_w(m)
1~2						
2~3						
⋮						
$(n-1)$~n						
合计						

注:表中 h_f 为沿程水头损失;h_j 为局部水头损失;h_w 为总水头损失。

(3)控制线路各节点水头推算。

输水干管线路中,各节点水压是根据各管段水头损失和节点地面高程自下而上推算的,计算公式如下:

$$H_0 = H_2 + \sum h_i - H_1 \tag{5-12}$$

式中 H_0——上游节点自由水头,m;

H_2——下游节点高程,m;

H_1——上游节点高程,m;

$\sum h_i$——上、下游节点间总水头损失,m。

管网各节点及沿线不得出现负压,节点自由水头应满足支管配水要求,且不得大于管材的允许工作压力。管网入口节点的水压确定后,可根据净扬程计算水泵所需总扬程,以便选择适宜的机泵。

(4)管网入口设计压力计算。

管网入口是指管网系统干管进口,管网入口设计可按式(5-13)计算,在采用潜水泵或深井泵的井灌区,管网入口在机井出口处;采用离心泵的井灌区,管网入口在水泵出口处。

$$H_{in} = \sum h_f + \sum h_j + \Delta Z + h_g \tag{5-13}$$

式中　H_{in}——管网入口设计压力,m;

$\sum h_f$——计算管线沿程水头损失之和,m;

$\sum h_j$——计算管线局部水头损失之和,m;

ΔZ——设计控制点与管网入口地面高程之差,m,逆坡取正值,顺坡取负值;

h_g——给水栓工作水头。

(5)水泵扬程计算。

对于使用潜水泵和深井泵的井灌区,水泵扬程按下式计算:

$$H_p = H_{in} + H_m + h_p \tag{5-14}$$

式中　H_p——水泵扬程,m;

H_m——机井动水位与井台高差,m;

h_p——机井井台至动水位以下 3~5 m 的总水头损失,m;

H_{in}——管网入口设计压力,m。

对于使用离心泵的灌区,则采用下式计算:

$$H_p = H_{in} + H_s + h_p \tag{5-15}$$

式中　H_s——水泵吸程,m;

h_p——吸水管路水头损失之和,m。

(6)水泵选型。

根据以上确定的水泵扬程和系统设计流量选取水泵,并校核水泵工况点,使水泵在高效区运行。当控制面积大且各轮灌组流量与扬程差别很大时,可采用变频调节,几台水泵并联或串联,以节省运行费用。

任务四　管道输水灌溉工程规划设计示例

模块一　基本资料和设计依据

(一)自然概况

某自然村位于山前平原,有 835 户共 3 760 人,耕地 238.86 hm^2,以井灌为主。近年来,随着工农业用水量的不断增加,地下水位逐年下降,灌溉用水日益紧张。为节约用水,保证增产,根据当地条件和群众要求,兴建低压管道输水灌溉试区。

试区共有机井11眼,单井涌水量为48~125 m³/h。农作物以小麦、玉米为主,辅以林果和蔬菜。土壤质地为中壤土,干密度 $\gamma_d=1.47\ g/cm^3$,田间持水率 $\beta=22.5\%$(占干土重百分比),土壤最大冻深为0.5 m,日最大蒸发量为5.5 mm,多年平均年降水量357 mm,当保证率为80%时,年降水量为560 mm。据分析,小麦全生育期需水量357 mm,合计3 570 m³/hm²;生育期内降雨120.75 mm,合1 207.5 m³/hm²,尚缺2 362.5 m³/hm²,因此需补充灌溉。

(二)设计依据

《节水灌溉工程技术规范》(GB/T 50363—2018)。

《管道输水灌溉工程技术规范》(GB/T 20203—2017)。

码5-5 文档:节水灌溉工程技术规范

模块二 灌溉制度的确定

(一)设计灌水定额

试区种植作物为一年两季,小麦是需水量大的作物;玉米生长期正逢雨季,适时灌水即可满足需水要求;蔬菜灌水次数多,但定额小。因此,设计时以小麦需水量最高的灌浆期确定灌水定额。取 $H=60$ cm,$\beta_1=95\%$,$\beta_2=65\%$,则设计净灌水定额为

$$m=0.1\times1.47\times60\times22.5\times(95\%-65\%)=59.535(\text{mm})=595.35\ \text{m}^3/\text{hm}^2$$

根据小麦全生育期需补充的灌水大小和设计灌水定额,需灌水4次。按当地灌水经验,分为返青水、拔节水、抽穗水和灌浆水。玉米生育期一般灌溉2次即可。

(二)设计灌水周期

根据小麦需水规律,其需水高峰在灌浆期,此时 $E_p=5.5$ mm/d,则

$$T=m/E_p=59.535/5.5=10.82(\text{d})$$

取 $T=10$ d。

模块三 设计灌水流量的计算

设计灌水流量计算公式为 $Q=\dfrac{mA}{\eta Tt}$,取 $t=13$ h,$\eta=0.95\times0.85\approx0.81$,计算结果见表5-4。

表5-4 设计流量计算结果

分区	机井编号	井出水量(m³/h)	A(hm²)	T(d)	t(h)	Q(m³/h)	流量取值(m³/h)
一	1	74	25.2	10	13	142.5	74
	2	48.8	10	10	13	56.6	48.8
二	3	68.3	15.7	10	13	88.8	68.3
	5	125	27.7	10	13	156.6	125
三	7	72	23.7	10	13	134	72
四	10	75.4	18.9	10	13	106.9	75.4

计算结果表明,设计流量大于单井出水量,故采用单井出水量为设计流量。

模块四 管道系统的规划布置

按照村队地片分区管理,适当考虑双井汇流、远距离送水并能独立使用的原则,根据当地的地形、种植条件进行管网布置。试区管网工程量统计情况见表 5-5,其半固定式管道灌溉工程平面布置情况见图 5-37。

表 5-5 试区管网工程量统计情况

分区	机井编号	井出水量 (m^3/h)	控制面积 (hm^2)	干管		支管		出水口		控水箱 (个)
				条数	长度 (m)	条数	长度 (m)	个数	间距 (m)	
一	1	74	25. 2	1	790	12	1 600	52	35~40	3
	2	48. 8	10. 0							3
二	3	68. 3	15. 7	1	172	3	300	8	50~70	6
	5	125. 0	27. 7	2	1 050	4	1 436	16		0
三	7	72	23. 7	1	813	5	489	13	35~40	3
四	10	75. 4	18. 9	1	420	7	670	14	40~50	0
合计	6	—	121. 2	6	3 245	31	4 495	103	—	15

模块五 管材及管径的选定

由于当地劳动力紧张,人力成本较高,故施工量不宜过大;试区地形较复杂,水泵扬程较高,压力波动大,要求管材耐压能力较强,所以大部分管材选用聚氯乙烯管(PVC 硬管),小部分地形平缓的地段选用混凝土管材。

确定管材后,以管材的投资与运行管理费之和最小为目标函数确定管道经济管径。其中克服 100 m 管道损失所需年运行管理费为

$$F=\frac{9.8ETQh_f}{1\,000\eta}$$

式中 F——克服 100 m 管道损失所需年运行管理费,元;

Q——管道流量,L/s;

h_f——100 m 沿程水头损失,m;

T——年运行时间,h,按一次灌水持续 10 d,年灌水 6 次,共计 780 h;

E——电价,以 0. 12 元/(kW · h)计;

其他符号意义同前。

参照当地塑料厂家生产的管材情况,计算管材投资与运行管理费之和,并通过比较选择适宜的管径,见表 5-6。

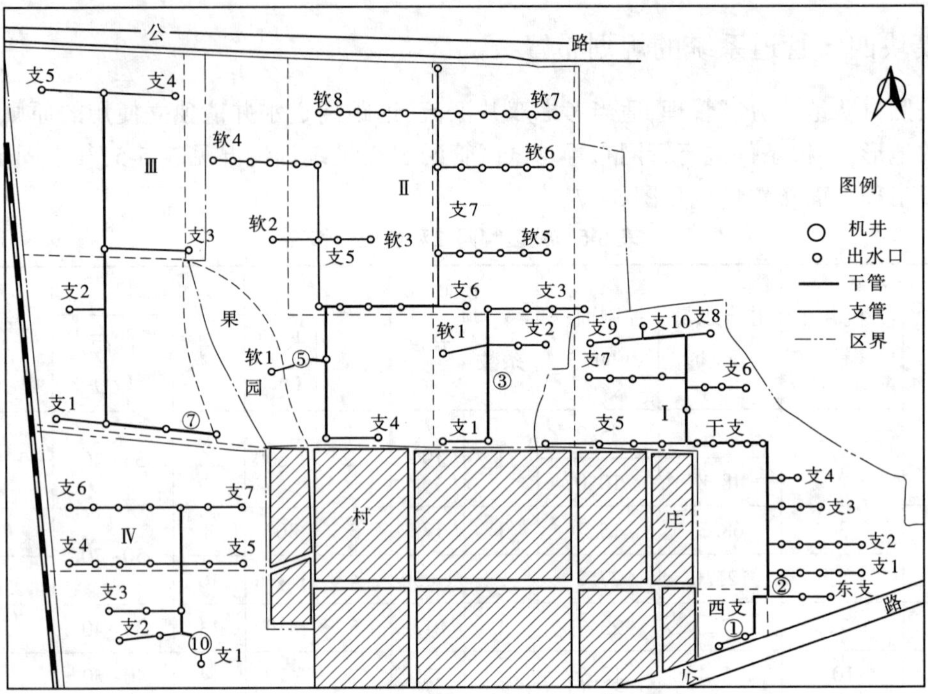

图 5-37　某村半固定式管道灌溉工程平面布置情况

表 5-6　各井配套管路管材、管径选择情况

井号	管材	管壁厚(mm)	管径(mm)		正常工作压力(MPa)	爆破压力(MPa)	说明
			干管	支管			
1、2	PVC	5.0	160	110	0.045	1.0~1.2	塑料厂生产
3	PVC	2.5	120	110	0.050	≥0.8	塑料厂生产
5	PVC	2.5	120	120	0.055	≥0.8	塑料厂生产
7	混凝土	50.0	250	250	0.020	0.25~0.4	现浇
10	PVC	2.5	120	120	0.035	≥0.8	塑料厂生产

模块六　管道水力计算

管网沿程水头损失与局部水头损失计算方法详见本项目任务三,管网水头损失计算结果见表 5-7。

表 5-7　管网水头损失计算结果

井号	干管				支管				沿程水头损失之和 $\sum h_f$(m)	局部水头损失之和 $\sum h_j$(m)
	管径(mm)	流量(m^3/h)	管长(m)	水头损失(m)	管径(mm)	流量(m^3/h)	管长(m)	水头损失(m)		
1	100	74.0	140	5.60	—	—	—	—	—	—
	150	123.0	140	1.95	100	37.0	230	3.01	5.60+1.95+2.57+3.01=13.13	1.70
2	150	48.8	390	2.57	—	—	—	—	2.57+3.01=5.58	1.36
3	115	68.3	130	2.73	115	68.4	160	3.36	2.73+3.36=6.09	1.23
5	2×115	125.0	530	5.51	115	62.0	50	0.90	5.51+0.90=6.41	1.61
7	250	72.0	813	0.80	250	72.0	78	0.10	0.80+0.10=0.90	1.88
10	115	75.4	150	4.60	115	37.7	150	1.20	4.60+1.20=5.80	1.89

模块七　设计扬程计算与水泵选型

水泵设计扬程由管路系统的水头损失、机井动水位、至试区内供水最高点的高差等确定。计算公式如下，计算结果见表 5-8。

$$H_{扬} = H_m + \sum h_f + \sum h_j + h_g + \Delta Z + h_p$$

表 5-8　水泵的设计扬程计算结果　（单位：m）

井号	H_m+h_p	$\sum h_f$	$\sum h_j$	ΔZ	h_g	$H_{扬}$
1	50.63	13.13	1.70	−5.60	0.1	59.96
2	50.16	5.58	1.36	−4.30	0.1	52.90
3	35.30	6.09	1.23	−2.10	0.1	40.62
5	35.50	6.41	1.61	−1.98	0.1	41.64
7	45.56	0.90	1.88	−2.12	0.1	46.32
10	47.60	5.80	1.89	−1.31	0.1	54.08

按照设计流量、设计扬程进行水泵选型。6 眼机井选配水泵型号及性能情况见表 5-9。经水泵工况校核，各井管道运行时水泵均处在高效区工作。

表 5-9　6眼机井选配水泵型号及性能情况

井号	泵型号	额定流量(m^3/h)	额定扬程(m)	转速(r/min)	水泵效率(%)	电机功率(kW)	水泵外径(mm)
1	200QJ80-55	80	55	2 850	73	22	184
2	丰产 480	56	64	2 900	68	22	150
3	200QJ80-44	80	44	2 850	73	13	184
5	10JD140×12	140	60	1 460	72	40	220
7	8JD80×15	80	60	1 460	70	22	185
10	200QJ80-50	80	50	2 850	73	18.5	184

模块八　管道输水灌溉工程预算编制

工程投资预算(主要设备、材料投资预算,管灌工程预算)可按表 5-10 和表 5-11 的格式进行分项计算。

表 5-10　主要设备、材料投资预算

设备、材料名称	单位	规格型号	数量	单价(元)	合价(元)	备注

表 5-11　管灌工程预算

序号	项目	金额(元)	所占比例(%)	备注
1	设备、材料			
2	土建			
3	不可预见费			
合计				

任务五　管道输水灌溉工程施工与运行管理

模块一　管道输水灌溉工程施工

管道输水灌溉工程施工组织与准备工作以及水源工程施工、泵站施工、金属管材和塑料管道和附属设备的安装等可参照喷灌工程施工,这里仅介绍水泥管材的安装。

用于管道输水灌溉工程的水泥制品管主要有自应力钢筋混凝土管、预应力钢筋混凝土管以及钢丝网水泥管等。

对于承受压力较大的钢筋混凝土管可采取承插式连接,连接方式有两种:一种可用橡胶圈密封做成柔性连接;一种用石棉水泥和油麻填塞接口。后一种接口施工方法同铸铁管安装。钢筋混凝土管柔性连接应符合下列要求:

(1)承口向上游,插口向下游。

(2)套胶圈前,承插口应刷干净,胶圈上不得粘有杂物,套在插口上的胶圈不得扭曲、偏斜。

(3)插口应均匀进入承口,回弹就位后,仍应保证插入后对口间隙为10~17 mm。

(4)在沟槽土壤或地下水对胶圈有腐蚀性的地段,管道覆土前应将接口封闭。

(5)水泥制品管配用的金属管件应进行防锈防腐处理。

对承受压力较小的混凝土管应按下列方法连接:

(1)平口(包括楔口)式接头宜采用纱布包裹水泥砂浆法连接,要求砂浆饱满,纱布和砂浆结合严密。严禁管道内残留砂浆。

(2)承插式接头,承口内应抹水泥砂浆,插管后再用水泥砂浆抹封口。接管时应固定管身。

(3)预制管连接后,接头部位应立即覆盖湿土。

模块二　管道输水灌溉系统运行与维修

管道输水灌溉系统水泵及动力设备运行维护参照喷灌系统,本模块仅介绍管道运行与维护。

(一)防止水击的运行措施

在开机时,严禁先开机后开出水口。首先应该打开排气阀和计划放水的出水口,必要时再打开管道上其他出水口排气,然后开机供水充水。当管道充满水后,缓慢地关闭作为排气用的其他出水口;管道为单孔出流运行时,当第一个出水口完成输水灌溉任务,需要改用第二个出水口时,应先缓慢打开第二个出水口,再缓慢关闭第一个出水口;管道运行时,严禁突然关闭出水口,以防止爆管和毁泵;管道停止运行时,应先停机后关出水口,同时借助进气阀、安全阀或逆止阀,防止产生水锤。

(二)灌水方式

按灌水计划的轮灌次序分组进行输水灌溉,不可随意打开各支管控制闸门,最好由近而远或由远而近逐块灌水。在第一个轮灌组结束之前,应将第二轮灌组控制阀门和出水口打开,然后再关闭第一组控制阀门和出水口。

(三)管道维修

管网运行时,若发现地面渗水,应在停机后待土壤变干时将渗水处挖开露出管道破损位置,按相应管材的维修方法进行维修。硬质PVC塑料管,材质硬脆,易老化。运行时注意接口和局部管段是否损坏漏水。若发现漏水应立即处理。一般接口处漏水,可用“4105或4755”专用黏接剂堵漏;若管道产生纵向裂缝漏水,需要更新管道。地埋塑料软管,一般在软管拆线处和“砂眼点”漏水。可用硬塑料管或软管予以更换,更换后充满水再回填土。具体维修方法是把土层开挖待有一工作面时,将有孔洞漏水的软管剪去,剩余在土中的两侧软管立即用手向上托起,以防两端管路水泄空,然后迅速用同管径的塑料硬管插入两端,插入硬管的长度为截断软管的长度加上两端插入长度10 cm。然后用涂有黄油的布裹缠,最后用铁丝捆扎牢固,放回原处,然后充满水复土回填或回填灰土。

(四)管件与附属设备的维修

(1)给水装置多为金属结构,要防止锈蚀,每年要涂防锈漆两次。对螺杆和丝扣,要经常涂黄油,防止锈固,便于开关。

(2)出水池起着防冲、分水和保护出水口作用。发现损坏应及时修复,在出水池外壁涂上红色、白色涂料,引人注目,防止损坏。

(3)保护装置如安全阀、进排气阀、逆止阀等,要经常检查维修,保证其安全、有效的运行。

能力训练

1. 什么是管道输水灌溉?
2. 管道输水灌溉工程由哪些部分组成?
3. 管道输水灌溉工程有哪些类型?
4. 管道输水灌溉工程规划布置应遵循哪些原则?
5. 管道输水灌溉工程中管网布置原则是什么?
6. 在管网设计中如何选配水泵动力机?
7. 管道输水灌溉用的管材有哪些?
8. 管道输水灌溉工程中的安全保护装置有哪些?
9. 如何确定管道灌溉工程的系统流量及管道流量?
10. 井灌区地下输水管网的水力计算。

1)基本情况

某井灌区主要以粮食生产为主,地下水丰富,多年来建成了以离心泵为主要提水设备、土渠输水的灌溉工程体系,为灌区粮食生产提供了可靠保证。由于近几年来的连续干旱,灌区地下水普遍下降,为发展节水灌溉,提高灌溉水利用系数,改离心泵为潜水泵提水,改土渠输水为低压管道输水。

井灌区内地势平坦,田、林、路布置规整(见图5-38),单井控制面积12.7 hm^2,地面以下1.0 m土层内为中壤土,平均重度14.8 kN/m^3,田间持水率为24%。

工程范围内有水源井一眼,位于灌区的中部。根据水质检验结果分析,该井水质符合《农田灌溉水质标准》(GB 5084—2021),可以作为该工程的灌溉水源,水源处有380 V三相电源。据多年抽水测试,该井出水量为55 m^3/h,井径为220 mm,采用钢板卷管护筒,井深20 m,静水位埋深7m,动水位埋深9 m,井口高程与地面齐平。

2)井灌区管灌系统的设计参数

(1)灌溉设计保证率:75%。

(2)管道系统水的利用率:95%。

(3)灌溉水利用系数:0.85。

(4)设计作物耗水强度:5 mm/d。

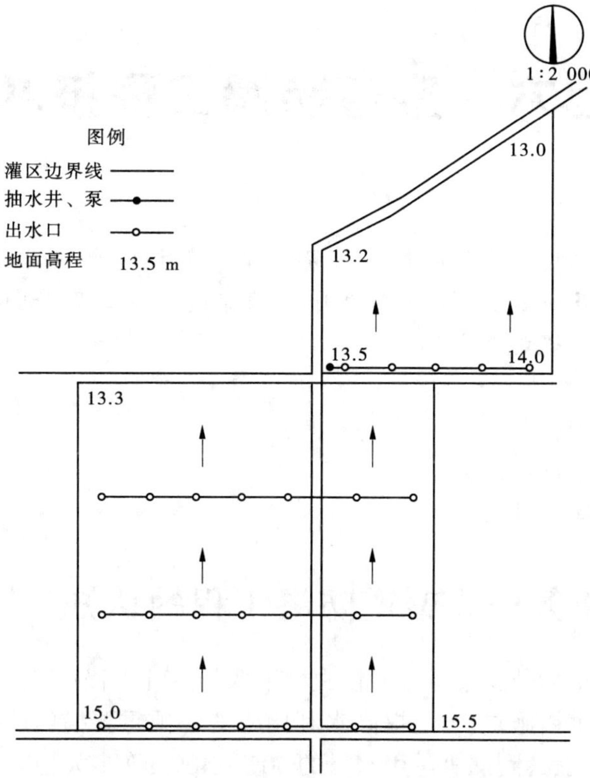

图 5-38　地下输水灌溉管网平面布置

(5)设计湿润层深:0.55 m。

要求:试根据以上资料进行低压管道系统设计,提交材料:项目设计说明书、低压管道系统平面布置图、首部枢纽连接示意图、材料报价清单。

项目六　渠道防渗工程技术

【目标】

通过对渠道防渗工程类型及特点的认知，了解各种防渗材料和防渗措施的特点，理解渠道防渗工程的适用条件及规划设计的基本原则，掌握渠道防渗工程规划设计方法，能够进行中小型渠道防渗工程的规划设计。

【任务】

1. 渠道防渗工程的认知；
2. 渠道防渗工程的规划设计；
3. 渠道防渗工程的防冻胀措施。

任务一　渠道防渗工程的认知

渠道防渗工程技术是指为减少渠道渗漏损失而采取的各种工程技术措施。它是建设节水农业所采取的重要技术措施之一，是提高水利用率的一项重要措施。未采取防渗措施的渠道，渗漏损失水量一般达到灌溉总用水量的30%~40%，许多大型渠道甚至在50%以上。我国北方大、中型灌区，渠系水利用系数最高的为0.55左右，低的仅为0.24~0.3。为了减少输水损失，进行防渗工程处理，既可减少渠道渗漏损失，提高渠系水利用系数，又可降低渠床糙率，增加流速，加大输水能力，防止渠道冲刷、淤积及坍塌。此外，渠床渗漏减少后将减少地下水位上升，防止土壤次生盐碱化，也能降低成本，提高灌溉效益。推进渠道防渗工程建设，是落实党的二十大报告提出的构建现代化基础设施体系，建设高标准农田的重要举措。渠道防渗不仅改善农业农村生态环境，也进一步推动了农业提质增效，是乡村振兴重要基础设施建设。

模块一　渠道防渗工程的类型及特点

码 6-1　微课：渠道防渗工程的类型及特点

(一)渠道防渗技术的种类及其适用条件

渠道防渗按材料分为土料、水泥土、石料、膜料、混凝土、沥青混凝土等；按防渗特点分为设置防渗层、改变渠床土壤渗漏性质等。其中前者多采用各种黏土类、灰土类、砌石、混凝土、沥青混凝土、塑膜防渗层等，后者多采用夯实土壤和利用含有黏粒土壤、淤填渠床土壤孔隙减少渠道渗漏损失等。各种防渗使用的主要原材料、适用条件、防渗效果、使用年限如表6-1所示。

(二)渠道防渗的作用

(1)提高了灌溉渠系水利用系数，节约了用水量，可扩大灌溉面积和增加灌溉亩次；

(2)充分发挥了现有工程设施的供水能力，节约了新建水源工程的资金；

(3)可减小渠道糙率,加大流速,从而减小了渠道断面及渠系建筑物工程量;

(4)减小了渠道占地面积;

(5)防止渠道冲刷坍塌,减少了渠道淤积及清淤工作量;

表 6-1　防渗结构的允许最大渗漏量及适用条件

<table>
<tr><th colspan="2">防渗衬砌
结构类别</th><th>主要
原材料</th><th>允许最大
渗漏量
[$m^3/(m^2 \cdot d)$]</th><th>使用年限
(年)</th><th>适用条件</th></tr>
<tr><td rowspan="2">石料</td><td>干砌卵石
(挂淤)</td><td rowspan="2">卵石、块石、料石、石板、水泥、砂等</td><td>0.20~0.40</td><td rowspan="2">25~40</td><td rowspan="2">抗冻、抗冲、抗磨和耐久性好,施工简便,但防渗效果一般不易保证。可用于石料来源丰富,有抗冻、抗冲、耐磨要求的渠道衬砌</td></tr>
<tr><td>浆砌块石、浆砌卵石、浆砌料石、浆砌石板</td><td>0.09~0.25</td></tr>
<tr><td>埋铺式膜料</td><td>土料保护层、刚性保护层</td><td>膜料、土料、砂、石、水泥等</td><td>0.04~0.08</td><td>20~30</td><td>防渗效果好,重量轻,运输量小,当采用土料保护层时,造价较低,但占地多,允许流速小。可用于中、小型渠道衬砌;采用刚性保护层时,造价较高,可用于各级渠道衬砌</td></tr>
<tr><td>沥青混凝土</td><td>现场浇筑、预制铺砌</td><td>沥青、砂、石、矿粉等</td><td>0.04~0.14</td><td>20~30</td><td>防渗效果好,适应地基变形能力较强,造价与混凝土防渗衬砌结构相近。可用于有冻害地区且沥青料来源有保证的各级渠道衬砌</td></tr>
<tr><td rowspan="3">混凝土</td><td>现场浇筑</td><td rowspan="3">砂、石、水泥、速凝剂等</td><td>0.04~0.14</td><td>30~50</td><td rowspan="3">防渗效果、抗冲性和耐久性好,可用于各类地区和各种运用条件下的各级渠道衬砌;喷射法施工宜用于岩基、风化岩基以及深挖方或高填方渠道衬砌</td></tr>
<tr><td>预制铺砌</td><td>0.06~0.17</td><td>20~30</td></tr>
<tr><td>喷射法施工</td><td>0.05~0.16</td><td>25~35</td></tr>
</table>

(6)渠水流速加快,缩短了灌溉输水时间,使灌溉更能适应农时的要求;

(7)防渗后避免了渠道杂草丛生,减少了维护管理费用;

(8)防止渠道两侧农田盐渍化,防止地下水污染。

模块二　防渗材料

按照《渠道防渗工程技术规范》(GB/T 50600—2010)要求,防渗材料应根据渠道的运行条件、地区气候特点等情况,并按因地制宜、就地取材的原则选择,应分别满足防渗、抗冻和强度等要求。

(一)水泥

选用的水泥应符合现行国家标准《通用硅酸盐水泥》(GB 175—2007)的有关规定,水泥强度等级应与混凝土设计强度等级相适应。有抗冻要求时,宜选用硅酸盐水泥或普通硅酸盐水泥;环境水对混凝土有硫酸盐侵蚀时,应选用抗硫酸盐水泥。

(二)砂料

砂料宜采用天然级配天然砂或人工砂。天然砂的细度模数宜为2.2~3.0,人工砂的细度模数宜为2.4~2.8,人工砂饱和面干含水量宜不超过6%。在缺乏中砂、粗砂地区,渠道流速小于3 m/s时,可采用细砂或特细砂。砂料中有活性骨料时,应进行专门试验论证。砂料的质量要求应符合表6-2的规定。

表6-2 砂料的质量要求

项目		混凝土用砂		沥青混凝土用砂	
		天然砂	人工砂	天然砂	人工砂
含泥量(%)	不小于 $C_{90}30$ 和有抗冻要求	≤3	—	≤2	≤2
	$<C_{90}30$	≤5			
泥块含量		不允许	不允许	不允许	不允许
石粉含量(%)		—	6~18	—	<5
坚固性(%)	有抗冻要求	≤8	≤8	≤10	≤10
	无抗冻要求	≤10	≤10	≤15	≤15
云母含量(%)		≤2	≤2	≤2	—
表观密度(kg/m^3)		≥2 500	≥2 500	≥2 500	≥2 500
轻物质含量(%)		≤1	—	≤1	—
硫化物及硫酸盐含量(%)(折算成 SO_3,按质量计)		≤1	≤1	—	—
有机质含量		浅于标准色	不允许	不允许	不允许
水稳定等级		—	—	>4级	>4级

(三)砂砾料

砂砾料作为膜料防渗保护层时,其级配宜符合图6-1的范围。砂砾料的最大粒径宜为75~150 mm。

(四)石料

石料应洁净、坚硬、无风化剥落和裂纹,并应根据不同防渗结构分别符合下列要求。

1.砌石防渗结构

(1)宜采用外形方正、表面凹凸不大于10 mm的料石;

(2)宜采用上下面平整,无尖角薄边,块重不小于20 kg的块石;

(3)长径不小于20 cm的卵石;

(4)宜采用矩形、表面平整、厚度不小于30 mm的石板等。

2.混凝土防渗结构或膜料防渗结构的混凝土保护层

应采用级配良好、抗压强度大于混凝土强度1.5倍的石料,并应符合表6-3的规定。

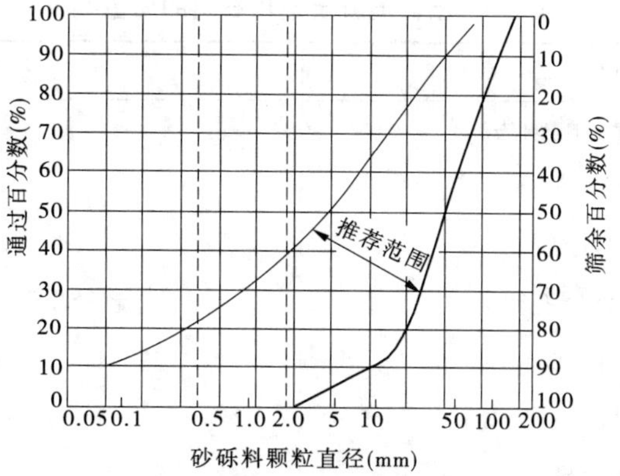

图 6-1　砂砾料保护层的级配

石料的最大粒径不应超过混凝土板厚的 1/3～1/2、钢筋混凝土板厚的 1/4 和钢筋净间距的 2/3。

表 6-3　混凝土选用石料的质量要求

项目		指标	说明
含泥量(%)	D_{20}、D_{40} 粒径级	≤1	—
	D_{80}、D_{150}(D_{120})粒径级	≤0.5	
坚固性(%)		≤5	有抗冻要求的混凝土
		≤12	无抗冻要求的混凝土
泥块含量		不允许	—
硫酸盐及硫化物含量(%)		≤0.5	折算成 SO_3,按质量计
有机质含量		浅于标准色	如深于标准色,应进行混凝土强度对比试验,抗压强度比不应低于 0.95
表现密度(kg/m^3)		≥2 550	—
吸水率(%)		≤2.5	—
针片状颗粒含量(%)		≤15	碎石经试验论证,可以放宽到 25%
各级骨料的超逊径含量(%)		超径小于 5;逊径小于 10	用圆孔筛检验

3. 沥青混凝土防渗结构

沥青混凝土防渗宜采用碱性碎石,并应符合表 6-4 的规定。碎石的最大粒径不应超过压实后沥青混凝土铺筑厚的 1/3,且不应大于 25 mm。当采用酸性碎石时,应做改性处理,应符合表 6-4 的规定。

(五)混凝土和砂浆掺加的外加剂

混凝土和砂浆掺加的外加剂品质应符合现行行业标准《水工混凝土外加剂技术规程》(DL/T 5100—2014)的有关规定。

表 6-4 沥青混凝土选用石料的质量要求

项目	技术指标
坚固性(%)(硫酸钠法)	<12.0
吸水率(%)	≤3.0
表观密度(kg/m^3)	≥2 500
超、逊径(%)(圆孔筛)	超径小于5;逊径小于10
针片状颗粒(%)	≤10
含泥量(%)	≤0.5
有机质含量	不允许
与沥青的黏附性	>4 级

(六)拌和及养护用水

拌和及养护用水应符合现行行业标准《水工混凝土施工规范》(DL/T 5144—2015)的有关规定。

(七)矿粉

沥青混凝土或填缝材料所用的矿粉,应采用碱性岩石加工的粉状材料,也可采用硅酸盐水泥或滑石粉等。矿粉的质量应符合表 6-5 的规定。

表 6-5 矿粉的质量要求

项目	细度[在下列孔径(mm)下通过的百分数(%)]			含水量(%)	亲水系数	泥土及有机质含量
	0.600	0.150	0.074			
技术指标	100	>90	>70	<0.5	≤1.0	不允许

(八)粉煤灰

粉煤灰宜用作混凝土掺和料或填缝材料所用的填料。粉煤灰的质量应符合表 6-6 的规定。

表 6-6 粉煤灰的质量要求

项目		45 μm 方孔筛筛余量(%)	烧失量(%)	含水量(%)	三氧化硫含量(%)	需水量比(%)
技术指标	Ⅰ级	≤12	≤5	≤1.0	≤3.0	≤95
	Ⅱ级	≤20	≤8	≤1.0	≤3.0	≤105

(九)沥青

沥青混凝土可采用 70 号或 90 号道路石油沥青,石油沥青应符合现行行业标准《公路沥青路面施工技术规范》(JTG F40—2004)的有关规定。

(十)其他材料

渠道防渗采用的聚乙烯、聚氯乙烯及其改性塑膜质量应符合表6-7的规定。采用的沥青玻璃纤维布油毡应厚度均匀,无漏涂、划痕、折裂、气泡及针孔,在气温0~40 ℃下易于展开,质量应符合表6-8的规定。采用钠基膨润土防水毯,应表面平整,厚度均匀,钠基膨润土粒径为0.2~2 mm颗粒质量应至少占膨润土总质量的80%,钠基膨润土防水毯质量应符合表6-9的规定。采用复合土工膜和高分子防水卷材应符合现行国家标准《土工合成材料应用技术规范》(GB/T 50290—2014)的有关规定。

表6-7　塑膜的质量要求

项目	聚乙烯	聚氯乙烯
密度(kg/m^3)	≥900	1 250~1 350
断裂拉伸强度(MPa)	≥12	纵不小于15,横不小于13
断裂伸长率(%)	≥300	纵不小于220,横不小于200
撕裂强度(kN/m)	≥40	≥40
渗透系数(cm/s)	$<10^{-11}$	$<10^{-11}$
低温弯折性	-35 ℃无裂纹	-20 ℃无裂纹
-70 ℃低温冲击脆化性能	通过	—

表6-8　沥青玻璃纤维布油毡的质量要求

项目	技术指标
单位面积涂盖材料质量(g/m^2)	≥500
不透水性(动水压法,保持15 min)(MPa)	≥0.3
吸水性(24 h,18 ℃)($g/100\ cm^3$)	≤0.1
耐热度(80 ℃,加热5 h)	涂盖无滑动,不起泡
抗剥离性(剥离面积)	≤2/3
柔度(0 ℃下,绕直径20 mm圆棒)	无裂纹
拉力(18 ℃±2 ℃下的纵向拉力)(kg/2.5 cm)	≥54

模块三　砌石防渗

砌石防渗有着悠久历史,也是古老的渠道防渗形式,具有防止渗漏、加固渠堤、稳定渠形、防塌防冲等作用。

砌石防渗按结构形式划分,有护面式和挡土墙式两种;按材料和砌筑方法划分,有干砌卵石、干砌块石、浆砌卵石、浆砌块石、浆砌料石、浆砌片石等多种。

表6-9 钠基膨润土防水毯的质量要求

项目		技术指标		
		GCL-NP	GCL-OF	GCL-AH
单位面积质量(g/m^2)	天然钠基	≥3 800	≥3 800	≥3 800
	人工钠化	≥4 800	≥4 800	≥4 800
膨润土膨胀指数(mL/2 g)		≥24	≥24	≥24
吸蓝量(g/100 g)		≥30	≥30	≥30
拉伸强度(N/100 mm)		≥600	≥700	≥600
最大负荷下伸长率(%)		≥10	≥10	≥8
剥离强度(N/100 mm)	非织造布与编织布	≥40	≥40	—
	PE膜与非织造布	—	≥30	—
渗透系数(mm/s)		$\leq 5.0\times10^{-11}$	$\leq 5.0\times10^{-11}$	$\leq 1.0\times10^{-12}$
耐静水压		0.4 MPa,1 h,无渗漏	0.5 MPa,1 h,无渗漏	0.6 MPa,1 h,无渗漏
滤失量(mL)		≤18	≤18	≤18
膨润土耐久性(mL/2 g)		≥20	≥20	≥20

注:GCL-NP为针刺法钠基膨润土防水毯,GCL-OF为针刺覆膜法钠基膨润土防水毯,GCL-AH为胶黏法钠基膨润土防水毯。

(一)砌石防渗的优点

1.防渗效果较好

砌石防渗的防渗效果与砌筑质量和勾缝质量密切相关,还与砂浆强度等级有关。当有质量保证时,浆砌石一般可减少渗漏损失的80%左右。

2.抗冲流速大,耐磨能力强

浆砌石的抗冲流速一般为3.0~6.0 m/s,故在一定设计流量下,可以通过减小过水断面,以及砌成较陡边坡,从而节约土地和降低工程投资。

3.抗冻防冻害能力强

天然石料本身比较密实,抗温度变形能力较强。砌石防渗的衬砌厚度较厚,砌体后的冻土层相对较薄,冻害变形减小,因此防冻害能力增强。

4.施工技术简单易行,能因地制宜,就地取材

砌石防渗施工技术简单易行,不需复杂机械设备,便于群众掌握。在石料丰富的地区,可以就地取材,降低造价。

5. 具有较强的固渠、护面作用

浆砌石防渗由于自身自重大、稳定性好,做成挡土墙式,具有较强的固定和稳定渠道作用。在土渠做护面,可防冲,抗磨蚀。

(二)砌石防渗的缺点

1. 砌石防渗难以机械化施工

砌石防渗难以机械化施工,用工多,劳动强度大,建设慢,而且施工质量较难控制。

2. 造价高

砌石防渗的厚度大,用工多,因而造价高。在石料丰富地区采用砌石防渗,必须确保防渗效果好,耐久性强,通过技术经济论证后确定。

模块四 混凝土防渗

混凝土防渗就是用混凝土预制或现浇衬砌渠道,减少或防止渗漏损失的渠道防渗技术措施。

(一)混凝土防渗的优点

1. 防渗效果好

一般能减少渗漏损失 90%~95%。根据全国统计资料,我国一般实测单位面积渗漏量为 100 L/(m^2 · d),最好的达到 10 L/(m^2 · d)。

2. 经久耐用

只要设计施工和养护得好,在正常情况下,可使用 50 年以上。

3. 糙率小,流量大

一般糙率 n 值为 0.012~0.018,允许流速 v 值为 3~5 m/s,混凝土本身的耐冲流速可达 10~40 m/s。由于 n 值小、v 值大,可加大渠道坡降,缩小断面,节省占地和缩小渠系建筑物尺寸,并大大降低了造价。

4. 强度高,渠床稳定

混凝土衬砌的抗压、抗冻和抗冲等强度都较高。能防止土中植物穿透,对外力、冻融、冲击都有较强的抵抗作用,同时渠床也就保持了稳定状态。

5. 适应范围广泛

混凝土具有良好的模塑性,可根据当地气候条件、工程的不同要求制成不同形状、不同结构形式、不同原材料、不同配合比、不同生产工艺的各种性能的混凝土衬砌。

6. 管理养护方便

因渠道流速大、淤积较少、强度较高,以及渠床稳定、杂草少,不易损坏等,故便于管理养护和节省管理费用。

(二)混凝土防渗的缺点

混凝土衬砌板适应变形能力差,在缺乏砂、石料和交通不便的地区造价较高。

近年来,LEAC 双组分丙烯酸聚合物水泥在渠道防渗中应用越来越广泛,通过将该材料涂刷在渠坡迎水面的衬砌表面上,在渠坡外侧形成 防水层,既能保护原混凝土衬砌不受侵蚀介质的作用,又达到了代替原先防渗膜实现消除渠基渗漏的目的。该材料施工完成后无搭接缝,可根据各类建筑造型、细部结构的几何形状成膜,整体性好;耐水性好,防水涂膜可长期在水中裸露浸泡使用;弹性好,抵抗基体开裂能力强等特点。

模块五 膜料防渗

膜料防渗就是用不透水的土工膜来减少或防止渠道渗漏损失的技术措施。土工膜是一种薄型、连续、柔软的防渗材料。

(一)膜料防渗的优点

1. 防渗性能好

只要设计正确,施工精心,就能达到最佳防渗效果。实践证明,膜料防渗渠道一般可减少渗漏损失90%~95%。特别是在地面纵坡缓、土的含盐量大、冻胀严重而又缺乏砂石料源的地区,应当推广。

2. 适应变形能力强,防冻胀性好

由于土工膜具有良好的柔性、延伸性和较强的抗拉能力,所以适用于各种不同形状的断面渠道,特别能适应冻胀变形。

3. 质轻、用量少、材料运输量小

土工膜具有薄、单位重量轻等特点,膜料衬砌面积大,用量少,运输量小。因此,对于交通不便、当地缺乏其他建筑材料的地区具有明显经济意义。

4. 施工工艺简便,工期短,便于推广

膜料防渗施工主要是挖填土方、铺膜和膜料接缝处理等,不需复杂技术,方法简便易行,可大大缩短工期。

5. 耐腐蚀性强

土工膜具有较好的抵抗细菌侵害和化学作用的性能,不受酸碱和土壤微生物的侵蚀,耐腐蚀性强,因此特别适用于有侵蚀性水文地质条件及盐碱化地区的渠道或排污渠道的防渗工程。

6. 工程造价低,投资省

由于膜料防渗有上述优点,所以造价低、投资省。据经济分析,每平方米塑膜防渗的造价为混凝土防渗的1/10~1/5,为浆砌卵石防渗的1/10~1/4,一层塑膜的造价仅相当于1 cm厚混凝土板造价。

(二)膜料防渗的缺点

膜料防渗的缺点是抗穿刺能力差、与土的摩擦系数小、易老化等。随着现代塑料工业的发展,膜料防渗将会越来越显示出其优越性和经济性。膜料防渗将是今后渠道防渗工程发展的方向,其推广和使用范围将会越来越广。

(三)膜料防渗的适用范围

由于膜料防渗具有许多突出优点,它既适用于大、中型渠道,也适用于小型渠道,尤其对于远离砂石料源和交通不便的灌区,既能节约能源,又能解决运输紧张困难,具有显著的优越性和经济效益。

模块六 沥青混凝土防渗

沥青混凝土是以沥青为胶黏剂,与矿粉、矿物骨料经加热、拌和、压实而成的具有一定强度的防渗材料。

（一）沥青混凝土防渗的优点

1. 防水性能好，防渗效果好

沥青混凝土防渗一般可以减少渗漏损失90%～95%。

2. 具有适当的柔性和黏附性

沥青混凝土防渗工程如果出现裂缝，有自愈能力。

3. 适应变形能力强

特别是在低温下，它能适应渠基土的冻胀变形而不裂缝，因而防冻害能力强，对北方地区的渠道防渗工程有明显意义，且裂缝率为水泥混凝土防渗的1/17。

4. 耐久性好

老化不严重，故耐久性好，一般可使用30年。

5. 造价低

沥青混凝土防渗的造价仅为水泥混凝土防渗的70%。

6. 无毒无害，容易修补

沥青混凝土由石油沥青拌制而成，对裂缝处加热，然后用锤子击打，使裂缝弥合。

（二）沥青混凝土防渗的缺点

（1）料源不足。我国沥青的生产规模满足不了社会需求，且我国沥青多为含蜡沥青，满足不了水工沥青的要求，要掺配和改性处理，从而限制了沥青混凝土防渗的发展。

（2）施工工艺要求严格，且加热拌和等在高温下施工。

（3）存在植物穿透问题，在穿透性植物丛生地区，要对基土进行灭草处理。

任务二 渠道防渗工程规划设计

模块一 渠道防渗工程的规划设计原则

码6-2 微课：渠道防渗工程规划设计原则及设计参数

（1）渠道防渗工程规划设计应严格执行国家规定的基本建设程序，并与渠道其他工程项目同步进行；

（2）渠道防渗工程应贯彻因地制宜、就地取材的原则；

（3）渠道防渗工程设计应通过工程地质勘测，查清渠基床的工程地质和水文地质条件，并掌握渠道的基本情况，收集有关技术资料，通过论证，达到技术先进、经济合理、经久耐用、运用安全、管理方便的目的；

（4）渠道防渗工程建设应满足防渗设计要求，保证施工质量；

（5）渠道防渗工程宜采用先进技术进行渗漏、变形和冻胀等测验，取得工程运用成果；

（6）渠道防渗工程应加强管理，保证设计使用年限，提高效益。

模块二　防渗渠道断面形式

(一)防渗渠道断面形式的确定

防渗明渠可供选择的断面形式有梯形、弧形底梯形、弧形坡脚梯形、复合形、U形、矩形;无压防渗暗渠的断面形式可选用城门洞形、箱形、正反拱形和圆形(见图6-2)。

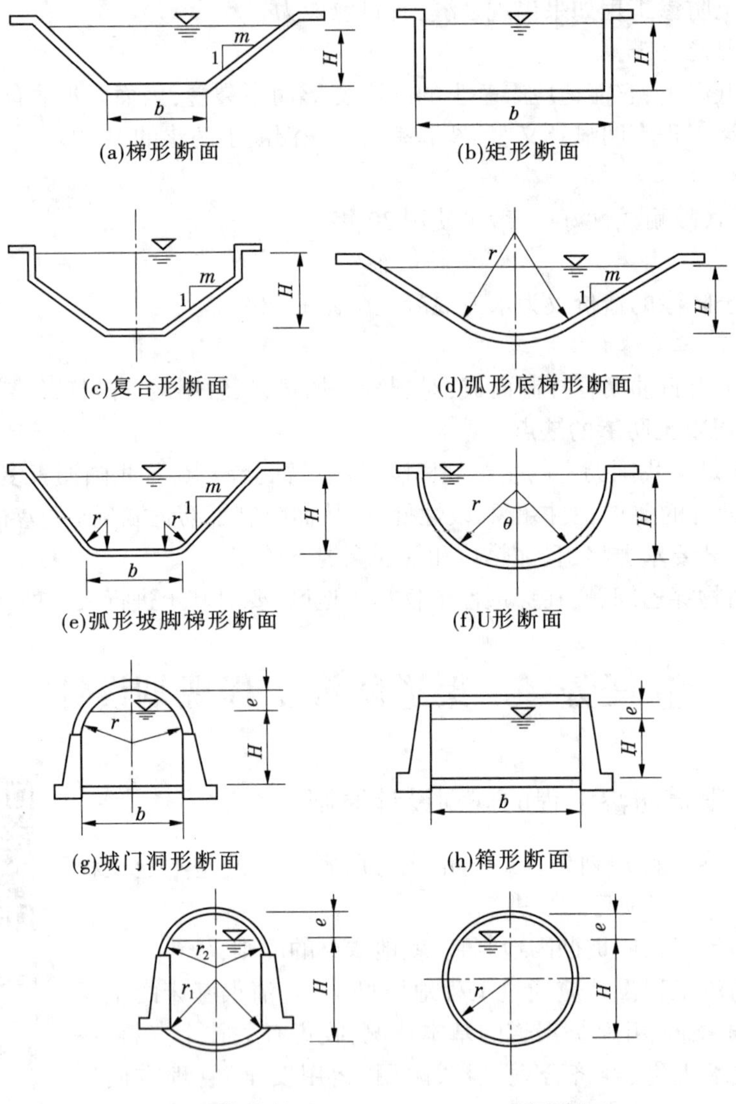

图6-2　防渗渠道断面形式

(二)不同防渗结构适用的断面形式

防渗渠道断面形式的选择应根据渠道级别或规模,并结合防渗结构的选择确定,不同防渗结构适用的断面形式按表6-10选定。寒冷地区,大、中型防渗渠道宜采用弧形坡脚梯形断面或弧形底梯形断面,小型渠道宜采用U形断面。

表 6-10 不同防渗结构适用的断面形式

防渗结构类别		明渠						暗渠			
		梯形	矩形	复合形	弧形底梯形	弧形坡脚梯形	U形	城门洞形	箱形	正反拱形	圆形
砌石	料石	√	√	√	√	√	√	√	√	√	√
	块石	√	√	√	√	√	√	√	√	√	√
	卵石	√		√	√	√	√	√		√	
	石板	√		√	√	√					
混凝土		√	√	√	√	√	√	√	√	√	√
沥青混凝土		√			√	√					
膜料	土料保护层	√			√	√					
	刚性保护层	√	√	√	√	√	√	√	√	√	√

注："√"表示适用。

模块三 防渗渠道设计参数的确定

(一)边坡

(1)水深小于或等于 3 m 的挖方渠道，最小边坡系数可按表 6-11 选用；填方渠道的渠堤填方高度小于或等于 3 m 的挖方渠道，最小边坡系数可按表 6-12 选用；堤高超过 3 m 或地质条件复杂的填方渠道，堤岸为高边坡的深挖方渠道，大型的黏性土、黏砂混合土防渗渠道，其最小边坡系数应通过边坡稳定计算确定。

表 6-11 挖方渠道最小边坡系数

土类	渠道水深(m)		
	<1	1~2	2~3
稍胶结的卵石	1.00	1.00	1.00
夹砂的卵石和砾石	1.25	1.50	1.50
黏土、重壤土、中壤土	1.00	1.00	1.25
轻壤土	1.25	1.25	1.50
砂壤土	1.50	1.50	1.75
砂土	1.75	2.00	2.25
风化的岩石	0.10~0.20	0.20	0.25
未化的岩石	0~0.05	0.05	0.10

表 6-12 填方渠道最小边坡系数

土类	渠道水深(m)					
	<1		1~2		2~3	
	内坡	外坡	内坡	外坡	内坡	外坡
黏土、重壤土	1.00	1.00	1.00	1.00	1.25	1.00
中填土	1.25	1.00	1.25	1.00	1.50	1.25
轻壤土、砂壤土	1.50	1.25	1.50	1.25	1.75	1.50
砂土	1.75	1.50	2.00	1.75	2.25	2.00

(2)土料保护层膜料防渗渠道的最小边坡系数可按表 6-13 选定;大、中型渠道的边坡系数宜按《渠道防渗工程技术规范》(GB/T 50600—2010)通过分析计算确定。

表 6-13 膜料防渗土料保护层的内坡坡比

保护层土料类别	渠道设计流量(m^3/s)			
	<2	2~5	5~20	>20
黏土、重壤土、中壤土	1:1.50	1:1.50~1:1.75	1:1.75~1:2.00	1:2.25
轻壤土	1:1.50	1:1.75~1:2.00	1:2.00~1:2.25	1:2.50
砂壤土	1:1.75	1:2.00~1:2.25	1:2.25~1:2.50	1:2.75

(二)糙率

(1)不同防渗结构渠道糙率可按表 6-14 选定。

(2)砂砾石保护层膜料防渗渠道的糙率可按式(6-1)计算确定:

$$n = 0.028d_{50}^{0.1667} \tag{6-1}$$

式中 n——砂砾石保护层的糙率;

d_{50}——通过砂砾石重 50%的筛孔直径,mm。

(3)渠道护面采用几种不同材料的综合糙率,当最大糙率与最小糙率的比值小于 1.5 时,可按湿周加权平均计算。

(4)有条件者,宜用类似条件下的实测值予以核定。

(三)允许不冲流速

防渗渠道的允许不冲流速可按表 6-15 选定。

表 6-14 不同防渗结构渠道糙率

防渗结构类别	防渗渠道表面特征	糙率
砌石	浆砌料石、石板	0.015 0~0.023 0
	浆砌块石	0.020 0~0.025 0
	干砌块石	0.030 0~0.033 0
	浆砌卵石	0.025 0~0.027 5
	干砌卵石,砌工良好	0.027 5~0.032 5
	干砌卵石,砌工一般	0.032 5~0.037 5
	干砌卵石,砌工粗糙	0.037 5~0.042 5
混凝土	抹光的水泥砂浆面	0.012 0~0.013 0
	金属模板浇筑,平整顺直,表面光滑	0.012 0~0.014 0
	刨光木模板浇筑,表面一般	0.015 0
	表面粗糙,缝口不齐	0.017 0
	修整及养护较差	0.018 0
	预制板砌筑	0.016 0~0.018 0
	预制渠槽	0.012 0~0.016 0
	平整的喷浆面	0.015 0~0.016 0
	不平整的喷浆面	0.017 0~0.018 0
	波状断面的喷浆面	0.018 0~0.025 0
沥青混凝土	机械现场浇筑,表面光滑	0.012 0~0.014 0
	机械现场浇筑,表面粗糙	0.015 0~0.017 0
	预制板砌筑	0.016 0~0.018 0
膜料	土料保护层	0.022 5~0.027 5

(四)伸缩缝、砌筑缝

(1)刚性材料渠道防渗结构应设置伸缩缝。伸缩缝的间距应依据渠基情况、防渗材料和施工方式按表 6-16 选用;伸缩缝的形式见图 6-3;伸缩缝的宽度应根据缝的间距、气温变幅、填料性能和施工要求等因素确定,一般采用 2~3 cm。伸缩缝宜采用黏结力强、变形性能大、耐老化、在当地最高气温下不流淌及最低气温下仍具柔性的弹塑性止水材料,如用焦油塑料胶泥填筑,或缝下部填焦油塑料胶泥、上部用沥青砂浆封盖,还可用制品型焦油塑料胶泥填筑。有特殊要求的伸缩缝宜采用高分子止水带或止水管等。

表 6-15 防渗渠道的允许不冲流速

防渗结构类别	防渗材料名称及施工情况	允许不冲流速(m/s)
砌石	浆砌料石	4.00~6.00
	浆砌块石	3.00~5.00
	浆砌卵石	3.00~5.00
	干砌卵石挂淤	2.50~4.00
	浆砌石板	<2.50
混凝土	现场浇筑施工	3.00~5.00
	预制铺砌施工	<2.50
沥青混凝土	现场浇筑施工	<3.00
	预制铺砌施工	<2.00
膜料(土料保护层)	砂壤土、轻壤土	<0.45
	中壤土	<0.60
	重壤土	<0.65
	黏土	<0.70
	砂砾料	<0.90

注:1. 表中膜料防渗土料保护层的允许不冲流速是水力半径 R 为 1 m 时的情况,当 R 不为 1 m 时,表中的数值应乘以 R^a。

2. 对于砂砾料、卵石、疏松的砂壤土和黏土,a 取 1/4~1/3,对于中等密实的砂壤土、壤土和黏土,a 取 1/5~1/4。

表 6-16 防渗渠道的伸缩缝间距 (单位:m)

防渗结构	防渗材料和施工方式	纵缝间距	横缝间距
砌石	浆砌石	只设置沉降缝	
混凝土	钢筋混凝土,现场浇筑	4~8	4~8
	混凝土,现场浇筑	3~5	3~5
	混凝土,预制铺砌	4~8	6~8

注:当渠道为软基或地基承载力明显变化时,浆砌石防渗结构宜设置沉降缝。

(2)混凝土预制板(槽)和浆砌石,应用水泥砂浆或水泥混合砂浆砌筑,水泥砂浆勾缝。混凝土U形槽也可用高分子止水管及其专用胶安砌,不需勾缝。浆砌石还可用细粒混凝土砌筑。砌筑砂浆和勾缝砂浆的强度等级可按表 6-17 选定;细粒混凝土强度等级不低于 C15,最大粒径不大于 10 mm,沥青混凝土预制板宜采用沥青砂浆或沥青玛琋脂砌筑。砌筑缝宜采用梯形缝、矩形缝或企口缝(见图 6-4),缝宽 1.5~2.5 cm。

(3)防渗渠道在边坡防渗结构顶部应设置水平封顶板,其宽度为 15~30 cm。当防渗结构下有砂砾石置换层时,封顶板宽度应大于防渗结构与置换层的水平向厚度 10 cm;当防渗结构高度小于渠深时,应将封顶板嵌入渠堤。

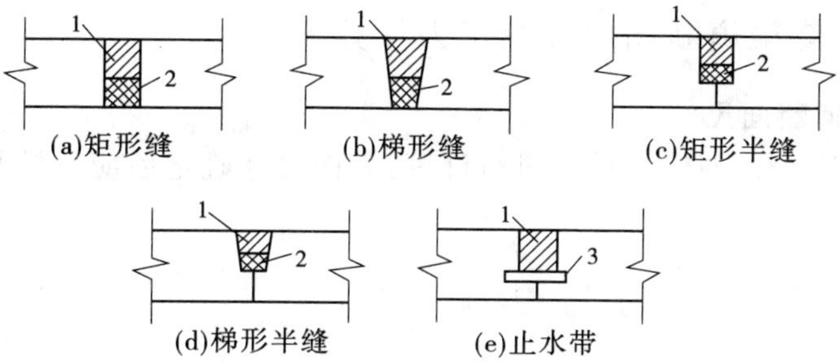

1—封盖材料;2—弹塑性胶泥;3—止水带

图 6-3　刚性材料防渗层伸缩缝形式

表 6-17　砌筑砂浆和勾缝砂浆的强度等级　　(单位:MPa)

防渗结构		砌筑砂浆		勾缝砂浆	
		温和地区	严寒和寒冷地区	温和地区	严寒和寒冷地区
混凝土预制板		7.5~10.0	10.0~20.0	10.0~15.0	15.0~20.0
砌石	料石	7.5~10.0	10.0~15.0	10.0~15.0	15.0~20.0
	块石	5.0~7.5	7.5~10.0	7.5~10.0	10.0~15.0
	卵石	5.0~7.5	7.5~10.0	7.5~10.0	10.0~15.0
	石板	7.5~10.0	10.0~15.0	10.0~15.0	15.0~20.0

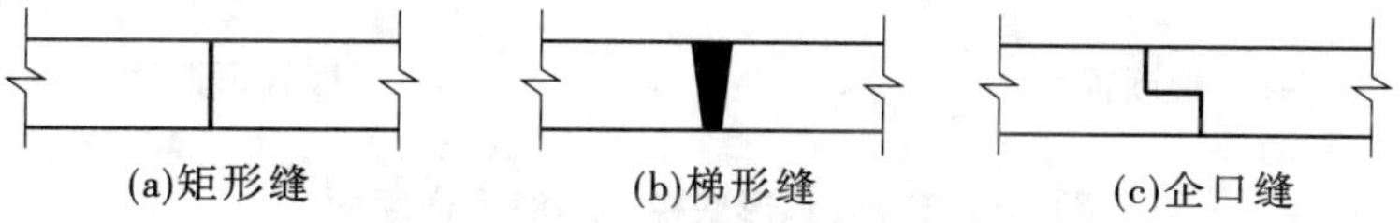

图 6-4　砌筑缝形式

(五)堤顶宽度

防渗渠道的堤顶宽度可按表 6-18 选用。渠堤兼作公路时,应按道路要求确定。对于 U 形和矩形渠道,公路边缘宜距渠口边缘 0.5~1.0 m,堤顶应做成向外倾斜 1/100~1/50 的斜坡。高边坡堤岸的防渗渠道,应设置纵向排水沟。

表 6-18　防渗渠道的堤顶宽度

渠道设计流量(m^3/s)	<2	2~5	5~20	>20
堤顶宽度(m)	0.5~1.0	1.0~2.0	2.0~2.5	2.5~4.0

模块四　防渗渠道断面尺寸及水力计算

(一)防渗渠道断面尺寸

防渗渠道断面尺寸应按式(6-2)进行计算,断面尺寸确定后应校核其平均流速,满足不冲不淤要求,即

$$Q = \omega \frac{1}{n} R^{2/3} i^{1/2} \tag{6-2}$$

式中　Q——渠道设计流量,m^3/s;

ω——过水断面面积,m^2;

n——渠道糙率;

R——渠道水力半径,m;

i——渠道比降。

(二)梯形防渗渠道断面

梯形防渗渠道水力最佳断面及实用经济断面的水力计算,应按现行国家标准《灌溉与排水工程设计标准》(GB 50288—2018)规定的方法进行。

(三)U形、弧形底梯形防渗渠道断面

U形、弧形底梯形防渗渠道断面见图6-5,其断面尺寸的计算应按下列方法进行:

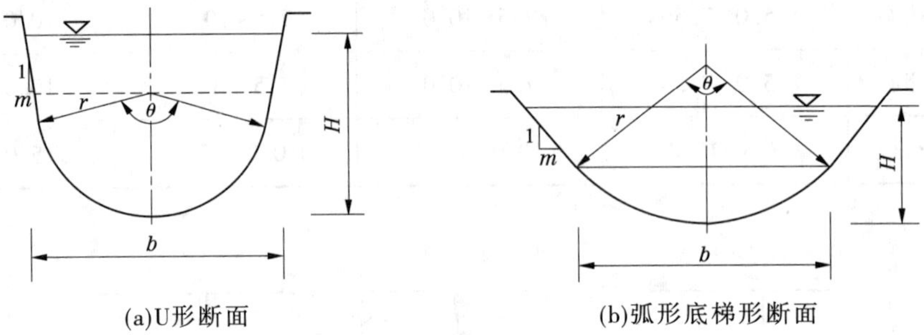

图6-5　U形、弧形底梯形防渗渠道断面

$$\omega = [\frac{\theta}{2} + 2m - 2\sqrt{1 + m^2}]K_r^2H^2 + 2(\sqrt{1 + m^2} - m)K_rH^2 + mH^2 \tag{6-3}$$

$$\chi = 2\left[\frac{\theta}{2} + m - \sqrt{1 + m^2}\right]K_rH + 2H\sqrt{1 + m^2} \tag{6-4}$$

$$K_r = r/H \tag{6-5}$$

$$b = 2r/\sqrt{1 + m^2} \tag{6-6}$$

式中　χ——湿周,m;

θ——渠底圆弧的圆心角,rad;

H——断面水深,m;

r——渠底圆弧半径,m;

b——弧形底的弦长，m；

m——渠道上部直线段的边坡系数。

（四）弧形坡脚梯形防渗渠道断面

弧形坡脚梯形防渗渠道断面见图6-6，其断面的宽深比参照梯形渠道的宽深比经过比较后确定。其断面尺寸的计算应按下列方法进行：

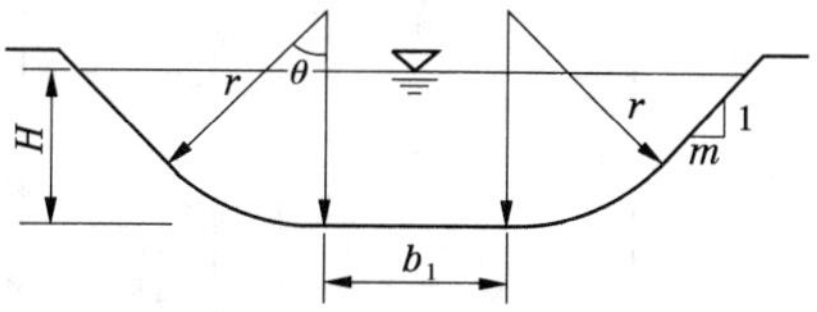

图6-6 弧形坡脚梯形防渗渠道断面

$$\omega = (\theta + 2m - 2\sqrt{1 + m^2})K_r^2H^2 + 2(\sqrt{1 + m^2} - m)K_rH^2 + b_1H \tag{6-7}$$

$$\chi = 2(\theta + m - \sqrt{1 + m^2})K_rH + 2H\sqrt{1 + m^2} + b_1 \tag{6-8}$$

$$K_r = r/H \tag{6-9}$$

$$B = 2m(H - r) + 2r\sqrt{1 + m^2} + b_1 \tag{6-10}$$

式中 θ——弧形坡脚的圆心角，rad；

b_1——渠底水平段宽，m；

B——水面宽，m；

其他符号意义同前。

（五）其他防渗渠道断面

暗渠防渗断面中的箱形、城门洞形、正反拱形（见图6-7），其宽深比应按施工要求通过经济比较选定，宜用窄深式。断面尺寸应按《渠道防渗工程技术规范》（GB/T 50600—2010）通过分析计算确定。

水面以上的净空高度 e_0 为

箱形可采用：
$$e_0 \geq \frac{1}{4}H_g \tag{6-11}$$

城门洞形及正反拱形可采用：
$$e_0 \geq \frac{1}{6}H_g \tag{6-12}$$

式中 H_g——暗渠断面总高度。

模块五 渠道防渗结构设计

渠道防渗结构设计的厚度宜按表6-19确定，渠道水流含推移质较多且粒径较大时，可按表6-19所列数值加厚10%～20%。

（一）砌石防渗

1. 砌石防渗结构设计

砌石防渗结构设计应符合下列规定：

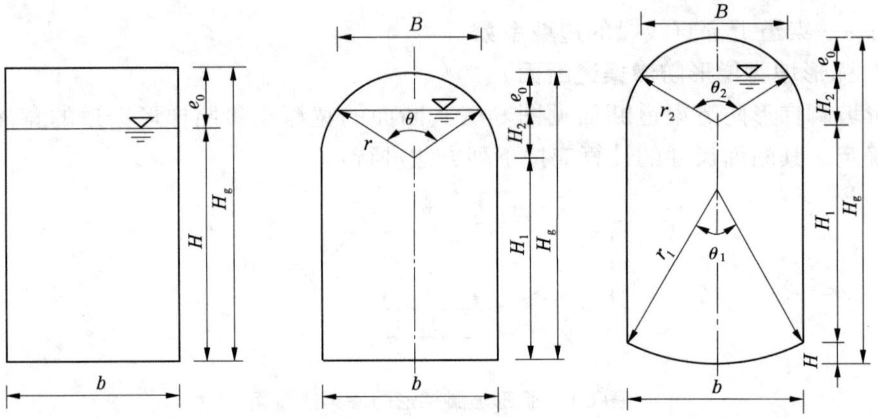

(a)箱形断面 (b)城门洞形断面 (c)正反拱形断面

图 6-7 暗渠道断面

表 6-19 渠道防渗结构设计的厚度

防渗结构类别		厚度(cm)
砌石	干砌卵石(挂淤)	10~30
	浆砌块石	20~30
	浆砌料石	15~25
	浆砌石板	>3
混凝土	现场浇筑(未配置钢筋)	6~12
	现场浇筑(配置钢筋)	6~10
	预制铺砌	4~10
	喷射法施工	4~8
沥青混凝土	现场浇筑	5~10
	预制铺砌	5~8
埋铺式膜料(土料保护层)	塑料薄膜	0.02~0.06
	膜料下垫层(黏土、砂、灰土)	3~5
	膜料上土料保护层(夯实)	40~70

(1)浆砌料石、浆砌块石挡土墙式防渗结构的厚度,应根据挡土墙的设计和构造要求确定。护面式防渗层,浆砌料石的厚度宜采用 15~25 cm;浆砌块石的厚度宜采用 20~30 cm;浆砌石板的厚度不宜小于 3 cm(寒冷地区浆砌石板厚度不小于 4 cm)。

(2)浆砌卵石、干砌卵石挂淤护面式防渗结构的厚度,应根据使用要求和当地料源情况确定,可采用 15~30 cm。

2. 防渗措施

为防止渠基淘刷,提高防渗效果,宜采取下列措施:

(1)干砌卵石挂淤渠道,在砌体下面设置砂砾石垫层或铺设复合土工膜料层。

(2)浆砌石板防渗层下,铺设厚度为 2~3 cm 的砂料或低强度等级水泥砂浆作为垫层。

(3)对防渗要求高的大、中型渠道,在砌石层下加铺黏土、三合土、塑性水泥土或塑膜层。

另外,护面式浆砌石防渗结构,可不设伸缩缝;软基上挡土墙式浆砌石防渗结构,宜设沉陷缝,缝距可采用 10~15 m。砌石防渗层与建筑物连接处,应按伸缩缝结构要求处理。

(二)混凝土防渗

1. 防渗渠道混凝土性能及配合比设计

防渗渠道混凝土性能及配合比设计应符合下列规定:

(1)大、中型渠道防渗工程混凝土的配合比,按《水工混凝土试验规程》(DL/T 5150—2017)进行试验确定,其选用配合比满足强度、抗渗、抗冻与和易性的设计要求。小型渠道混凝土的配合比可参照当地类似工程的经验采用。

码 6-3　教学案例:混凝土防渗工程规划设计

(2)混凝土的性能指标不低于表 6-20 中的数值。严寒和寒冷地区的冬季过水渠道,抗冻等级比表 6-20 内数值提高一级。

表 6-20　混凝土的性能指标

工程规模	混凝土性能	严寒地区	寒冷地区	温和地区
小型	强度(C)	15	15	15
	抗冻(F)	50	50	—
	抗渗(W)	4	4	4
中型	强度(C)	20	15	15
	抗冻(F)	100	50	50
	抗渗(W)	6	6	6
大型	强度(C)	20	20	15
	抗冻(F)	200	150	50
	抗渗(W)	6	6	6

注:1. 强度等级的单位为 MPa。

2. 抗冻等级的单位为冻融循环次数。

3. 抗渗等级的单位为 0.1 MPa。

4. 严寒地区为最冷月平均气温低于−10 ℃;寒冷地区为最冷月平均气温不低于−10 ℃但不高于−3 ℃;温和地区为最冷月平均气温高于−3 ℃。

(3)渠道流速大于 3 m/s 或水流挟带推移质泥沙时,混凝土的抗压强度不低于 15 MPa。

(4)混凝土的水灰比为砂石料在饱和面干状态下的单位用水量与胶凝材料的比值,其允许最大值可参照表 6-21 选用。

表 6-21　混凝土的水灰比

运用情况	严寒地区	寒冷地区	温和地区
一般情况	0.50	0.55	0.60
受水流冲刷部位	0.45	0.50	0.50

(5)不同浇筑部位混凝土的坍落度可参照表 6-22 选定。

表 6-22　不同浇筑部位混凝土的坍落度　(单位:cm)

混凝土类别	部位		机械捣固	人工捣固
混凝土	渠底		1~3	3~5
	渠坡	有外模板	1~3	3~5
		无外模板	1~2	—
钢筋混凝土	渠底		2~4	3~5
	渠坡	有外模板	2~4	5~7
		无外模板	1~3	—

注:1. 低温季节施工时,坍落度宜适当减小;高温季节施工时,坍落度宜适当增大。
2. 采用衬砌机施工时,坍落度不大于 2 cm。

(6)大、中型渠道所用的混凝土,其水泥的最小用量不宜小于 225 kg/m³;严寒地区不宜小于 275 kg/m³。用人工捣固时,增加 25 kg/m³;当掺用外加剂时,减少 25 kg/m³。

(7)混凝土的用水量及砂率可分别按表 6-23 及表 6-24 选用。

表 6-23　混凝土的用水量　(单位:kg/m³)

坍落度(cm)	石料最大粒径(mm)		
	20	40	80
1~3	155~165	135~145	110~120
3~5	160~170	140~150	115~125
5~7	165~175	145~155	120~130

注:1. 表中值适用于卵石、中砂和普通硅酸盐水泥拌制的混凝土。
2. 用火山灰水泥时,用水量宜增加 15~20 kg/m³。
3. 用细砂时,用水量宜增加 5~10 kg/m³。
4. 用碎石时,用水量宜增加 10~20 kg/m³。
5. 用减水剂时,用水量宜减少 10~20 kg/m³。

表 6-24　混凝土的砂率

石料最大粒径(mm)	水胶比	砂率(%)	
		碎石	卵石
40	0.4	26~32	24~30
	0.5	30~35	28~33
	0.6	33~38	31~36

注:石料常用两级配,即粒径 5~20 mm 的占 40%~45%,20~40 mm 的占 55%~60%。

(8)渠道防渗工程所用水泥品种以 1~2 种为宜,并固定厂家。当混凝土有抗冻要求时,优先选择普通硅酸盐水泥;当灌溉水对混凝土有硫酸盐侵蚀时,优先选择抗硫酸盐水泥。

(9)粉煤灰等掺和料的掺量,大、中型渠道按《水工混凝土掺用粉煤灰技术规范》(DL/T 5055—2007)通过试验确定;小型渠道混凝土的粉煤灰掺量可按表 6-25 选定。

表 6-25　粉煤灰掺量

水泥等级	混凝土性能指标		粉煤灰掺量(%)
	强度	抗冻	
32.5	C10	F50	20~40
	C15	F50	30
	C20	F50	25

(10)混凝土根据需要掺入适量外加剂,其掺量通过试验确定。

(11)设计细砂、特细砂混凝土配合比时,符合下列要求:

①水泥用量较中砂、粗砂混凝土宜增加 20~30 kg/m³,并宜掺加塑化剂;

②砂率较中砂混凝土减少 15%~30%;

③砂、石的允许含泥量,应符合《渠道防渗工程技术规范》(GB/T 50600—2010)的规定;

④采用低流态或半干硬性混凝土时,坍落度不大于 3 cm,工作度不大于 30 s。

(12)喷射混凝土的配合比可参照下列要求,并通过试验确定:

①水泥、砂和石料的重量比,宜为水泥:砂:石子=1:(2~2.5):(2~2.5);

②宜采用中砂、粗砂,砂率宜为 45%~55%,砂的含水量宜为 5%~7%;

③石料最大粒径宜不大于 15 mm;

④水灰比宜为 0.4~0.5;

⑤宜选用普通硅酸盐水泥,其用量为 375~400 kg/m³;

⑥速凝剂的掺量宜为水泥用量的 2%~4%。

2. 混凝土防渗结构设计

混凝土防渗结构设计应符合下列规定:

(1)混凝土防渗结构形式见图 6-8,按下列要求选定:

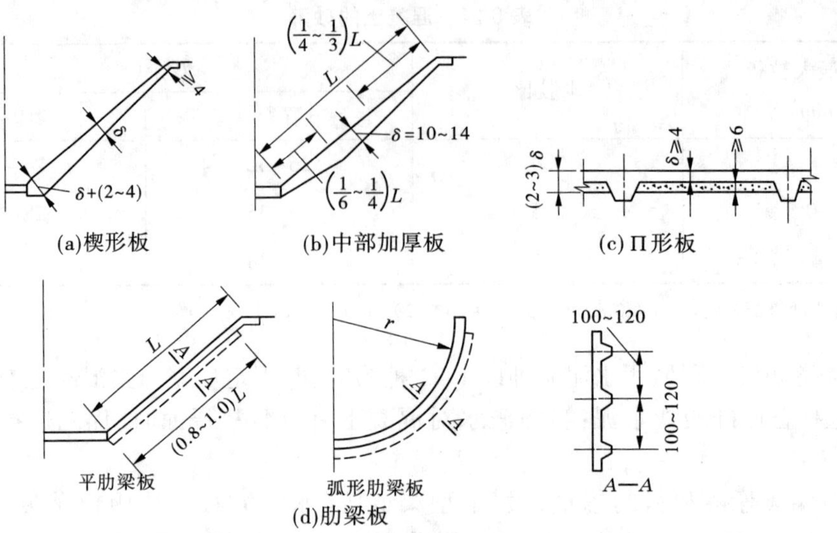

图 6-8 混凝土防渗结构形式 (单位:cm)

①宜采用等厚板;

②当渠基有较大膨胀、沉陷等变形时,除采取必要的地基处理措施外,对大型渠道宜采用楔形板、肋梁板、中部加厚板或Π形板;

③小型渠道采用整体式U形或矩形渠槽;

④特种土基宜采用板膜复合式结构。

(2)当流速小于3 m/s时,梯形渠道混凝土等厚板的最小厚度应符合表6-26的规定;流速为3~4 m/s时,最小厚度宜为10 cm;流速为4~5 m/s时,最小厚度宜为12 cm。水流中含有砾石类推移质时,渠道底板的最小厚度宜为12 cm。渠道超高部分的厚度可适当减小,但不应小于4 cm。

表 6-26 混凝土防渗层的最小厚度 (单位:cm)

工程规模	温和地区			寒冷地区		
	钢筋混凝土	混凝土	喷射混凝土	钢筋混凝土	混凝土	喷射混凝土
小型	—	4	4	—	6	5
中型	7	6	5	8	8	7
大型	7	8	7	9	10	8

(3)肋梁板和Π形板的厚度比等厚板可适当减小,但不应小于4 cm。肋高宜为板厚的2~3倍。楔形板在坡脚处的厚度比中部宜增加2~4 cm。中部加厚板部位的厚度宜为10~14 cm。板膜复合式结构的混凝土板厚度可适当减小,但不应小于4 cm。

（4）基土稳定且无外压力时，U形渠和矩形渠防渗层的最小厚度按表6-26选用；渠基土不稳定或存在较大外压力时，U形渠和矩形渠宜采用钢筋混凝土结构，并根据外荷载进行结构强度、稳定性及裂缝宽度验算。

（5）预制混凝土板、U形或矩形渠槽的尺寸，根据安装、搬运条件确定。

（6）钢筋混凝土无压暗渠的设计荷载，包括自重、内外水压力、垂直和水平土压力、地面活荷载和地基反力等。

（三）膜料防渗

（1）膜料防渗层应采用埋铺式，其结构见图6-9。无过渡层的防渗结构见图6-9(a)，宜用于土渠基和用黏性土、水泥土做保护层的防渗工程；有过渡层的防渗结构见图6-9(b)，宜用于岩石、砂砾石、土渠基和用石料、砂砾石、现浇碎石混凝土或预制混凝土做保护层的防渗工程。

（2）膜料防渗层的铺设方式有全铺式、半铺式和底铺式3种。半铺式和底铺式可用于宽浅渠道，或渠坡有树木的改建渠道。

（3）土渠基膜料防渗层铺膜基槽断面形式，应根据土基稳定性、防渗、防冻要求与施工条件合理选定，可采用梯形、弧底梯形、弧形坡脚梯形等断面形式。

码6-4 教学案例：膜料防渗和沥青材料防渗工程规划设计

（4）膜料防渗层顶部宜按图6-10铺设。

（5）膜料包括土工膜、复合土工膜等，按下列原则选用：

①在寒冷和严寒地区，可优先采用聚乙烯膜；在芦苇等穿透性植物丛生地区，可优先采用聚氯乙烯膜或膨润土防水。

②中、小型渠道宜用厚度为0.2~0.3 mm的深色塑膜，或厚度为0.60~0.65 mm的无碱或中碱玻璃纤维布机制油毡；大型渠道宜用厚度为0.3~0.6 mm的深色塑膜。

③有特殊要求的渠基，宜采用复合土工膜。

（6）过渡层按下列要求确定：

①过渡层材料，在温和地区可采用灰土，在严寒和寒冷地区宜采用水泥砂浆，采用土及砂料做过渡层时应采取防止淘刷的措施。

②过渡层的厚度宜按表6-27选用。

表6-27 过渡层的厚度 （单位：cm）

过渡层材料	厚度
灰土、砂浆	2~3
土、砂料	3~5

（7）土料保护层的厚度可按表6-28采用。

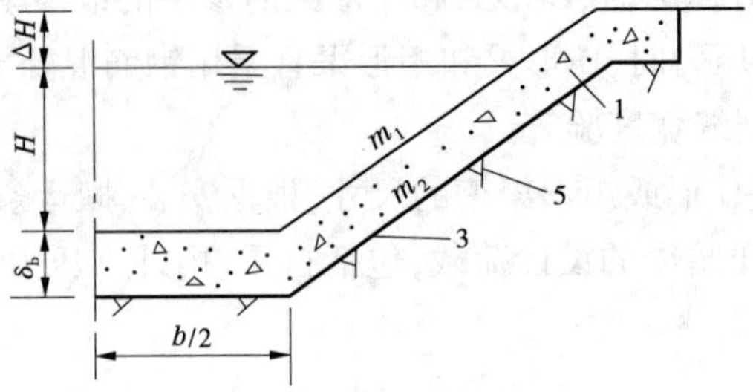

(a)无过渡层的防渗结构

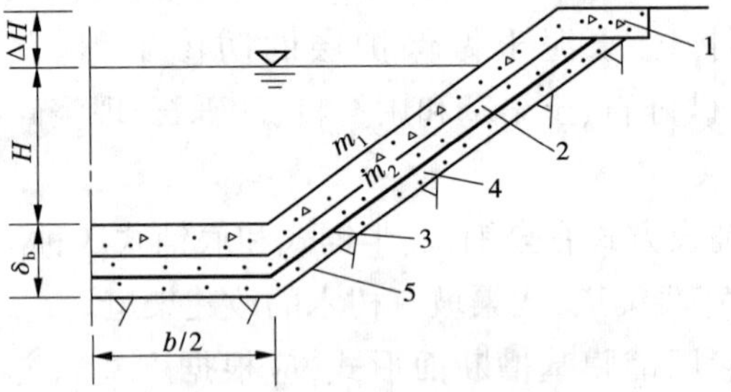

(b)有过渡层的防渗结构

1—黏性土、水泥土、灰土或混凝土、石料、砂砾石保护层;2—膜上过渡层;3—膜料防渗层;
4—膜下过渡层;5—土渠基或岩石

图 6-9 埋铺式膜料防渗结构

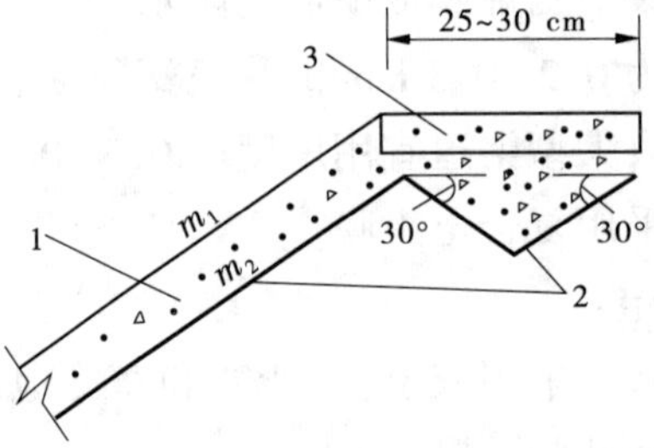

1—保护层;2—膜料;3—混凝土盖板

图 6-10 膜料防渗层顶部铺设形式

(8)土料保护层的设计干密度应经过试验确定。无试验条件时,采用压实法施工,砂壤土和壤土的干密度不小于 1.50 g/cm^3;砂壤土、轻壤土、中壤土采用浸水泡实法施工时,其干密度宜为 1.40~1.45 g/cm^3。

(9)石料、砂砾料和混凝土保护层的厚度可按表 6-29 选用。在渠底、渠坡或不同渠段,可采用具有不同抗冲能力、不同材料的组合式保护层。

(10)石料、混凝土等刚性材料保护层应符合《渠道防渗工程技术规范》(GB/T 50600—2010)的规定。

表 6-28 土料保护层的厚度 （单位：cm）

保护层土质	渠道设计流量(m^3/s)			
	<2	2~5	5~20	>20
砂壤土、轻壤土	45~50	50~60	60~70	70~75
中壤土	40~45	45~55	55~60	60~65
重壤土、黏土	35~40	40~50	50~55	55~60

表 6-29 不同材料保护层的厚度 （单位：cm）

保护层材料	块石、卵石	砂砾石	石板	混凝土	
				现浇	预制
保护层厚度	20~30	25~40	≥3	4~10	4~8

(11)防渗结构与建筑物的连接应符合下列要求：

①膜料防渗层按图 6-11 用黏结剂与建筑物黏结牢固；

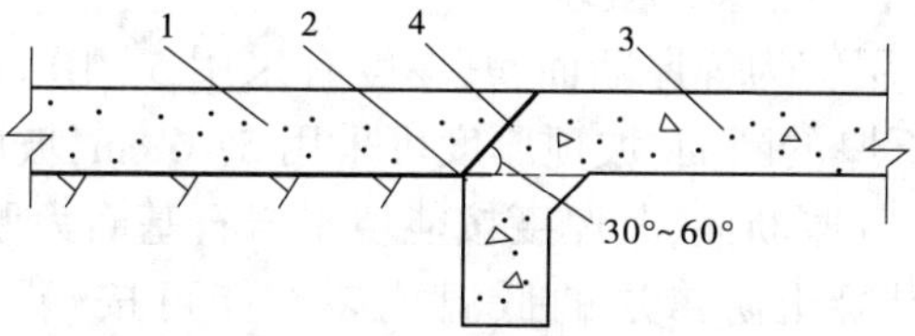

1—保护层；2—膜料防渗层；3—建筑物；4—膜料与建筑物黏结层

图 6-11 膜料防渗与建筑物的连接

②土料保护层与跌水、闸、桥连接时，在建筑物上、下游改用石料、混凝土保护层；

③石料和混凝土保护层与建筑物连接，按要求设置伸缩缝。

(四)沥青混凝土防渗

1. 用于渠道防渗沥青混凝土应满足的要求

(1)孔隙率不大于 4%。

(2)渗透系数不大于 1×10^{-7} cm/s。

(3)斜坡流淌值小于 0.80 mm。

(4)水稳定系数大于 0.90。

(5)低温下不得开裂。

2. 整平胶结层沥青混凝土应满足的要求

(1)渗透系数不小于 1×10^{-3} cm/s。

(2)热稳定系数小于 4.5。

3. 配合比

沥青混凝土配合比应根据技术要求，经过室内试验和现场试铺筑确定，亦可按现行行业标准《土石坝沥青混凝土面板和心墙设计规范》(DL/T 5411—2009)的有关规定选用。防渗层沥青含量应为6%~9%;整平胶结层沥青含量应为4%~6%。石料最大粒径,防渗层不得超过一次压实厚度的1/3~1/2,整平胶结层不得超过一次压实厚度的1/2。

4. 防渗结构设计

防渗结构设计应符合下列规定:

(1)沥青混凝土渠道防渗结构形式见图6-12。无整平胶结层断面宜用于土质地基;有整平胶结层断面宜用于岩石地基。

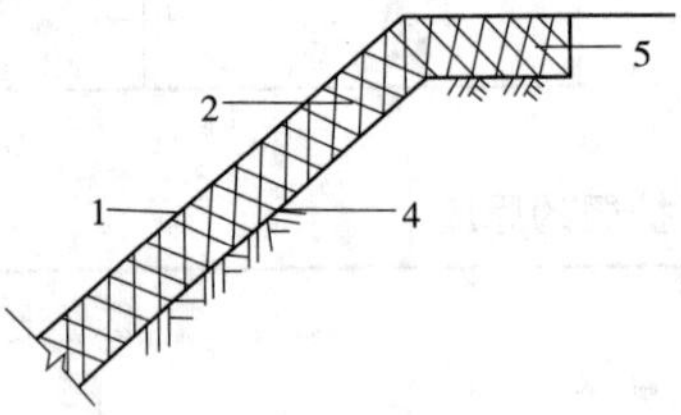

(a)无整平胶结层的防渗结构

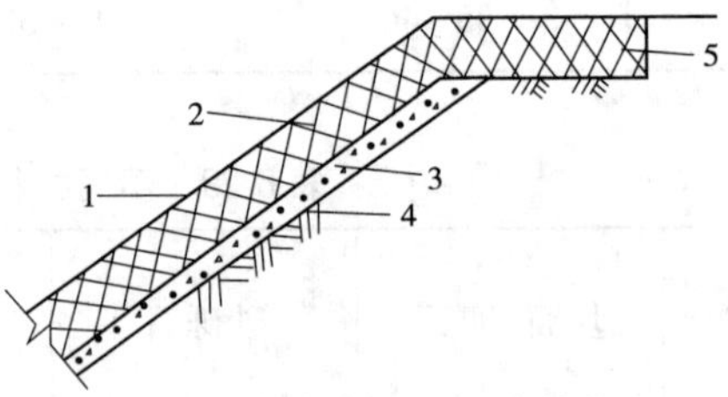

(b)有整平胶结层的防渗结构

1—封闭层;2—防渗层;3—整平胶结层;4—土(石)渠基;5—封顶板

图6-12 沥青混凝土渠道防渗结构形式

(2)封闭层用沥青玛琋脂或改性乳胶沥青涂刷,厚度为2~3 mm。沥青玛琋脂配合比满足高温下不流淌、低温下不脆裂的要求。

(3)沥青混凝土防渗层宜为等厚断面,其厚度宜采用5~10 cm。有抗冻要求的地区,渠坡防渗层可采用上薄下厚的断面,坡顶厚度可采用5~6 cm,坡底厚度可采用8~10 cm。

(4)整平胶结层采用等厚断面,其厚度按能填平岩石基面为原则确定。

(5)寒冷地区沥青混凝土防渗层的低温抗裂性能可按《渠道防渗工程技术规范》(GB/T 50600—2010)的规定进行验算。

(6)当防渗层沥青混凝土不能满足低温抗裂性能的要求时,可掺用高分子聚合物材料进行改性,其掺量经过试验确定。若改性沥青混凝土仍不能满足抗裂要求,可按规定设置伸缩缝。

(7)沥青混凝土预制板的边长应根据安装、搬运条件确定,不宜大于1 m,厚度宜采用5~8 cm,密度大于2.30 g/cm^3。预制板宜用沥青砂浆或沥青玛琋脂砌筑。

任务三　渠道防渗工程的防冻胀措施

模块一　渠道防渗工程的冻害分析

(一)渠道防渗工程冻害类型

由于负气温对渠道防渗衬砌工程的破坏作用而失去了防渗意义统称为渠道防渗工程的冻害。根据负气温造成各种破坏作用的性质,冻害可分为以下3种类型。

1. 渠道防渗材料的冻融破坏

渠道防渗材料具有一定的吸水性,这些吸入到材料内的水分在负气温下冻结成冰,体积发生膨胀。当这种膨胀作用引起的应力超过材料强度时，就会产生裂缝并增大吸水性，使第二个负气温周期中结冰膨胀破坏的作用加剧。如此经过多次冻结—融化循环和应力的作用，使材料破坏、剥蚀、冻酥，从而使结构完全受到破坏而失去防渗作用。

码 6-5 微课：渠道防渗工程的冻害以及防冻胀措施

2. 渠道中水体结冰造成防渗工程破坏

当渠道在负气温期间通水时，渠道内的水体发生冻结。在冰层封闭且逐渐加厚时，对两岸衬砌体产生冰压力，造成衬砌体破坏或产生破坏性变形。

3. 渠道基土冻融造成防渗工程破坏

由于渠道渗漏、地下水和其他水源补给、渠道基土含水量较高，在冬季负气温作用下，土壤中的水分发生冻结而造成土体膨胀，使混凝土衬砌开裂、隆起而折断。在春季消融时又造成渠床表土层过湿、疏松而使基土失去强度和稳定性，导致衬砌体的滑塌。

（二）冻害的原因

1. 土

能发生冻胀的土称为冻结敏感性土。冻结过程中的水分积聚和冻胀与土质密切相关，通常认为与土的粉黏粒含量呈正相关。当渠床为细粒土，特别是粉质土时，在渠床土含水量较大，且有地下水补给时，就会产生很大的冻胀量。粗颗粒土壤则冻胀量较小。

2. 水分

土体冻结前，其本身的含水量决定着土体的冻胀与否，只有当土中水分超过一定界限值，才能产生冻胀。在无外界水源补给时，土体的冻胀性强弱主要取决于土中含水量；在有外界水源补给时，尽管土体初始含水量不大，但在冻结时外界水源的补给却可以使土体的冻胀性剧烈增加。

3. 温度

温度条件包括外界负气温、土温、土中的温度梯度和冻结速度等。土的冻胀过程的温度特征值有冻胀起始温度和冻胀停止温度，土的冻胀停止温度值表征当温度达到该值后，土中水的相变已基本停止，土层不再继续冻胀。在封闭系统中，黏土的冻胀停止温度是−10～−8 ℃、亚黏土是−7～−5 ℃、亚砂土是−5～−3 ℃、砂土是−2 ℃。

4. 压力

增加土体外部荷载可抑制一部分水分迁移和冻胀。如果继续增加荷载，使其等于土粒中冰水界面产生的界面能量时，冻结锋面将不能吸附未冻土体中的水分，土体冻胀停止。为防止地基土的冻胀所需的外荷载是很大的，因而单纯依靠外荷载抑制冻胀是不现实的。

5. 人为因素

渠道防渗衬砌工程会由于施工和管理不善而加重冻害破坏，如抗冻胀换基材料不符合质量要求或铺设过程中掺混了冻胀性土料；填方质量不善引起沉陷裂缝或施工不当引起收缩裂缝，加大了渗漏，从而加重了冻胀破坏；防渗层施工未严格按施工工艺要求，防渗效果差，使冻胀加剧；排水设施堵塞失效，造成土层中壅水或长期滞水等。另外，渠道停水过迟，土壤中水分不及时排除就开始冻结。开始放水的时间过早，甚至还在冻结状态下，极易引起水面线附近部位的强烈冻胀,或在冻结期放水后又停水,常引起滑塌破坏;对冻胀裂缝不及时修补,造成裂缝年复一年地扩大,变形积累,造成破坏。

模块二　渠道的防冻害措施

根据冻害成因分析,防渗工程是否产生冻胀破坏、其破坏程度如何,取决于土冻结时水分迁移和冻胀作用,而这些作用又和当时当地的土质、土的含水量、负温度及工程结构等因素有关。因而,防治衬砌工程的冻害,要针对产生冻胀的因素,根据工程具体条件从渠系规划布置、渠床处理、排水、保温,以及衬砌的结构形式、材料、施工质量、管理维修等方面着手,全面考虑。

(一)回避冻胀法

回避冻胀是在渠道衬砌工程的规划设计中,注意避开出现较大冻胀量的自然条件,或者在冻胀性土存在地区,注意避开冻胀对渠道衬砌工程的作用。

码 6-6　教学动画:冻胀

1. 避开较大冻胀存在的自然条件

规划设计时,应尽可能避开黏土、粉质土壤、松软土层、淤泥土地带、有沼泽和高地下水位的地段,选择透水性较强、不易产生冻胀的地段或地下水埋藏较深的地段,将渠底冻结层控制在地下水毛管补给高度以上。

2. 埋入措施

将渠道做成管或涵埋入冻结深度以下,可以免受冻胀力、热作用力等影响,是一种可靠的防冻胀措施,它基本上不占地,易于适应地形条件。

3. 置槽措施

置槽可避免侧壁与土接触以回避冻胀,常被用于中、小型填方渠道上,是一种廉价的防治措施。

4. 架空渠槽法

用桩、墩等构筑物支撑渠槽,使其与基土脱离,避免冻胀性基土对渠槽的直接破坏作用,但必须保证桩、墩等不被冻拔。此法形似渡槽,占地少,易于适应各种地形条件,不受水头和流量大小限制,管理养护方便,但造价高。

(二)削减冻胀法

当估算渠道冻胀变形值较大,且渠床在冻融的反复作用下,可能产生冻胀累积或后遗性变形情况时,可采取削减冻胀的措施,将渠床基土的最大冻胀量削减到衬砌结构允许变位范围内。

1. 置换法

置换法是在冻结深度内将衬砌板下的冻胀性土换成非冻胀性材料的一种方法,通常采用铺设砂砾石垫层。砂砾石垫层不仅本身无冻胀,而且能排除渗水和阻止下层水向表层冻结区迁移,所以砂砾石垫层能有效地减少冻胀,防止冻害现象发生。

2. 隔垫保温法

将隔热保温材料(如炉渣、石蜡渣、泡沫水泥、蛭石粉、玻璃纤维、聚苯乙烯泡沫板等)布设在衬砌体背后,以减轻或消除寒冷因素,并可减小置换深度,隔断下层土的水分补给,从而减轻或消除渠床的冻深和冻胀。

目前,采用较多的隔垫保温材料是聚苯乙烯泡沫塑料,它具有自重轻、强度高、吸水性低、隔热性好、运输和施工方便等优点,主要适用于强冻胀的大、中型渠道,尤其适用于地下水位高于渠底冻深范围且排水困难的渠道。

3. 压实法

压实法可使土的干密度增大,孔隙率减小,透水性减弱,密度较高的压实土冻结时,具有阻碍水分迁移、聚集,从而削减甚至消除冻胀的能力。压实法尤其对地下水影响较大的渠道有效。

4. 防渗排水法

当土中的含水量大于起始冻胀含水量时,才明显地出现冻胀现象。因此,防止渠水和渠堤上的地表水入渗,隔断水分对冻层的补给,以及排除地下水,是防止地基土冻胀的根本措施。

(三)优化结构法

所谓优化结构法,就是在设计渠道断面衬砌结构时采取合理的形式和尺寸,使其具有削减、适应、回避冻胀的能力。

弧形渠底梯形断面和U形断面渠道已在许多工程中应用,证明对防止冻胀有效。弧形渠底梯形断面适用于大、中型渠道,虽然冻胀量与梯形断面相差不大,但变形分布要均匀得多,消融后的残余变形小,稳定性强;U形断面适用于小型支、斗渠,冻胀变形为整体变位,且变位较均匀。

(四)加强运行管理

冬季不行水渠道,应在基土冻结前停水;冬季行水渠道,在负气温期宜连续行水,并保持在最低设计水位以上运行。

每年应进行一次衬砌体裂缝修补,使砌块缝间填料保持原设计状态,衬砌体的封顶应保持完好,不允许有外水流入衬砌体背后。应及时维修各种排水设施,保证排水畅通。冬季不行水渠道,应在停水后及时排除渠内和两侧排水沟内积水。

任务四 渠道防渗工程施工与运行维护

渠道防渗工程根据所用防渗材料可分为混凝土衬砌防渗、塑膜防渗、砌石防渗以及水泥土防渗和沥青混凝土防渗等。选择渠道防渗材料应根据当地的自然条件、经济水平,因地制宜,就地取材,力求做到经济合理、经久耐用、运用安全、管理方便。

模块一 渠道防渗工程施工

(一)施工的技术要求

1. 施工放线

根据设计要求,用经纬仪定出渠道中心线,每隔一定距离打一桩,标定桩号,遇建筑物或特殊地形地貌地段应加桩。用测量仪器测定桩顶高程,标出开挖(或填筑)深度,并沿渠线每隔一定距离在渠线附近的建筑物、岩石或树墩等上预留固定高程点,以便随时检测防渗工程是否达到设计高程要求。以渠中心桩为准向左右两侧展宽,定出渠槽开挖线。

2. 渠槽开挖(填)

应根据设计要求和施工放线,进行渠槽开挖(或填筑)和修整。要严格控制渠槽断面高程、尺寸和平整度,其方法是:当渠槽开挖接近设计断面时,在相邻的两个桩号处,挖修出标准土渠槽断面,定好开口桩和坡脚桩,用铅丝挂线,即为标准边坡线,用线绳绑在相邻桩号的铅丝上,自上而下移动线绳,修整出渠道边坡。清除防渗工程范围内的树、淤泥、腐殖质和污物。

3. 地基处理

渠道地基出现以下情况时,应按下列方法处理:

(1)弱湿陷性地基和新建过沟填方渠道,可采用浸水预沉法处理。

(2)强湿陷性地基,可采用深翻回填渠基、设置灰土夯实层、打孔浸水重锤夯压或强力夯实等方法处理。

(3)傍山、黄土塬边渠道,可采用灌浆法填堵裂缝、孔隙和小洞穴。灌浆材料可选用黏土浆或水泥黏土浆,灌浆的各项技术参数宜经过试验确定。对浅层窑洞、墓穴和大孔洞,可采用开挖回填处理。

(4)对软弱土、膨胀土和冻胀量大的地基,可采用换填法处理。

(5)膜料防渗渠道,必要时应在渠基土中加入灭草剂进行灭草处理,并回填、夯实、修整成型后方可铺砌。

4. 工程养护

对浆砌石、混凝土等材料的防渗工程,应采用洒水、盖湿草帘养护。

5. 工程验收

渠道防渗工程竣工后,应按有关工程验收的规范和规程进行竣工验收,施工质量应满足设计要求。

(二)膜料防渗工程施工

膜料渠道防渗一般采用埋铺式。当采用土料保护层时,造价低,但允许流速小,渠道断面为宽浅式,占地多,适用于中、小型低流速渠道;当采用混凝土、砌石刚性保护层时,防渗、抗冲性能好,坚固耐久,但造价高,适用于大、中型渠道。

1. 膜料连接

采用下列方法,根据渠道大小将膜料加工成大幅备用,也可在现场边铺边连接:

(1)搭接法。主要用于大块膜料施工中的现场连接,或小型的膜料防渗渠道。搭接宽度符合设计要求。膜层应平整,层间应洁净,且应上游一幅压下游一幅,缝口吻合紧密。

(2)黏接法。主要用于聚氯乙烯和油毡两种膜料。将下层膜料铺平,将配好的黏接剂,沿接缝宽度涂匀,随即将上层膜料对准接缝宽度,由一端向另一端均匀压下,使黏接紧密。

2. 防渗膜料铺设

(1)对于无过渡层的防渗体工程,在土渠槽验收合格后,自渠道下游向上游,由渠道的一岸向另一岸铺设膜层;对于有过渡层的防渗体工程,应先将膜下过渡层做好,再铺膜料。

(2)埋好膜层顶端,并处理好大、小膜幅间的接缝。

(3)填筑过滤层和保护层的施工速度,应与铺膜速度配套,避免膜层裸露时间过长。

3. 保护层施工

保护层有素土保护层(柔性)和砌石、混凝土(刚性) 保护层。

土料的原材料应加工粉碎, 加工后的粒径素土应符合设计要求,且不含树根、草根等杂物,土料含水量应接近最优含水量。

保护层的施工顺序应为先渠底后渠坡。保护层的厚度较大时,应分层铺筑。应边铺料边夯实,直至达到设计的干容重,不得漏夯。采用混凝土或块石保护层的施工方法见本节混凝土防渗工程和浆砌石防渗工程。

(三)混凝土防渗工程施工

混凝土防渗工程,防渗、抗冲性能好,坚固耐用,适用于不同地形、气候和运用条件的大、中、小型渠道。混凝土防渗工程的断面形式有梯形、矩形、U 形、城门洞形、复合形等。防渗体有钢筋混凝土、素混凝土和喷射混凝土。施工方法有现场浇筑和预制安装两种。施工时应符合《水工混凝土施工规范》(DL/T 5144—2015)。

现场浇筑混凝土,宜采用分块跳仓法施工,同一浇筑块应连续浇筑。用衬砌机浇筑时,可连续施工。混凝土应随拌、随运、随用。因故发生分离、漏浆、严重泌水和坍落度降低等问题时,应在浇筑地点重新拌和。浇筑混凝土前,土渠基应先洒水浸润。在岩石渠基上浇筑混凝土,或需要与早期混凝土结合时, 应将基岩或早期混凝土刷洗干净, 按照设计要求铺一层砂浆。

混凝土宜采用机械振捣,使用表面振捣器时,振捣边坡时,应上行振动,下行不振动。使用小型插入式振捣器或人工捣固边坡混凝土时,入仓厚度每层符合规范要求。机械和人工捣固的时间, 应以混凝土开始泛浆时为准。现场浇筑混凝土完毕,应及时收面 细砂和特细砂混凝土应进行二次收面。收面后,混凝土表面应密实、平整、光滑,且无石子外露。

混凝土应按设计要求预留伸缩缝,现场浇筑钢筋混凝土和预制素混凝土板铺筑,伸缩缝间距应符合设计要求。伸缩缝宜用黏结力强、变形性能大、耐老化的材料(如焦油塑料胶泥)填筑,或缝下部填焦油塑料胶泥,上部用沥青砂浆或水泥砂浆填筑。有特殊要求的伸缩缝, 宜采用塑料止水等材料处理。

混凝土防渗层施工,应按规定严格检查与控制施工质量,并做好养护。

(四)浆砌石防渗工程施工

砌石防渗工程包括浆砌料石、浆砌块石、浆砌石板、浆砌卵石等。

1. 一般要求

浆砌料石、浆砌块石挡土墙式防渗层的厚度, 应根据要求确定。为防止渠基淘刷,提高防渗效果,对于干砌卵石挂淤渠道,可在砌体下面设置砂砾石垫层,或铺设复合土工膜料层。浆砌石板防渗层下可铺砂砾料,对防渗要求高的大、中型渠道,可在砌石层下加铺黏土、三合土、塑性水泥土或塑膜层。

护面式浆砌石防渗层,一般不设伸缩缝;软基上挡土墙式浆砌石防渗层,宜设沉降缝。砌石防渗层与建筑物连接处,应按伸缩缝处理。

2. 施工技术与方法

(1)根据设计要求,应先行施工放线,每层砌完后,应检查是否顶线或缺线。

(2)砌石砂浆应按设计配合比拌制均匀,随拌随用。

(3)砌石防渗层施工时,应先洒水润湿渠基,然后在渠基或垫层上铺筑一层低标号混合砂浆,再铺砌石料。

(4)浆砌石防渗层的施工,应按下列要求进行。

砌筑顺序:梯形明渠,宜先砌渠底后砌渠坡。砌渠坡时,应从坡脚开始,由下而上分层砌筑;U形明渠和弧形明渠、拱形暗渠,应从渠底中线开始,向两边对称砌筑。矩形明渠,可先砌两边侧墙,后砌渠底, 拱形和箱形暗渠,可先砌侧墙和渠底,后砌顶拱或加盖板。各种明渠, 渠底和渠坡砌完后,应及时砌好封顶石。

浆砌块石应花砌,大面朝外,错缝交接,并选择较大、较规整的块石砌在渠底和渠坡下部。浆砌料石和石板,在渠坡应纵砌(料石或石板长边平行水流方向);在渠底应横砌(料石或石板长边垂直水流方向)。浆砌卵石,相邻两排应错开茬口,并选择较大的卵石砌于渠底和渠道坡脚。大头朝下、挤紧靠实。

砌筑前宜洒水润湿,石料应冲洗干净。浆砌料石和块石,应干摆试放分层砌筑、坐浆饱满。卵石可采用挤浆砌筑,也可干砌后用砂浆或细砾混凝土灌缝。浆砌石板应保持砌缝密实平整。

勾缝要求:浆砌料石、块石、卵石和石板,宜在砌筑砂浆初凝前勾缝。勾缝应自上而下用砂浆充填压实和抹光。浆砌料石、块石和石板宜勾平缝,浆砌卵石宜勾凹缝。

模块二 防渗渠道的运行管理与维护

(一)渠系的检查

1. 经常性检查

经常性检查包括平时检查和汛期检查。平时检查着重检查干、支渠渠道险工、险段和渠堤上有无雨淋沟、洞穴、裂缝、滑坡、塌岸淤积、杂草生长等现象。汛期检查主要检查物资及工程等方面的准备落实情况及其措施。

2. 临时性检查

临时性的检查主要包括大雨中、台风后和地震后的检查。着重检查有无沉陷、裂缝、崩塌及渗漏等情况。

3. 定期检查

定期检查包括汛前、汛后、封冻前、解冻后进行全面细致的检查, 如发现隐患和问题,应及时采取措施,加以修复解决。对北方地区有冬灌任务的渠道,应注意检查冰凌冻害对渠道的损坏情况。

4. 过水期间检查

渠道过水期间应检查观测各渠段流态,有否阻水、冲刷淤积和渗漏损坏等现象,有无较大漂浮物冲击渠坡及风浪影响,渠顶超高是否足够以及检查有无任意开口放水或排污等。

(二)防渗渠道管理运用的一般要求

经常清理渠道内的垃圾物,清除杂草等,保证渠道正常行水。禁止在渠道上垦殖、铲草及滥伐护渠林;禁止在保护范围内取土、挖沙、建坟。渠道旁山坡上的截流沟或泄水沟要经常清理,防止淤塞,尽量减少山洪或客水进渠,造成渠堤漫溢决口、冲刷淤积。不得在排水沟内设障堵截,影响排水。对渠道局部冲刷破坏处,要及时修复,必要时可采取砌石、土工编织袋防冲等措施。

(三)渠道管理运用的一般原则

渠道的管理运用,必须注意以下几个问题。

1. 水位控制

为了保证输水安全,避免漫堤决口事故,渠道水位距戗道和堤顶的超高,应有明确的规定,应不小于规定的数值。对风力较大、水面较宽的渠道,超高值中还应计入波浪的高度。

2. 流速控制

渠道中流速过大或过小,将会发生冲刷或淤积,影响正常输水。所以,管理运用时,必须控制流速。总的要求是渠道最大流速不应超过允许不冲流速;最小的流速不应小于允许不淤流速。

3. 流量控制

渠道过水流量一般应不超过正常设计流量,如遇特殊用水要求,可以适当加大流量,但是时间不宜过长。尤其是有滑坡危险或冬季放水的渠道更要特别注意。

(四)防渗渠道整修养护

1. 防淤

在渠道枢纽设置防沙、排沙等工程措施,构成一套较强的冲沙设备,按照操作规程,启闭冲沙闸和进水闸,合理运用,防止底沙进渠。在进水闸相距不远处,利用天然地形设置排沙闸,将沉积在渠首干渠段内的大颗粒泥沙定时冲走,泄入河道或沟道。

在管理运用上,防止客水挟泥沙入渠,傍山渠道经过村庄、道路一般有交叉建筑物或截洪沟槽等。为了减少入渠的泥沙量,应尽可能地减少计划外的引水量,严格实行计划用水,采取各种有效措施,提高灌溉水的有效利用系数,以减少渠首引水量,从而减少进渠的泥沙量。

2. 防冲

渠道土质或施工质量问题。渠道土质不好,施工质量差,又未采取砌护措施,引起大范围的冲刷。可采取夯实渠堤,对弯道及填方渠段,用块石砌护,以防止冲刷。

通过渠道的实际流速,超过了渠道的抗冲流速,造成冲刷塌岸。可采取增建跌水、陡坡、潜堰、砌石护坡护底等办法,调整渠道纵坡,减缓流速,使渠道实际流速与土壤抗冲流速相适应,达到不冲的目的。

管理运用不善。渠道流量猛增猛减,流冰或其他漂浮物撞击渠坡,在渠道上打土堰截水等,造成局部地段的冲刷塌岸,必须严加制止,拆除堵截物,清除流水漂浮物,避免渠道流量猛增猛减。

能力训练

1. 渠道防渗工程措施有哪些基本类型？试说明各种类型适用的条件。

2. 防渗渠道断面形式有哪些类型？

3. 渠道防渗工程规划主要的设计参数有哪些？各参数的确定与哪些因素有关？分别如何确定？

4. 混凝土衬砌材料配合比应满足哪些具体性能指标？

5. 土料防渗材料配合比如何确定？

6. 膜料防渗结构一般包括哪几层？过渡层材料如何选择？

7. 渠道防渗工程冻害的主要类型有哪些？冻胀破坏的形式有哪些？

8. 针对渠道冻害如何采取防冻措施？

项目七　水稻节水灌溉技术

【目标】

通过对水稻控制灌溉技术的认知，了解水稻控制灌溉技术实施的要点，理解水稻“薄、浅、湿、晒”灌溉模式和水稻薄露灌溉的适用条件，能够正确实施应用水稻控制灌溉技术。

【任务】

1. 水稻控制灌溉技术实施的要点。
2. 水稻“薄、浅、湿、晒”灌溉模式和水稻薄露灌溉的适用条件。
3. 水稻控制灌溉技术应用的条件。

任务一　水稻控制灌溉技术的认知

水稻节水灌溉是根据水稻不同生育阶段的耗水规律和适宜水分指标，充分利用天然降水和土壤的调蓄能力，要求水稻生长期稻田土壤水分状况的多样化，在保证水稻正常生长的前提下，确保水稻关键需水期的水分供应，减少灌水次数，抑制田间水分的无效消耗，使有限的水资源获得更高的产量，从而提高水分生产效率。其实质就是适应和调节水稻生理需水的同时，合理发挥水稻生态耗水的功能，不仅要满足稻体水分代谢需要，还应利用灌溉水的多方面作用来影响水稻群体，使其协调地生长发育，获得节水高产。

目前，我国各地根据不同自然条件，在试验研究基础上，提出了水稻控制灌溉、水稻“薄、浅、湿、晒”灌溉、水稻薄露灌溉等水稻节水高产灌溉新技术，并在较大面积上推广应用获得成功。

模块一　水稻控制灌溉依据及特点

（一）水稻控制灌溉的依据

水稻控制灌溉是指秧苗移栽后，田面保持 5~25 mm 薄水层返青活苗，在返青以后的各个生育阶段，田面不建立灌溉水层，以根层土壤含水量作为控制指标，确定灌水时间和灌水定额。土壤水分控制上限为饱和含水量，下限则视水稻不同生育阶段，分别取土壤饱和含水量的60%~70%。水稻控制灌溉技术是根据水稻在不同生育阶段对水分需求的敏感程度和节水灌溉条件下水稻新的需水规律，在发挥水稻自身调节机能和适应能力基础上，适时适量科学供水的灌水新技术。

控制灌溉过程中，在水稻非关键需水期，通过控制土壤水分造成适度的水分亏缺，改变水稻生理生态活动，使水稻根系及株型生长更趋合理。在水稻需水关键期，通过合理供水改善根系土壤水、气、热、养分状况及田面附近小气候，使水稻对水分和养分的吸收更加有效、合理,促进水稻生长,形成合理的群体结构和较理想的株型,从而获得高产。控制灌溉技术在显著减少水稻棵间蒸发和田间渗漏耗水的同时,有效地减少了水稻蒸腾耗水,使水稻蒸腾和光合作用处于一种新的协调状态;对水稻根系生长和株型形成具有显著的促控作用,可消除或减少土壤中有毒有害物质,具有良好的保肥改土作用;土壤水分和养分利用率高,既节水又增产,稻米品质明显改善。因此,水稻控制灌溉技术具有节水、高产、优质、低耗、保肥、抗倒伏和抗病虫害等优点。

一般认为,水稻在淹水条件下才能正常生长,田面必须保持足够深的水层才能满足水稻生理生态需水要求。但从生产实践来看,在水稻分蘖后期进行晒田,起到了抑制无效分蘖、提高有效分蘖的作用,具有明显的增产效果。现代农学研究中,也采用化学药品、生物技术等手段,减少作物的无效耗水,提高养分的有效吸收和作物对干旱等逆境的抵抗能力,从而达到节水、高产的目的。水稻控制灌溉技术的主要理论依据是:①水稻各个生育期对水分的需要各不相同,不必均保持稻田田面的水层,也不必都保证充分的水分供应,应该根据水稻不同生育期对水分需要的敏感度,适时、适量地供应水分,调整水稻生理生态状况,减少作物无效蒸腾量、棵间蒸发量和田间渗漏量,从而显著地减少水稻耗水量,并能通过对水稻生长形态的调整,促使水稻向"最佳群体结构"和"理想丰产株型"两者的优化组合方向发展,以求达到水稻节水、高产、优质、高效的目的。②在作物"土壤—作物—大气"水分循环系统中,以灌溉供水作为促控手段,研究灌溉调控土壤水分后,土壤中水、肥、气、热状况与植物生理生态指标的变化,以及土壤、植物与大气影响因素之间的相互关系。也就是说,对控制土壤水分后,作物对大气中光热资源利用,土壤中水、气、热的要求,以及作物本身机能的变化等相互促进、相互制约的关系进行研究,突出了灌溉在连续体(SPAC)系统中的积极作用。通过不同的灌溉技术、不同的灌溉补水量,对农作物进行有促、有控的生理生态调整,充分利用根层土壤含水量与稻作之间的互相反馈作用和作物对水分的自我调节能力。所以,水稻控制灌溉技术是现代农业技术和现代水利灌溉技术的有机结合。

控制灌溉技术不同于传统淹灌和在此基础上发展起来的湿润灌溉技术,它突破了稻田的水层管理旧框架,也有别于近期国内外介绍的非充分灌溉(又称缺水灌溉、限制性灌水)。湿润灌溉的上限为灌水层,下限为土壤饱和含水量或稍低;而控制灌溉的灌水上限仅为土壤饱和含水量,下限在田间持水率以下,返青后田间无灌水层。非充分灌溉是在有限水资源条件下,通过减少灌水定额扩大灌溉面积,以适当减少单产追求整体最大效益;而控制灌溉则是以减少灌溉供水,控制土壤水分,在增产的同时节约水量。因此,控制灌溉在节水幅度、稳定单产和整体效益方面均优于非充分灌溉和湿润灌溉技术。另外,水稻控制灌溉技术发挥了水稻根系层水分调节作用,减少了无益的水量消耗,使稻田根层土壤具有较强的调蓄功能,改变了传统灌溉条件下稻田的生态环境,使水稻体与环境的协调处于最佳状态,达到了高产、节水的目的。

(二)水稻控制灌溉的技术特点

1. 根据不同生育期合理调节土壤水分的供应

传统水稻灌溉是以水稻全生育期均需给予根层土壤充分的水分,且充分满足水稻需水为前提的，认为在水稻生育期内，如果不能够给水稻根层土壤充足的水分，就必将导致水稻的减产。控制灌溉技术试验研究结果显示，水稻仅仅在其关键需水期才必须充足或较为充足地供应水分。在非关键需水期，就不必要充分供水，按照水稻各个生育期对水分需求的敏感程度，调节土壤水分的合理供应，能有效地减少作物无效蒸腾量、棵间蒸发量和田间渗漏量，水稻田间耗水量明显降低。蒸腾蒸发量的减少，不仅没有减产，而且有益于增产。

2. 符合水稻高产需水规律

由作物需水原理可知，作物需水量与产量密切相关，当作物蒸腾蒸发量达到潜在腾发量时，获得最高产量。换言之，当土壤供水条件发生变化、蒸腾蒸发量减少时，产量就会降低。然而，控制灌溉的水稻在获得高产的同时，田间耗水量及蒸腾蒸发量均大幅度下降。多年试验证明，控制灌溉技术通过控制土壤含水量的大小，既减少了叶面蒸腾，又降低了棵间蒸发，田间渗漏量下降幅度更大。

不同灌溉技术不仅使水稻耗水量发生变化，而且改变了水稻的耗水规律。不同灌溉技术处理水稻需水量及其变化规律试验分析结果表明，采用控制灌溉后，水稻全生育期田间土壤水分状况的变化，使主要耗水组成部分均有明显改善，其叶面蒸腾、棵间蒸发和田间渗漏均明显减少，使稻体和生长环境的协调处于较佳状态，高产稳产和增产节水作用较佳。

3. 减少灌溉用水量

水稻的灌溉用水量，取决于水稻的需水量和其生育期内的有效降水量。一般而言，水稻需水量愈多，则水稻灌溉用水量就愈多；而生育期有效降水量愈多，则水稻灌溉用水量就愈少。

不同灌溉技术的水稻实际灌溉水量差别很大。淹水灌溉的灌溉水量为 5 473.5～7 723.5 m^3/hm^2，多年平均值为 6 957 m^3/hm^2；控制灌溉的灌水量为 2 806.5～3 931.5 m^3/hm^2，多年平均值为 3 340.5 m^3/hm^2。比淹水灌溉节约灌溉用水量 3 616.5 m^3/hm^2，节水 52%。

4. 促进水稻增产

高产水稻的生长应符合最佳生长状态的要求，也就是水稻根系发育良好，保持较高的活力，群体结构好，茎秆粗壮，抗倒伏，叶面积指数增减过程合理，特别是成熟期，能保持有较多的功能叶片，穗大、实粒多、千粒重高。

控制灌溉技术对水稻的根系生长、株型及群体结构形成具有较好的促控作用，实现了水稻高产基础上的再增产。从水稻产量的对比分析可知，控制灌溉水稻的产量各年均高于淹水灌溉，水稻产量多年平均值比淹水灌溉的水稻增产 823.5 kg/hm^2，增产 95%，历年的增产幅度在 0.7%～25.7%。

5. 提高稻米品质

采用控制灌溉的稻米品质有了明显提高。1985 年，经山东农业大学中心化验室分析，采用控制灌溉的稻米的粗蛋白质含量在 10%以上，比淹水灌溉的稻米（同一种品种的稻谷）提高了 22.8%，达到了优质大米的标准。1989 年，经南京农业大学中心化验室做了进一步分析化验,组成蛋白质的17种氨基酸的总和以及7种人体必需的氨基酸含量均明显高于淹灌稻米。

6. 水稻水分生产效率成倍提高

消耗每单位水量所生产的稻谷重量称为水稻水分生产效率,这一指标可用于衡量水资源开发利用程度;而以单位灌溉水量所生产稻谷重量计算的水稻灌溉水生产效率,则可用以衡量属同一降水量范围内的灌区所采用灌溉技术的先进性和合理性,比较它们的增产节水效果。由历年试验结果分析可知,控制灌溉的水稻水分生产效率多年平均值达1.602 kg/m^3,比淹灌处理高出0.72 kg/m^3,提高了81.6%。采用淹水灌溉的水稻灌溉水生产效率多年平均值为1.250 kg/m^3,而控制灌溉的水稻灌溉水生产效率达到了2.515~3.378 kg/m^3,多年平均值为2.864 kg/m^3,比淹水灌溉的多年平均值提高了129.12%。

7. 有效地利用了水稻生育期的光热资源

作物体内的液态水由根系从土壤中吸收,经过根、茎、叶的输导,再汽化成气态水从叶片气孔中逸散到大气中去。在这个过程中要消耗作物体内能量,汽化潜热随温度而变化,每汽化1 g水,在15 ℃时约需消耗2 466 J的热量,在30 ℃时需要消耗2 424 J的热量。

根据试验分析,水稻在本田全生长期内,淹水灌溉的水稻植株蒸腾量为361.8 mm,控制灌溉的水稻植株蒸腾量为251.8 mm,两者相差110 mm,按汽化潜热2 424~2 466 J/g计算,控制灌溉比淹水灌溉的水稻仅植株蒸腾一项,每公顷水稻就可以减少(267~271)×10^{12} J的热量消耗。

水稻植株的能量来源于其生育期内的日光辐射,通过稻体的光合作用将太阳能转化为化学能,并积累于稻体中。所以,减少了水稻植株无效蒸腾引起的热能消耗,能更有效地利用水稻生育期的光热资源,从而促使水稻增产、优质。

8. 减少了田间渗漏量及土壤肥力的流失

采用控制灌溉技术,田间渗漏量大为减少,溶于水中的土壤养分流失必然随之减少,也减少了根层土壤中细颗粒土的流失,这对保持根层土壤的肥力和土壤的结构都具有明显的作用,对减少面源污染和灌区地下水污染都有一定的作用。所以,控制灌溉技术是一项既有经济效益和社会效益,又有生态环境效益的一项灌溉新技术。

9. 投入少而收益高

推广应用控制灌溉新技术的实际投入,主要是技术培训费用、宣传会议费用、广大农户发放明白纸的费用,以及在田间增设必要测水量水设施费用。根据山东省济宁市实际大面积推广运用这项新技术的情况,折合每公顷投入仅30元,而每公顷推广运用所取得的直接经济效益为9 432元,投入产出比为1:314,效益十分显著。

推广这项新技术以后节约出的水资源量,可用来发展工业、农业生产,必将形成更大的社会效益。

综上所述,采用控制灌溉技术种植水稻,不仅节水、高产、优质、高效、节能、保肥,而且投入极少、效益显著。这项先进的新灌溉技术推广深受广大农民欢迎,具有广阔的应用前景。

模块二　水稻控制灌溉技术实施要点

(一)秧苗移栽

1. 移栽前的准备工作

冬小麦或其他前茬作物收割后,要先耕地晒垡。在泡田前要施足底肥,尽可能施些有机肥,有条件的地方最好采用配方施肥。要整平田块,便于灌排,无积水。办法是先放少量水,待其湿透垡头时,用耙耙平,以水找平,再撒施化肥,同时使用除草剂。

秧苗移栽前施碳酸氢铵做基肥,应特别注意施肥时间及撒施的均匀程度,否则会造成大面积或连片的枯叶死苗。一定要注意施肥技术,最好施肥时间在插秧的前一天,严格掌握施肥的数量和撒施的均匀度,以避免因施肥过量和不均匀造成烧苗。

2. 移栽秧苗

插秧时一定要注意泥浆沉实,薄水浅插。

(二)返青期

水稻返青期一般经历6~8 d,控制灌水上限为25~30 mm。如遇晴天,尤其在阳光暴晒的中午,要求薄水层不超过35 cm,不淹苗心,最好田不晒泥。如遇干旱缺水,下限值也应控制在土壤饱和含水量或微露田(土壤饱和含水量的90%)以上。

水稻秧苗移栽后,根系受伤未能恢复(还没扎住根),吸收养分的能力较弱,如果水分供应不足则难以保持植物内的水分平衡。麦茬稻插秧时间一般在6月20日左右,正值干旱少雨季节,晴天多、日照长、光照强度大、气温高、水面蒸发量大,此时缺水,易导致叶片永久萎蔫,甚至枯死。所以,必须灌薄水满足水稻的生理生态需水,加速返青,提前分蘖。

(三)分蘖期

分蘖期控制灌溉的标准是上限控制在土壤饱和含水量,下限控制在土壤饱和含水量的50%~60%。该生育期一般经历30 d左右,此期的灌水方法与淹灌大不一样。淹水灌溉在分蘖末期才开始晒田;而控制灌溉在分蘖前期就进行干湿露田。主要做法可概括为:前期轻控促苗发;中期中控促壮蘖;后期重控促转换。具体控制方法如下。

1. 前期轻控促苗发

每次灌水量150~225 m^3/hm^2,以后自然干到田不开裂。当土壤含水量小于或等于下限值时才进行下一次灌水。

土壤含水量,可用简易取土称重法或中子土壤水分仪测定,无条件时也可用表7-1目测法估计。

由表7-1可知,在土壤基本近似的情况下,可采用目测法判断稻田土壤含水量,以便适时、合理地控制灌水。

2. 中期中控促壮蘖

一般认为,水稻壮蘖应是低位分蘖,叶片刚劲,株型整齐,角质层厚实,挺拔自立;叶色深绿,氮素代谢旺盛;能形成合理的群体结构,病虫害少。因此,在做好前期栽培管理措施的基础上,本期控制灌溉方法应控制好上、下限标准。上限为土壤饱和含水量,下限控制在土壤饱和含水量的65%~70%,一般年份灌水次数不多,如雨水过多,还要注意适时排水。

表 7-1　田面土壤含水量目测法

稻田状况	土壤含水量(%)	占土壤饱和含水量(%)
汪泥塌水陷脚脖	36.6	100
田泥黏脚稍沉实	30~31	81~84
不黏手、不陷脚	24~25	66~68
地板硬、轻开裂	19~20	52~55

3. *后期重控促转换*

水稻分蘖后期，将由营养生长开始转向生殖生长，稻株对养分的吸收也开始发生变化，对氮、磷的吸收趋向减少，对钾的吸收趋向增大，大分蘖生长加快，小分蘖逐渐枯萎，叶面积指数也趋向增大。为了防止无效分蘖的滋生，根层土壤含水量下限值应按偏低控制，一般为土壤饱和含水量的60%。这时正逢汛期，降雨次多量大，地下水位高，应特别注意适时排水，及时晒田，使表土层呈干旱状态，减少水稻根系对氮素的吸收，使叶片变硬而色淡，抑制无效分蘖的滋生，以利于巩固和壮大有效分蘖，增强土层透气性能，使稻根扎得深，促进根系发展，叶的生长受到控制，叶色略黄；使水稻茎秆粗壮，抑制节间过量伸长，增大秸秆充实度，提高后期抗倒伏能力，减少各种病虫害的发生和蔓延；使土壤中氧气增加，地温升高，促进好气性细菌的繁殖，抑制嫌气性细菌的活动，限制根层土壤中有毒有害物质的产生，加快有机质的分解，提高土壤肥力。

应根据稻苗生长状况和土质、肥料、气候条件等因素确定控制的适宜时间和程度。具体做法如下：一看苗量，当达到亩穗数要求后进行重控。二看苗势，稻苗长势过旺，封垄过早，应早重控；反之则可迟些重控。三看叶色，叶色浓绿应早控；叶色轻浅可迟控或轻控。四看天气，天气阴雨连绵应早排水抢晴天露田。五看肥力，土质肥沃及地下水位高的田块要早控；反之，土质差、砂性重、保水能力弱、前期施肥又不多的稻田应轻控。

适时适度地控制土壤水分，是水稻发育过程中生理转折的需要，拔节后至穗分化前尤为重要，能促使根群迅速扩大下扎，调整稻作生理状态，由分蘖期氮代谢旺盛逐渐转向碳代谢，有利于有机物质在茎秆、叶鞘的积累和向幼穗转移，达到抑氮增糖、壮秆强根的目的，为灌浆结实创造必要的条件。具体的控制露田标准见表7-2。

表 7-2　控制露田标准

类别	水稻田面状况	稻田含水量占土壤饱和含水量(%)
轻控	田面沉实，脚不黏泥	70
中控	踩踏无脚印，地硬稍裂纹	60
重控	田面遍裂纹，宽度1~2 cm	50

(四)拔节孕穗期

水稻的拔节孕穗期是生育过程中的需水临界期，这个时期的稻株生长量迅速增大，根的生长量是水稻一生中最大的时期，稻株叶片相继长出，群体叶面积指数将达最高峰值，水稻的生长也已经转移穗部。所以，水稻对气候条件和水肥的反应比较敏感，稻田不可缺水受旱，否则易造成颖花分化少而退化多、穗小、产量低。

按照本期水稻生长发育的特点，确定该期的主攻方向为促进壮秆、大穗、促使颖花分化、减少颖花退化，为争取较理想的亩穗数、穗粒数、结实率、千粒重打下基础。

1. 适时确定灌溉日期

(1)根据抽穗日期定减数分裂时间。对当地粳稻而言，减数分裂开始的时间一般在抽穗前 15 d 左右。

(2)以水稻剑叶的出现定日期。在稻株最后一个叶刚长出以后的 7 d 左右，正是稻穗迅速猛长时间，上部很快发育，日增长量也逐渐增大。

(3)剥稻穗、量穗长定时间。采用对角线五点取样法，选有代表性的稻株剥其穗、量长度，当穗伸长到 8~10 cm 时为花粉母细胞减数分裂期。

用上述 3 种方法确定时间，可做到适时灌水。

2. 合理确定灌水量，适时灌水

在巧施穗肥的基础上，此阶段灌水方法上限为土壤饱和含水量，下限占土壤饱和含水量的 70%~80%，灌一遍水，露几天田。应注意逢雨不灌，大雨排干，调气促根保叶。

(五)抽穗开花期

水稻抽穗开花期光合作用强，新陈代谢旺盛，是水稻一生中需水较多的时期。本期稻株体内的生理代谢逐渐转移到以碳素代谢为主，增加叶鞘、茎秆内的淀粉积累，以保证营养转向谷粒生长，为抽穗后提高结实率创造条件。此时缺水将会降低光合能力，影响有机物的合成运输及枝梗和颖花的发育，增加颖花的退化和不孕。因此，要合理调控土壤中水、氧关系，尽力保护根系，延长根系生命，保持根系活力和旺盛的吸收功能，维持正常新陈代谢能力，以期养根保叶，迅速积累有机物，提高水稻结实率。

此阶段控制灌溉采取灌水至饱和，露一次田 3~5 d，土壤水分控制下限为土壤饱和含水量的 70%~80%，照此方法灌水 10~15 d。

(六)灌浆期

水稻生育后期管理措施不可忽视，否则易造成大幅度减产。据测定，上部叶片(剑叶、倒二叶、倒三叶，即“三叶”)所形成的碳水化合物占稻谷碳水化合物总量的 60%~80%，积累的干物质重占水稻一生中总干物质量的 70%左右。上部叶片(倒三叶)制造的有机物基本上送给了稻穗，不再向下输送，下部的叶片所制造的养分向根部和下部节间输送。因此，要养稻根、保“三叶”、长大穗、攻大粒。

此阶段控制灌溉的具体做法是田面干、土壤湿，3~4 d 灌一次水。控制灌溉有利于通气、养根、保“三叶”、促灌浆，提高粒重和产量，使水稻后期具有“根好叶健谷粒重，秆青籽实产量高”的长相。

模块三　海水稻种植技术

中国盐碱地分布极为广泛，类型也是多种多样，主要包括东部滨海盐碱地、黄淮海平原的盐渍土、东北松嫩平原盐碱地、半荒漠内陆盐土、青海新疆极端干旱的漠境盐土等。据第二次全国土壤普查资料统计，在不包括滨海滩涂的前提下，我国盐渍土面积为 3 487 万 hm^2，约为 5 亿亩，可开发利用的面积多达 2 亿亩，占我国耕地总面积的 10%左右。如果亩产达到的300 kg,可以增谷600亿kg,满足2亿人的粮食需要。推广海水稻种植技术,将在很大程度上缓解人类水资源、可耕地和粮食三大危机,对保障国家粮食安全具有重大现实意义和深远的战略意义,也是实现党的二十大报告提出的全方位夯实粮食安全根基的重要举措。

海水稻种植技术是水稻控制灌溉技术的重要发展,2016年,我国著名杂交水稻专家袁隆平院士领衔成立了青岛海水稻研究发展中心。2018年5月28日,青岛海水稻研发中心在青岛城阳、黑龙江大庆、陕西南泥湾、新疆喀什和浙江温州5个实验基地同时举行海水稻插秧活动。当年青岛城阳实验基地,在含盐度6‰咸水灌溉条件下,亩产达到了620.95 kg。海水稻种植关键技术包括以下几个方面。

(一)海水稻种质筛选与品种改良

近年来,青岛海水稻研发中心主持开展了全国海水稻品种试验,取得了较好的进展。江苏等省也开展了类似的耐盐水稻多点测试工作。海水稻种质筛选与品种改良是一项基础性的工作,可为盐碱地稻作改良提供支撑。目前的耐盐品种大多是对已育成的水稻品种进行耐盐性筛选而获得。江苏沿海地区农科所、江苏省农科院粮食所等单位近年已开始在滩涂开展育种分离世代的选种工作,预计在改良水稻耐盐性以及产量、品质性状方面将取得可喜的进展。

(二)盐碱地稻田地力提升技术研发

滨海盐土地力水平低下,有机质含量仅5 g/kg左右,提高盐碱地稻田地力与缓解盐胁迫同样重要。提升盐碱地地力要在作物秸秆全量还田的基础上,重视有机肥的使用,增施氮、磷肥。

(三)海水稻栽培关键技术研发

盐池试验表明与非盐胁迫相比,3 g/kg土的盐胁迫下单位面积穗数略有增加但不显著,每穗实粒数显著下降,仅为对照的45.9%~63.5%,千粒重显著下降。盐胁迫对水稻产量的影响的关键时期为拔节孕穗期。其关键技术包括肥水运筹以及缓解盐胁迫的生长调节物质的使用,有关生长调节物质缓解盐胁迫、增加每穗粒数作用等。

任务二　水稻"薄、浅、湿、晒"灌溉模式

水稻"薄、浅、湿、晒"灌溉,是根据水稻移植到大田后各生育期的需水特性和要求进行灌溉排水,为水稻生长创造良好的生态环境,达到节水、增产的目的。概括地说,就是薄水插秧,浅水返青,分蘖前期湿润,分蘖后期晒田,拔节孕穗期回灌薄水,抽穗开花期保持薄水,乳熟湿润,黄熟期湿润落干。

模块一　"薄、浅、湿、晒"灌溉技术的特点

(一)实现了高产水平下的再增产

广西壮族自治区进行的水稻试验产量统计分析结果表明,采用"薄、浅、湿、晒"灌溉制度的水稻产量都超过采用浅灌方法的水稻产量,"薄、浅、湿、晒"灌溉制度的水稻平均增产7.72%。采用"薄、浅、湿、晒"灌溉方法增产的深层次原因主要有以下几方面。

1. 提高了有效分蘖率

试验观测的资料表明，不同灌溉方法的水稻植株分蘖速度和分蘖苗数，以及有效分蘖苗数都不同。“薄、浅、湿、晒”灌溉制度与浅灌相比不仅分蘖时间早、分蘖速度快，而且有效分蘖苗数增加，有效分蘖率提高，这是构成单位面积产量高的一个重要因素。有效分蘖率高，成穗数就多，产量就能提高。试验表明，“薄、浅、湿、晒”灌溉制度比浅灌有效分蘖率高 0.5%~8.6%。

2. 改善了植株形态

“薄、浅、湿、晒”灌溉制度下水稻植株高度较短、茎秆较粗（与浅灌灌溉制度比），对于防止或减少倒伏、提高单产都具有显著的作用。这也是“薄、浅、湿、晒”灌溉制度产量较高的原因之一。

3. 穗部形成了穗大、结实率高的优势

广西壮族自治区的水稻试验资料表明，“薄、浅、湿、晒”比浅灌水稻穗子长得长，结实率高。穗长比浅灌方法长 0.1~0.9 cm，结实率提高 1.1%~10.6%。

4. 增加了千粒重

谷粒的大小和饱满程度直接影响到产量的高低。“薄、浅、湿、晒”灌溉制度比浅灌制度谷粒饱满，千粒重高，而且谷粒较大。广西壮族自治区 1980 年水稻试验测试的结果显示，“薄、浅、湿、晒”比浅灌早稻千粒重提高 0.3~1.6 g，晚稻千粒重提高 0.3~1.5 g。

5. 增强了水稻生理活力

不同的灌溉制度对水稻生理产生不同的影响。水稻试验测试的结果表明，“薄、浅、湿、晒”灌溉制度比浅灌制度的伤流量增加，干物质积累增多，光合生产率（整株植物的有效面积在一段时间内制造积累干物质的指标）提高，每棵植株干重增大，特别在作物生长的中后期更明显。作物生长中期测定的伤流量，“薄、浅、湿、晒”比浅灌增加 37~242 mg/苗时，每亩干物质积累增多 21.5~60.0 kg；光合生产率提高 0.04~0.46 g/(m^2·d)。

（二）降低了田间耗水量

水稻田间耗水量包括植株的叶面蒸腾量、棵间蒸发量和地下渗漏量三部分。水稻耗水量试验对比成果表明，“薄、浅、湿、晒”相结合灌溉比全期浅灌方法田间耗水量减少，平均耗水量减少 32.2~39 m^3/亩。

模块二 “薄、浅、湿、晒”灌溉技术实施要点

（一）工程要求

水稻实行“薄、浅、湿、晒”灌溉制度，是水利工程管理技术的一项重大改革，是提高水利工程经济效益的必由之路。搞好推广水稻节水灌溉工作须做到以下几点：

（1）应有水源保证，这是推广实施的先决条件。

（2）要建立健全管水组织，加强用水管理。

（3）应搞好水利工程维修，增加蓄水保水，确保灌区农田用水。

（4）应搞好灌区渠系配套，实行计划供水用水。加设干、支、斗渠的量水设备和灌区园田化工程，农田用水能灌能排，确保推广工作实施。

(二)实施要点

1. 薄水插秧,浅水返青

插秧时,田间保持薄水层,有利于保证栽插质量,避免漂秧,要求水层不超过 20 mm。栽插后,由于植伤,水稻秧苗根系的吸水能力大大减弱,为了平衡秧苗的生理需水,田间保持一定的浅水层,可以保持一个良好的温湿环境,使根系恢复生长,促进秧苗快速返青。

返青期田间水层保持在 40 mm 以内,低于 5 mm 应及时灌水。浅水层的掌握也要因地制宜,根据具体情况而定。例如,秧龄长、较高的秧苗,水层可以深一些,采用 40 mm 左右的水层;秧龄短、秧苗幼小,可以采用 30 mm 左右的水层。施用面肥时,插秧的田间水层宜深些;反之,施底肥的水层宜浅些。

在高温或低温的条件下,田间水层都应加深到 50~65 mm。这样较深的水层可以调节田间的水温、地温和湿度。高温时采用深灌可以降低田间的水温、地温和提高棵间的湿度,避免水温高而灼伤植株茎部,影响秧苗返青;而低温时采用深灌可以提高田间的水温和地温,避免水温和地温的急剧下降而影响秧苗返青,需待低温和高温过后才恢复到原来的 30~40 mm 的浅水层。

2. 分蘖前期湿润,分蘖后期晒田

秧苗返青后,根系生长恢复正常,保持田面处于湿润状态,有利于增强根系活力,促进分蘖早发,分蘖前期应 3~5 d 灌一次 10 mm 以下的薄水层,经常保持田间土壤水分处于饱和状态。

分蘖后期,为了抑制无效分蘖的发生、促进根系的伸长、为生殖生长打下基础,需要进行晒田。晒田必须严格掌握好时间和程度,才能充分发挥晒田的作用,既不能过早也不能过迟,晒田过早会影响分蘖,晒田过迟则影响幼穗分化。因此,晒田时间应在分蘖后期至幼穗分化前,杂交品种分蘖能力强,应在分蘖苗数达到计划苗数的 80%~90%时,就开始晒田,这是由于刚开始晒田的头 2~3 d,秧苗仍在继续分蘖,当晒田由轻到重时,分蘖也就停止了,这样总的分蘖数也就可达到计划苗数时进行晒田的要求。

晒田的程度,要看田、看苗、看天决定。一般是叶色浓绿、生长旺盛的肥田、冷底田、低洼田、黏土田要重晒;而叶色青绿、长势一般、肥料不多的瘦田、高坑田、砂土田要轻晒。因为冷底田、低洼田、肥田、黏土田保水能力强,不易晒透,所以要重晒;砂土田、瘦田保水能力差,漏水性强,不宜重晒,要轻晒。重晒田一般 7~10 d,晒到田中间出现 3~5 mm 的裂缝,田边土略白,叶色退淡,呈青绿,叶片挺直如剑为宜。轻晒田一般晒 5~7 d,晒到田中间泥土沉实,脚踩不陷,田边呈鸡爪裂缝,叶色稍为转淡为宜。晒田的天数还要看天气,如晒田期间气温高、空气湿度小,晒田的天数应少些;而气温低、空气湿度大的阴雨天气,则晒田天数应长些。

当然,晒田还要根据水源条件和灌区渠系配套情况,分片进行晒田,避免晒田后灌水来不及而造成干旱,影响作物生长。

3. 拔节孕穗期回灌薄水

拔节孕穗期是水稻的需水临界期,也是水稻吸肥最旺盛的时期,应保证充足的水分供应,以利于壮秆,并为大穗打下基础。此期田间应保持 10~20 mm 的浅水层,在地下水位比较高的田块,也可以采用湿润灌溉方法。

4. 抽穗开花期保持薄水

抽穗开花期，水稻光合作用强，新陈代谢旺盛，也是水稻对水分反应较敏感的时期，耗水量仅次于拔节孕穗期，这个时期应采用薄水层 5～15 mm 灌溉。特别要注意，抽穗开花期早稻往往因碰到高温、晚稻因遇上寒露风而减产。

据有关的试验资料，当日最高温度达到 35 ℃时，就会影响稻花的授粉和受精，降低结实率和千粒重；遇上寒露风的天气，也会使空粒增多，谷粒重降低。因此，为了防止高温和寒露风的伤害，除适当加深灌溉水层外(一般把水层加深到 33～50 mm)，最好同时采用喷灌，如利用平时喷农药的工具进行喷灌。

高温时喷灌，可以使田间气温降低 0.6～1.5 ℃，空气相对湿度增加 3.4%～6.3%，提高结实率 2.1%～2.8%。遇寒露风时喷灌，可以调节田间气候。当水滴洒在土壤上，能起保持土温和提高田间温度的作用，而且由于茎叶上的水滴堵塞了一部分气孔，植株水分蒸发减少。这样，植物体内随水分蒸发而散发出来的热量也相应地减少，植株体内细胞液的温度就可以比较缓慢地下降，从而减轻寒露风的危害。喷水雾化强度越大，喷水时间越长，防寒露风伤害的效果就越好。

5. 乳熟期湿润

乳熟期是净光合生产率最高的时期，水分管理应以养根保叶为目的。此期田间的土壤水分要保持湿润饱和状态。一般掌握 3～5 d 灌一次 10 mm 以下的薄水层。

6. 黄熟期湿润落干

黄熟期水稻田间耗水量已急剧下降。为了保证籽粒饱满，前期保持湿润，后期使其落干，遇雨应排水。

任务三　水稻薄露灌溉

薄露灌溉是一种稻田灌薄水层、适时落干露田的灌水技术。“薄”是指灌溉水层要薄，一般在 20 mm 以下，习惯上深灌在 60 mm 以上，浅灌为 30～60 mm。“露”是指田面表土要经常露出来，表层土面不要长期淹盖着一层水。露田程度要根据水稻不同生育阶段的需水要求而定。遇连续降雨，稻田淹水超过 5 d 时，要排水落干露田。薄露灌溉改变了稻田长期淹水的状态，有效地改善了水稻的生态条件，促使水稻生长发育，形成高产基础上的增产，能改变水稻蒸发，减少田间渗漏，提高降雨的有效利用，显著减少灌溉水量。薄露灌溉技术能广泛适用于水稻种植区，平原地区和较肥沃的黏壤土水稻区最为适宜。

模块一　水稻薄露灌溉技术特点

目前，水稻灌溉采用“浅灌勤灌”的方法，一般掌握最小灌溉水层 30 mm 左右，最大灌溉水层 60 mm 左右，而且从插秧到收割，田间一直不断水，处于长期淹灌状态，也称为淹灌。长期淹灌的最大弊病就是土壤通透不良，土壤中有机质的腐殖化容易产生大量的有机酸、酮等中间产物和亚铁、硫化氢、甲烷等还原性有毒物，对作物及土壤中的微生物产生毒害作用，尤其会对水稻的根系造成伤害，使根系活力下降，减弱根系对水分和养分的吸收，严重影响水稻生长发育及产量。

薄露灌溉彻底改变了长期淹灌的状态,有效地改善了水稻的生态条件,明显地减少了灌溉水量。其具体表现如下。

(一)有效地改善水稻生长环境,促进水稻高产

1. 增强土壤通气性,改善根系生长环境

薄露灌溉技术在水稻移栽后的第5天就要落干露田,一般早稻露田有9~12次,晚粳稻露田有12~16次。落干露田时,土壤的水分减少,空气在大气压力作用下进入土壤孔隙;露田结束灌溉时,水中所含的氧气随水分充入土壤孔隙并吸附在土壤中,增加了土壤的氧气含量。随着淹水时间的延长,土壤中有机质的腐殖化产生了还原性物质,氧溶解减少,逐渐造成缺氧。据多次土壤水的溶解氧试验测定结果分析,灌后当天测定含氧量为7.8 mg/L,以后每天定时测定,含氧量逐天减少,到第5天时仅0.6 mg/L,以后一直测不到含氧量。多次测定的规律大体相同,即灌后到第6天,土壤中的含氧量已耗尽。这与土壤性状和肥力有关,黏性土壤和有机质含量较高的农田,溶解氧的消耗就较快。因此,水稻薄露灌溉技术要点指出,连续淹水超过5 d就要排水落干露田。

研究中对薄水层和深水层的含氧量也做了测定。在大气压力和风的波动作用下,空气中的氧不断充入表面水,但不易进入较深的水层。测定结果显示,薄露灌溉比深灌的水层含氧量高1倍以上。

薄露灌溉不仅使土壤通气,减少还原性物质,而且活跃了好气性微生物的活动,促进有机质的矿物质化,有利于根系的健康生长。根系生长好,吸收水分和养分的功能强,能促进地上植株的茎、叶生长,使植株粗壮挺拔。

2. 分蘖早、快,成穗率高

秧苗移栽大田后第5天便落干露田,采用除草剂的稻田在移栽后第9天左右落干露田(采用抛秧的田块因无法耘田必须用除草剂)。分蘖期至少有2次以上的露田,以增加土壤根层的通气增氧,促使根系迅速生长。根系吸收土壤中的养分功能强,分蘖就早且快。一般在移栽后的15 d左右分蘖强度最大,分蘖高峰比淹灌提前5~7 d出现,基本上是第一、二分蘖,分蘖早,节位低,成穗率高(见表7-3)。

表7-3 分蘖强度与有效穗率调查(1984年,晚稻)

处理	平均日分蘖量(株/丛)	最高苗数(万株/hm²)	有效穗(万穗/hm²)	有效穗率(%)
薄露灌溉	0.54	568.5	444	78.1
淹灌	0.41	576	421.5	73.2

薄露灌溉水稻分蘖早、快,日平均分蘖强度比淹灌大0.13株/丛,成穗率比淹灌高4.9%,一般增加穗在30万穗/hm² 以上。薄露灌溉水稻有效穗多的增产率约为8%。

3. 吸收养分多,为大穗型群体创造条件

在孕穗初期,薄露灌溉比淹灌的水稻平均单株茎粗(离地面10 cm处)大0.8 mm。薄露灌溉的水稻剑叶挺拔、厚实挺笃,穗大粒多,产量高。水稻单株叶面积各生育阶段都比淹灌水稻大,前期分蘖快且早,叶面积大;后期养根保叶,功能叶好,单株绿叶面积亦大。

中期单株面积仍然是薄露灌溉的大,但无效分蘖少,叶面积指数反而小于淹灌水稻。良好的叶片功能和合理的叶面积指数,反映出薄露灌溉的水稻能更有效地利用叶绿素吸收太阳光的能量,积累更多的有机物质(见表 7-4)。

表 7-4 叶面积、干物质重调查(1984 年,晚稻)

处理	叶面积				孕穗期干物质重(g/丛)
	高峰时		收割时		
	单株面积(cm^2)	指数	单株面积(cm^2)	指数	
薄露灌溉	134	7.6	71	3.1	34.3
淹灌	115	8.6	47	1.9	29.9

分析表 7-4 中薄露灌溉与淹灌水稻叶面积和干物质重调查结果,可以看出,叶面积高峰时,尽管薄露灌溉的单株面积比淹灌大 19 cm^2,但因无效分蘖少,叶面积指数反而小 1.0。收割时薄露灌溉的单株面积比淹灌大 24 cm^2,叶面积指数亦大 1.2,单株面积大,叶面积指数合理,光合效率提高。孕穗期薄露灌溉比淹灌的水稻干物质重大 4.4 g/丛,因此薄露灌溉的增产潜力大。据试验统计,薄露灌溉比淹灌平均穗粒多 4~16 粒,穗粒多形成的增产率在 4%左右。

4. 养根保叶,增加灌浆速度,提高粒重

薄露灌溉的后期加重了露田程度,使根层土壤更多地接触空气,增强根系活力。当复灌薄水后,有效地吸收一定量的水分供最后 3 片叶光合作用,产生更多有机物。当落干露田时,有效地减少田间相对湿度 8%~10%,对防止纹枯病有明显效益,一般发病率要减少 30%以上,病情减轻 4~9 倍(见表 7-5)。病虫害的明显减轻,使得 3 片功能叶生长健康,增加了灌浆速度,干物质积累增多。

表 7-5 早稻纹枯病害调查表(浙江省余姚市,成熟期)

处理	调查总数(片)	不同纹枯病等级调查数(片)						发病率(%)	病情指数
		0 级	1 级	2 级	3 级	4 级	5 级		
薄露灌溉	252	241	9	2				4.4	0.026
淹灌	258	156	82	20				39.5	0.24

早稻和杂交晚稻的千粒重每增加 1 g,相当于每公顷增产 225~300 kg。粳稻千粒重每增加 1 g,相当于每公顷增产 150~225 kg。根据试验资料统计,薄露灌溉比淹灌增加千粒重 0.8~1.4 g,个别甚至增加 3 g 左右,这方面的增产率在 2%左右。

(二)减少稻田耗水量,提高雨水利用率

1. 减少蒸腾蒸发量

薄露灌溉多数时间田面无水层,淹灌稻田的水面蒸发变成了薄露灌溉的土面蒸发,由于土壤水分渐渐减少,根系吸收水分也不充分,降低了蒸腾系数。据统计,薄露灌溉技术处理的水稻田落干露田12~15次,落干露田的天数占大田生长期的45%~60%,有效地减少了水面蒸发,同时薄露灌溉的无效分蘖明显减少,也减少了无效叶面蒸腾。

2.减少渗漏量

薄露灌溉需经常露田,露到一定程度时,土壤中重力水减少,相对的垂直渗漏量也减少。

3.提高降雨量的有效利用率

一般而言,常有水层的稻田遇降雨大多形成地面径流,有效利用雨量较少。薄露灌溉因田间水层很小或露田土壤水亏缺,遇雨不仅补充土壤亏缺量,田间还可蓄水,一次性的降雨利用量较多。在梅雨季节,经常降强度不大的梅雨,采取薄露灌溉的早稻田对降雨的利用率更高。一般薄露灌溉比淹灌的雨量利用率提高20%~30%。

由于水稻蒸腾蒸发量和田间渗漏量的显著减少,降雨有效利用率的提高,薄露灌溉技术处理的水稻灌溉水量大幅度降低。根据试验资料统计分析,薄露灌溉比淹灌平均每年每公顷节水2 190 m^3,节水率为32.3%。

(三)适用范围广,对田间工程要求低

1.适应性强

除无灌溉条件的"靠天田"和少数砂粒含量较高、地下渗漏大的土质外,其他土质的水稻灌区均能应用薄露灌溉技术。

2.对田间工程要求低

田间工程是实施水稻薄露灌溉技术的保证。薄露灌溉技术对田间工程的要求较低,为保证土壤受水均匀,要平整田面,尽量做到田面平整,要求"半寸水不露泥";同时为保证灌溉供水及时灵便,供水渠道应采取渠道防渗、管道输水等措施,以保证渠系通畅;为保证入田水量的控制,应合理配置放水控制、测水量水建筑物及设备;推行薄露灌溉要达到经常的露田,无论是自然落干还是开沟排水,均要强调排水沟的疏通和深掘。对于排水性能较好的稻田,排水沟的深度要达到0.4~0.5 m,使沟中的水位低于田间0.2~0.3 m。对于地下水位高、排水能力弱、容易引起渍害的稻田,排水沟的深度达到0.9~1.1 m,沟内的水位应低于田面0.8~0.9 m。

模块二　水稻薄露灌溉技术实施要点

(一)技术要点

薄露灌溉归结起来,主要技术要点如下:

(1)每次灌水在20 mm以下。

(2)每次灌水后都要自然落干露田,露田的程度要根据水稻生育阶段的需水要求而定。

(3)遇梅雨季节和台风期连续降雨,田间淹水超过5 d,要排水落干露田。

(4)遇防治病虫害和施肥时,应与灌溉妥善结合起来,要服从和满足防治病虫害及施肥需要的水量。

在特殊情况下要改变灌溉水层,移栽时遇到高温,要深灌降温。移栽时遇28 ℃以上气温,一般生长较嫩的秧苗容易被高温灼伤,出现稻叶卷筒、叶片枯白等败苗,将造成生育期延长、分蘖迟缓、成穗率降低。遇高温时,除尽量做到傍晚插秧外,在灌还田水时要深灌。实测资料证明,深灌比浅灌可降低根层土温4 ℃左右。

要特别指出，在防治螟虫时，水层应比平常深一些。例如，薄露灌溉每次灌水在 20 mm 以下，当防治螟虫时，在施药之前田间水层必须灌至 30 mm。螟虫在水面之上咬破茎壁，钻入茎内吸取叶汁，破坏叶心，叶片便枯死，有的地方称“枯心苗”。所以，施药前先灌水至螟虫虫口上端，施药后农药随水进入虫口，将螟虫杀死。如果仍采用薄露灌溉方式，农药不能进入洞内，防治效果不好。

对于采用抛秧种植的稻田，由于抛秧种植没有返青期，不受低温与败苗的威胁，而且薄露灌溉促使抛秧的稻苗根系深扎，后期抗倒伏，因此薄露灌溉更适合于抛秧种植。

（二）具体方法

水稻薄露灌溉技术有效地改善了土壤的理化条件并调节了田间小区气候，其关键是落干露田。根据水稻的不同生育期露田程度略有差异，简单地分为 3 个时期（见表 7-6）。

表 7-6　落干露田阶段

生育期		返青	分蘖	拔节	孕穗	抽穗	乳熟	黄熟
露田阶段		前期			中期		后期	
生长天数（本田期）	早稻	26 d 左右			22 d 左右		24 d 左右	
	晚稻	30 d 左右			26 d 左右		28 d 左右	
	晚粳	30 d 左右			32 d 左右		40 d 左右	

1. 前期

前期是指从移栽后经返青期和分蘖期至拔节期，主要为营养生长阶段，拔节期转入生殖生长。该阶段首先要明确第一次露田的日期与程度，其最佳时间是移栽后的第 5 天，以田间已呈自然落干的状况最为理想。若田间尚有水层，则要排水落干，表土都要露面，没有积水，肥力稍好的田还会出现蜂泥，说明表土毛细管已形成，氧气已进入表土，此时要复灌薄水，再让其自然落干，即进行第二次落干露田。这次露田程度要加重，可至表土开始微裂再灌薄水，如此一直至分蘖后期。在分蘖量（包括主茎）已达 450 万/hm^2，或每丛（有的地方称穴）分蘖已有 13~15 个，且稻苗嫩绿，还有分蘖长势的情况下，要加重露田，可露到田周开裂 10 mm 左右，田中间不陷足，叶色褪淡。此时切断了土壤对稻苗根系的水分与养分的供应，使稻苗无能力分蘖，这叫重露控蘖。拔节期仍每次露田到表土开微裂时再灌薄水。

薄露灌溉比淹灌容易长草，应使用除草剂除草。移栽后第 4~5 天应施除草剂，并要保持 4~5 d 的水层。若不能保持 4~5 d 的水层，自然落干效果也可以，因落干后药剂黏在土面上，草芽同样会死亡。采用药物除草，先要灌足能维持 4~5 d 的水量，则采用除草剂的稻田第一次露田时间要推迟 4~5 d，也就是要在移栽后的第 9 天或第 10 天才可第一次露田。这次露田程度可重一点，与不用除草剂的第二次露田程度一样，即当表土开始微裂时再灌薄水。

2. 中期

中期是指孕穗期与抽穗扬花期。此时期是水稻生长最茂盛、呼吸作用最强的阶段，是水稻全生长期的耗水高峰，一定要满足水量，灌溉上仍用薄水，而露田的程度比前期稍轻，在田面即将断水时灌薄水,这样既保持田间有一定的湿度,又不使湿度太大,并可满足水稻生理需水。

拔节孕穗是营养生长和生殖生长同时并进的时期,植物生育旺盛,对水分、大部分养分的吸收以及光合作用都进入最高峰,这个时期是决定茎秆壮弱、穗子大小和粒数多少的关键时期。如果此时期缺水,则其他器官向幼穗吸水,使正在发育的幼穗受损,造成穗小、粒少。缺水时还会削弱有机物质的合成和运输,影响幼穗分化所需的养分供应,抽穗开花期也是水稻对水分敏感的时期,除要求土壤能供给所需水分外,还要求较高的空气湿度。如果缺水,轻则延迟抽穗,重则抽不出穗,或穗抽出后,由于空气干燥,花粉和柱头失水干枯,不能下沉受精而成秕粒。所以,这个时期稻田土壤水分应保持100%,但如果长期水层覆盖,会造成还原作用加强,根系生长不良,并易引起病虫害和倒伏。另外,在遇到高温或低温时(中稻高于40 ℃,晚稻低于15 ℃)还应采取以深水保温或降温的措施,对于地下水位高、保水力强和生长过旺的稻区,在抽穗前3~5 d,穗的各部分发育完成时,可露田轻晒1~2 d,以改善土壤通透性,防止根系早衰。

3. 后期

后期是指乳熟期和黄熟期,即结实成熟期。水稻进入乳熟期与黄熟期渐渐转入衰老,绿叶面积随之减小,蒸腾量亦慢慢减少。但水稻还需一定的水分,以供最后3片叶的光合作用,制造有机养分,并把土壤中的养分与植株各部位积存的有机养分输送到穗部。这就要求根系保持一定的活力,这样达到养根保叶。该时期要加重露田程度,使氧气更易进入土壤中,减少有毒物的产生,保持根系活力,这样才能使茎叶保持青绿。乳熟期每次灌薄水后,落干露田到田面表土开裂2 mm左右,直至稻穗顶端谷粒变成淡黄色,即进入黄熟期,落干露田再加重,可到表土开裂5 mm左右时再灌薄水。

4. 收割前

收割前要提前断水。多次试验表明,断水过迟会延迟成熟,从而造成割青而影响产量;断水过早会造成早衰,灌浆不足。所以,断水过迟、过早都会造成减产,且米质易碎,整米性不高,出米率低。提前断水时间与当时的气温、湿度有很大关系。气温高、湿度大,提前断水时间应短一些,相反则应长一些。如果气温高、天气干燥,提前5~10 d断水。如果气温不高、经常阴雨,提前7~15 d断水。

能力训练

1. 试述水稻控制灌溉技术实施的主要要点。
2. 简述水稻"薄、浅、湿、晒"灌溉模式的含义。
3. 水稻薄露灌溉的适用条件有哪些?

项目八　节水灌溉管理技术

【目标】

了解非充分灌溉条件下的作物灌溉制度意义,理解作物灌溉预报技术,掌握灌区量测水技术方法,能够正确运用灌溉自动化控制技术和节水灌溉工程管理模式。

【任务】

1. 非充分灌溉条件下作物灌溉制度确定。
2. 作物灌溉预报方法。
3. 灌区量测水方法。
4. 灌溉自动化控制技术。
5. 目前我国节水灌溉工程管理模式主要有哪些?

任务一　非充分灌溉条件下作物灌溉制度的制定

模块一　作物水分生产函数的建立

作物水分生产函数是定量表达作物用水量与产量间关系的函数,是实施非充分灌溉的重要基础。作物水分生产函数中的用水量常用3种指标表示,即灌水量、田间总供水量(灌水量+有效降雨量+土壤储水量)和作物实际蒸发蒸腾量。由于供给的水分并不一定都能为作物利用,所以用前两个指标表示作物用水量并不十分恰当。目前,最常用的指标是作物实际蒸发蒸腾量。

根据采集数据时对生育时期的处理方法,作物水分生产函数可分为两大类:一是全生育期模式;二是分阶段模式。

(一)全生育期模式

全生育期模式表达的是作物全生育期的总用水量与产量间的关系。全生育期模式的基本形式为

$$Y_a = f(ET_\Delta) \tag{8-1}$$

式中　Y_a——作物实际产量;

ET_Δ——全生育期实际用水量。

全生育期模式有很多种类,有研究指出作物用水量与产量之间呈直线关系,有的指出作物用水量与产量之间呈抛物线关系,还有用其他类型曲线表示的。这种差异与作物类型、气候条件、土壤类型及肥力、灌溉方法等不同有关。另外,即便使用同一种模式,其中的有关参数在同地点和年份间也有较大变化。目前应用比较多的主要有以下两种模型:

Doorenbos 模型表示式

$$1 - \frac{y}{y_m} = k_y(1 - \frac{E}{E_m}) \tag{8-2}$$

Stewat 模型表示式

$$\frac{y}{y_m} = 1 - \beta_0 + \beta_0 \frac{E}{E_m} \tag{8-3}$$

式中 k_y——产量反映系数；

y——实际产量；

E——实际耗水量；

y_m——最高产量；

E_m——最高产量水平下的耗水量(无水分亏缺)；

β_0——经验系数。

(二)分阶段模式

仅有产量与总耗水量之间的关系难以定量反映作物不同生育阶段的水分亏缺对产量的影响,通常用相加或相乘模型来表示产量与不同生育阶段耗水量的关系。

1. 相加模型

相加模型为

$$\frac{y}{y_m} = \sum_{i=1}^{n} k_{yi}\left(\frac{ET_i}{ET_{mi}}\right) \tag{8-4}$$

式中 y——实际产量；

y_m——供水充分条件下的最高产量；

ET_i——第 i 阶段的耗水量；

ET_{mi}——第 i 阶段的最大耗水量；

k_{yi}——敏感系数；

n——作物生育期划分阶段数。

建立产量与阶段耗水量关系模型,同建立产量与总耗水量关系相比,本身就是一种进步,但从其物理意义来看,把本来连续的生长过程划分为若干个独立的生长阶段,若某一生育阶段因严重受旱而绝产,而产量仍有一定的计算值,这与事实不符。但是作为一种计算方法,在一定的范围内应用有其实用性,西北农业大学康绍忠博士在我国北方进行产量预测结果表明,其标准误差小于6%。

2. 相乘模型(Jensen 模型)

作物在某个生育阶段受旱后,会对以后的生长过程产生影响,每个生育阶段都是人为划分的,不是孤立的,因此考虑模型为

$$\frac{y}{y_m} = \prod_{i=1}^{n}\left(\frac{ET_i}{ET_{mi}}\right)^{\lambda_i} \tag{8-5}$$

式中 λ_i——第 i 阶段作物水分亏缺反映的敏感指数；

其他符号意义同前。

从物理意义上讲,相乘模型优于相加模型。相加模型中的 k_{yi} 可据已有的试验资料,用多元线性回归法求得;求相乘模型中的 λ_i ,可将该模型数学式进行数学变换(等式两边

取对数),也可以转化为线性回归问题,借助计算机很容易求得。

这类模式将整个生育期划分为若干个阶段,分阶段考虑作物用水量与产量之间的关系。这样做不仅可以定量表达水分不足程度的影响,也能同时表达供水不足发生时间的影响。

模块二　作物非充分灌溉制度的制定

非充分灌溉是指由于灌水不充分,使得水分供给状况不能充分满足作物的需求,从而使作物实际用水速度小于最佳水分环境条件下的需水速度的灌溉实践。灌溉不充分可能发生于整个生育期,也可能只发生于某个或几个生育阶段。非充分灌溉包括经济灌溉与有限灌溉。经济灌溉是指灌溉供水不受限制条件下,以单位耕地面积收益最大为目标确定的作物灌溉用水定额及其灌溉制度。有限灌溉是指灌溉供水时间受限,或供水量受限制,或供水时间和供水量都受限制条件下的灌溉。由于水资源有限,我国大部分地区都无法进行充分灌溉,而是实行不同程度的非充分灌溉。随着我国农业水资源紧缺状况的不断加剧,非充分灌溉的覆盖面积还将不断扩大,大力发展和推广非充分灌溉技术也将是我国农田灌溉技术发展的一项重要任务。

(一)非充分灌溉的理论依据

(1)当供水不足时,作物体内会发生一系列的生理、生化变化过程以适应逆境。这些过程有的可以使作物提前成熟以逃避干旱;有的则能产生一些特殊的物质,使植物的持水和吸水能力加强,利于维持正常的代谢活动;有的则能调节水分的散失过程,降低失水速度。这些行之有效的调节过程可使作物的耐旱性增强,从而延迟干旱胁迫的发生,降低胁迫危害程度。

(2)作物经受短期的适度水分亏缺后,生长发育过程受到一些影响。但在灌水后,其生长过程会加快,表现出一定程度的生长补偿效应。这种现象在生育前期受到水分胁迫时表现得尤为明显,生长补偿效应使胁迫的影响减小,从而减轻缺水对最终产量的影响。

(3)某些时期适度的水分亏缺可以对作物的营养物质的分配起到调节作用,从而实施对个体或群体的有效调控,为高产打下基础。例如,棉花苗期一定程度的水分亏缺可以促进根系生长,控制地上部分的发展,提高根冠比,有利于形成适宜的株型及群体结构。玉米、小麦灌浆后期的适度干旱,有利于营养物质从叶片向颗粒的转化和运输,从而促进颗粒灌浆与成熟等。

(4)一些土壤中水分的有效性在较宽的含水量范围内都几乎相等,这样保持较低的含水量水平也不会使作物遭受明显的干旱,产量也不会大幅度地降低。在这样的土壤上实现低定额的非充分灌溉,可以起到明显的节水效果。

(5)利用最优化理论,可以确定一个区域的最适宜水分分配方案,即确定什么时候灌水,灌多少水,以及什么时候应适当实施控制,不灌水或少灌水。这样有助于达到水资源供应与作物需水的最佳组合,实现有限资源的最有效利用。

(二)经济灌溉制度

经济灌溉制度是指灌溉单方水效益或单位面积净效益最大的灌溉制度,它与丰产灌溉制度的不同之处是,丰产灌溉制度产量最高,但从灌溉单方水净效益分析,最高产量的灌溉制度,其单方水净效益不是最大。也就是说,丰产灌溉制度不是最经济的灌溉制度。

1. 以单方水净效益最大为目标确定经济耗水量与经济灌溉定额

作物经济用水的一个重要指标就是通过采取合理措施,求得单方耗水纯收益最大。考虑到每亩地农业投入、水利工程投入及年运行费用,以及水费投入等,单方耗水纯收益可表示如下:

$$N_e = \frac{1}{ET}[YP_y - C_0 - P_w - V_c(ET)] \tag{8-6}$$

式中 N_e——单方耗水净效益,元/m³;

ET——作物田间总耗水量,m³/亩;

Y——作物产量,kg/亩;

P_y——作物产品单价,元/kg;

C_0——农业年固定投入,元/亩;

P_w——某种作物由群众承担的除成本水费外水利工程年费用,元/亩;

$V_c(ET)$——灌溉成本水费,元/亩。

P_w 由下式计算:

$$P_w = \frac{1}{Z}C \tag{8-7}$$

式中 C——单位面积上由群众承担的除成本水费外,对水利工程及投劳折资的年费用,根据山西省万亩以上自流灌溉统计 $C=19.89$ 元/亩;

Z——复种指数,依地区不同变化。

式(8-6)中作物产量 Y,是由各试验站多年试验资料经回归分析求得的作物产量与田间耗水量相关关系式求得的,如下式

$$Y = aET^2 + bET + c \tag{8-8}$$

式中 a、b、c——参数,见表8-1,为山西省各试验站资料。

表8-1 作物经济耗水量与经济灌溉定额计算参数

作物	站名	a	b	c	作物产品单价(元/kg)	工程及年费用(元/亩)	农业固定投入(元/亩)	播前水利用量(m³/亩)	有效降雨量(m³/亩)			
									25%	50%	75%	95%
冬小麦	浍河	-0.022 6	14.93	-2 010	0.64	14.31	81.0	36	131	113	98	69
	夹马口	-0.008 48	4.73	-327.22	0.64	14.31	81.0	36	131	113	98	69
	汾西	-0.017 18	9.93	-1 055.8	0.64	14.31	81.0	30	131	113	98	69
	釜山	-0.024 5	15.1	-1 936.2	0.64	18.08	81.0	36	177	153	131	84
	洪山	-0.012 3	6.89	-663.17	0.64	18.08	81.0	36	127	111	90	69
	小良河	-0.007 14	5.12	-588.94	0.64	18.94	81.0	36	130	99	75	47
	滹沱河	-0.008 48	5.83	-634.78	0.64	18.94	81.0	30	130	99	75	47

续表 8-1

作物	站名	a	b	c	作物产品单价(元/kg)	工程及年费用(元/亩)	农业固定投入(元/亩)	播前水利用量(m^3/亩)	有效降雨量(m^3/亩)			
									25%	50%	75%	95%
棉花	汾西	-0.002 79	1.97	-284.2	5	14.31	114.5	26	344	291	235	185
	小樊	-0.003 74	3.002	-513.8	5	14.31	116.5	25	314	293	242	183
	鼓水	-0.002 59	1.919	-274.5	5	14.31	116.5	25	314	293	242	183
	夹马口	-0.005 3	3.52	-517.8	5	14.31	116.5	25	314	293	242	183
	潇河	-0.001 91	1.367	-182.8	5	18.08	110.72	25	298	226	207	129
夏玉米	霍泉	-0.021	9.99	-845.8	0.45	14.31	45.0	23	246	192	151	
	文峪河	-0.01	7.33	-866.2	0.45	180.08	67.8	28	278	204	161	
	汾西	-0.040 6	17.65	-1 604.2	0.45	14.31	45.0	0	246	192	151	
谷子	漳北	-0.012 9	8.27	-1 003.9	0.48	18.08	52.0	26	261	230	165	
	潇河	-0.007 69	4.758	-476	0.48	8.08	52.0	31	249	187	126	
	神溪	-0.011	7.3	-898	0.48	19.89	52.00	21	239	210	117	

在整个作物生育期耗水量中,有效降雨量(P_f)和播前降雨量(W_a)与丰产灌溉制度相同。这些水量由自然降雨提供,不在生产投入成本内,因此在水费投入计算中应扣除,这样灌溉用水投资 $V_c(ET)$ 可用下式表示:

$$V_c(ET) = q(ET - P_f - W_a) \tag{8-9}$$

式中 q——成本水费单价,采用 0.1 元/m^3。

各作物经济耗水量计算参数见表 8-1。

为了使单方耗水净效益最大,须使单方净效益对耗水量的一阶偏导数为零,即

$$\frac{\partial N_e}{\partial ET} = -\frac{1}{ET^2}[YP_y - C_0 - P_w - V_c(ET)] + \frac{1}{ET}\left(\frac{\partial Y}{\partial ET}P_y - \frac{\partial V_c}{\partial ET}\right) = 0$$

整理得

$$\frac{\partial Y}{\partial ET}P_y = \frac{1}{ET}[YP_y - C_0 - P_w - V_c(ET)] + \frac{\partial V_c}{\partial ET} \tag{8-10}$$

如果以 M_p 表示边际产量,M_c 表示边际费用,即

$$M_p = \frac{\partial Y}{\partial ET}P_y,\quad M_c = \frac{\partial V_c}{\partial ET}$$

那么,保证单方耗水净效益最大的条件可表示如下:

$$M_p = N_e + M_c$$

$$\frac{\partial Y}{\partial ET} = 2aET + b$$

$$\frac{\partial V_c}{\partial ET} = q$$

将上述各式代入式(8-10),两边开方,舍去负解,可得

$$ET_e = \sqrt{\frac{c}{a} - \frac{C_0 + P_w}{aP_y} + \frac{q}{aP_y}(P_f + W_a)} \tag{8-11}$$

式(8-11)就是使作物单方耗水纯收益最大的解,即作物的经济耗水量 ET。根据式(8-11)计算各种作物各类地区经济耗水量,见表 8-2。

表 8-2　经济灌溉定额计算结果

作物品称	地区名称	25%			50%			75%		
		总耗水量(m^3/亩)	产量(kg/亩)	经济灌溉定额(m^3/亩)	总耗水量(m^3/亩)	产量(kg/亩)	经济灌溉定额(m^3/亩)	总耗水量(m^3/亩)	产量(kg/亩)	经济灌溉定额(m^3/亩)
冬小麦	运城	307	443	140	307	443	158	307	444	173
	临汾	230	312	63	231	312	81	231	314	97
	晋东南	289	382	76	290	382	100	290	383	123
	晋中	253	293	91	253	293	106	254	294	128
	忻州	317	316	151	318	317	183	319	318	208
棉花	运城	377	86	38	377	86	59	378	86	111
	临汾	338	78		338	78	20	338	78	71
	晋中	325	59		326	59	65	326	60	85
夏玉米	运城	255	427		256	428	41	257	430	84
	临汾	209	324		210	326		211	327	38
谷子	晋东南	290	310	3	291	310	35	293	312	103
	晋中	270	251		273	253	56	276	255	120
	雁北	300	301	41	301	302	70	304	304	166

用经济耗水量减去有效降雨量和播前水利用量,即可求得作物经济灌溉定额(M_e)

$$M_e = ET_e - P_f - W_a \tag{8-12}$$

把经济耗水量 ET_e 代入有关式中,可求得灌水边际产值 M_p 为

$$M_p = (2aET_e + b)P_y$$

单方耗水净效益 N_e 为

$$N_e = \frac{1}{ET_e}[YP_y - P_w - C_0 - V_c(ET_e)] \tag{8-13}$$

边际费用 M_c 为

$$M_c = q$$

各种主要作物各类地区的经济灌溉定额见表 8-2。

2. 以单位面积灌溉增产纯收益最大为目标确定经济灌溉制度

上面所述是以单方耗水净效益最大为目标的经济灌溉耗水量。关于经济灌溉,一个更为普遍的概念是,考虑灌溉以及其他农业投入在内的以单位面积灌溉增产纯收益最大

为目标的灌溉制度。其经济耗水量、经济灌溉定额确定方法如下：对某一种植物，设其全生育期的耗水量为 ET，相应产量为 Y，仍按二次抛物线形式给出作物产量与水分关系，如式(8-8)。

另外，为获得产量 Y，其相应投入的农业生产费用，如种子、化肥、投入等用 C_c 表示，并假定在接近充分供水灌溉的某一范围内，除灌溉外的农业生产投入为一常数，不随灌溉供水量变化，而与产量 Y 相应的灌溉用水量为 W，且为了问题分析的简化，假定与 W 相应的耗水量 ET 用下式计算：

$$ET = W + W_a + P_f \tag{8-14}$$

式中　W——作物生育期的灌溉供水量；

其他符号意义同前。

设灌溉水的价格用 P_c 表示，则单位面积纯收益 B 可表示如下：

$$B = YP_y - WP_c - C_0 \tag{8-15}$$

为使 B 最大，只需 $\frac{\partial B}{\partial W}=0$，由此得

$$\frac{\partial Y}{\partial W} = \frac{P_c}{P_y} \tag{8-16}$$

式(8-16)表明，为使单位面积灌溉增产纯收益最大，只需使作物灌溉增产的边际产量或称为产量对灌溉供水的偏导数等于灌溉供水水价与作物产品价格的价格比。

由产量与水分的二次抛物线关系式和式(8-14)，可求得灌溉增产的边际产量。

$$\frac{\partial Y}{\partial W} = 2a(W + W_a + P_f) + b \tag{8-17}$$

把式(8-17)代入式(8-16)，用 ET_B 表示经济耗水量，即有

$$ET_B = W + W_a + P_f = \left(\frac{P_c}{P_y} - b\right)\frac{1}{2a} \tag{8-18}$$

式(8-18)即为单位面积灌溉增产纯效益最大时的作物经济耗水量计算公式。把式(8-18)代入式(8-14)可得

$$W = \left(\frac{P_c}{P_y} - b\right)\frac{1}{2a} - W_a - P_f \tag{8-19}$$

式(8-19)为单位面积灌溉增产纯效益最大时的作物全生育期的经济灌溉定额。

灌溉供水水价按山西省自流灌区供水水价(2010年不变价格)平均值计，取 P_c = 0.15元/m^3，其他参数则采用表8-1的值，按式(8-18)和式(8-19)分别计算分区作物的经济耗水量 ET_B 和不同水文年型的经济灌溉定额，结果见表8-3、表8-4。由表8-4可见，经济灌溉耗水量和产量均小于高产灌溉，但产量减小幅度要小于耗水量的减小幅度，因此和前述以单方水净效益最大为目标的经济灌溉一样，其需水系数小于高产灌溉的需水系数。

(三)限额供水灌溉制度

研究限额供水灌溉制度的目的，在于通过优化技术，确定合理的灌溉制度，达到有限水资源投入的总产量最高或总产值最大。为此，必须掌握和了解不同灌溉制度对作物生

表 8-3 以单位面积灌溉增产纯收益最大为目标的作物经济灌溉定额计算参数

作物名称	地区名称	经济耗水量计算参数					
		a	b	c	P_y (元/kg)	C_0 (元/亩)	W_a (m³/亩)
冬小麦	运城	-0.008 48	4.73	-327.22	0.64	81	36
	临汾	-0.022 6	14.93	-2 010	0.64	81	36
	晋东南	-0.024 5	15.1	-1 936.2	0.64	81	36
	晋中	-0.012 3	6.89	-663.17	0.64	81	36
	忻州	-0.007 14	5.12	-588.94	0.64	81	36
棉花	运城	-0.002 59	1.919	-274.5	5	116.5	25
	临汾	-0.002 79	1.97	-284.2	5	114.5	26
	晋中	-0.001 91	1.367	-182.8	5	110.7	35
夏玉米	运城	-0.019 95	11.57	-1 225.9	0.45	45	23
	临汾	-0.007 1	3.77	-75.3	0.45	45	23
谷子	晋中	-0.007 69	4.768	-476	0.48	52	31
	晋东南	-0.012 9	8.27	-1 003.9	0.48	52	26
	雁北	-0.011	7.3	-898.5	0.48	52	21

表 8-4 以单位面积灌溉增产纯收益最大为目标的作物经济灌溉定额计算值

作物名称	地区名称	高产灌溉			经济灌溉		
		灌水量 (m³/亩)	产量 (kg/亩)	需水系数 (m³/kg)	灌水量 (m³/亩)	产量 (kg/亩)	需水系数 (m³/kg)
冬小麦	运城	279	332	0.839	265	331	0.801
	临汾	330	456	0.725	325	455	0.714
	晋东南	308	390	0.789	303	390	0.778
	晋中	280	302	0.928	271	301	0.900
	忻州	359	329	1.090	342	327	1.046
棉花	运城	370	81	4.576	365	81	4.509
	临汾	353	64	5.555	348	63	5.478
	晋中	358	62	5.791	350	62	5.675
夏玉米	运城	290	452	0.642	282	450	0.626
	临汾	265	425	0.624	242	421	0.575
谷子	晋中	310	263	1.178	290	260	1.115
	晋东南	321	322	0.997	308	320	0.965
	雁北	332	313	1.061	318	310	1.023

长和产量的影响。在作物缺水条件下,应根据作物各阶段的水分状况对产量影响的相互联系,寻找最优的配水策略,把有限的灌溉水量灌到最适宜的阶段以获得最大经济效益。

1. 各类灌区配水方式和限额水平

许多水资源紧缺的灌区,由于面积大,水量少,满足不了农作物需水要求,不得不实行限额供水灌溉。确定灌区配水方式和限额水平是实现限额供水灌溉的前提条件。由于各地水资源时空分布不均、缺水程度不一,以及各个时期提供农田灌溉的水量、种植的作物、农田灌溉的水利设计、水源种类、水资源调蓄条件都不一样,所以制定限额供水的灌溉制度必须根据当地具体条件而定,然后根据灌区配水方式和限额水平才能具体制定限额供水的灌溉制度。从配水方式来说,在既没有调蓄条件,又没有井灌条件的情况下,实行轮灌不能完全保证作物灌增产关键水;在有井水和调蓄条件的地方,由于有水库或池塘调节,可以实行集中灌水制度,保证作物能灌到增产关键水。因此,在制定限额供水的灌溉制度时,对既没有调蓄条件,又没有地下水可用的地方,只能以供定需,可采用以各阶段的减产系数排列组合方法确定,求其综合平均值,预估不同灌溉水平的作物产量。有调蓄条件的地方,可用 Jensen 模型预估不同灌溉水平的产量效应,制定优化灌溉制度。

关于限额供水水平问题,各灌区可根据灌区各种水源的来水量或可供水量以及需要灌溉的农作物种类和面积,具体确定各个时期对各种作物的单位面积灌水量,具体计算方法可按照本灌区灌溉水有效利用系数计算得出各种作物限制灌溉定额,然后确定限额水平。要实现优化配水,就有不同灌溉制度的合理组合问题,因此也需要制定不同灌溉用水水平的灌溉制度。根据山西省各地水资源的平衡计算结果分析,全省限额灌溉供水水平可分 3 级考虑。

一级灌溉供水水平:冬小麦能灌上 4 次水,灌溉定额 160 m^3/亩;秋作物(玉米、棉花、谷子)能灌上 3 次水,灌溉定额 120 m^3/亩。

二级灌溉供水水平:冬小麦能灌上 3 次水,灌溉定额 120 m^3/亩;秋作物能灌上 2 次水,灌溉定额 80 m^3/亩。

三级灌溉供水水平:冬小麦能灌上 2 次水,灌溉定额 80 m^3/亩,或灌上 1 次水,灌溉定额 40 m^3/亩;秋作物能灌上 1 次水,灌溉定额 40 m^3/亩。

2. 不同限额供水灌溉制度的节水增产效果

制定灌溉制度的目的,是期望以较小的灌溉投入获得相同的效益或者以相同的灌溉投入获取最大的效益。从灌溉节水来讲,就是以较小的灌水量获得相同的产量,即单方灌水效益最大;或者以相同的灌水量取得最大产量,即灌区总产量最大。为探求限额供水的灌溉制度,山西省于 1987~1990 年进行了节水型灌溉制度专题试验。

现将各地各种作物试验结果整理,详见表 8-5。

由表 8-5 可看出如下 3 个方面的结果:

(1)无论何种水文年、何种作物,总的趋势是随着灌溉供水量的增加,产量在增加。因此,在水量充沛时,为了获得尽可能多的粮食产量,还是应该多灌水。但是,若水资源不足,必须考虑高效用水,即从单方灌溉水的增产量分析确定合理的灌溉配水方案。

表 8-5　作物不同灌溉制度效益分析

作物	水文年型	试验站名称	灌水次数	灌水定额 40 m³/亩				灌水定额 50 m³/亩				灌水定额 60 m³/亩			
				产量	耗水量	灌溉定额	单方灌水增产量	产量	耗水量	灌溉定额	单方灌水增产量	产量	耗水量	灌溉定额	单方灌水增产量
冬小麦	干旱年(1987)	夹马口汾西鼓水	4	310.9	256.6	150	1.09	238.6	306.1	312.6	0.42	293.2	326.5	229	0.64
			3	297.4	238.8	124.4	1.21	345	286.9	145	1.37	287.3	278.1	180	0.78
			2	243.2	191.7	81	1.19	313	248.9	100	1.67	269.7	139.4	120	1.03
			0	146.5	166										
			平均				1.16				1.15				0.82
	平水年(1989)	利民霍泉小樊	4	302.5	298.6	161	0.83	313	342.5	200	0.75	287.5	356.6	225	0.53
			3	307.7	272.8	119.7	1.16	305.9	301.3	145	0.95	369.7	321.5	181	0.84
			2	261.3	240.7	80	1.16	259.7	254.8	101	0.9	308.5	283.9	120	1.17
			0	168.7	173.3										
			平均				1.05				0.87				0.85
	丰水年(1990)	红旗鼓水利民	4	272.1	299.2	160	0.54	305.7	334.6	200	0.6	305.7	382	240	0.5
			3	309.5	265.7	120	1.03	306.5	291.8	150	0.81	301.2	324.8	180	0.64
			2	270.3	254.1	78.4	1.07	274.5	248.6	100	0.63	293.2	260.7	120	0.89
			0	185.5	169.7										
			平均				0.88				0.68				0.68
			综合平均				1.03				0.9				0.78
夏玉米	平水年(1987)	鼓水汾西霍泉利民	3	460	267.7	144.7	1.26								
			2	374.2	245.8	81.8	1.18					366.5	276.6	120.5	0.74
			1	341.8	204.8	41.5						360.1	231.7	60.0	1.52
			0	277.8	177.2										
			平均				1.22								1.13
棉花	干旱年(1987)	夹马口小樊	3	95.1	430.9										
			2	67.4	365.8	80	0.34					61.5	414	120	0.17
			1					53.8	340.5	50	0.26				
			0	40.6	278.8										
			平均				0.34				0.26				0.17
谷子	干旱年(1987)	潇河文峪河	3					316.2	306.7	150	0.9	324.2	307	180	0.3
			2					293.8	289	100	0.9	324.2	307	180	0.3
			1					266.2	237.2	50	1.7				
			0					181.3	192.4						
			平均								1.17				0.3

注:产量单位为 kg/亩,耗水量和灌溉定额单位为 m³/亩,单方灌水增产量单位为 kg/m³。

(2)在同等灌水次数条件下,随着灌水定额的增加,产量变化有所不同,当灌水次数较少时,一般随着灌水定额的增加,产量在增加;当灌水次数较多时,随着灌水定额的增加,产量增加不明显,有的甚至在降低。但单方灌水增产量的变化趋势非常规律,即随着灌水定额的增加,单方灌水增产量在减小。这就要求,在缺水条件下,应考虑选择合适的灌水次数、灌水量,以求获得某一个区域的总产量最大,而不是单产最高。

(3)在同等灌水定额条件下,随着灌水次数的增加,作物产量普遍在增加,但灌水次数越多,增产幅度越小,在某些情况下还有降低,当冬小麦从灌3次水增加到4次水时,不仅增产幅度小,而且有产量降低的情况。从其单方灌水增产量变化趋势看,随着灌水次数的增加,单方灌水增产量在明显减小。

(4)在相同的灌溉定额或灌溉定额较为接近时,以较大的灌水定额、较少的灌水次数灌溉,就单方灌水增产效果看,可以获得与以较小灌水定额和较多的灌水次数灌溉同样的效果。例如,冬小麦干旱年50 m^3/亩的灌水定额灌水2次和3次的单方灌水增产量均大于40 m^3/亩的灌水定额灌水3次和4次的结果,而且60 m^3/亩的灌水定额2次灌水处理的单方灌水增产量接近于灌水定额40 m^3/亩灌水4次的结果。再如,冬小麦平水年灌水定额50 m^3/亩2次和3次灌水的单方灌水增产量均大于灌水定额40 m^3/亩4次灌水处理的结果;灌水定额60 m^3/亩2次灌水处理的单方灌水增产量也接近于灌水定额40 m^3/亩灌水3次处理的单方灌水增产量。这一结果表明,在一定的范围内,可以采用较大灌水定额以减少灌水次数,这样可以减少灌溉管理费用,同时减少灌溉后造成地面湿润的时间,从而减少无效的地面蒸发损失,提高有限灌溉水的利用效率。

综上所述,在灌水次数比较多的情况下,灌水定额以40 m^3/亩的灌溉增产效果为最佳,其次是50 m^3/亩和60 m^3/亩。但在灌水次数较少时,适当增大灌水定额,仍可以获得较高的单方灌水增产量。

任务二 作物灌溉预报技术

农田墒情监测与灌溉预报是节水灌溉管理技术的重要内容,是作物适时适量灌溉,实现节水增产、高效利用有限水资源的基础,是现代“精准农业”的重要组成部分,也为水资源合理配置、灌溉供水决策提供科学依据。在灌区选定具有代表性的测点,定时测定作物各生育阶段的土壤水分,并及时进行预报,对指导灌区灌溉起到了很大作用。用张力计、中子仪、电阻法等监测土壤墒情,数据经分析处理后,配合天气预报,对适宜灌水时间、灌水量进行预报,可以做到适时适量灌溉,有效地控制土壤含水量,达到节水又增产。

灌溉预报分长期和短期两种形式。长期预报是利用播种时测得的土壤含水量为初始含水量,根据作物不同生长阶段和不同水文年的地下水补给量,以及有效降水、作物需水量,预报在整个生育阶段所需要的灌水次数、灌水时间及灌溉水量;短期预报是利用播种时测得的土壤含水量为初始土壤含水量,以旬、月或生育阶段为时间段预报,逐次推算,直到作物成熟;若预报阶段内不需灌水,则以预报时段末含水量推算下一次预报的灌水量和日期。

长期预报由于受降水的随机影响,因此在执行中应根据降水情况进行修正。在实践中,应以短期预报为准。

模块一　土壤墒情的监测方法

码 8-1　教学动画：
土壤墒情监测
自动灌溉

(一)取土烘干法

取土烘干法是当前常规墒情测报最常用的一种方法,且有足够的精度,但烘干法取土在深度上层次多,通常还需重复 2~3 次,不仅劳动强度大,而且破坏了原土壤的结构,不能做定点连续观测。山东省水利科学研究院对 4 个典型灌溉试验站大量土壤水分资料回归分析,得出作物主要根系层 20~40 cm、40~60 cm 的土壤含水量平均值与 0~100 cm 的加权平均含水量之间存在着极显著的相关性。

依据土水势理论,在农田土壤剖面埋设 30 cm、50 cm、100 cm、150 cm、200 cm 5 个深度石膏水势传感器(3 个重复),通过土水势过程线测试分析,得出 30 cm、50 cm 土水势受作物耗水、大气降水影响较大。

由以上两个试验得出常规测墒 1 m 土层土壤水分加权平均值可用 20~40 cm、40~60 cm 土壤水分平均值来确定的结论,这样与常规测墒相比可减轻工作量 40%~50%,对提高测墒效率和灌溉管理水平有着十分重要的意义。

(二)负压计法

负压计法是测定土壤基质势的方法,有水传感和气传感两种方法。气传感适用于北方结冰时水势的测定,该方法主要用于旱作物。

(三)石膏块传感器法

石膏块传感器是由经特殊加工制成的质地均匀、结构致密且外观形状与大小固定的石膏块,以及埋入石膏块中位置、间隔确定的两个电极和将电极引出以便测量的导线组成的。石膏块传感器的测量范围从田间持水量到凋萎点,测量的是各种土壤的水势而非含水量,需根据土壤水分特征曲线求出相应含水量。石膏块传感器具有准确度高、测量范围大、节省人力物力的特点,适用于定点、连续观测。已有研究成果表明,石膏块的埋设深度在 30 cm 和 50 cm 即可代表 100 cm 土层的土壤含水量,并通过室内模拟试验率定土壤水分特征曲线。

1. 测定原理

TDR 测定土壤含水量原理相当简单,一个电压的阶梯状脉冲波沿着在土壤中放置或垂直插入的探针(长度为 L)发射,电压的阶梯状脉冲波沿探针金属棒(片)传播,并在金属棒末端反射回来,土壤含水量由延迟的时间决定。

用 TDR 测定的优点之一是不需要取样,并且在指定的标准时间(如几秒)内就可完成对一个测点的测定。

TDR 测定的精度取决于 TDR 仪的分辨率,既取决于探针至导线脉冲电压的减弱,也取决于土壤介质的性质(介电常数和电导率),以及用于分析 TDR 数据的技术。

2. TDR 测定的电场分布和测定范围

TDR 探针(片)周围的电场分布决定了测定范围的大小。室内和野外用的探针(片)有多种形状,如平行的两棒金属探针,三棒、四棒金属探针及 8 片、16 片金属片。在许多情况下，使用TDR时，探针灵敏度受探针和介质之间的紧密程度影响，这表明TDR有严格的使用条件。安装探针(片)时必须小心，要紧贴被测物，在探针(片)周围不要留有空隙。很明显，黏土的龟裂出现时就有这个问题，特别是随着土壤的逐渐变干，沿探针形成的裂缝。因此，在龟裂土壤中会造成很大误差。

一般情况下，直径小的探针测定范围很小，直径为拇指大的探针在平均土粒直径10倍以上的范围，能保证测得的土壤含水量值具有代表性。试验采用的TRIME-T3管状TDR，探测器为16片金属片，分上、下两级，有效测量深度可达到15 cm。

根据实际应用，TDR探针在土壤剖面中可垂直放置、水平安放或任意放置，各种放置形式都可以给出探针长度的平均含水量。

除以上测墒方法外，还有中子水分仪法等测定方法。

模块二　作物灌溉预报技术

传统用水管理是根据预先制定的灌溉制度定时定量供水。虽然灌溉制度是根据不同水文年确定的配水方案，但也不能适应瞬息万变的天气条件。因而，在目前水资源紧缺、农业供水形势日益严峻、灌溉管理水平低的情况下，实现水资源的高效利用应当根据当前墒情，结合未来时段的气象预报，进行农田用水动态管理。灌溉预报技术是农田灌溉用水动态管理的核心。它是利用土壤基本参数及易于观测的气象资料等来预测土壤水分状况的动态变化，据此确定灌水日期、灌水定额，并随作物生育期的推移，逐段实行灌溉预报，控制土壤水分在有利于提高水分生产率的范围内变化，实现节水高产的目标。

(一)灌溉预报模型建立

灌溉预报即根据农田土壤水量平衡原理，利用当前的土壤含水量推算下一阶段的土壤含水量进而预报灌溉时间和灌水量。土壤含水量的递推模型如下式所示：

$$W_i = W_{i-1} + D_i + M_i + I_i + P_i - R_i - S_i - ET_{ai} \tag{8-20}$$

式中　W_i、W_{i-1}——作物第 i、第 i-1 时段计划湿润层的土壤蓄水量，mm；

D_i——第 i-1 至第 i 时段地下水补给量，mm；

M_i——第 i-1 至第 i 时段因计划湿润层增加而增加的水量，mm；

I_i——第 i-1 至第 i 时段灌水量，mm；

P_i、R_i、S_i——第 i-1 至第 i 时段有效降雨量、径流量、渗漏量，mm；

ET_{ai}——第 i-1 至第 i 时段作物实际耗水量，mm。

模型中参数的确定方法如下。

1. 计划湿润层土壤蓄水量(W_i)

$$W_i = 10\gamma\beta_i H_i \tag{8-21}$$

式中　W_i——计划湿润层的土壤蓄水量，mm；

γ——土壤干密度，g/cm^3；

H_i——计划湿润层深度，m；

β_i——计划湿润层土壤含水量(占干土重百分数，%)。

2. 降雨量、径流量、渗漏量(P_i、R_i、S_i)

$$P_{有效} = P_i - R_i - S_i \tag{8-22}$$

因产生径流和渗漏主要发生在雨量及雨强较大的汛期,对冬小麦生育期而言(10月至翌年6月),其全部降雨量均视为有效降雨量。对夏玉米、大豆等秋季作物而言,当降雨折算成有效降雨时,R_i、S_i 也可取0,折算方法为:当 $P \leqslant 5$ mm 时,$P_{有效}=0$;当 $5<P<10\gamma H(\beta_{田持}-\beta)$ 时,$P_{有效}=P$, β 为降雨前土壤含水量;当 $P>10\gamma H(\beta_{田持}-\beta)$ 时,$P_{有效}=10\gamma H(\beta_{田持}-\beta)$。

3. 地下水补给量(D_i)

地下水补给量大小与地下水埋深、土壤性质、作物种类及耗水强度等因素有关。其值计算非常复杂,涉及的因素众多,而且对作物的生长影响较大。经查阅大量资料、参考试验测试结果,并比较采用多项研究成果的基础上,普遍认为下述两种计算方法较为合适。

(1)一般经验公式:

$$D_i = ET_{ai} \times \alpha \tag{8-23}$$

式中 α——地下水补给系数,当地下水埋深小于0.5 m时取0.5,当地下水埋深在0.5~1.5 m时取0.4,当地下水埋深在1.5~2.0 m时取0.3,当地下水埋深在2.0~3.0 m时取0.2,当地下水埋深在3.0~3.5 m时取0.1,当地下水埋深大于3.5 m时取0;

ET_{ai}——作物耗水量,mm。

(2)华北旱作物地下水利用量计算公式:

$$D_i = (A - B\lg H)t_i/T \tag{8-24}$$

式中 H——地下水埋深,m;

T——作物生育期天数,其中小麦从拔节开始计算;

t_i——第 $i-1$ 至第 i 计算时段的天数;

A、B——经验参数,其取值见表8-6。

表8-6 华北平原作物对地下水利用量

土壤质地	冬小麦			夏玉米		
	A	B	H_{max}	A	B	H_{max}
轻质砂壤土	80	210	2.4	49	162	2.0
轻质黏壤土	100	209	3.0	59	192	2.0
中质黏壤土	120	199	4.0	69	173	2.5
重质黏壤土	150	249	4.0	86	180	3.0
黏土	200	332	4.0	115	211	3.5

4. 灌水量(I_i)

计算公式如下:

$$I_i = 10\gamma H_i \beta_{田持}(1 - \phi_{下限}) \tag{8-25}$$

式中　$\beta_{田持}$——计划湿润层田间持水量(占干土重百分数,%);

$\phi_{下限}$——灌水下限指标(占田间持水率百分数,%),见表8-7、表8-8;

其他符号意义同前。

表8-7　冬小麦灌水下限指标

指标	生育期					
	出苗—越冬	越冬—返青	返青—拔节	拔节—抽穗	抽穗—灌浆	灌浆—成熟
土壤含水量下限(%)	55~65	60~70	50~60	60~70	60~70	50~60

表8-8　夏玉米灌水下限指标

指标	生育期				
	出苗—幼苗	幼苗—拔节	拔节—抽雄	抽雄—灌浆	灌浆—成熟
土壤含水量下限(%)	60~75	50~65	65~75	70~80	65~75

5. 作物耗水量(ET_{ai})

作物耗水量或作物需水量是农业方面最主要的水分消耗部分,包括棵间蒸发量和植株蒸腾量,是制定农田灌溉制度的重要依据。可采用参考耗水量法计算,即

$$ET_{ai} = ET_{0i} \times K_{ci} \tag{8-26}$$

式中　ET_{0i}——参照腾发量,mm;

K_{ci}——作物系数。

1)参照腾发量(ET_{0i})

Penman-Monteith公式是1990年联合国粮农组织(FAO)向全世界推荐计算潜在耗水量的新方法,与20世纪70年代应用的Penman公式比较,该方法是统一标准的计算方法,无须进行地区率定和使用当地的风速函数,同时不用改变任何参数即可适用于世界各个地区,估值精度较高且具备良好的可比性:

$$ET_{0i} = \{0.408\Delta(R_n - G) + \gamma[900/(T + 273)]U_2(e_a - e_d)\}/[\Delta + \gamma(1 + 0.34U_2)] \tag{8-27}$$

式中　T——平均日或月气温,℃;

R_n——作物冠层的净辐射量,MJ/(m^2·d);

U_2——地面以上2 m处的风速,m/s;

e_a——饱和水汽压,kPa;

e_d——实际水汽压,kPa;

G——土壤热通量,MJ/(m^2·d);

Δ——饱和水汽压与温度曲线上在T处的斜率,kPa/℃;

γ——湿度计常数,kPa/℃。

R_n按下式计算:

$$R_n = 0.77R_s - 2.45 \times 10^{-9} \times \left(0.1 + 0.9\frac{n}{N}\right) \times (0.34 - 0.14\sqrt{e_d}) \times (T_{kx}^4 + T_{kn}^4) \quad (8\text{-}28)$$

$$R_s = [0.25 + 0.5 \times (n/N)]R_a \quad (8\text{-}29)$$

$$R_a = 37.6d_r(\omega_s \sin\phi \sin\delta + \cos\phi \cos\delta \sin\omega_s) \quad (8\text{-}30)$$

$$d_r = 1 + 0.033\cos(J2\pi/365) \quad (8\text{-}31)$$

$$\delta = 0.409\sin(J2\pi/365 - 1.39) \quad (8\text{-}32)$$

$$\omega_s = \arccos(-\tan\phi \tan\delta) \quad (8\text{-}33)$$

$$N = (24/\pi)\omega_s \quad (8\text{-}34)$$

式中 R_s——实际短波辐射量,MJ/(m^2·d);

n——实际日照时数,h;

N——最大天文日照时数,h;

T_{kx}、T_{kn}——24 h 内的最大与最小绝对温度,K;

ϕ——地理纬度,rad;

δ——太阳偏磁角,rad;

ω_s——日落时角度,rad;

d_r——日—地相对距离的倒数;

J——一年内的天数。

G 按下式计算:

$$G = 0.07 \times (T_{mi+1} - T_{mi-1}) \quad (8\text{-}35)$$

式中 T_{mi+1}、T_{mi-1}——计算月下一个月和前一个月的平均气温,℃。

Δ 和 γ 可根据气温与海拔直接求得:

$$\gamma = 0.00163 \times (P/2.45) \quad (8\text{-}36)$$

$$P = 101.3 \times [(293 - 0.0065H_e)/293]^{5.26} \quad (8\text{-}37)$$

$$\Delta = 4098e_a/(T + 237.2)^2 \quad (8\text{-}38)$$

式中 P——在高程 H 处的气压,kPa;

H_e——气象站海拔,m;

T——平均气温,℃。

其余几项可用下式求得:

$$e_a = [e^0(T_{max}) + e^0(T_{min})]/2 \quad (8\text{-}39)$$

$$e^0(T) = 0.611\exp[17.27T/(T + 237.3)] \quad (8\text{-}40)$$

$$e_d = RH/\{[50/e^0(T_{min})] + [50/e^0(T_{max})]\} \quad (8\text{-}41)$$

式中 T_{max}、T_{min}——最高、最低气温,℃;

$e^0(T_{max})$、$e^0(T_{min})$——最高、最低气温时的水汽压;

RH——平均相对湿度(%)。

当实测风速不是 2 m 高度的风速时:

$$U_2 = 4.87U/[\ln(67.8Z - 5.42)] \quad (8\text{-}42)$$

式中 U——测量点的实测平均风速,m/s;

Z——测量风速的实际高度,m。

2)作物系数(K_{ci})

作物系数是计算作物需水量的重要参数,它反映了作物本身的生物学特性、产量水平、土壤耕作条件等对作物需水量的影响。在充分灌溉条件下,不同生育阶段 K_{ci} 值为一常数。但对冬小麦来说,全生育期都处于干旱少雨季节,加之目前水资源严重缺乏,很难保证全生育期充分灌溉。当含水量小于土壤适宜含水量时,作物腾发受到抑制,K_{ci} 将按非线性函数变化。K_{ci} 的选取可参考已有研究成果,表 8-9 为作物系数与土壤含水量的关系。

表 8-9 作物系数与土壤含水量的关系

<table>
<tr><th rowspan="2">作物</th><th rowspan="2">生育阶段</th><th colspan="2">$K_{ci}=K_c$</th><th colspan="6">$K_{ci}=K_s \times K_c$</th></tr>
<tr><th>适用范围</th><th>K_c</th><th>适用范围</th><th>K_s</th><th>R</th><th>n</th><th>F</th><th>S</th></tr>
<tr><td rowspan="7">冬小麦</td><td>10 月</td><td>$0.85 \leqslant X \leqslant 1$</td><td>0.898</td><td>$0.55 \leqslant X \leqslant 0.85$</td><td>$K_s=1.1984\ln X+1.2067$</td><td>0.743</td><td>100</td><td>120</td><td>0.173</td></tr>
<tr><td>11 月</td><td>$0.85 \leqslant X \leqslant 1$</td><td>1.266</td><td>$0.60 \leqslant X \leqslant 0.85$</td><td>$K_s=0.9898\ln X+1.1707$</td><td>0.653</td><td>107</td><td>78</td><td>0.187</td></tr>
<tr><td>12 月至翌年 2 月</td><td>$0.85 \leqslant X \leqslant 1$</td><td>0.932</td><td>$0.60 \leqslant X \leqslant 0.85$</td><td>$K_s=1.2487\ln X+1.2038$</td><td>0.698</td><td>147</td><td>137</td><td>0.156</td></tr>
<tr><td>3 月</td><td>$0.75 \leqslant X \leqslant 1$</td><td>0.798</td><td>$0.50 \leqslant X \leqslant 0.75$</td><td>$K_s=1.7542\ln X+1.5062$</td><td>0.712</td><td>121</td><td>122</td><td>0.171</td></tr>
<tr><td>4 月</td><td>$0.85 \leqslant X \leqslant 1$</td><td>1.238</td><td>$0.60 \leqslant X \leqslant 0.85$</td><td>$K_s=0.7587\ln X+1.1242$</td><td>0.629</td><td>123</td><td>79</td><td>0.161</td></tr>
<tr><td>5 月</td><td>$0.80 \leqslant X \leqslant 1$</td><td>1.238</td><td>$0.60 \leqslant X \leqslant 0.80$</td><td>$K_s=1.0996\ln X+1.2351$</td><td>0.870</td><td>105</td><td>321</td><td>0.162</td></tr>
<tr><td>6 月</td><td>$0.70 \leqslant X \leqslant 1$</td><td>0.956</td><td>$0.50 \leqslant X \leqslant 0.70$</td><td>$K_s=0.8393\ln X+1.2943$</td><td>0.757</td><td>110</td><td>145</td><td>0.195</td></tr>
<tr><td rowspan="4">夏玉米</td><td>播种—拔节</td><td>$0.70 \leqslant X \leqslant 1$</td><td>0.682</td><td>$0.55 \leqslant X \leqslant 0.70$</td><td>$K_s=2.0138\ln X+1.777$</td><td>0.785</td><td>15</td><td>20</td><td>0.199</td></tr>
<tr><td>拔节—抽雄</td><td>$0.70 \leqslant X \leqslant 1$</td><td>1.294</td><td>$0.65 \leqslant X \leqslant 0.70$</td><td>$K_s=1.3127\ln X+1.5228$</td><td>0.746</td><td>15</td><td>16</td><td>0.173</td></tr>
<tr><td>抽雄—灌浆</td><td>$0.85 \leqslant X \leqslant 1$</td><td>1.51</td><td>$0.70 \leqslant X \leqslant 0.85$</td><td>$K_s=0.9047\ln X+1.2001$</td><td>0.710</td><td>15</td><td>13</td><td>0.207</td></tr>
<tr><td>灌浆—成熟</td><td>$0.75 \leqslant X \leqslant 1$</td><td>1.168</td><td>$0.65 \leqslant X \leqslant 0.75$</td><td>$K_s=0.9469\ln X+1.3453$</td><td>0.831</td><td>15</td><td>29</td><td>0.142</td></tr>
</table>

注:X 为占田间持水率(以小数计);土壤水分计算深度为 100 cm。

(二)灌溉预报程序结构

灌溉预报程序是应用 Visual Basic 软件开发的 Microsoft Windows 应用程序,具有极强的可视性和直观性。该程序由主程序和各个子程序组成。主程序的功能是各个子程序之间的相互调用,起出入口引导作用,引导由菜单完成,根据选择进入相应的子程序。子程序是该程序的核心部分,它包含了示范区基本情况子程序,降雨量、耗水量、地下水补给量计算子程序,灌水时间和灌水量计算等十几个子程序。该程序采用模块化结构,符合自上而下逐步求精的设计原则,结构清晰,便于阅读和修改。程序功能的实现采用菜单选择的方式,提示明了,操作简单,便于推广应用。其预报程序流程见图 8-1。

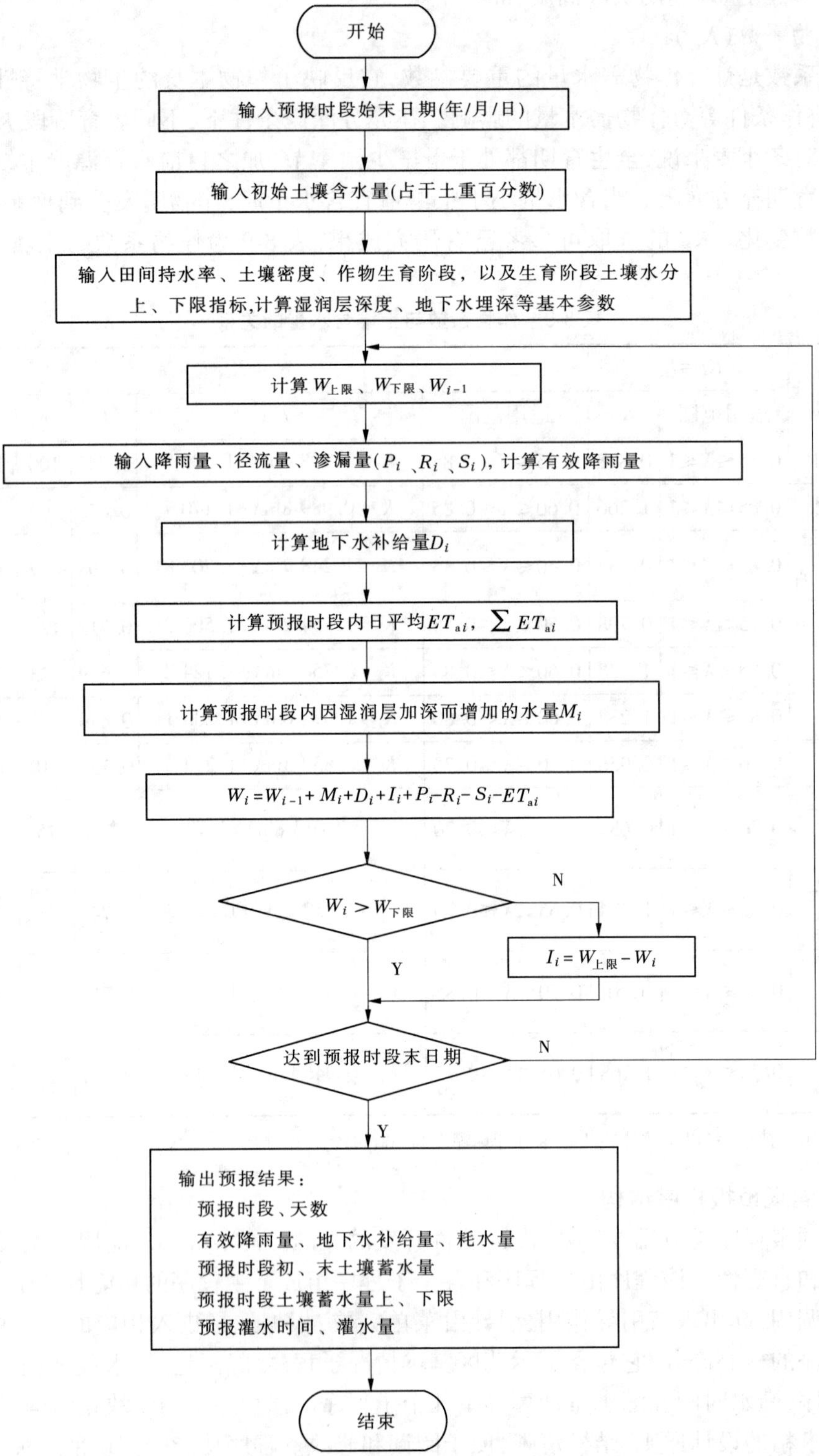

图 8-1　灌溉预报程序流程

(三)灌溉预报模型验证

1. 耗水量验证

模型验证主要是验证土壤含水量预报的准确性,在供水量已知的情况下,主要是预报耗水量的准确性。利用济南市农业高新技术开发区 1998 年 10 月 10 日至 1999 年 5 月 27 日(229 d)冬小麦实测耗水量过程对用预报模型计算的耗水量进行验证。实测土壤水分每隔 10 d 测算一次,降雨、灌溉后加测,耗水量计算及土壤水分测定深度为 60 cm。计算与实测日耗水量、累计耗水量对比见图 8-2、图 8-3。

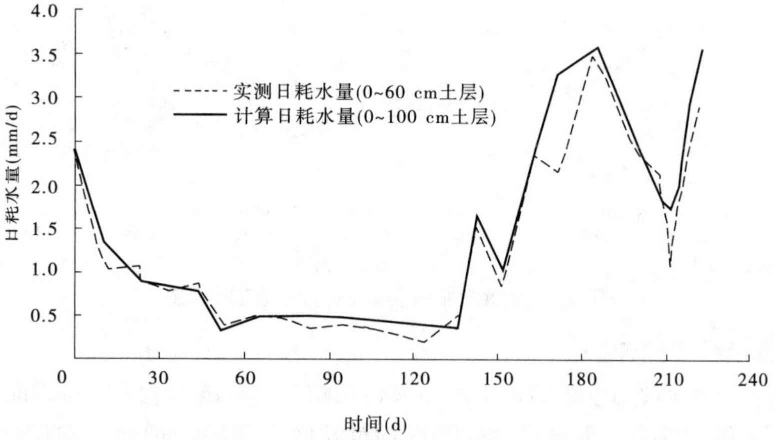

图 8-2　计算与实测日耗水量过程线

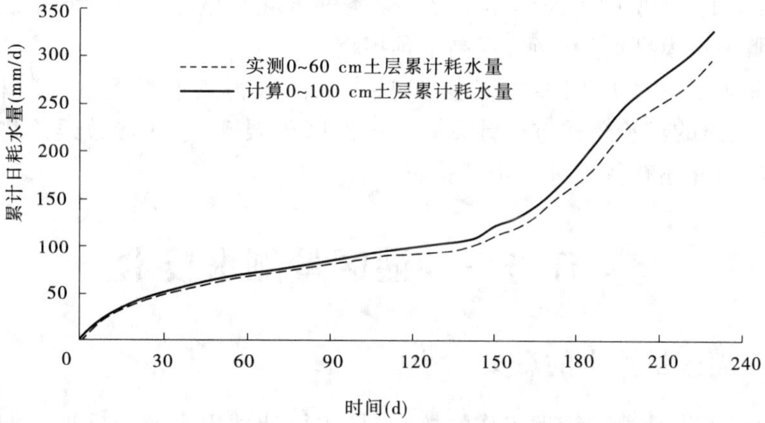

图 8-3　计算与实测累计耗水量过程线

从图 8-2 可看出计算与实测日耗水量过程线变化趋势一致;从图 8-3 可看出实测 0~60 cm 土层 229 d 累计耗水量为 294.0 mm,而计算 0~100 cm 土层的累计耗水量为 330.1 mm,两者相差 36.1 mm。根据山东省桓台县郭家村试验得出 0~80 cm 土层耗水量占 0~ 120 cm 土层耗水量的 88.4%,借鉴这一结果可近似求出该试验中 0~100 cm 土层实测累计耗水量为 38.1 mm,与计算值仅相差 2.0 mm,结果十分接近。这充分说明模型计算是正确的。

2. 土壤水分验证

土壤水分确定是采用逐日递推计算的方式,在计算当天耗水量时采用上一天的土壤水分值。利用山东省龙口市北邢家水库灌区 1996 年 10 月至 1997 年 6 月冬小麦资料进行土壤水分验证,相对误差在-5.9%~5.2%,预报灌水时间与实际灌水相比均有所推迟,灌溉定额相差 7 mm(见图 8-4)。因此,按灌溉预报实施灌溉能达到科学配水、计划调水、节约用水的管理目的。

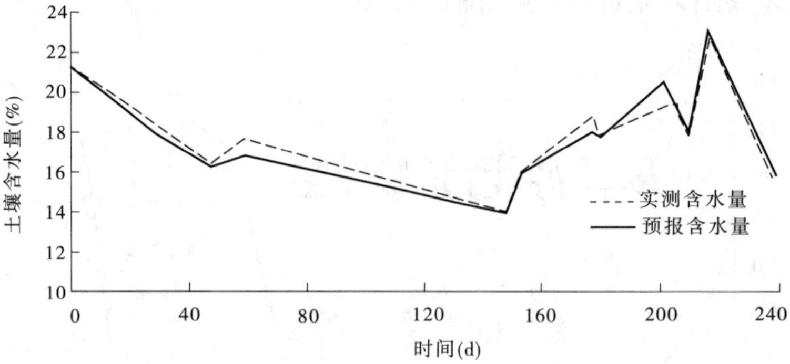

图 8-4 土壤含水量实测值与预报值对照图

(四)灌溉预报模型评价

(1)利用水量平衡原理及 Visual Basic 软件编制了灌溉预报程序,同时建立了数据库,并进行了灌溉预报的应用验证,精度较高,对灌区水资源合理调配和作物适时适量灌溉发挥了重要作用。

(2)该灌溉预报模型中考虑到非充分灌溉条件下耗水量随土壤含水量的变化而变化的情况,使灌溉预报模型更为准确,提高了预报精度。

(3)水量平衡原理中所用参数较多,这些参数的取得需通过大量田间和室内试验。采用由试验总结出的经验公式进行计算有一定地区局限性,这些参数误差将直接影响到预报的准确度,因此还有待于进一步试验研究。

任务三 灌区量测水技术

模块一 灌区量测水的意义

灌区量测水工作是灌区管理工作的核心,是实行计划用水及准确地掌握引水、输水、配水情况的重要手段,是节约用水、提高灌溉效率的有效措施。它有以下几个方面的作用:

(1)测算年、月、日时段渠道水位、流量变化情况以及输水能力,为编制渠系用水计划提供依据。

(2)根据用水计划和水量调配方案,及时准确地从水源引水,并配水到各级渠道的用水单元和灌溉地段。

(3)为灌区定额供水、按方计收水费和水资源费提供可靠依据。

(4)利用测水量水观测资料和灌溉面积资料,分析、检查灌水质量和灌溉效率,修正、调整供配水方案,指导和改进用水工作。

(5)利用测水量水资料验证渠道和建筑物的输水能力、渠道输水损失率,为灌区改建、扩建、新建提供规划、设计和科研的基本资料。

模块二　灌区量水测站的分类及布置

(一)量水测站的分类

灌区量水测站按其位置及作用的不同,可分为基本测站和辅助测站两种。

1.基本测站

基本测站包括:①水源测站;②引水渠(如总干渠、干渠)渠首测站;③配水渠(如支、斗、农渠)渠首测站;④分水点测站。

2.辅助测站

辅助测站包括:①平衡测站;②专用测站。

(二)量水测站的布置

1.基本测站的布设位置

1)水源测站

观测水源的水位、流量、含沙量的变化情况,为分析其与渠首引入流量之间的关系以及降水与河道径流的关系等方面提供资料。水源测站应分设在引水口上游20~100 m的平直段上,以不受闸门启闭和挡水建筑物壅水影响为原则。若水源为山塘水库,应在库区上游河床上加设测站。

2)引水渠渠首测站

观测从水源引入的流量,分析引水口水位与引水流量变化关系和引水渠的水位—流量关系,指导配水工作。测站布设在引水渠进水口以下50~100 m范围内的水流平稳渠段处,也可利用进水建筑物量水。

3)配水渠渠首测站

观测从上一级渠道配得的水量及渠道的输水损失。测站布设在配水闸以下30~80 m范围内的水流平稳渠段处,也可利用配水闸量水。

4)分水点测站

观测从配水渠分得的水量及渠道的输水损失。测站布设在分水渠渠首以下10~30 m范围内的水流平稳渠段处,也可利用进水建筑物量水。

2.辅助测站的布设位置

1)平衡测站

观测水源的下泄流量及灌区的退泄水量和排出水量,为灌区水量平衡的分析计算提供数据。平衡测站应分别布设在渠首引水口下游河段各级灌溉渠道的末端及排水渠道枢纽上。

2)专用测站

专用测站为观测、收集专门资料(如渠道的输水损失,糙率系数,流速、流量与冲淤关系等)而设。测站布设位置视实际需要而定。

3.布设测站的程序和要求

(1)根据任务和要求,在灌区、渠系平面图上全面规划,统一布设。

(2)实地踏勘,确定测站位置。

(3)设立标志,施测断面,鉴别建筑物类型或安设量水设备。

(4)测站布设完成后,应将测站类别位置、使用测流方法等编表列册,并分别标示在渠系平面图上,以备查考。

此外,测站的布设应以经济适用为原则,尽量谋求某一测站能兼有其他类测站的作用。

模块三　灌区量测水的方法

灌区量测水的方法主要有利用流速仪量水、浮标法测水、水尺量水、水工建筑物量水以及利用特设的量水设备量水,下面分别加以介绍。

(一)通过实测渠中流速确定流量

测定渠道中水流的平均流速和过水断面面积,即可确定渠道流量。通常可用流速仪或浮标来测定渠水流速。利用流速仪测流,精度可达95%以上,这种方法应该首先选择渠段平直、水流均匀、无漩涡和回流的地方作为施测断面,通过测定断面、施测流速、计算流量得到结果。利用水面浮标测流,误差较大,精度在85%左右,但这种方法无须专门仪器,方法简便。

(二)利用渠道水位—流量关系确定渠道流量

在量水的渠段上,可根据实际测流的成果绘制好水位—流量关系曲线,以后每次量水时,可以只通过水尺观测渠道水位,从曲线上查出流量。此法最为简便,适用于渠道顺直、稳定,断面规整,不受下游节制和壅水建筑物回水影响的渠段。为了提高测流精度,最好将测流段用混凝土或其他材料衬砌。

(三)利用特设的量水设备量水

特设的量水设备,是专门为量水而设立的,不作他用。这类设备常用的有量水堰、量水槽和量水喷嘴等。量水堰有三角形、梯形、矩形几种形式,其优点是量水精度很高(可达97%~98%),观测方便,设备简单,但主要缺点是会造成渠道较大的壅水(为了保证测流精度,需要使过堰水流保持自由流,因而要求较大落差)和堰前的泥沙淤积。量水堰适用于量水精度要求较高,且渠道流量小(一般小于1 m^3/s)、纵坡大或有集中跌差的情况。量水槽主要有巴歇尔槽、量水槛(长喉道)、矩形无喉道、U形渠抛物线无喉道、农用分流计(一种"文丘里管式水表")等,其特点是壅水低、淤积少、观测简便,适宜在比降小、含沙量大的渠道上采用。量水喷嘴也具有水头损失小、淤积少的特点。

在这些特设的量水设备中,采用最多的是量水堰,这些堰可以就地施工,也可以预制成装配式构件,视量水的需要,随时随地可以拆卸。下面主要介绍三角形量水堰和梯形量水堰。

1.三角形量水堰

三角形量水堰可用木板堰口加钉铁皮做成,过水断面通常做成直角等腰三角形,见图8-5。

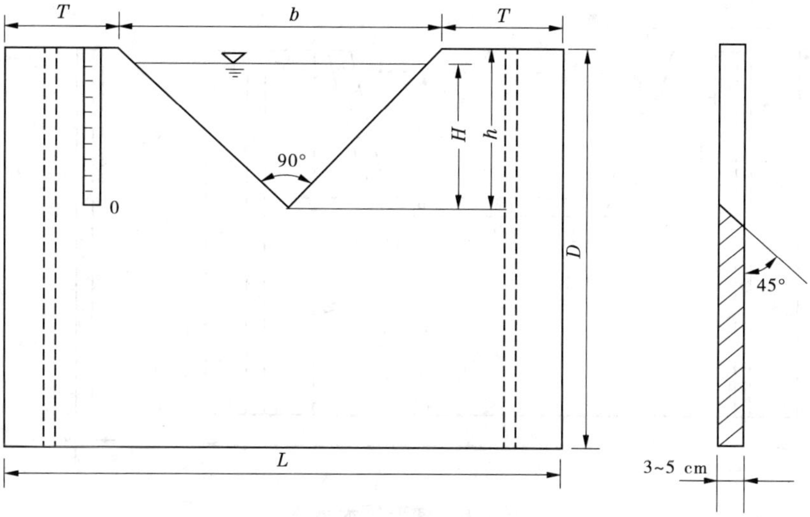

图 8-5　三角形量水堰

堰口做成刀口形，刀口平直光滑，厚 3～5 cm，斜面朝下游，倾斜角一般为 45°，槛高和堰肩宽要大于 30 cm。安装时，应注意保持堰体水平，堰壁垂直，安装在渠道正中，两侧最好用砖砌护，使堰底和堰身两侧无漏水现象。水尺设在堰板上、下游距堰板 3～4 倍最大过堰水深处。若经实测误差不大，上游水尺也可直接安装在堰口旁侧堰板上，或直接绘于堰板上。水尺零点高程应与堰口零点高程相同，水尺刻度至 5 mm。

对于不同水流形态，通过三角形量水堰的流量可分别用下列公式计算：

当堰流为自由流时

$$Q = 1.343H^{2.47} \tag{8-43}$$

式中　Q——过堰流量，m^3/s；

H——过堰水深，m。

当堰流为淹没流时

$$Q = 1.4\sigma H^{2.5} \tag{8-44}$$

$$\sigma = \sqrt{0.765 - \left(\frac{h}{H} - 0.13\right)^2} + 0.145 \tag{8-45}$$

式中　σ——淹没系数；

h——下游水尺读数，m；

H——上游水尺读数，即过堰水深，m。

2. 梯形量水堰

梯形量水堰的堰口为梯形，见图 8-6。侧边边坡为 4∶1，堰口的三边均呈刀口形，倾斜面朝向下游，倾斜角一般为 45°，堰板各部分尺寸按流量大小而定。

安装梯形量水堰的要求与三角形量水堰相同，堰槛要水平，堰板要垂直，堰板上的水尺零点应与堰槛齐平。为了提高量水精度，应使过堰水流为自由流。因此，安装时应使堰槛高于下游水面（通过最大流量时）2 cm。

当堰流为自由流时，通过梯形量水堰的流量用下式计算：

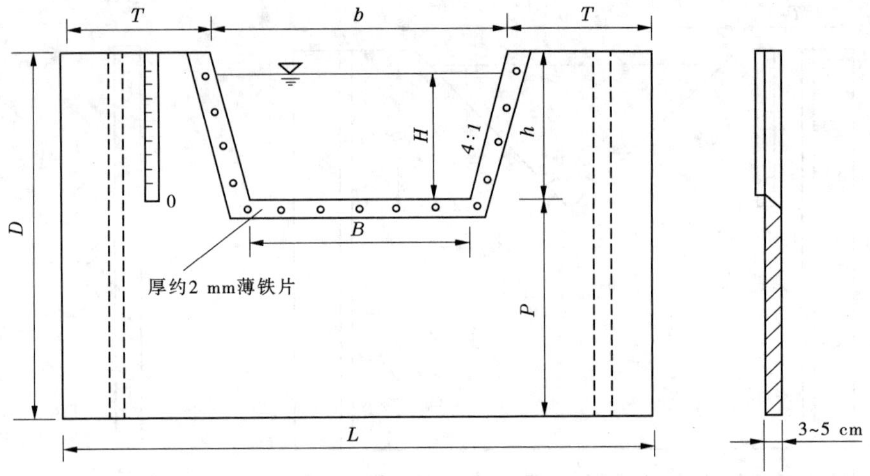

图 8-6 梯形量水堰

$$Q = mBH^{1.5} \tag{8-46}$$

式中 Q——过堰流量,m^3/s;

m——流量系数,当来水流速小于 0.3 m/s 时 $m=1.86$,当来水流速大于 0.3 m/s 时 $m=1.9$;

B——堰槛宽度,m;

H——过堰水深,m。

(四)利用水工建筑物量水

在灌溉渠道上有许多水工建筑物,大致可分为有调节流量设备(如涵闸、水库放水管等)与无调节流量设备(如渡槽、倒虹吸、跌水等)两种类型。如果这些建筑物修建得比较规整,且管理养护较好,无损坏、漏水、冲淤和阻塞等现象,则可用于量水。

下面主要介绍利用涵闸和跌水进行量水的方法。

1.利用涵闸量水

利用渠道上放水闸门或涵管量水时,只要在放水闸门或涵管处设立水尺,测得相应的水位,即可根据水力学原理,求出相应的流量。但由于用作量水的涵闸类型很多,各类涵闸又可采用不同的翼墙,不同涵闸或同一涵闸在不同的时间里,水流形态也各不相同。因此,不同类型的建筑物和不同的流态计算流量所采用的公式各异(见有关灌区量水手册);不同类型的翼墙和入流条件有差异,采用的流量系数也不同。因此,在施测以前,必须先弄清涵闸的类型、翼墙形式和水流状态。

利用涵闸量水,必须正确地确定水尺或水位观测点的位置,如图 8-7 所示。上游水尺应设在上游距建筑物约 3 倍最大闸前水深处,下游水尺应设在水流出口以下距建筑物 1.5~2 倍单孔闸宽处。闸前水尺设立在闸前距闸板约 1/4 单孔闸宽处,闸后水尺设立在闸后距闸板约 1/4 单孔闸宽处,但这两种水尺距闸板均不得小于 40 cm。以上 4 种水尺的零点高程均应与闸槛或闸底板在同一水平面上。启闸高度水尺可直接绘在闸槽边缘的边墩上,水尺的零点与闸孔完全关闭时的闸门顶部齐平。

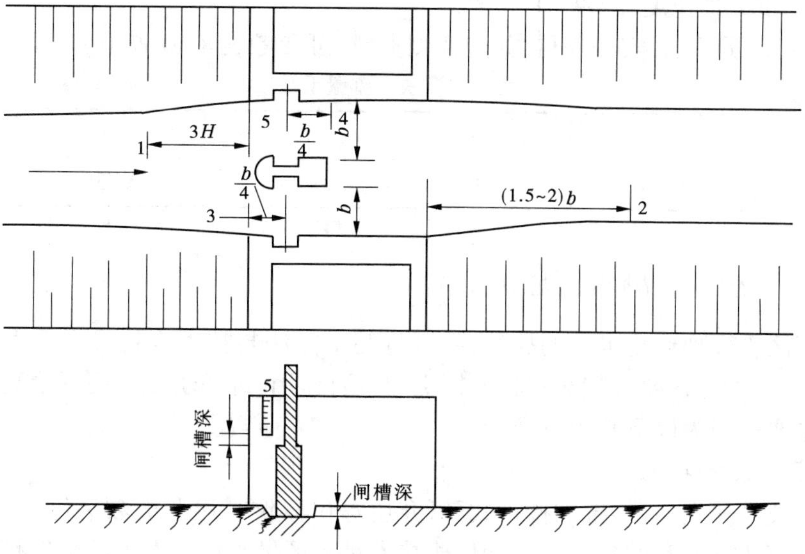

1~5—水尺

图 8-7　水尺安装位置示意图

2. 利用跌水量水

用于量水的跌水断面一般有矩形和梯形两种，如图 8-8 所示。水尺应安装在建筑物上游 3~4 倍渠道正常水深处，水尺零点与跌水底槛最好在同一平面上，以便直接读出上游水头(H)数据。

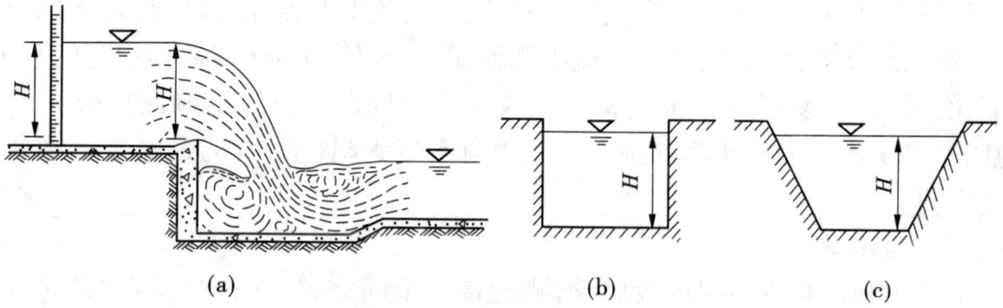

图 8-8　利用跌水量水示意图

不同断面形式跌水的流量计算公式如下：

矩形断面跌水

$$Q = MbH\sqrt{2gH} \tag{8-47}$$

梯形断面跌水

$$Q = M(b + 0.8mH)H\sqrt{2gH} \tag{8-48}$$

式中　Q——流量，m^3/s；

b——跌水底宽，m；

m——梯形断面边坡系数；

H——上游水头，m，当来水流速大时，应加上流速水头；

g——重力加速度，$g=9.81\ m/s^2$；

M——流量系数，实测求得，如无实测资料，可参考表8-10查用。

表8-10 跌水流量系数

H/B	0.5	1.0	1.5	2.0	2.5
M	0.370	0.415	0.430	0.435	0.450

模块四 灌区量测水信息化技术

随着灌区管理现代化水平的提升，灌区量测水方法与技术也将发生重大变革，5G技术、人工智能技术等在灌区量测水将发挥更加重要作用，进一步推动灌区量测水技术信息化水平。主要表现为以下几个方面。

(一)记录数字化

随着科技高速发展，传统的指针式、纸介质等仪器仪表逐渐被数字化仪表所取代，测量记录的数字化和便利的数字通信和传输技术是灌区量水设备发展的必然趋势。同时在灌区用水管理中，水情实时监测和实时传送并不总是需要同步完成，实时记录定期采集带有时间标志的水情数据可以满足现阶段大部分的管理要求。随着经济水平的提高和技术的发展，数字化的自记式仪表应可以十分方便地与多种通信方式连接，实现水情数据的实时监测和实时传送。考虑灌区测流点能源使用一般比较困难，因此在自记状态下，应实现存储记录设备的微功耗化，以利于设备的长期野外工作。

(二)测控一体化

现有的量水设备大多水头损失较大，或在高淹没度时量水精度较差，对于地形平坦的自流灌区，如何维持有效水头，扩大自流灌溉面积，减少因为量水设备而引起的水头损失，将是人们在选择和开发研究量水设备时比较关注的问题。所以研制测控合一的量水设备，避免因量水所产生的水头附加损失。采用对水流无阻碍影响的量水技术将是未来的主要发展方向。

(三)信息共享化

随着单片机和计算机技术的发展，遥测设备的不断完善。数据传输方式的多样化及其可靠性的提高，水量计量自动化技术在世界范围内得到广泛的应用。过去独立成为一个封闭单元的灌区水情监测系统。将逐步走向开放，与其他的水资源调配系统和管理信息系统联网，进行信息交换，实现资源共享。

任务四 灌溉自动化控制技术

模块一 实现灌溉自动化控制的目的

随着灌区管理体制改革的不断深化，灌溉自动化控制技术的推广应用在我国有着越来越广阔的前景。灌溉自动化控制技术就是采用电子技术对河流、水库、渠道的水位流量、含沙量乃至提水灌区的水泵运行工况等技术参数进行采集，输入计算机，利用预先编制好的计算机软件对数据进行处理,按照最优方案用有线或无线传输的方式,控制各个闸门的开启度或调节水泵运行台数,实行自动化监测控制。

提高灌溉用水管理水平是提高灌溉水利用率和农作物产量的重要措施之一。这既需要建立恰当的灌溉用水管理体制、制定合理的用水管理政策,也需要运用电子计算机技术、信息技术和自动控制等现代技术,实现水资源的合理配置和灌溉系统的优化调度,使有限的水资源获得最大效益。利用这些现代技术,我们可以通过对灌区气象、水文、土壤、农作物状况等数据进行及时地采集、存储、处理,并采用预测预报方法及优化技术,及时做出来水预报及灌溉预报,进而编制出适合作物需水状况的短期灌溉用水实施计划。一旦来水、用水信息发生变化,可以迅速修正用水计划,并通过安装在灌溉系统上的测控设备及时测量和控制用水量,实现按计划配水。

实现灌溉自动化控制的目的有以下 3 个方面。

(一)提高灌溉系统的管理水平

当前,管理水平低下是制约节水灌溉技术发展的重要环节。许多新的灌水技术,如喷灌技术、微灌技术、波涌灌溉技术、隔沟交替灌溉技术、水平畦灌技术等由于没有良好的技术管理措施,因此其灌溉节水效益得不到充分发挥或者根本无法大面积推广。即使是应用已经比较多的喷灌技术和微灌技术,实际灌溉过程仍然仅凭生产人员的经验操作,作物需水的科学规律和生产人员的实践经验得不到有效综合。采用自动化灌溉系统,就能很好地按照作物的需水规律,综合气象数据和生产实践的经验为作物适时适量提供灌水,达到节约用水、获得作物高产的目的。

(二)提高灌溉系统的综合调度能力

灌溉系统的自动化包括渠(管)道输配水系统和田间灌水技术两方面的自动化。每一条支渠(支管)控制的灌溉面积不同,农田的种植种类也不相同,水源条件也各有差异(如渠道引水灌区、井渠结合灌区、地下水灌区等)。因此,在用水过程中,有一个合理调度、优化配水的问题。传统的人工开启闸门配水的方式不能及时准确地调整各渠(管)道的用水。采用自动控制技术后,输配水过程既可以按照预定的方案进行分配水,又可以根据实际的运行情况及时快速调整用水计划,做到按需配水,减少浪费。

在田间灌水过程中,目前大多由人为控制入田水流的流量和时间,往往造成进入田间的水量与计划灌水量有一定差异。采用自动控制灌溉以后,灌水流量、灌水时间完全可以根据作物的需要、土壤条件、生育阶段等指标合理计算,准确控制,从而减少水量浪费。

(三)使节水措施得到有效的实施

灌溉工程自动化,可使先进的灌水技术管理理论、管理措施得到有效的配合,可使一些先进的管理工程措施在控制灌溉的过程中得到落实,可使强制性节水措施在控制灌溉过程中得到不折不扣地执行,进而达到提高用水效率、用水效益和节约用水的目的。

模块二　灌溉自动化控制技术

(一)灌溉自动化控制系统工作原理及配置

1. 系统工作原理

微机自动监控系统开启后,土壤水分传感器将采集的数据通过控制器传输给微机处理单元,当采集数据达到土壤含水量下限值时,监控系统按照程序处理设定值发出开机指令,变频控制器启动水泵并开启相应阀门,进行适时灌溉。然后按照预先设定的灌水时间,由监控系统下达停止灌溉指令,通过变频控制器关闭水泵,并关闭相应阀门。在整个灌溉过程中,管网工作压力通过变频控制器调节,管网始终处在设定的正常工作压力范围内安全运行。系统可对土壤含水量、管网压力、流量、灌水总量等进行实时控制,并将灌水时间、日期、灌水总量等数据及时储存并随时打印分析。灌溉自动化控制系统工作原理框图见图8-9。

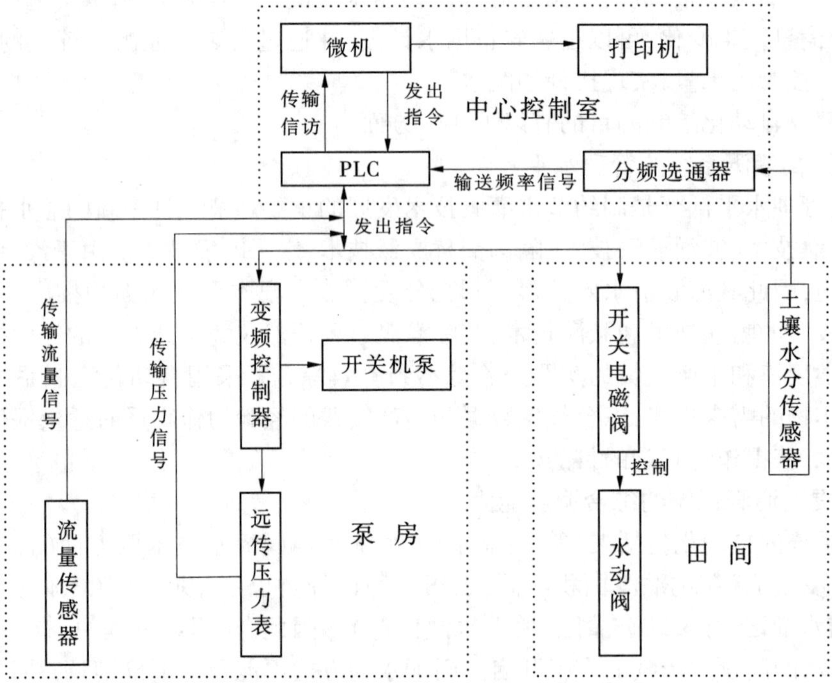

图8-9 灌溉自动化控制系统工作原理框图

1)土壤含水量控制

在有代表性的地块土层(上、中、下)埋设一组(3支)电容式土壤水分传感器,传感器采集的是频率信号,不同的土壤含水量对应不同的频率,根据土壤含水量—频率关系曲线查出灌溉地块中土壤含水量上、下限值所对应的频率值进行标定,并固化在微机处理单元中。各传感器所采集的频率信号经过分频选通器传输给微机处理单元,取上、中、下3层传感器采集到的频率均值与标定值比较,确定是否开机灌溉。

2)管网压力控制

管网压力控制是由微机处理单元、变频控制器、远传压力表来完成的。远传压力表将采集到的压力信号由控制器传输给微机处理单元,当压力信号小于设定值时,微机处理单元向变频器发出指令,变频控制器加大频率增大水压力,使之稳定在设定压力值范围内;当压力信号大于设定值时,微机处理单元发出指令,变频控制器减频降低水压力,并使水压力稳定在设定值范围内。

2. 系统配置

自动监控系统由上位机和下位机 PLC 相结合,是目前自控领域中较高的配置方案。PLC 对于系统的扩展修改灵活方便并减少软件编写的工作量。土壤水分传感器是自动控制系统的关键部分,其灵敏程度直接关系到能否适时启闭供水设备。变频器是维持恒压供水、利于系统安全经济运行的重要控制部分,不同的灌溉方式对应不同的工作压力,可在程序处理中预先设定,程序处理则是首先控制电磁阀启闭,然后由电磁阀控制水动阀,水动阀既可自动启闭也可手动启闭。

流量、压力的采集利用 LWGY 型涡轮流量传感器、XSJ-391 型流量积算仪和 SG-3 型电感压力变送器来完成。

3. 硬件设计及功能

系统硬件设计按功能可划分为系统监控、系统控制两部分。

(1)系统监控部分。由上位机和打印机组成,用来实时处理 PLC 采集的数据并据设定值进行逻辑判断,向控制站 PLC 可编程控制器发送控制命令。

(2)系统控制部分。由 PLC、土壤水分传感器、变频控制器、压力传感器及电磁阀等组成。该部分作用是采集频率及压力信号并送入上位机进行处理,同时执行上位机发送的控制命令,对变频控制器、电磁阀等执行部件进行控制操作。

(二)系统软件设计

系统软件可分为上位机监控软件和下位机 PLC 控制软件两部分。上位机监控软件包括通信程序、监控画面和打印程序。下位机 PLC 控制软件采用梯形图编写。上位机监控主菜单分为参数设置、系统运行、打印和退出等。参数设置主要包括压力设定及土壤含水量上、下限设定等;系统运行将设置参数传输给 PLC 并接收和处理 PLC 采集的压力、土壤含水量、流量等信号,发出开闭水泵、电磁阀等有关指令,并定时储存灌水时间、灌水总量等相关数据;打印功能负责将阀门号、灌水总量、灌水时间、日期等有关数据输出打印,退出功能将整个系统退出监控系统。上位机程序设计框图见图 8-10。

1. 上位机软件设计功能

(1)参数设定功能。土壤水分传感器与电磁阀的对应关系;电磁阀对应的工作压力值;电磁阀对应的土壤含水量上、下限值(以频率的形式进行设定)。

(2)监控功能。实时接收由 PLC 传送的频率、压力、流量等信号;实时分析处理上述信号并发出开关水泵、电磁阀、变频调压器等指令。

(3)统计功能。累计各阀门的开关时间和相应的灌水总量。

(4)显示功能。实时显示各电磁阀的开关状态;实时显示流量;实时显示压力;实时显示各土壤水分传感器的频率。

(5)打印功能。打印阀门号、灌水时间、灌水流量、工作压力、灌水总量、灌水时间等。

2. 下位机软件设计功能

(1)采集、输送功能。实时采集土壤传感器频率信号、远传压力表压力信号、流量变送器流量信息,并由 PLC 向上位机输送。

(2)控制功能。接收上位机指令及开关水泵、电磁阀并变频调压。

下位机软件的编写工作是根据其承担的功能来完成的。其特点是尽量减少软件编写

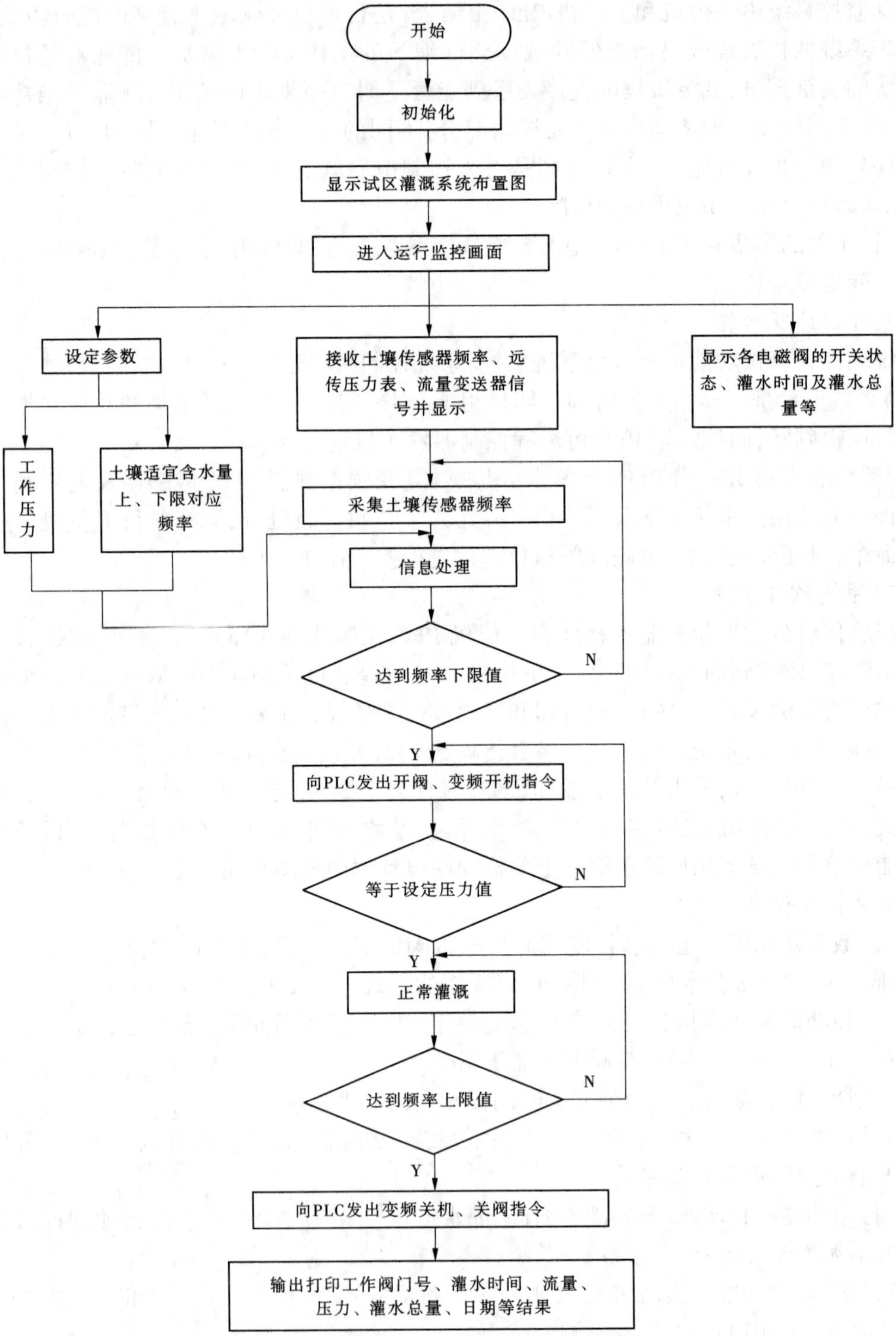

图 8-10 上位机程序设计框图

的工作量，简单易行，管理方便。

（三）控制参数设定与校核

1. 灌溉压力设定

喷灌、微灌、滴灌等不同灌溉形式的工作压力设定由实际设计的工作压力确定。

2. 输出校核

（1）压力校核。压力信息是通过远传压力表以电流的形式传输给微机处理单元，进而转换得到压力值的。经过反复调节电流信号与压力关系，直到两者模拟值非常相近为止，其误差不超过±0.01 MPa。

（2）流量校核。流量范围按控制灌溉范围内作物的灌水定额确定。微机输出值与实测流量值误差小于或等于1.8%。

3. 频率设定

以冬小麦为例，冬小麦在拔节前根系活动层在45 cm深的范围，拔节后在60 cm深的范围，故以不同深度、土壤含水量对应的频率进行设定。

（1）冬小麦不同生育期灌溉上、下限设定。根据冬小麦不同生育期适宜的土壤含水量，分别查45 cm、60 cm深处土壤含水量与土壤传感器频率关系曲线，即得对应的频率设定值。冬小麦不同生育期土壤含水量及对应的传感器频率上、下限值设定见表8-11。

表8-11 冬小麦不同生育期土壤含水量及对应的传感器频率上、下限值

生育期（月-日）	播种—分蘖（10-01~12-02）	分蘖—越冬（11-03~12-30）	越冬—返青（12-31至翌年02-16）	返青—拔节（02-17~03-19）	拔节—抽穗（03-20~04-27）	抽穗—成熟（04-28~06-06）
土壤含水量上、下限（占干土重百分数，%）	18.49~13.87	20.80~16.18	20.80~16.18	20.80~16.18	19.65~16.18	18.49~13.87
土壤含水量对应的频率上、下限（kHz）	24.7~35.6	20.3~30.5	20.3~30.5	20.3~30.5	19.8~24.2	21.0~26.1

当土壤传感器实际频率小于设定下限值时开始灌溉，当实际频率接近设定上限值时需停止灌溉。

（2）根据土壤水分传感器实时采集的频率信号，对水泵、电磁阀自动启闭，实现整个灌水过程的自动化。土壤水分传感器的采用实现了作物的精准灌溉，使作物生长始终处在所需的最优含水量状态，真正实现了水资源的高效利用。

（四）灌溉自动化控制系统的运行管理与维护

灌溉自动化控制系统的运行管理与维护是灌区信息化建设十分重要的环节，不可缺少。

1. 灌溉自动化控制系统运行管理原则

（1）统一性原则。灌区灌溉管理是一个整体，在灌溉自动化管理工作中就需要做到统一指挥、统一调度,实现信息统一化、管理统一化。

(2)安全性原则。灌区灌溉不管哪方面都需要保证其安全性。灌溉自动化控制系统的安全性也是伴随着灌区发展一直存在的。在灌溉自动化控制系统的运行过程中要保证信息的安全性,维护信息平台新的安全可靠。

(3)分层管理原则。责任制是保证信息化管理的有效机制,在灌溉自动化控制系统管理中,管理者应该划分管理部门,细分管理层次,并通过设立责任人对环节的信息进行统一收集与管理。做好分层管理工作,保证灌溉自动化控制系统的管理能够有序进行。

2. 灌溉自动化控制系统运行管理

在灌溉自动化控制系统运行管理中要注意硬件系统运行管理、软件系统运行管理和文档管理。

硬件管理主要是对灌溉自动化控制系统配置管理及系统运行过程中硬件的信息观察和记录,保证系统运行的安全性。在系统配置管理中管理人员要严格遵循操作原则及执行检查任务,设立管理值班制度,定期检查运行系统并进行信息记录。

在软件管理方面主要是对软件故障的检查与维修工作,保证软件系统在信息收集、传输和存储的安全性,同时保证系统的正常运行;另一方面是保证系统运行软件不被病毒和恶意入侵破坏。利用相关运行管理制度做好软件的更新管理与维护,定期检查杀毒,保证网络运行状况良好,提高信息的安全性。

在文档管理上主要是对收集和存储的海量信息进行分类、编目管理,保证其完整性。一方面是对信息的处理,存储及应用,需要运用信息化技术将信息编录成文档,做好分类、编目工作;另一方面是要保证文档信息使用与借阅的安全性。以上所有系统运行管理过程中都要遵循系统运行原则及相关管理原则,管理人员严格按照相关管理制度进行系统的管理,保证管理的正常有序进行与信息的安全性。

3. 灌溉自动化控制系统的维护

在灌溉自动化控制系统运行过程总会出现一些问题,这时就需要对其进行维护管理。系统运行维护的主要任务是:对软件系统的更新换代,保证运行系统软件运行流畅并保证运行系统的安全性;硬件系统易损零件的及时检查与更换,避免因零件受损等问题造成处理不当;基础设施环境的构建安全与畅通,保证运行系统的正常进行;明确水利信息化系统运行维护现状,建立健全运行维护管理体系以及运行管理服务体系,实施运行维护模式及管理服务。

任务五　节水灌溉工程管理模式

随着经济的发展、人口的增长、工业和城市用水的激增,我国农业用水供需矛盾日益突出。国家提出把节水灌溉作为一项革命性措施来抓,随着全国各级政府的高度重视和人民群众认识水平的不断提高,节水灌溉技术正在全国范围内大面积推广。节水灌溉技术不仅节水、节能,而且促进作物增产、增效,具有显著的经济效益和社会效益。但是节水灌溉工程特别是农田节水灌溉(喷灌、微灌、管灌)工程,由于管理难度较大,加上有些地方重建轻管,致使部分工程建完后用不起来,个别地方仅仅在上级检查时使用,没有使工程真正发挥效益，这在一定程度上挫伤了农民群众大搞节水灌溉的积极性，影响了节水灌溉的进一步发展。因此，结合节水灌溉的发展需要，确定科学合理的管理模式，使工程充分发挥效益，是节水灌溉发展中的突出问题。

目前，节水灌溉工程主要有以下几种管理模式。

模块一　公司型管理和股份合作制管理模式

（一）公司型管理模式

该管理模式是按照市场机制要求建立起来的新型基层灌溉服务组织。服务组织以公司的形式出现，实行企业化管理，规范化服务，独立核算，自主经营，自负盈亏。经营中，公司对节水灌溉工程进行统一管理和经营，按灌溉要求负责计划配水及节水灌溉工程的运行和维护工作；在收费上，则兼顾各方利益，按灌溉成本核定收费标准，微利保本经营。这种管理形式既缩短了轮灌周期、降低了灌溉成本，也提高了抗旱效果，能够有效地解决目前我国农村一家一户土地分散经营的灌溉问题，工程设备的利用率及管理水平较高。

（二）股份合作制管理模式

典型的股份合作制管理模式是国家、集体、社会法人、农户联股合营。国家股为县以上财政投入的补助资金所折合的股份，授权抗旱服务队或水利站为国家股的法人代表；集体股是乡（镇）或村级集体组织用其资金、土地和集体财产等入股或折价入股的股份；农户股是受益农户以资金、劳务等入股或折价入股的股份。

经营中，应做到自愿入股、自主经营、自我发展。该管理模式是成立股东会、董事会和工程管理小组，严格按照股份制运行方式进行管理；明确规定股东会是最高权力机构，由股东大会选举产生，主要职责是监督检查工程维修计划、调度运用方案和财务收支预算等重大事宜；董事会负责制定工程管理办法、用水调度方案及收费办法、财务管理制度、管理人员的岗位责任制度等规章制度；工程管理小组负责工程的管理维修、调配水源及收取水费等具体工作。

这种管理模式能极大地调动群众管理工程的积极性，是节水灌溉工程今后主要的管理模式。

模块二　租赁或承包型管理模式

这种管理模式是在灌溉工程国家或集体产权不变的前提下，将工程或设备的经营使用权转让给个人或联户，收取一定的租金或承包费及相关费用。同时，通过合同契约方式来保障工程产权所有者与承包（租赁）方的利益，即以法定程序规定甲、乙双方的权利和义务，并按合同规定进行工程运行管理。这种模式适合于所有权不宜变更且经营性较强的设施、设备，如示范区内的喷灌、微灌工程及井灌区水源工程等。

模块三　公司加农户型和水利专业户型管理模式

（一）公司加农户型管理模式

为提高土地的产出效益，通过采用先进的节水灌溉技术，把过去一家一户分散经营的土地集中起来，由公司进行统一开发、统一管理；经营上采取承包、租赁等形式。

经营中,由具有法人资格的公司对节水灌溉工程区的土地以“反租倒包”形式进行统一经营、分户管理,即通过与农户签订经济合同,获得土地长期有偿使用权,然后对土地进行集中开发、配套节水灌溉工程措施,再以适当的价格将部分土地包给农户,公司负责技术指导与产品销售服务。这种管理模式实现了土地合理流转、灌溉工程统一管理,达到了企业和农民双方受益的目的。

此种管理模式在城市郊区及农村经济较发达地区对节水高效农业的发展起到了积极的推动作用。

(二)水利专业户型管理模式

这是一种水利专业户和农民双重经营的管理模式,主要用于小型节水灌溉工程。经营中,水源井由农户独资或联户合资所有,小型喷灌机组、发电机、水泵、移动管道等设备,在自愿、公开、公平、公正的原则下,以招标方式拍卖给受益农户,使之成为水利专业户,为本村农户提供有偿灌溉供水服务。同时,可成立水利专业户协会,使水利专业户在节水灌溉工程管理、服务和收费等方面得到统一管理,使其有序进行。

模块四　经济自立灌排区管理模式

(一)基本概念

经济自立灌排区管理模式在国外,特别是农业发达的欧洲、美洲等已有20多年的发展历史,我国从20世纪90年代初开始从国外引进这一先进的农业灌溉管理模式。

完整的经济自立灌排区(Self-financing Irrigation and Drainage District,简称SIDD)包括供水公司(Water Supplying Company,简称WSC)和农民用水者协会(Water Using Association,简称WUA)两部分,通过组建供水公司和农民用水者协会建立符合市场经济体制的用水和供水的供求关系,实现商品化供水和用水。供水公司是在独立的灌排区建立的非政府灌溉管理的经济实体,在当地工商行政管理部门登记注册后,具有法人地位,自主经营、自负盈亏,负责水源工程和骨干渠(沟)的管理与运行,同时向农民用水者协会收取水费。

农民用水者协会是由灌区农民自愿参加组成的群众性用水管理组织,经当地民政部门登记注册后,具有独立法人资格,实行独立核算、自负盈亏,实现经济自立。农民用水者协会负责所辖灌排系统的管理和运行,保证灌溉资产的保值和增值,同时向供水公司缴纳灌溉水费。农民用水者协会由用水小组和用水者协会会员组成。

(二)SIDD的推广应用情况

SIDD作为一种在国外应用成熟、符合市场经济特点的管理模式,在我国得到了推广和应用。自1992年开始,首先在湖北、湖南进行试点研究,并取得了较好的效果,之后在新疆进行试点。1997年开始,在山东、河南、江苏、河北、安徽等省进行应用。据不完全统计,湖北省已建成用水者协会118个,甘肃省建成62个,河南省建成20个,河北省建成43个。山东省已经在世界银行二期加强灌溉农业项目区建成9个经济自立灌排区试点,其中济南原天桥区靳家乡、平原县王打卦乡、微山县刘庄乡是完整的SIDD试点,其余只进行了农民用水者协会试点。

能力训练

1. 试述非充分灌溉条件下的作物灌溉制度的主要意义。
2. 简述作物灌溉预报技术的主要方法。
3. 灌区量测水技术方法主要有哪些?
4. 简述灌区灌溉自动化控制的意义。
5. 当前节水灌溉工程管理模式主要有哪些?

项目九　水肥一体化节水灌溉技术

【目标】

通过对水肥一体化节水灌溉技术的认知,了解水肥一体化节水灌溉技术实施的要点,理解水肥一体化节水灌溉模式的适用条件,能够正确实施水肥一体化节水灌溉技术的应用。

【任务】

1. 水肥一体化节水灌溉技术的认知。
2. 水肥一体化节水灌溉施肥制度。
3. 水肥一体化节水灌溉系统认知。
4. 我国水肥一体化节水灌溉技术应用。
5. 山东滴灌冬小麦水肥一体化技术应用案例。

任务一　水肥一体化节水灌溉技术的认知

水肥一体化技术起始于以色列,自20世纪60年代初以色列开始研究和应用滴灌技术以来,水肥一体化技术才伴随着滴灌技术而逐渐发展起来。水肥一体化技术的英文名称为Fertigation,即由fertilization(施肥)和irrigation(灌溉)组合而成,直译为施肥灌溉技术,在我国称为水肥耦合技术或者水肥一体化技术,目前基本统一采用水肥一体化技术这一概念。根据灌溉方式的不同,水肥一体化技术主要分为喷灌和微灌水肥一体化技术。

模块一　我国水肥一体化技术的发展过程

我国引入滴灌技术后,水肥一体化技术的发展过程大致经历了三个阶段:初步研究阶段、试验示范阶段、规模应用阶段。

(一)初步研究阶段

我国水肥一体化技术研究始于1974年,由墨西哥引进3套滴灌设备,通过不同地区的试验,取得了较为显著的增产和节水效果。1974~1980年,我国水肥一体化技术的研究处于学习和借鉴国外的起步阶段。

(二)试验示范阶段

试验示范阶段是1980年到20世纪90年代中期。1980年,我国自主研制了第一代成套滴灌设备,填补了我国没有滴灌设备产品的空白。80年代初期到中期,为我国引进国外喷灌技术和设备的高潮,80年代中期到90年代中期,通过消化吸收国外经验研制开发了我国的喷灌设备。1986年,我国将"滴灌配套设备系列开发"列入国家星火计划,促使大规模滴灌设备和施肥设备开始逐步推广和大面积应用,主要用于日光温室等设施农业的灌溉和施肥。1990年,我国滴灌面积33 khm^2,1995年达到45 khm^2;90年代中期我国喷灌面积约 900 khm^2。

此阶段,我国水肥一体化技术主要处于试验研究和学习国外技术的阶段,而且集中应用于设施农业和果园。

(三)规模应用阶段

20 世纪 90 年代中期以来,水肥一体化技术理论和应用在我国得到了广泛重视。目前,水肥一体化技术已经由过去的试验示范阶段发展到规模应用阶段,辐射到全国范围内,涵盖了果树、花卉、苗木、蔬菜以及大田经济和粮食作物。最早成功应用水肥一体化技术于大田作物的例子是新疆的棉花膜下滴灌。

1996~2002 年,新疆棉花膜下滴灌面积从最初的 1.67 hm^2 迅速扩大到 120 khm^2。

2002 年国家农业部开始组织实施旱作节水农业项目,在全国范围内建立水肥一体化技术核心示范区,集中开展试验示范和技术集成,有效带动了水肥一体化技术的推广应用。2012 年,国务院印发《国家农业节水纲要(2012~2020 年)》明确要求积极发展水肥一体化技术。

与此同时,2013 年农业部印发《水肥一体化技术指导意见》,提出到 2015 年水肥一体化技术推广总面积达到 530 万 hm^2 以上;2016 年农业部制定的《推进水肥一体化技术实施方案(2016~2020 年)》,提出到 2020 水肥一体化技术推广面积达到 1 000 万 hm^2。整体来看,目前我国水肥一体化技术处于发展的中级阶段,并且随着物联网技术的发展以及该技术在农业领域的广泛应用,基于物联网的水肥一体化技术也得到了初步发展,标志着水肥一体化技术将向数字化、信息化、智能化发展,应用前景广阔。

模块二 水肥一体化节水灌溉技术含义

(一)水肥一体化节水技术

我国农业农村部给出的定义为:水肥一体化是利用管道灌溉系统,将肥料溶解在水中,同时进行灌溉与施肥,适时、适量地满足农作物对水分和养分的需求,实现水肥同步管理和高效利用的节水农业技术。

从狭义来讲,水肥一体化节水技术就是将肥料溶入施肥容器中,并随同灌溉水顺管道经灌水器进入作物根区的过程叫作滴灌随水施肥,国外称之为灌溉施肥,即根据作物生长各个阶段对养分的需要和土壤养分供给状况,准确地将肥料补加且均匀施在作物根系附近,并被根系直接吸收利用的一种施肥方法。通常,与灌溉同时进行的施肥,是在压力作用下,将肥料溶液注入灌溉输水管道而实现的。溶有肥料的灌溉水,通过灌水器(喷头、微喷头和滴头等)将肥液喷洒到作物上或滴入根区。

从广义来讲,水肥一体化节水技术就是水和肥同时供给作物根系以满足作物生长发育的一种技术,包含淋施、浇施、喷施、管道施用等。扩展开来讲,就是灌溉技术与施肥技术的融合,包括水肥耦合技术、水肥药一体化技术以及叶面肥施用技术等。

码 9-1 教学动画:微灌系统灌水施肥过程

虽然目前水肥一体化节水技术的概念不够统一,但归纳多种概述可以得出,水肥一体化节水技术的核心是水肥适时定量耦合,手段是建设科学的灌溉管道,目的是在满足植物水肥需求的基础上实现节水节肥，即综合分析地块地形、植物种类、气候变化等条件的影响作用，选择适宜的水肥一体化模式，通过田间铺设灌溉管道系统，实现灌溉水和肥料的完全耦合，并根据植物整个生长发育过程的水肥需求规律以及土壤水分、养分状况，适量及时地供给相应的营养元素和水分，从而达到植物增产和降本增效的双重目的。

(二)肥料认知

1. 农家肥料

农家肥料指含有动植物残体和排泄物等生物物质的肥料，它不对环境和作物产生不良影响。农家肥料在制备过程中必须经无害化处理，以杀灭各种寄生虫卵、病原菌和杂草种子，去除有害有机酸和有害气体，达到相关卫生标准。主要农家肥料有堆肥、沤肥、灰肥、厩肥、沼气肥、饼肥等；通常作为基肥施用。

2. 商品有机肥

商品有机肥是指主要来源于植物和(或)动物，施于土壤以提供植物营养为其主要功能的含炭物料，其氮、磷、钾3种养分的总含量在5%以上，有机质含量在45%以上；既可作为追肥也可作为基肥施用。

3. 水溶肥料

水溶肥料指易溶于水的肥料，含有大量元素、中量元素、微量元素，以及腐植酸、氨基酸等，经水溶解或稀释可用于水肥一体化节水灌溉施肥、叶面施肥、无土栽培、浸种蘸根等。

模块三　水肥一体化节水灌溉模式及特点

(一)水肥一体化节水灌溉模式

通过开展水肥一体化节水灌溉技术研究示范，我国已经集成了一系列水肥一体化节水灌溉技术模式。

(1)按区域划分。可分为干旱半干旱区膜下滴灌水肥一体化、丘陵山区重力滴灌水肥一体化、平原微喷水肥一体化等节水灌溉模式。

(2)按设备划分。可分为移动式微灌水肥一体化、全自动智能水肥一体化、小型简易自助式水肥一体化等节水灌溉模式。

(3)按设施条件划分。可分为普通大田水肥一体化、温室膜面集雨水肥一体化等节水灌溉模式。

(二)水肥一体化节水灌溉特点

水肥一体化节水技术将肥水以小流量、均匀准确地补充给作物根系的土壤，使其附近的土壤经常保持适宜的水分和养分，从而使作物营养得到最大化的吸收。可见，水肥一体化技术就是一项集灌溉、施肥于一体，高效节水节肥的现代化农业技术，为未来农业的发展方向。

与传统灌溉模式相比，其主要特点是定时定量供给作物水分和养分且维持土壤环境的有效技术，具有节水节肥、增产增收、省工省时、提高水肥利用率、便于自动化管理、保护环境等优点，实现了水肥管理的革命性转变，即由渠道输水转变为管道输水、由浇地转变为浇庄稼、由土壤施肥转变为作物施肥、由简单粗放的水肥分开模式转变为精确集约的水肥一体模式。

其主要作用机制是以水为载体使有效养分通过扩散和质流两个过程迁移到作物根系，增强可溶性营养物质的运输，并在适宜灌水量的条件下促进根系生长，增强根系吸收能力，加快根系对土壤中有效养分的吸收。水肥一体化节水灌溉能够减少扩散和减小质流的阻力，给作物创造稳定的根层环境，实现水肥互作效应，同时可以有效地控制灌溉水的数量和频率，并根据土壤养分含量、作物的营养特性和需肥规律，调控施肥模式，使其根系周边土壤始终保持最佳供需状态，从而提高水肥利用效率。

模块四　水肥一体化节水灌溉技术实施特点

实施水肥一体化节水灌溉技术是田间配套节水设施，普及推广节水、节肥的一项技术。此技术能够提高水资源、肥料的利用率，节约水肥，缓解水资源紧缺的矛盾，缓解我国肥料短缺和大量施肥与环境污染的矛盾，促进农业的可持续发展。

（一）节约用水

水肥灌溉需要在可控管道基础上发挥作用，将灌溉水与肥料之间进行有效结合，这样就能形成相应的灌溉营养液，将灌溉营养液通过管道可以传输到植物根系所生长的范围内，从而可以对水分流失问题进行有效控制与解决。水肥一体化节水灌溉技术较传统灌溉节水 30%～80%。

（二）有效控制施肥总量，减少肥料使用

水肥一体化技术的合理使用可节肥 30%～70%，不但可以在一定程度上提升施肥的准确性，而且能加快农作物的有效吸收，这对于提升肥料的使用效率有着非常重要的作用；同时，能对肥料使用总量进行有效控制，从而减少肥料的投入。

（三）植物生长期间的农药用量减少

水肥一体化节水灌溉技术的应用可以在很大程度上降低灌水总量，对病虫害问题进行有效控制，这就能减少农药的使用量，从而减少了农药成本的投入。

（四）节约人工成本的投入

结合实际情况可以了解到，在以往的水肥管理工作中，通常都需要进行开沟、浇水以及施肥等操作，而水肥一体化节水灌溉技术的运用可以直接简化这些流程，这就在很大程度上减少了人力的投入，从而有效提升劳动使用效率。

（五）提高作物品质与产量

将水肥一体化节水灌溉技术应用于设施栽培中，可以减少病虫害现象发生的概率，从而为蔬菜生长提供良好的环境，这就可以在一定程度上提升农作物质量与产量。研究表明，相比传统大水漫灌方式，水肥一体化节水灌溉技术的应用能提高作物产量 10%～20%。

（六）有效改善土壤环境和水环境

将水肥一体化节水灌溉技术应用于设施蔬菜栽培中，因为可以有效提升施肥过程的准确性，所以就可以对土壤中经常出现的挥发与流失等问题进行有效控制与解决，从而进一步改善土壤环境。试验研究表明，大田玉米种植中，应用滴灌水肥一体化节水灌溉施肥制度可有效节省 30%～70%的肥料，提升肥料利用率，减少了土壤中化肥的残留，进而减轻了对水环境富营养化的危害。

任务二　水肥一体化节水灌溉施肥制度

模块一　水肥一体化节水灌溉施肥制度含义

(一)灌溉制度

灌溉定额根据种植作物生育期的降水量和作物的需水量确定。保护地滴灌施肥的灌水定额应比大棚畦灌减少30%~40%;露地微灌施肥的灌溉定额应比大水漫灌减少50%。灌溉定额确定后,灌水时期、次数和每次的灌水量应当依据降水情况、作物需水规律及土壤墒情而定。有关节水灌溉制度拟定方法和内容详见本书项目三和项目四,这里不再赘述。

水肥一体化节水灌溉技术的灌溉制度主要是确定作物全生育期的灌水次数、每次的灌水日期、灌水定额和灌溉定额等。灌溉定额即生育期内每次灌水定额之和,是作物全生育期灌水总量,可根据实施水肥一体化节水灌溉技术后的灌溉水利用效率,结合目标产量和作物的需水规律确定。灌溉定额确定后,灌水时期、灌水次数和每次的灌水量应当依据降水情况、作物需水规律及土壤墒情而定。

(二)施肥制度

1. 目标产量

目标产量即计划产量。确定方法有两种:一是参考作物品种审定时提供的品种特性和产量水平确定;二是参考当地多年种植该品种作物获得的实际产量确定。实施水肥一体化技术的田块目标产量应规划为在该田块的上年或上季产量水平基础上增长10%以上。

码9-2　微课:科学施肥的方法

2. 计算养分吸收量

养分吸收量主要计算实现目标产量所需要的大量元素氮(N)、磷(P_2O_5,)、钾(K_2O)的施用量和施用比例。部分蔬菜水果形成1 000 kg鲜重产量时的氮、磷、钾养分吸收量见表9-1。

表9-1　部分蔬菜水果形成1 000 kg鲜重产量时的氮、磷、钾养分吸收量　(单位:kg)

蔬果	N	P_2O_5	K_2O	$N+P_2O_5+K_2O$	$N:P_2O_5:K_2O$
马铃薯	5.5	2.2	10.6	18.31	1:0.40:1.93
番茄	3.09	0.97	4.42	8.48	1:0.31:1.43
黄瓜	2.15	0.7	3.0	5.85	1:0.33:1.40
甜椒	4.91	1.19	6.02	12.12	1:0.24:1.23
茄子	3.65	0.85	5.75	10.25	1:0.23:1.58
西葫芦	5.47	2.22	4.09	11.78	1:0.41:0.75
菜豆	8.67	2.67	10.66	22.01	1:0.31:1.23
辣椒	2.8	0.9	3.9	7.6	1:0.32:1.39

续表 9-1

蔬果	N	P_2O_5	K_2O	$N+P_2O_5+K_2O$	$N:P_2O_5:K_2O$
甘蓝	4.1	0.5	3.8	8.4	1:0.12:1.93
西瓜	8.0	3.3	10.0	12.3	1:0.41:1.25
苹果	6.0	3.4	6.6	16.0	1:0.57:1.10
梨	4.7	2.3	4.8	11.8	1:0.49:1.02
樱桃	2.5	1.0	3.3	6.8	1:0.40:1.32
葡萄	3.8	2.2	4.5	10.5	1:0.58:1.18
茶叶	40	16	28	84	1:0.40:0.70

表 9-1 列出的各种作物养分吸收量为理论吸收量。实际生产中,养分理论吸收量不能直接用于指导施肥,通常要根据肥料利用率、土壤养分状况、有机肥施用量等进行修正,以便更符合实际需要。由于作物对中微量元素的需求量较少,且其移动性小,通常不需要每年施用,除非其测定值接近或低于长期试验确定的临界值,影响到作物的正常生长发育,就需要有针对性地补充中微量元素,并确定一个合理的施用量。

水肥一体化节水灌溉技术中的肥料利用率高,施肥次数较多,每次施肥量较少。应根据作物的需肥规律及地块的肥力水平和目标产量来确定总施肥量;之后,要根据作物不同的生育时期结合养分的吸收规律在各个生育期进行养分的分配。一般采用肥服从水分阶段结合法,将作物各生育期的施肥量分配到每次的灌水中,形成完整的节水灌溉施肥制度。

3. 调整养分吸收量

(1)根据土壤养分含量调整。在设计施肥制度时,要进行土壤养分测试,利用获得的土壤氮、磷、钾数据,结合当地养分分级指标和目标产量计算出养分吸收量进行调整。通常有三种情况:一是土壤养分测试值接近分级指标适中水平,不用对计算出的养分吸收量进行调整;二是土壤养分测试值较低,与分级指标适中值相差较大,要实现目标产量,应调高养分吸收量;三是土壤养分测试值较高,与分级指标适中值相差较大,要调低养分吸收量,否则会带来危害或降低利用率。从实践经验来看,一般调整幅度在 10%~20%。

(2)根据上季作物施肥量和产量调整。一般情况下,上季作物施肥量也是根据目标产量制定的,通过分析,可以看出目标产量与施肥量之间的相关关系。如果上季作物施肥量较大,或作物实际产量较低,说明施肥量偏大,应减少当季作物养分投入量;反之,如果上季作物施肥量较少,目标产量没有实现,说明施肥量偏少,应增加当季作物养分投入量。

(3)根据养分施吸比调整。养分施吸比是肥料利用率的倒数,各量关系如下式:

$$\text{某种养分的实际用量} = \text{养分吸收量} \times \text{养分施吸比}$$

(4)根据作物生育期需肥规律分配养分施用量。同一作物不同生育期的各种养分吸收量及需求比例不同。养分施用量分配时,要充分考虑作物的需肥特点、各种养分敏感期和最大效率期等,科学合理确定该作物各生长时期不同养分的施用比例和施用量。

(5)拟定施肥制度。根据计算出的作物养分吸收量、土壤测试值、上季作物施肥与产量水平、养分施吸比,施用有机肥量的区域,还要考虑有机肥带入的养分及作物不同生育期的养分需求比例等,就可以制定包括作物养分需求总量、养分比例、施肥时期和施肥方式等内容的施肥制度。

4. 拟合水肥一体化节水灌溉施肥制度

将灌溉制度和施肥制度拟合在一起形成水肥一体化节水灌溉施肥制度。拟合时要坚持肥随水走、分阶段拟合的原则,即根据灌溉制度将肥料按灌溉的灌水时间和灌水次数进行分配。特别强调一点,大田作物在灌溉的过程中如有降水,作物不需要灌溉,通常为了施肥需要也应灌溉,但完成施肥后应立即停止灌溉。

模块二　水肥一体化节水灌溉施肥制度内容

按照农作物目标产量、需肥规律、土壤养分含量和灌溉特点制定施肥制度。通常按目标产量和单位产量养分吸收量,计算农作物所需氮(N)、磷(P_2O_5)、钾(K_2O)等养分吸收量;根据土壤养分、有机肥养分供应和在水肥一体化节水灌溉技术下肥料利用率计算总施肥量;根据作物不同生育期需肥规律,确定施肥次数、施肥时间和每次施肥量。

(一)肥料种类的选取

选择溶解度高、溶解速度较快、腐蚀性小、与灌溉水相互作用小的肥料。不同肥料搭配使用,应充分考虑肥料品种之间的相容性,避免相互作用产生沉淀或拮抗作用。混合后会产生沉淀的肥料要单独施用。推广应用水肥一体化节水灌溉技术,优先施用能满足农作物不同生育期养分需求的水溶复合肥料。

(二)确定作物施肥总量的方法

作物施肥总量的确定需要根据作物的养分需求规律、农田土壤供肥特性与肥料效应等进行综合考虑,才能提出氮、磷、钾和微量元素肥料的适宜用量和比例及其相应的施肥技术。目前,确定作物的推荐施肥量的方法归纳起来有三大类六种方法。

1. 地力分区法

利用土壤普查、耕地地力调查和当地田间试验资料,把土壤按肥力高低分成若干等级,或划出一个肥力均等的田块作为一个配方区,再应用资料和田间试验成果,结合当地的实践经验,估算出这一配方区内较为适宜的肥料种类及其施用量。该法优点是肥料用量和配方措施接近当地的经验,方法简单,群众易接受。缺点是局限性较大,每种配方只能适应于生产水平差异较小的地区,而且依赖于一般经验较多,对具体田块来说针对性不强。在推广过程中必须结合试验示范,逐步扩大科学测试手段和理论指导的比重。

2. 目标产量配方法

根据作物产量的构成,由土壤本身和施肥两个方面供给养分的原理来计算肥料的用量。该方法包括养分平衡法、地力差减法和土壤有效养分校正系数法。它们都须先确定目标产量和相应的养分数量,接着计算作物除土壤所供给的养分外,需要补充的养分数量,最后确定施用多少肥料。

1)养分平衡法

养分平衡法是根据作物目标产量需肥量与土壤养分测定值计算的土壤供肥量之差估算作物的施肥量,通过施肥补足土壤供应不足的那部分养分,可按下式计算:

施肥量(kg/亩)=(目标产量所需养分总量-土壤供肥量)/(肥料中养分含量×肥料当季利用率)

养分平衡法涉及目标产量、作物需肥量、土壤供肥量、肥料利用率和肥料中有效养分含量等5个参数,目标产量确定后,因土壤供肥量的确定方法不同而引出地力差减法和土壤有效养分校正系数法两种。

2)地力差减法

地力差减法是根据作物目标产量与空白田产量之差来计算施肥量的一种方法,作物在不施任何肥料的情况下所得产量即为空白田产量,它所吸收的养分全部取自土壤。从目标产量中减去空白田产量,就是施肥所得的产量,可按下式计算:

施肥量(kg/亩)=作物单位产量养分吸收量×(目标产量-空白田产量)/(肥料中养分含量×肥料当季利用率)

3)土壤有效养分校正系数法

土壤有效养分校正系数法是通过测定土壤有效养分含量来计算施肥量,可按下式计算:

施肥量(kg/亩)=(作物单位产量养分吸收量×目标产量)-(土壤养分测定值×0.15×校正系数)/(肥料养分含量×肥料当季利用率)

其中:作物单位产量养分吸收量×目标产量=作物吸收量

土壤养分测定值×0.15×校正系数 = 土壤供肥量

土壤养分测定值以mg/kg表示,0.15为养分换算系数,校正系数通过田间试验获得。

3.田间试验法

通过简单的单一对比,或应用较复杂的正交、回归等试验设计,进行多点田间试验,从而选出最优处理,确定肥料施用量。它包括肥料效应函数法、养分丰缺指标法和氮、磷、钾比例法。

这些方法实质上可分属两类,即注重田间试验生物统计的肥料效应函数法和偏重于土壤测试的测土施肥法(如养分平衡法、土壤养分丰缺指标法)等。

1)肥料效应函数法

采用单因素、二因素或多因素的多水平回归设计进行布点试验,将不同处理得到的产量进行数理统计,求得产量与施肥量之间的肥料效应方程式。根据其函数关系式,可直观地看出不同元素肥料的不同增产效果,以及各种肥料配合施用的互作效果,确定施肥上限和下限,计算出经济施肥量,作为实际施肥量的依据。这一方法的优点是能客观地反映肥料等因素的单一和综合效果,施肥精确度高,符合实际情况;缺点是地区局限性强,不同土壤、气候、耕作、品种等需布置多点不同试验。

2)养分丰缺指标法

这是田间试验法中的一种。此法利用土壤养分测定值与作物吸收养分之间存在的相关性,对不同作物通过田间试验,根据在不同土壤养分测定值下所得的产量分类,把土壤的测定值按一定的级差分等,制成养分丰缺及应该施肥量对照检索表。在实际应用中,只要测得土壤养分测定值,就可以从养分丰缺及应该施肥量对照检索表中按级确定肥料施用量。

3)氮、磷、钾比例法

此法也是田间试验法的一种。原理是通过田间试验,在一定地区的土壤上,取得某一作物不同产量情况下各种养分之间的最好比例,然后通过对一种养分的定量,按各种养分之间的比例关系来确定其他养分的肥料用量,如以氮定磷、定钾,以磷定氮,以钾定氮等。

(三)水肥耦合

按照肥随水走、少量多次、分阶段拟合的原则,将作物总灌溉水量和施肥量在不同的生育阶段分配,制定灌溉施肥制度,包括基肥与追肥比例、不同生育期的灌溉施肥次数、时间、灌水量、施肥量等,满足作物不同生育期水分和养分需要。充分发挥水肥一体化节水灌溉技术优势。适当增加追肥数量和次数,实现少量多次,提高养分利用率。在生产过程中应根据天气情况、土壤墒情、作物长势等,及时对灌溉施肥制度进行调整,保证水分、养分主要集中在作物主根区。

(四)维护保养

每次施肥时应先滴清水,待压力稳定后再施肥,施肥完成后再滴清水清洗管道。施肥过程中,应定时监测灌水器流出的水溶液浓度,避免肥害。要定期检查、及时维修系统设备,防止漏水。及时清洗过滤器,定期对离心过滤器集沙罐进行排沙。作物生育期第一次灌溉前和最后一次灌溉后应用清水冲洗系统。冬季来临前应进行系统排水,防止结冰爆管,做好易损部件保护。

任务三　水肥一体化节水灌溉系统

模块一　水肥一体化节水灌溉模式的选择

码 9-3　工程录像:智慧灌溉产品展示

由于不同植物种植模式和需水方式的差异,往往其灌溉模式也有所不同,其区别主要反映在粮食作物和经济作物上。目前,粮食作物的水肥一体化节水灌溉技术仍处于研究试验阶段,而经济作物尤其是果树、蔬菜等作物的水肥一体化节水灌溉技术应用日趋成熟。

(一)灌溉模式选择

经济作物生产中的灌溉模式主要有微灌(主要是滴灌和微喷灌)、涌泉灌等。具体选择主要根据作物种植区的地形条件、土壤类型、种植规模、用户需求等有针对性地选择相应的灌溉模式。对于有条件的地区和用户,重点推荐使用微灌技术。

(二)施肥模式选择

1.施肥方式

普通施肥方式通常有施基肥和追肥两种。水肥一体化节水灌溉施肥是施追肥,应选用水溶肥料。通常从对肥料浓度的控制角度考虑通过灌溉系统施肥有两种方式:一是按数量施肥;二是按比例施肥(见图 9-1)。

按数量施肥是在施肥时仅考虑每次施入的肥料总量,如对大田作物要求 1 hm^2 施多少肥料,而对果树则要求每株施多少肥料。在施肥过程中,随着施肥时间的延长,被灌溉水带走的肥料浓度越来越低,最后趋于零,以此施肥的方法称为按数量施肥。

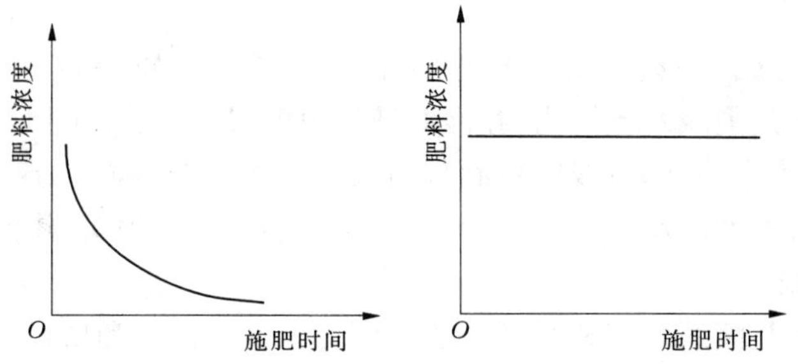

(a)按数量施肥　　(b)按比例施肥

图 9-1　肥料浓度随施肥时间的变化

按比例施肥是在施肥时既考虑施肥数量又考虑施肥浓度,要求施肥过程中养分浓度是均匀一致的。以此施肥的方法称为按比例施肥。

2. 施肥设备(方法)选择

在水肥一体化节水灌溉施肥系统中,常见的施肥设备(方法)有旁通施肥罐施肥法、文丘里施肥法、重力自压式施肥法、泵吸肥法、泵注肥法、移动式灌溉施肥机、比例施肥器、施肥机等。

3. 施肥操作

施肥时先计算每轮灌区需要的肥料总量,倒入混肥池,加水溶解,或溶解好直接倒入。打开主管道的阀门,开始灌溉;然后打开混肥池的管道,肥液即被主管道的水流稀释带入灌溉系统。通过调节球阀的开关位置,可以控制施肥速度。

如采用滴灌施肥,施肥结束后需继续灌溉一段时间的清水,冲洗管道。如拖管淋水肥,则无此必要。通常混肥池用水泥建造,坚固耐用,造价低,也可直接用塑料桶做混肥池用。

模块二　水肥一体化节水灌溉系统的构成

码 9-4　教学案例:水肥一体化智能系统

通常情况下,一个完整的灌溉系统通常包括水源工程、首部枢纽、输配水管网、灌水器 4 部分。

(1)水源工程:用于灌溉施肥系统的灌溉水源可根据实际情况选择井水、河水、山塘水、湖水、水库水等。灌溉水质必须满足农田灌溉水质标准。

(2)首部枢纽:主要涉及水泵、动力机、压力需水容器、过滤器、肥液注入装置、控制阀门、进排气阀,以及测量控制仪等。滴灌水肥一体化节水灌溉系统中,首部枢纽起到了非常重要的核心作用,可以对整个系统进行有效控制;其中,过滤设备和施肥设备是水肥一体化的关键设备。过滤设备和施肥设备的结构形式多样,各有特点,在应用中根据水源水质、系统流量、灌水器要求、系统压力、效率、价格、作物要求进行过滤与施肥的匹配和系统设计。

(3)输配水管网:包括干、支管和毛管 3 级管道,毛管是微灌系统末级管道,其上安装或连接灌水器。其作用是将首部枢纽处理过的灌溉水严格按照要求输送分配到每个灌水单元和灌水器。

(4)灌水器:是灌溉系统中最关键的部件,是直接向作物灌水的设备,水经过毛管进入灌水器。其作用是削减水流压力,在灌溉液渗出的过程中,灌水器可以有效保持稳定的低流量,将水流变为水滴、细流或以喷洒状施入土壤中,在土粒吸力和水重力作用下向土壤的四周分布。常用的灌水器主要有滴头、滴灌带、微喷头、喷头、渗灌滴头、渗灌管等。

(一)灌水系统

灌水系统主要是喷灌系统和微灌系统。详见本书项目三和项目四有关内容。

(二)施肥系统

(1)旁通施肥灌溉系统(见图9-2)。因利用压差原理将化肥溶液注入灌水管道中,旁通施肥罐也叫压差施肥罐。其优点是:随着灌溉的进行,肥料不断被带走,肥料浓度不断下降,直到肥料罐中肥料都流走。缺点是:施肥过程浓度不均匀,易受水压影响。适用于对施肥速度和浓度要求低的场合。

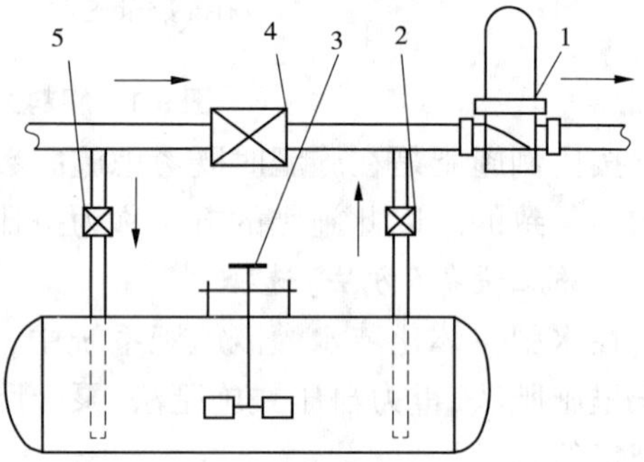

1—过滤器;2—旁通出水出肥阀门;3—搅拌装置;4—节流阀门;5—旁通进水阀门

图9-2 旁通施肥灌溉系统示意图

(2)文丘里施肥灌溉系统(见图9-3)。用水流通过文丘里管产生的真空吸力,将肥料溶液从敞口的肥料桶中均匀吸入管道系统进行施肥。其优点是:成本低,施肥过程肥液浓度均匀,无须外部动力。缺点是:水头压力损失大,为使系统稳压,需要增压泵。适用于需要自动化和集成的场合,特别是在施肥机上应用较多。

(3)重力自压灌溉系统(见图9-4)。通常引用高处的山泉水或将山脚水源泵提至高处的蓄水池,利用水位高差产生的压力进行施肥。其优点是:系统简单,成本低,农户易接受。缺点是:水压小,易堵塞,难以实现自动化。需要在山顶或者高处建设蓄水池,适合丘陵山地果园、茶园需要滴灌或者微喷灌的灌水条件。该施肥法简单,适用性广。

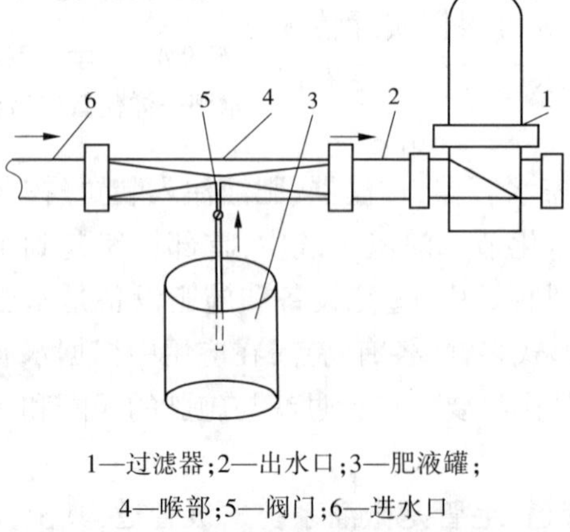

1—过滤器;2—出水口;3—肥液罐;4—喉部;5—阀门;6—进水口

图9-3 文丘里施肥灌溉系统示意图

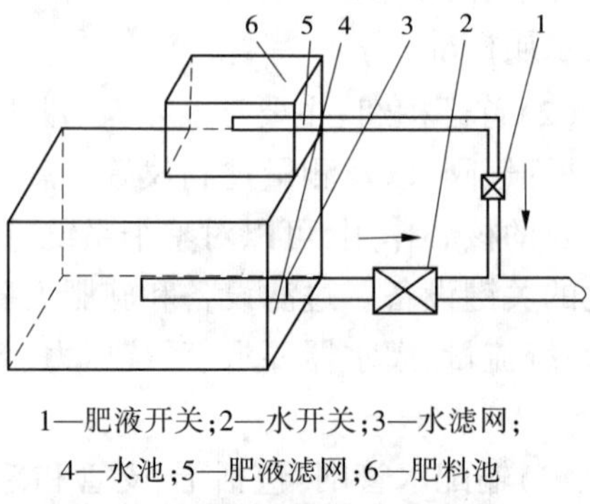

1—肥液开关;2—水开关;3—水滤网;4—水池;5—肥液滤网;6—肥料池

图9-4 重力自压灌溉系统示意图

(4)泵吸肥法灌溉系统(见图9-5)。是利用离心泵直接将肥料溶液吸入灌溉系统,在泵的进水主管上安装一根支管,在吸水的同时吸取肥液。该系统特点是:施肥不需要外加动力,结构简单。水肥比例不易控制,但适用于对施肥速度和自动化要求低的情景。

(5)泵注肥法灌溉系统(见图9-6)。是利用加压泵将肥液注入有压管道,压力要大于输水管水压,需要单独配置施肥泵,该施肥法克服了压差施肥的缺点。

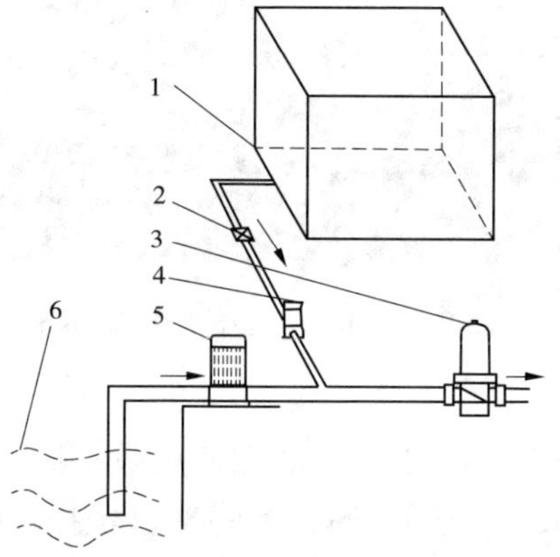

1—肥料池;2—肥液开关;3—过滤器;
4—肥液泵;5—水泵;6—水源

图9-5　泵吸肥法灌溉系统示意图

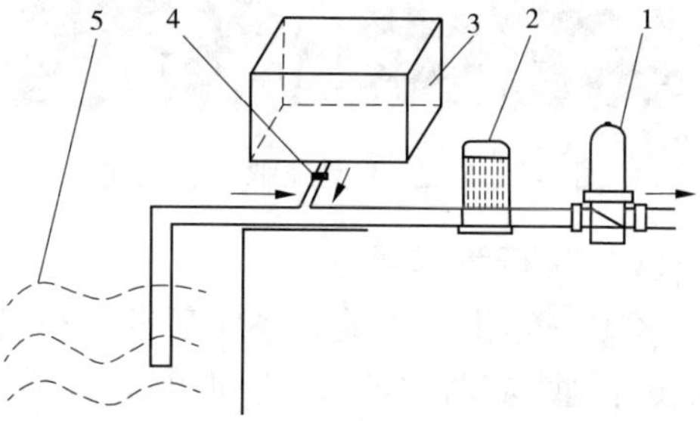

1—过滤器;2—水泵;3—肥料池;
4—肥液开关;5—水源

图9-6　泵注肥法灌溉系统示意图

泵吸肥法与泵注肥法均由水泵提供动力。泵注肥法由独立的泵进行注肥,使施肥更易调节和控制。适合需要自动控制的场合。这两种施肥法主要是对泵进行选型和匹配。

在各种施肥法中,定量化施肥是按数量施肥,施肥过程浓度不均一,而比例施肥则可以维持均一的肥液浓度。旁通施肥罐施肥法属于定量化施肥;文丘里施肥法、重力自压式施肥法、泵吸肥法、泵注肥法属于比例施肥。

以上施肥方式已经满足大多数农作物对施肥的要求,但是随着现代农业要求的不断提高,在对养分浓度有严格要求的花卉、优质蔬菜等的温室栽培中,应用施肥机不仅能按恒定浓度施肥,同时吸取几种营养母液,按一定比例配成完全营养液,并可监测营养液的电导率和pH,实现精确施肥。

对于施肥机,国外的发展相对较早,且一直处于行业领先地位。我国自主开发的施肥机,主要以北京、上海、天津、江浙等地的科研院所和企业为主。在本土化的过程中,将施肥机操作界面中文化,同时更符合国内用户操作习惯;对一些控制程度要求不高的系统,进行系统和操作简化,降低成本的同时增加可操作性。例如,天津市水利科学研究所研制的FICS-1(见图9-7)和FICS-2(见图9-8)型滴灌施肥智能化控制系统,可实现温室花卉、蔬菜灌溉施肥的自动化,实现养分浓度的精确调节,系统总体达到国外先进水平,对我国水肥一体化设备开发及推广发挥了积极的作用。

施肥机优点是:浓度、流量控制精确。缺点是:成本高,对操作人员要求高。适用于高附加值的温室花卉与蔬菜等场合。

图 9-7 FICS-1 型施肥控制系统

图 9-8 FICS-2 型施肥控制系统

(三)运行管理要点

水肥一体化节水灌溉系统后期运行管理对于系统的使用寿命和使用效果影响很大。系统运行前,应对水源、动力机电设备、管路及灌水器等进行全面检查,对已经损坏的设备进行补换。严格按照设计的灌溉和施肥制度进行灌溉。施肥后必须利用清水把残留在管道内的肥液冲洗干净,以防腐蚀设备。应根据设计要求定期对过滤设备进行清洗。在冬季使用灌溉系统时,要注意防冻,要求灌水完毕后,应打开所有阀门,将管道内的水排净,防止管道冻裂。

1. 灌水设备运行管理

水肥一体化灌水设备主要包括水泵及动力设备、滴灌带、施肥罐、安全阀、球阀、空气阀、过滤器,以及配套拉扣三通、拉扣直通、承插三通、承插弯头、承插四通、黑钢卡和胶圈等配件。运行前,要确保水泵、施肥过滤器、控制阀门、水表和压力表、管道、滴灌带等设备连接好,灌溉期间要经常检查滴灌带的畅通以及各滴头滴灌的均匀程度,检查管头与管尾的滴头滴灌是否均匀,发现问题要及时解决。

2. 田间灌水管理

科学制定作物灌溉制度,确保土壤计划湿润层含水量保持在适合作物生长的合理区间。

3. 科学施肥

化肥要求选用溶解度高、溶解速度快、对灌溉设备腐蚀性小、与灌溉用水相互作用小的肥料。选择溶解性好的肥料,如尿素、水溶性复合肥和液体肥料均可,分次追施。施肥时,每次先滴一段时间清水,以湿润土壤,然后开通施肥罐进行追肥,施肥结束后再滴 1~2 h 清水,以清洗管道,防止堵塞滴头。每次追肥时先打开施肥罐的盖子,加入肥料。若是固体肥料,加入量控制在施肥罐容积的 1/2 以内,若是提前溶解好的肥液或液体肥料,加入量控制在施肥罐容积的 2/3 以内,然后注满水,用木棍搅拌均匀,盖上盖子,拧紧盖子螺栓,打开施肥罐水管连接阀,调整首部出水口闸阀开关,开始追肥。

任务四　水肥一体化节水灌溉技术应用

水肥一体化节水灌溉技术适宜于已建设或有条件建设微灌设施，有井、水库、蓄水池等固定水源，且水质好、符合微灌要求的区域推广应用，适用于果园栽培、设施农业栽培和大田经济作物栽培，以及经济效益较好的其他作物。

模块一　我国水肥一体化节水灌溉实施方案和目标

2016 年 4 月农业部印发的《推进水肥一体化实施方案（2016~2020 年）》明确提出要按照"以水带肥、以肥促水、因水施肥、水肥耦合"的技术路径，根据不同地区气候特点、水资源现状、农业种植方式及水肥耦合技术要求，在东北、西北、华北、西南、设施农业和果园六大区域，以玉米、小麦、马铃薯、棉花、蔬菜、果树六大作物为重点，推广水肥一体化节水灌溉技术。不同地区不同种植区的水肥一体化节水灌溉实施方案要求和目标如下：

（1）东北地区。推广玉米、马铃薯滴灌水肥一体化节水灌溉技术 100 万 hm^2。

①技术要点：滴灌水肥一体化节水灌溉技术借助新型滴灌系统，在灌溉的同时将肥料配兑成肥液一起输送到作物根部土壤，确保水分养分均匀、准确、定时定量地供应，为作物生长创造良好的水、肥、气、热环境。

②应用效果：与常规相比，采用滴灌水肥一体化节水灌溉技术，亩均可稳定增产粮食 200~300 kg，亩均节水 150 m^3。

③适用区域：水资源紧缺，十年九旱，有一定灌溉条件的干旱半干旱地区，主要包括黑龙江西部、吉林中西部、辽宁中西部和内蒙古中东部地区。

（2）西北地区。推广玉米、马铃薯、棉花膜下滴灌水肥一体化节水灌溉技术 133 万 hm^2。

①技术模式：膜下滴灌水肥一体化节水灌溉技术是集地膜覆盖、微灌、施肥为一体的灌溉施肥模式。通过微灌系统，在灌溉的同时将肥料配兑成肥液一起输送到作物根部土壤，确保水分养分均匀、准确、定时定量地供应。通过覆盖地膜，降低水分蒸发，为作物生长创造良好的水、肥、气、热环境。可根据实际情况确定是否覆盖地膜。

②应用效果：与常规相比，采用膜下滴灌水肥一体化节水灌溉技术，亩均可增产粮食 200~300 kg，亩均节水 180 m^3。

③适用区域：水资源紧缺，有一定灌溉条件且蒸发量较大的干旱半干旱地区，主要包括陕西中北部、甘肃、宁夏、青海、新疆和山西中北部地区。

（3）华北地区。推广小麦、玉米微喷灌水肥一体化节水灌溉技术 133 万 hm^2。

①技术模式：通过定期监测土壤墒情，建立灌溉指标体系，根据作物需水规律、土壤墒情和降水状况确定灌水时间、灌水周期和灌水量。在灌溉时，采用管道输水，喷灌、微喷灌进行灌溉，结合水溶性肥料的应用，满足作物对水分养分的需求。

②应用效果：试验示范表明，采用微喷灌水肥一体化节水灌溉技术，小麦、玉米平均增产 10%~20%，一年两季亩节水 110 m^3 以上。

③适用区域：水资源紧缺，有灌溉条件但地下水超采严重的半干旱半湿润地区，主要包括北京、天津、河北、山东、河南、山西南部、陕西东南部、安徽北部和江苏北部地区。

(4)西南地区。推广玉米、马铃薯集雨补灌水肥一体化节水灌溉技术66.7万hm^2。

①技术模式:通过开挖集雨沟,建设集雨面和集雨窖池,配套安装小型提灌设备和田间输水管道,采用滴灌、微喷灌技术,结合水溶肥料应用,实现高效补灌和水肥一体化,充分利用自然降水,解决降水时间与作物需水时间不同步、季节性干旱严重发生的问题。

②应用效果:试验示范表明,采用集雨补灌水肥一体化节水灌溉技术,粮食作物平均增产10%~25%,经济作物省工40%以上,亩节本增收800元。

③适用区域:在西南等降水量较多,但时空分布不均,季节性干旱严重的地区,主要包括云南、贵州、四川、重庆和广西。

(5)设施农业。推广设施蔬菜、水果滴灌水肥一体化节水灌溉技术66.7万hm^2。

①技术模式:设施农业滴灌水肥一体化节水灌溉技术是利用机井或地表水为水源,借助滴灌进行灌溉和施肥,集滴灌和施肥为一体,通过建立新型滴灌系统,在灌溉的同时将肥料配兑成肥液一起输送到作物根部土壤,确保水分养分均匀、准确、定时定量地供应,为作物生长创造良好的水、肥、气、热环境。

②应用效果:设施蔬菜、水果平均亩节水100 m^3,亩节本增收800元以上。

③适用区域:全国范围内的设施农业均可应用,主要优势作物是蔬菜、瓜果和花卉等经济作物。

(6)果园。推广滴灌、微喷灌水肥一体化节水灌溉技术33.3万hm^2。

①技术模式:果园滴灌、微喷灌水肥一体化节水灌溉技术是集微灌和施肥为一体的灌溉施肥模式,每行果树沿树行布置一条灌溉支管,借助微灌系统,在灌溉的同时将肥料配兑成肥液一起输送到作物根部土壤,确保水分养分均匀、准确、定时定量地供应,为作物生长创造良好的水、肥、气、热环境。

②应用效果:果树亩节水80~100 m^3,亩节本增收800元以上。

③适用区域:全国范围内有水源条件的果园,主要优势作物是苹果、葡萄、香蕉、菠萝等水果。在没有水源的地区需要在配备集雨设施设备的基础上,实现滴灌、微喷灌水肥一体化。

模块二　水肥一体化节水灌溉技术应用要点分析

(一)水肥一体化节水灌溉技术应用方案

1. 制订完善的灌溉方案

要想实现对水肥一体化节水灌溉技术的合理应用,首先应该结合实际情况构建出完善的灌溉方案,对蔬菜种植中的需水量以及生产环境进行全面分析,在此基础上对最终的灌水量进行明确。通常情况下,日光温室、连栋温室与畦灌、浇灌等方式相比,其灌溉量要降低30%左右。在对具体的灌溉量进行明确之后,应该根据实际情况进一步对灌水时间、灌水次数以及每次用水量等进行明确,同时对需水规律以及降水情况等进行深入分析。结合蔬菜的不同品种来完成对畦面的设计工作,同时在设计过程中应该为作物生长提供良好的环境,并且应该在田间进行操作。

2. 构建完善的施肥方案

对于不同的作物而言,需肥规律具有非常明显的差异,同时地块的实际肥力水平以及目标产量明显不同,所以在对水肥一体化技术运用之前,一定要对实际情况进行全面了解,在此基础上对施肥量以及施肥比例等进行明确,底肥的实施应该在整地前进行,然后按照不同作物生长过程中所需要的肥料总量进行追肥,在这一过程中应该对追肥次数以及总量进行控制,保证在整体上具有一定的合理性。

3. 对肥料进行合理配置

在对肥料营养液进行配置的过程中,需要对不同肥料混合料混合之后产物溶解度进行全面了解,完成对肥罐的储存工作,主要是为了防止肥料之间产生相互作用,从而出现沉淀现象,这对于保证肥料质量有着非常重要的作用。

(二)水肥一体化节水灌溉技术在设施蔬菜栽培中的应用流程

结合目前的实际情况来看,水肥一体化节水灌溉技术已经在大面积的设施蔬菜栽培范围中实现了非常广泛的应用,在连栋大棚种植区域中实现了非常广泛的应用与推广,人们也已经看到该项技术在应用过程中所发挥出的优势,同时很多种植户都安装了喷灌、滴灌系统。目前,水肥一体化节水灌溉技术在推广部门、科研单位以及科技区实现了非常广泛的应用,并且发挥出了非常重要的推广作用。比如,在一些数字化农场的雾化栽培系统中,已经对该项技术进行了全面的使用,同时在蔬菜研究所的水培架栽培。工厂化育苗水肥系统中也已经对该项技术引起了高度的重视。

结合实际情况进行分析,水肥一体化节水灌溉技术在设施蔬菜栽培中的运用流程主要体现在以下几个方面:第一,确定灌溉方案。在这一过程中需要对种植作物的所需水量以及生长环境等进行全面了解,在此基础上对最终的灌水定额进行明确。通常情况下,大棚滴灌施肥与畦灌模式相比具有一定的差异,主要是因为这种方式可以在一定程度上降低灌溉定额,在对相关参数进行明确之后,需要对土壤的具体情况进行全面了解。第二,确定施肥方案。对作物的需肥规律进行全面了解,然后对具体的需肥量以及比例进行全面了解,对于追肥数量以及追肥次数进行合理控制。

综上所述,将水肥一体化节水灌溉技术应用于设施蔬菜栽培中,不但可以提升大棚内的温度,同时能对环境温度进行有效控制,为蔬菜作物提供良好的生长环境,并且能在一定程度上防止病虫害等问题的产生,这样就能有效减少农药的使用量,对于减少种植成本以及提升蔬菜品质有着非常重要的作用。因此,通过对水肥一体化节水灌溉技术的合理使用,可以有效提升施肥的准确程度,从而促进农民的经济效益实现明显提升。

模块三　我国水肥一体化节水灌溉技术的应用

(一)应用情况

我国水肥一体化节水灌溉技术的推广应用尤其在大田粮食作物上,主要由政府来推动,整体推广应用面积较小。《2016 年全国水利发展统计公报》数据显示,截至 2016 年底,我国灌溉面积 73 177 khm^2,耕地灌溉面积 67 141 khm^2,占全国耕地面积的 49.6%;节水灌溉面积 32 847 khm^2,其中喷灌、微灌面积为 9 954 khm^2,占节水灌溉面积的 30.3%,占总灌溉面积的 13.6%。

我国水肥一体化节水灌溉技术主要应用于设施农业和果园等经济效益较高的产业,而大田粮食作物的应用范围比较窄。目前,除在西北干旱地区得到普及应用外,在其他降雨量较大、灌溉水资源相对丰富的地区,粮食作物规模化应用面积较少甚至没有。截至

2014 年底,我国微灌工程面积 4 681. 3 khm^2,而西北 6 省(区)微灌面积达到 3 126. 7 khm^2,占全国的67%,其中新疆微灌面积高达2 902. 7 khm^2,占全国的62%,占西北地区的93%。

(二)应用问题

1. 各地应用发展不平衡

发展不平衡的原因在于我国大部分地区耕地为一家一户分散经营,集约化程度低,田间种植、耕作等方式繁杂,田间统一管理难度大,限制了大型现代化机械设备的应用;同时,水肥一体化节水灌溉技术前期一次性购置灌溉施肥设备费用较大,小面积地进行应用,与传统的漫灌等灌溉方式相比,经济效益低,无法发挥该项技术节本增效的优势,使得部分地区对发展水肥一体化节水灌溉技术的重要性认识不够,发展速度缓慢。

2. 配套产品不到位

水肥一体化节水灌溉技术是将灌水和施肥有机融合的一项工程技术,对灌溉设备和水溶肥料的质量要求较高。在灌溉设备生产方面,我国存在生产企业规模小,生产工艺差,配套产品品种及规格少、精度较低、加工粗糙等问题。此外,针对具体条件和作物的技术研发少,设备和产品的实用性不强,大型、精密、智能化设备开发不足。在水溶肥料方面,我国水溶肥料市场比较混乱,产品生产规模较小,价格偏高,整体上呈现出多、乱、杂的特点。同时,水溶肥的技术研究、产品开发和大规模应用尚处于起步阶段,高端的全水溶肥产品缺乏。

3. 配套技术服务缺乏

水肥一体化节水灌溉技术综合了水利、灌溉、施肥、栽培、土壤等众多学科知识,高标准的水肥一体化节水灌溉需要对不同作物、不同区域适宜的土壤墒情技术参数、滴灌技术参数、施肥技术参数有足够的研究,在此基础上才能依据各种作物的需水需肥规律,建立各种作物的灌溉施肥制度,形成完整的水肥一体化节水灌溉技术体系。

目前,节水灌溉技术与产品结合不够紧密,有些地方只注重灌溉施肥设备配置,忽略了灌溉施肥制度优化以及栽培措施的配套研究。由于学科之间的相对独立,设备生产厂家重视管道设计和设备安装,轻视肥料选择和栽培学研究;农业技术人员具有丰富的栽培施肥经验但缺乏农田工程设计等专业知识,综合型技术人才缺乏。此外,水肥一体化节水灌溉技术是对传统灌溉施肥方式的变革,传统的灌溉施肥制度、栽培方式以及其他农艺措施等不够适用,因此需要依据我国水肥一体化节水灌溉技术研究进展和不同作物的需求,提出合理的水肥配合比和生产要素组合,确定灌水次数、灌水定额、灌水周期、最佳灌水时期等,建立经济高效的水肥耦合理论模式。显然,目前我国在这一方面的研究应用较缺乏。

4. 灌水器堵塞问题

1)水肥一体化设备堵塞问题急需解决

目前,国内外水肥一体化节水灌溉中,滴灌滴头大多采用压力补偿式,流道和出水孔非常细小,一般在 1 mm 左右。使用的滴灌由于受杂质、矿物质沉淀的影响,会使毛管滴头堵塞,即使是在水质良好、采用较为完善过滤装置的条件下,仍有发生堵塞的可能。堵塞后,也很难恢复正常,滴灌的均匀度也不易保证。与不施肥相比,施肥浓度越大,滴头加速堵塞得越明显。现有水肥一体化设备大多采用多重过滤首部技术,PH/EC 自动化控制,采用水溶性肥料,设备成本在 2 500 元/亩以上,维修运行成本高,用户难以接受。我国水溶性肥料的行业标准对水不溶物含量要求小于 5%,一些复合肥料根本无法用于水肥一体化节水灌溉系统。这些肥料主要是溶解慢、颗粒杂质多、易堵塞过滤器和滴头。有些肥料需要用户溶解后放置数小时再用上面澄清液,这在田间大规模应用是不现实的。含杂质少的水溶肥料价格高,成为“贵族肥料”。

2)解决设备堵塞关键技术

(1)合理配置过滤设备。若滴灌水源杂质含量较高,则需从滴灌系统的入口处加以预防,若水中杂质主要为泥沙,则首部过滤系统可选择离心式过滤器和网式过滤器组合;若杂质主要为有机物污泥、藻类,可选择砂石过滤器和网式过滤器组合;若水中既有砂石又有淤泥藻类,则需要离心式过滤器、砂石过滤器及网式过滤器组合。

(2)化学处理方法。针对滴灌系统中的化学堵塞和生物堵塞,可定期加入氯和酸进行消毒和酸化处理;对由于有机质含量较高或藻类引起的堵塞,宜采用加氯处理方法。氯是一种常用的杀菌剂,在水中会水解、电离生成次氯酸离子,杀灭微生物。然而,氯的可溶性离子会与水中的非溶解性发生化学反应生成新的沉淀。这种沉淀又成为别的细菌生长和繁殖的食物源,在一定程度上增加了堵塞的可能性。加酸处理主要用来消除滴灌系统内的化学沉淀。无论是加氯处理还是加酸处理,如处理不当,都会对生态环境、作物及人类产生破坏和毒害作用。因此,须严格按规程操作。

(3)滴头结构的抗堵措施。压力补偿滴头的典型结构有孔口式、扁平式和圆柱式。压力补偿滴头特殊的结构设计,使其具有自冲洗功能和防止负压时吸入泥沙颗粒,提高了抗堵塞性能,还可利用水击清除堵塞的方法,通过在毛管尾部设置尾阀,当堵塞发生时,迅速打开毛管尾阀,再迅速关闭,在流道内产生水击脉动压力,使沉积颗粒变得松散易流动,经过几个周期可清除堵塞。

(4)将固定流道设计成常开流道。使滴水器形成滴状的流道扩大,常开流道设计为大于 2 mm,设计流量大于 2 L/h,可减少过滤设备,减少微粒对滴灌系统的堵塞;或采取膜下开孔技术。

可见,造成灌溉系统中滴头堵塞的原因多种多样。而防止堵塞的措施应从配置过滤设备、滴头结构设计、滴头流道设计、运行管理等方面考虑实施。

(三)发展前景

水肥一体化节水灌溉技术作为目前提高水肥资源利用效率的最佳途径,在农业生产中的应用范围愈来愈广泛,是农业发展的一种必然趋势,尤其是水资源相对匮乏国家和地区的一种必然选择。我国水资源紧缺,同时作为世界上肥料消费大国,节约用水和提高资源利用率已经成为我国农业发展进程中亟待解决的问题。近年来,我国水肥一体化节水灌溉技术在政府的推动下发展迅速,技术体系框架已经建立,但不够成熟,仍然存在着很大的发展和提升空间,虽然部分地区水肥一体化节水灌溉技术水平已达到世界前列,但整体发展水平与以色列、美国等农业发达国家还有一定的差距。因此,结合我国国情,加速开发和研制与之适应成套、实用、先进的灌溉施肥设备,集成配套的灌溉施肥制度和栽培措施等,提升我国水肥一体化节水灌溉技术总体水平是今后的重要任务和努力方向。

任务五　水肥一体化节水灌溉技术应用示例

2010年以来,水肥一体化节水灌溉技术随着滴灌技术的推广应用取得了长足进展,水肥施用技术是提高滴灌作物水肥利用率的关键因素之一,但是滴灌施肥技术主要应用于经济作物(蔬菜、果树、棉花等),对于华北平原冬小麦种植,还缺乏相应的滴灌施肥技术参数。因此,"山东滴灌冬小麦水肥一体化节水灌溉技术应用示例"立足华北平原山东冬小麦生产区,在滴灌施肥条件下,提出《冬小麦水肥一体化技术规程》(DB 37/T 3558—2019),以期为推进区域农业持续发展,促进冬小麦高效滴灌施肥提供一定的理论依据。

模块一　应用范围

DB 37/T 3558—2019规范了华北平原半湿润地区山东冬小麦水肥一体化生产中的技术要求、材料及设备、水分管理、养分管理、水肥耦合、配套技术、设备维护。

设计及安装应符合《节水灌溉工程技术标准》(GB/T 50363—2018)、GB/T 50485—2005规定。DB 37/T 3558—2019适用于山东省冬小麦滴灌栽培。

模块二　技术要求

(1)产地环境。应符合《无公害农产品种植业产地环境条件》(NY/T 5010—2016)的规定。

(2)灌溉水质。实施水肥一体化必须具备清洁、无污染的水源,对灌溉水中的杂质粒度有一定的要求,滴灌要求粒度不大于0.125 mm,才能保证滴头不堵塞。如果水源过滤措施和设备符合要求,井水、渠水、河水、山塘水等都可以用于滴灌。灌溉水质按NY/T 5010—2016中相关规定执行。

(3)肥料。应选用水溶性肥料或液体肥料。

模块三　滴灌设备

滴灌设备主要由首部枢纽、输水管道、滴头带(管)等组成,其系统主要组成部分如下。

(一)首部枢纽

首部枢纽包括动力及加压设备,如水泵、电动机或柴油机及其他动力机械、测量控制仪表等。除自压系统外,这些设备是微灌系统的动力和流量源,也是整个滴灌系统的驱动、检测和调控中心。

1. 水泵及动力机

水泵及动力机是将灌溉水从水源有压输入滴灌输水管网内的设备。对于工作压力或流量变幅较大的滴灌系统,应选配变频调速设备。

2. 过滤器

过滤器设施有沉沙(淀)池、初级拦污栅、旋流分沙分流器、筛网过滤器和介质过滤器等。筛网过滤器的主要作用是滤除灌溉水中的悬浮物质,以保证整个系统特别是滴头不被堵塞。筛网多用尼龙或耐腐蚀的金属丝制成,网孔的规格取决于需滤出污物颗粒的大小,一般要清除直径 75 μm 的泥沙,需用 200 目的筛网。砂砾料过滤器是用洗净、分选的砂砾石和砂料,按一定的顺序填进金属圆筒内制成,对于各种有机污物、悬浮的藻类都有较好的过滤效果。旋流分沙分流器是靠离心力把比重大于水的沙粒从水中分离出来,但不能清除有机物质。应视水源的泥沙情况选配过滤器,具体要求如下:过滤水中的砂石,选用泥沙过滤器做一级过滤设备;过滤水中有机杂质,选用网式过滤器做二级过滤设备。过滤器可安装在滴灌首部枢纽处。

3. 施肥(药)罐

施肥(药)罐包括压差式施肥器、文丘里注入器、隔膜式或活塞式注入泵、化肥或农药溶液储存罐等。它必须安装于过滤器前面,以防未溶解的化肥颗粒堵塞滴水器。一般选用压差式施肥器。化肥的注入方式有 3 种:第一种是用小水泵将肥液压入干管;第二种是利用干管上的流量调节阀所造成的压差,使肥液注入干管;第三种是射流注入。施肥装置应按要求配置各种阀门和进排气阀,以便于操作控制和保障管道安全运行。应根据设计流量大小、肥料和化学药物的性质选择,应配套必要的人身安全防护措施。

4. 控制及量测设备

控制及量测设备主要包括控制阀、进排气阀、冲洗排污阀、水表、压力表等,各种手动、机械操作或电动操作的闸阀,如水力自动控制阀、流量调节器等。控制阀、进排气阀和冲洗排污阀应止水性好、耐腐蚀、操作灵活。水表应阻力损失小、灵敏度高、量程适宜。压力表的精度不应低于 1.5 级,量程应为系统设计压力的 1.3~1.5 倍。

(二)输水管道

输水管道包括干管、支管以及必要的调节设备(如压力表、闸阀、流量调节器等),其作用是将加压水均匀地输送到滴灌带。根据水源压力和滴灌面积来确定管道的安装级数。一般采用二级管道,即干管和支管。管道可采用薄壁 PE 管,在不影响使用寿命的情况下降低工程造价。

(三)滴灌带(管)

1. 滴灌带(管)连接

滴灌带(管)技术参数应符合《农业灌溉设备 滴头和滴灌管 技术规范和试验方法》(GB/T 17187—2009)要求。它是滴灌系统的核心,水通过滴灌管,以一个恒定的低流量滴出或渗出后,在土壤中以非饱和流的形式在滴头下向四周扩散。当滴灌带与支管或辅管连接时,应选用与旁通或按扣三通插口端外径相匹配的打孔器在支管或辅管上打孔,然后把旁通或按扣三通插入支管或辅管上。连接应紧密,防止连接处漏水。滴灌带应与配套旁通或按扣三通牢固连接。当滴灌带长度不够时,应用配套直通连接。滴灌带末端设置堵头,也可采用亏折式封堵,亏折处应用胶套固定。

2. 滴头

滴头的作用是使水流经过微小的孔道,形成能量损失,减小其压力,使它以点滴的方式滴入土壤中。滴头通常放在土壤表面,亦可以浅埋保护。由于山东土壤主要为粉壤土,滴头滴出的水扩散范围较小,根据试验结果,滴灌带间距以 30~60 cm 为宜,滴头出水量 1.3~1.8 L/h,滴头距离 30~40 cm。

3.滴灌带铺设

滴灌带既可铺设在地表,也可铺设在地下。目前山东免耕直播条件下,小麦行距为25 cm。种植管理者可根据自身采用的联作或套作方式对小麦玉米的行距进行调整。建议小麦3行设置1行滴灌带(管)。

模块四 用水管理

(1)灌溉制度。自然降雨与补水灌溉相结合,冬小麦生长前期要控水,分蘖—拔节期和孕穗—杨花期适当增加灌水量。灌水次数与灌水量依据冬小麦需水规律、灌前土壤墒情及降雨情况确定。

(2)灌水时间。宜采用适宜土壤含水量法判定冬小麦滴灌灌水时间。当耕层土壤含水量低于适宜土壤含水量下限时应及时灌水。冬小麦不同生育阶段适宜的土壤湿润深度和土壤含水量下限值不同,见表9-2。

表9-2 冬小麦不同生育阶段适宜土壤含水量下限值 (%)

项目	苗期—拔节期	拔节—孕穗期	孕穗—杨花期	杨花—灌浆期	灌浆—成熟期
适宜土壤含水量下限	70	80	80	75	60

注:苗期—拔节期适宜土壤湿润深度为20 cm,其他时期均为40 cm。土壤含水量下限为田间持水量的百分比。

(3)灌水量。根据冬小麦和夏玉米需水规律与土壤墒情确定灌水量,保证灌溉定额与冬小麦生育期内降雨量总和达到300~400 mm。灌溉关键期为苗期、分蘖期、拔节期、孕穗期、灌浆期,各时期需水量和补水灌溉量见表9-3。补水灌溉量也可依据玉米不同生育阶段、不同土壤深度、土壤相对含水量确定。

表9-3 冬小麦不同生育期需水量和推荐灌水量 (单位:mm)

项目	播种—分蘖期	分蘖—拔节期	拔节—孕穗期	孕穗—杨花期	杨花—灌浆期	灌浆—成熟期	全生育期
需水量	50	80	65	55	35	30	315
灌水量	10	10	40	35	25	20	130~150

模块五 施肥管理

(1)应遵原则。坚持“有机无机相结合,随水分次施肥,碱性土壤酸性肥料优先”的施肥原则。

(2)肥料选择。应符合《大量元素水溶肥料》(NY 1107—2020)、《微量元素水溶肥料》(NY 1428—2010)、《中量元素水溶肥料》(NY 2266—2012)、《肥料合理使用准则 通则》(NY/T 496—2010)相关规定。同时应满足下列要求:肥料养分含量高,水溶性好;肥料的不溶物少,品质好,与灌溉水相互作用小;选择的肥料品种之间能相容,相互混合不发生沉淀;肥料的腐蚀性小,偏酸性为佳。优先选择能满足冬小麦、夏玉米不同生育期养分需求的专用水溶复合肥料。

(3)施肥方式。有机肥及非水溶性肥料基施;磷肥以基施为主,滴施为辅;氮肥和钾肥以滴施为主,基施为辅。

(4)施肥量。小麦目标产量达到6 000~9 000 kg/hm²,适宜施肥量为:有机肥30~40 m³/hm²;化肥氮(N)180~220 kg/hm²、磷(P_2O_5)80~90 kg/hm²、钾(K_2O)60~80 kg/hm²;适量补充中、微量元素肥料。

(5)基肥与追肥比例。冬小麦生育期氮、磷、钾肥料基肥与追肥比例见表9-4。

表9-4 氮、磷、钾肥料基肥与追肥比例 (%)

肥料种类	氮肥	磷肥	钾肥
基肥	10	50	30
追肥	90	50	70

模块六 田间操作

(1)铺设滴灌管(带)。在高垄铺设滴灌管(带),可引进机械铺管播种一体机械进行机械铺管。由于山东为冬小麦、夏玉米套作种植模式,一般只需在小麦季铺设滴灌管(带),玉米收获后回收滴灌管(带)。

(2)滴灌施肥。滴灌前,先滴清水20~30 min,待滴灌管(带)得到充分清洗,土壤湿润后开始施肥,灌水及施肥均匀系数达到0.8以上;施肥时,将配比好的可溶性化肥溶于施肥罐中,随水施入作物根部。施肥期间及时检查,确保滴水正常;施肥结束后,继续滴清水20~30 min,将管道中残留的肥液冲净。

(3)清洗。灌溉一段时间后,过滤器要打开清洗。

(4)维护。系统设备维护做到:

①每次滴灌前检查管道接头、滴灌管(带),防止漏水,如有漏水及时修补;

②及时清洗过滤器,定期对离心过滤器集沙罐进行排沙;

③定期检查、及时维修系统设备;

④收获前及时将田间滴灌管(带)及施肥罐等设备收回。

模块七 其他农艺配套措施

(1)整地。采用旋耕的麦田,应旋耕3年,深耕翻1年,耕深23~25 cm,破除犁底层;或用深松机深松,深度30 cm,也可破除犁底层。耕翻或旋耕后及时耙地,破碎土块,达到地面平整、上松下实、保墒抗旱,避免表层土壤疏松播种过深,形成深播弱苗。在整地时打埂筑畦,畦宽2.5~3.0 m,畦长50~60 m,畦埂宽40 cm。

(2)品种选择。选用经过山东省品种审定委员会审定,经当地试验、示范,适应当地生产条件、单株生产力高、抗倒伏、抗病、抗逆性强的冬性或半冬性品种。中产水平条件下,宜选用分蘖成穗率高、稳产丰产的品种;高产水平条件下,宜选用耐肥水、增产潜力大的品种。麦、棉套种地区,选用适宜晚播、早熟的品种。选用经过提纯复壮的种子,进行精选,大田用种纯度不低于99.0%,净度不低于99.0%,发芽率不低于85%,水分不高于13.0%。

(3)播种。小麦从播种至越冬开始,有0 ℃以上积温600~650 ℃为宜。鲁东、鲁中、鲁北的小麦适宜播期为10月1~10日,其中最佳播期为10月3日至10月8日;鲁西的适宜播期为10月3~12日,其中最佳播期为10月5~10日;鲁南、鲁西南适宜播期为10月5~15日,其中最佳播期为10月7~12日。在适宜播期内,分蘖成穗率高的中穗型品种,基本苗12万~16万棵/667 m^2。高产田宜少,中产田宜多。若晚于适宜播期播种,每晚播2 d,增加基本苗1万~2万棵/667 m^2。

(4)苗期管理。重点应促进根系发育、培育壮根,实现苗早、苗全、苗齐、苗壮。播种后应及时检查出苗情况,及时放苗、定苗。当大垄间杂草较多时,应及时中耕除草。

(5)中、后期管理。小麦开花期至灌浆初期浇水。不要浇麦黄水,以免降低小麦粒重和品质。

(6)病虫害防治。实施"一喷三防",为提高工效,减少田间作业次数,在孕穗期至灌浆期将杀虫剂、杀菌剂与磷酸二氢钾或其他的预防干热风的植物生长调节剂、微肥混配,叶面喷施,一次施药可达到防虫、防病、防干热风的目的。山东省小麦生育后期常发生的病虫害有白粉病、锈病、蚜虫,"一喷三防"的药剂可用15%三唑酮可湿性粉剂80~100 g/亩、10%吡虫啉可湿性粉剂10~15 g/亩、0.2%~0.3%磷酸二氢钾100~150 g/亩兑水50 kg,叶面喷施。

能力训练

1. 试述水肥一体化节水灌溉含义。
2. 试述水肥一体化节水灌溉实施要点。
3. 阐述我国水肥一体化节水灌溉技术发展应用的途径。
4. 阐述目前我国水肥一体化节水灌溉技术发展应用的主要问题。

参考文献

[1] 于纪玉. 节水灌溉技术[M]. 郑州:黄河水利出版社,2007.

[2] 中华人民共和国水利部. 节水灌溉工程技术标准:GB/T 50363—2018[S]. 北京:中国计划出版社,2018.

[3] 中华人民共和国建设部. 喷灌工程技术规范:GB/T 50085—2007[S]. 北京:中国标准出版社,2007.

[4] 中华人民共和国住房和城乡建设部. 微灌工程技术规范:GB/T 50485—2009[S]. 北京:中国计划出版社,2009.

[5] 中华人民共和国水利部. 管道输水灌溉工程技术规范:GB/T 20203—2017[S]. 北京:中国标准出版社,2017.

[6] 中华人民共和国住房和城乡建设部,国家质量监督检验检疫总局. 渠道防渗工程技术规范:GB/T 50600—2010[S]. 北京:中国计划出版社,2011.

[7] 中华人民共和国水利部. 渠道衬砌与防渗材料:GB/T 32748—2016[S]. 北京:中国标准出版社,2016.

[8] 中华人民共和国水利部. 灌溉渠道系统量水规范:GB/T 21303—2017[S]. 北京:中国标准出版社,2017.

[9] 何晓科. 节水技术概论[M]. 郑州:黄河水利出版社,2008.

[10] 郭旭新,樊慧芳,要永在. 灌溉排水工程技术[M]. 2 版. 郑州:黄河水利出版社,2016.

[11] 郭元裕. 农田水利学[M]. 3 版. 北京:中国水利水电出版社,1997.

[12] 李宗尧,缴锡云. 节水灌溉技术[M]. 北京:中国水利水电出版社,2004.

[13] 徐建新. 灌溉排水新技术[M]. 北京:中央广播电视大学出版社,2005.

[14] 钱蕴壁,李英能,杨刚,等. 节水农业新技术研究[M]. 郑州:黄河水利出版社,2002.

[15] 罗金耀. 节水灌溉理论与技术[M]. 2 版. 武汉:武汉大学出版社,2003.

[16] 秦为耀,丁必然,曾建军,等. 节水灌溉技术[M]. 北京:中国水利水电出版社,2000.

[17] 水利部农村水利司. 旱作物地面灌溉节水技术[M]. 北京:中国水利水电出版社,1999.

[18] 李宗尧,于纪玉. 农田灌溉与排水[M]. 北京:中国水利水电出版社,2003.

[19] 水利部农村水利司,中国灌溉排水发展中心. 水稻节水灌溉技术[M]. 郑州:黄河水利出版社,2012.

[20] 水利部农村水利司,中国灌溉排水技术开发培训中心. 喷灌工程技术[M]. 北京:中国水利水电出版社,1999.

[21] 郑耀泉,刘婴谷,严海军,等. 喷灌与微灌技术应用[M]. 北京:中国水利水电出版社,2015.

[22] 水利部农村水利司,中国灌溉排水技术开发培训中心. 低压管道输水灌溉工程技术[M]. 郑州:黄河水利出版社,2011.

[23] 水利部农村水利司,中国灌溉排水发展中心. 渠道防渗工程技术[M]. 北京:中国水利水电出版社,1998.

[24] 杨天. 节水灌溉技术手册[M]. 北京:中国大地出版社,2002.

[25] 山仑,康绍忠,吴普特. 中国节水农业[M]. 北京:中国农业出版社,2003.

[26] 吴普特,牛文全,郝宏科. 现代高效节水灌溉设施[M]. 北京:化学工业出版社,2002.

[27] 周卫平,宋广程,邵思. 微灌工程技术[M]. 北京:中国水利水电出版社,1999.

[28] 林志宁. 灌溉及节水型农业自动化控制系统研究[J]. 甘肃水利水电技术,2002,38(1):59-60.

[29] 张玉和,徐洪泽,王军. 计算机自动化控制系统在棉田滴灌中的应用[J]. 新疆农垦科技,2003(2):32-34.

[30] 水利部农村水利司,中国灌溉排水发展中心. 节水灌溉工程实用手册[M]. 北京:中国水利水电出版社,2005.

[31] 陈文清. 节水灌溉自动化控制系统研究与应用[J]. 节水灌溉,2004(6):27-28.

[32] 章回. 农业耕作区灌溉自动控制系统及其应用[J]. 水利水电科技进展,2003(3):48-50.

[33] 沈波,黄勇. 三联灌区自动化控制技术研究与应用[J]. 中国农村水利水电,2004(1):53-55.

[34] 王旭东,路军,马毓潇. 墒情监测及节水灌溉自动控制系统开发与应用[J]. 水利技术监督,2006(2):38-39.

[35] 韩宝国,刘任先. 自动化控制在农业灌溉系统中的应用[J]. 河海大学常州分校学报,2002(1):40-44.

[36] 袁浩,罗勇,王启平,等. 节水灌溉工程管理模式初探[J]. 节水灌溉,2001(4):38-39.

[37] 王晓玲,刘丽艳. 节水灌溉工程管理模式的实践与探讨[J]. 节水灌溉,2003(6):20-21.

[38] 冉纲军. 浅谈节水灌溉管理技术[J]. 节水灌溉,2001(1):32.

[39] 隋家明,李晓,宫永波,等. 农业综合节水技术[M]. 郑州:黄河水利出版社,2006.

[40] 张承林,邓兰生. 水肥一体化技术[M]. 北京:中国农业出版社,2012.

[41] 陈广锋,杜森,江荣风,等. 我国水肥一体化技术应用及研究现状[J]. 中国农技推广,2013,29(5):39-41.

[42] 高祥照,杜森,钟永红,等. 水肥一体化发展现状与展望[J]. 中国农业信息,2015(2):14-19,63.

[43] 徐坚,高春娟. 水肥一体化实用技术[M]. 北京:中国农业出版社,2014.

[44] 袁寿其,李红,王新坤. 中国节水灌溉装备发展现状、问题、趋势与建议[J]. 排灌机械工程学报,2015,33(1):78-92.

[45] 易文裕,程方平,熊昌国,等. 农业水肥一体化的发展现状与对策分析[J]. 中国农机化学报,2017,38(10):111-115.

[46] 赵春江,郭文忠. 中国水肥一体化装备的分类及发展方向[J]. 农业工程技术,2017,37(7):10-15.

[47] 李虎,陈静,王立刚,等. 山东滴灌冬小麦水肥一体化技术规程[J]. 新疆农垦科技,2017(3):43-46.

[48] 梁飞. 水肥一体化实用问答及技术模式、案例分析[M]. 北京:中国农业出版社,2018.

[49] 赖添奎. 水肥一体化技术及其在设施蔬菜栽培中的应用[J]. 农业工程技术,2018,38(14):18-19.

[50] 王浩,刘家宏. 新时代国家节水行动关键举措探讨[J]. 中国水利,2018(6):7-10.

[51] 高雪梅. 中国农业节水灌溉现状、发展趋势及存在问题[J]. 天津农业科学,2012(1):54-56.